面向新工科的电工电子信息基础课程系列教材

教育部高等学校电工电子基础课程教学指导分委员会推荐教材

山东省首批精品课程配套教材

模拟电子技术基础

臧利林　徐向华　魏爱荣　刘春生　编著

清华大学出版社

北京

内 容 简 介

本书融合编者多年的教学经验,吸收最新的教学研究成果,优化课程内容结构,注重系统性和实用性,并结合信息化教学新模式、新形态教学资源编写而成。本书主要讲述模拟电子技术理论及其应用,深度剖析原理和方法,并提供大量动画、视频及扩展学习文档作为教学配套资料,方便教师开展线上线下混合式教学。

本书共9章,主要包括半导体器件、基本放大电路、放大电路的频率响应、功率放大电路、集成运算放大器、反馈放大电路、信号运算与处理电路、波形产生与变换电路、直流稳压电源。本书逻辑严谨,内容循序渐进,系统性强,物理概念清晰,要点论述透彻,便于自学,读者可结合本书的配套学习指南与习题解答进行全面、深入学习。

本书可作为高等学校自动化类、电气类、电子信息类、计算机类、仪器仪表类、机电工程类等专业的教科书,也可供其他相关理工科专业选用,并可供有需要的工程技术人员和社会读者阅读。

图书在版编目(CIP)数据

模拟电子技术基础/臧利林等编著.—北京:清华大学出版社,2023.11(2025.2重印)
面向新工科的电工电子信息基础课程系列教材
ISBN 978-7-302-64939-7

Ⅰ.①模… Ⅱ.①臧… Ⅲ.①模拟电路-电子技术-高等学校-教材 Ⅳ.①TN710

中国国家版本馆 CIP 数据核字(2023)第 212708 号

责任编辑:文 怡 李 晔
封面设计:王昭红
责任校对:李建庄
责任印制:曹婉颖

出版发行:清华大学出版社
   网 址:https://www.tup.com.cn,https://www.wqxuetang.com
   地 址:北京清华大学学研大厦 A 座   邮 编:100084
   社 总 机:010-83470000   邮 购:010-62786544
   投稿与读者服务:010-62776969,c-service@tup.tsinghua.edu.cn
   质量反馈:010-62772015,zhiliang@tup.tsinghua.edu.cn
   课件下载:https://www.tup.com.cn,010-83470236
印 装 者:三河市铭诚印务有限公司
经 销:全国新华书店
开 本:185mm×260mm 印 张:21.25   字 数:491千字
版 次:2023 年 12 月第 1 版   印 次:2025 年 2 月第 2 次印刷
印 数:1501 ～ 2500
定 价:69.00 元

产品编号:096038-01

前言

山东大学控制科学与工程学院的电子学教研室成立于20世纪80年代,经过几代人的传承与革新,形成了深厚的文化积淀和昂然正气。伴随着学校与学院的发展,电子技术教学团队始终深耕教学,追求卓越,在一流课程建设、一流教材编写、教改课题研究、教学方法实践等方面均取得了诸多成效和荣誉。本书体现了教学团队长期积累的教学成果。

本书依据教育部高等学校电工电子基础课程教学指导分委员会修订的"模拟电子技术基础"课程教学基本要求,在团队前任课程负责人王济浩教授编著《模拟电子技术基础》的基础上,结合二十多年积累的教学实践经验,融合先进教学模式,吸收最新教学成果,提炼经典内容与方法,并根据当前信息化教学新态势和多年来的教学创新举措,制作了动画、视频等形式多样的配套网络教学资源,从而形成了新形态教材。本书具有以下特点:

首先,本书定位于"专业基础课程",体现"强基固本"。本书内容遵循器件出现的先后过程和电子技术发展的历程,逻辑严谨,条理清晰,易学易懂,并经过多年教学实践检验。在章节内容安排上力求做到衔接紧密,由浅入深,层层铺垫,循序渐进。每章内容自成一体又前后紧密联系,形成了完备、系统、科学的体系结构,实用性更强。

其次,本书采用知识点模块化编写思路,坚持"剖析经典,突出重点,循序渐进,学以致用"的原则,从理论基础到应用举例,从分立元器件到集成电路,从简单电路到复杂大规模电路,逐步揭示模拟电子技术核心知识点,并适当引入系统性概念,体现以分立元器件为基础、以集成电路为重点的原则。

最后,编者团队制作了相应的教学课件,针对重、难点设计和制作动画、视频资源,在中国大学MOOC平台建设线上课程,积极实践线上线下混合式教学模式,不断提升数字化教学水平和教学效果。读者可以结合本书的线上资源及配套的《模拟电子技术基础学习指导与习题解答》自行深入学习。

本书可作为高等学校自动化类、电气类、电子信息类、计算机类、仪器仪表类、机电工程类等电类相关专业的教科书,适用于理论授课学时为48~64学时,具体讲授时,教师可以根据各专业的培养需求,对书中内容进行适当取舍。本书及相关资源适用于线上线下混合式教学,建议线下授课不低于32学时,线上学习不低于16学时。

本书共9章,山东大学臧利林组织了本次教材编写工作,并担任主编,负责全书的策划和统稿,编写了第1~5章,徐向华编写了第6章和第7章,刘春生和臧利林共同编写了第8章和第9章,魏爱荣对全书内容进行了认真审阅,并提出了宝贵的修订意见。

前言

在本书编写过程中,编者参阅了大量的著作、期刊、动画、视频等资料,在此谨向这些文献的作者致以诚挚的谢意。教材的编写出版获得了山东大学本科生院、控制科学与工程学院和清华大学出版社的大力支持和帮助,在此一并表示衷心的感谢。

团队前任同事王济浩、高宁为课程建设付出了艰辛努力和大量心血,本书部分内容延续了系列教材的风格,保留了精华,在此向他们表示崇高敬意和特别感谢。

由于编者水平有限,书中难免存在纰漏或不当之处,敬请广大读者批评指正。读者反馈发现的问题或索取相关资料,可以发信至 tupwenyi@163.com。

编　者

2023 年 8 月于山东大学

常用符号表

1. 电压、电流及电阻符号约定

（1）电压和电流（以三极管基极和发射极之间的电压和集电极电流为例）

U_{BE}，I_C	大写字母，大写下标，表示直流量（或静态值）
u_{be}，i_c	小写字母，小写下标，表示交流量
u_{BE}，i_C	小写字母，大写下标，表示含有直流量的总瞬时值
U_{be}，I_c	大写字母，小写下标，表示交流分量的有效值
$\dot{U}_{be}$，$\dot{I}_c$	大写字母，小写下标，大写字母上加"·"，表示正弦相量
ΔU_{BE}，ΔI_C	表示直流变化量
Δu_{BE}，Δi_C	表示瞬时值的变化量

（2）电阻

R	表示电阻器的电阻或电路的等效电阻
r	表示器件内部的等效动态电阻

2. 基本符号

（1）电压、电流

U，u	电压的通用符号	U_Q，I_Q	静态电压，静态电流
I，i	电流的通用符号	V_{CC}	集电极直流供电电源电压
u_i，i_i	交流输入电压，交流输入电流	V_{EE}	发射极直流供电电源电压
u_o，i_o	交流输出电压，交流输出电流	V_{DD}	漏极直流供电电源电压
u_s，i_s	交流电压信号源，交流电流信号源	u_{Id}	差模输入信号
U_T	温度电压当量	u_{Ic}	共模输入信号

（2）电阻

R	电阻的通用符号	R_o	输出电阻
R_i	输入电阻	R_{of}	闭环输出电阻
R_{id}	差模输入电阻	R_L	负载电阻
R_{if}	闭环输入电阻	R_s	信号源内阻或场效应管的源极电阻

（3）放大倍数

A	放大倍数的通用符号	A_{ud}	差模电压放大倍数
A_u	电压放大倍数	A_{uc}	共模电压放大倍数
A_{um}	中频电压放大倍数	A_f	闭环放大倍数
A_{us}	考虑信号源内阻时的电压放大倍数	A_{uf}	闭环电压放大倍数

(4) 频率、时间

f、T	频率、周期的通用符号	f_L、ω_L	下限截止频率、角频率
ω	角频率通用符号	f_H、ω_H	上限截止频率、角频率
τ	时间常数	f_c	滤波器的截止频率
f_{BW}	通频带(−3dB 带宽)	f_0	振荡频率

(5) 功率

P	功率的通用符号	P_T	三极管的耗散功率(管耗)
P_o	电路的输出功率	P_E	电源供给的功率
P_{om}	电路的最大输出功率	η	效率

3. 器件参数符号

(1) 半导体二极管

D	二极管	U_Z	稳压管的稳定电压
D_Z	稳压管	r_Z	稳压管动态电阻
I_S	反向饱和电流	I_{Zmin}	稳压管最小工作电流
I_R	反向电流	I_{Zmax}	稳压管最大工作电流
I_F	最大整流电流	C_B	势垒电容
U_D	导通压降	C_D	扩散电容
$U_{(BR)}$	反向击穿电压	C_J	结电容
R_D	二极管直流等效电阻	f_M	最高工作频率

(2) 半导体三极管(BJT)

T	三极管	I_{CEO}	基极开路时集电极-发射极穿透电流
E、e	发射极	I_{CM}	集电极最大允许电流
B、b	基极	$U_{(BR)EBO}$	集电极开路时发射极和基极间反向击穿电压
C、c	集电极	$U_{(BR)CBO}$	发射极开路时集电极和基极间反向击穿电压
$r_{bb'}$	基区体电阻	$U_{(BR)CEO}$	基极开路时集电极和发射极间反向击穿电压
r_{be}	共射极输入电阻	P_{CM}	集电极允许的最大耗散功率
$\alpha(\bar{\alpha})$	共基极交流(直流)电流放大系数	f_α	共基极电流放大系数的上限截止频率

$\beta(\bar{\beta})$	共射极交流(直流)电流放大系数	f_β	共射极电流放大系数的上限截止频率
U_{CES}	集电极饱和压降	f_T	特征频率
I_{CBO}	发射极开路时集电极-基极反向饱和电流	g_m	跨导

(3) 场效应管

T	场效应管	I_{DSS}	饱和漏极电流
S、s	源极	I_{DM}	漏极最大允许电流
G、g	栅极	P_{DM}	漏极最大允许耗散功率
D、d	漏极	$U_{(BR)GS}$	栅源击穿电压
B、b	衬底	$U_{(BR)DS}$	漏源击穿电压
U_P	夹断电压	R_{GS}	直流输入电阻
U_T	开启电压	g_m	低频跨导

(4) 集成运算放大器

A	集成运放	U_{IO}	输入失调电压
A_{od}	开环差模电压放大倍数	I_{IO}	输入失调电流
K_{CMR}	共模抑制比	U_{Idmax}	最大差模输入电压
S_R	转换速率(压摆率)	U_{Icmax}	最大共模输入电压

4. 其他符号

F	反馈系数	K	乘法器的比例因子
φ	相位角	γ	稳压系数
D	非线性失真系数	$U(s)$	电压的拉氏变换
Q	品质因数	$A(s)$	传递函数

目录

大纲 + PPT 课件

目录

目录

目录

绪论

对即将开始学习本课程的读者来说,"电子技术"可能还是一个陌生的概念。但是大家对身边各种各样的电子产品并不陌生,电子技术应用越来越广泛。电子技术是研究电子器件、电子电路及其应用的科学技术,已经成为现代科学技术的一个重要组成部分。为了使读者对电子技术有一定的系统性了解,下面对电子技术发展、基本概念及课程学习方法进行介绍。

1. 电子技术发展概述

电子技术是 19 世纪末到 20 世纪初开始发展起来的新兴技术,在 20 世纪飞速发展,成为近代科学技术发展史上的一个重要标志。尤其是晶体管和集成电路的迅猛发展使得电子技术具有巨大影响力。今天大家看到的不断更新换代的手机、计算机等电子设备,其革新速度之快无不让人对电子技术发展的日新月异感到兴奋和惊奇。

电子技术的发展过程经历了"电子管—晶体管—集成电路"三个阶段,每个阶段都伴随着电子材料的发现与新型电子器件的诞生。

1) 电子管阶段

1883 年,爱迪生在研制和改进电灯泡的过程中,在加热的灯丝及其附近的防污染金属片间接上电流计,观察到电流计中有电流通过,这一偶然的发现就是"爱迪生效应"。1904 年,利用"爱迪生效应",英国的 J. A. Fleming 发明了最简单的二极管,用于检测微弱的无线电信号。1906 年,美国的 L. D. Forest 在二极管中设置了第三个电极(栅极),发明了具有放大作用的电子三极管,这是电子学早期历史中最重要的里程碑。电子管问世之后,获得了广泛的应用。1946 年,世界上第一台电子数字积分计算机(Electronic Numerical Integrator And Calculator,ENIAC)使用了 17 468 个电子管、70 000 个电阻、10 000 个电容、1500 个继电器、6000 个手动开关,占地 167m^2,重达 30t。

电子管因体积大、耗电多、价格昂贵、寿命短、易破碎等缺点,促使人们设法寻找能代替它的新器件。

2) 晶体管阶段

1947 年,美国贝尔实验室的 William Shockley、John Bardeen、Walter Brattain 成功制造出第一个晶体管。1950 年,William Shockley 开发出双极型晶体管,也就是现在俗称的晶体管,后来他也被誉为"晶体管之父"。晶体管的出现开辟了电子技术的新纪元,引起了一场电子技术的革命,它也迅速取代电子管而被广泛使用。20 世纪 60 年代,集成电路技术迅猛发展,当时主要使用双极型晶体管技术。1960 年,贝尔实验室的 Dawon Kahng 和 Martin Atalla 发明了金属-氧化物-半导体场效应晶体管(MOSFET),此后,MOS 集成电路技术出现并逐渐占据主流,尤其是在数字集成电路中。

扩展阅读

3) 集成电路阶段

1958 年 9 月,美国德州仪器(TI)公司的 Jack Kilby 用锗半导体设计出第一片集成电路。1960 年,美国仙童(Fairchild)半导体公司的 Robert Noyce 发明了平面工艺硅集成电路。集成电路的出现和应用,标志着电子技术发展到了一个新的阶段——微电子技术时代。在此后,集成电路芯片的发展基本上遵循了 Gordon E. Moore(Intel 公司创始人之一)在 1965 年预言的摩尔定律,即集成电路的集成度每 3 年增长 4 倍,特征尺寸每 3 年缩小一半。集成电路的发展经历了小规模集成(Small Scale Integration,SSI)、中规模集成(Medium Scale Integration,MSI)、大规模集成(Large Scale Integration,LSI)、超大规模集成(Very Large Scale Integration,VLSI)和特大规模集成(Ultra Large Scale Integration,ULSI)等不同阶段,各阶段的集成度如表0.1所示。

表 0.1 数字集成电路集成度的分类

分　类	集　成　度	典型的数字集成电路
小规模集成(SSI)	小于 100 个元件/片	各种逻辑门电路、触发器
中规模集成(MSI)	$100 \sim 1000$ 个元件/片	计数器、译码器、寄存器、转换电路
大规模集成(LSI)	$1000 \sim 10^5$ 个元件/片	小型存储器、门阵列、中央控制器
超大规模集成(VLSI)	$10^5 \sim 10^6$ 个元件/片	大型存储器、单片机、各种接口电路
特大规模集成(ULSI)	大于 10^6 个元件/片	可编程逻辑器件、多功能集成电路

目前,在单一集成电路芯片上可以实现一个复杂的电子系统,系统级芯片(System On Chip,SOC)成为集成电路的重要发展方向。尤其是随着纳米级技术的发展,芯片集成度越来越高,电路的设计越来越高端。例如,苹果A15处理器集成了多达150亿个晶体管。

2. 模拟电路与数字电路

1) 模拟量与数字量

按照变化规律的不同,自然界中存在的物理量可以分为两大类:一类物理量在时间上和数值上都是连续变化的,称为模拟量(analog quantity),如速度、温度、声音等;另一类物理量在时间上和数值上都是不连续变化的,即离散的,称为数字量(digital quantity),如人口统计、记录生产流水线上零件的个数、乒乓球比赛记分等。除了自然界中存在的数字量,人们也可以将模拟量用数字形式表示,从而人为地制造出数字量,例如,室内温度是一个模拟量,如果按照每小时采样一次,1小时即为采样时间间隔,这样采样获得的温度值是不连续的,这就是模拟量的数字表示法。

2) 模拟信号与数字信号

在电子系统中,电信号通常是指随时间变化的电压或电流。表示模拟量的电信号称为模拟信号。在电路中,模拟信号一般是随时间连续变化的电压或电流,如图0.1所示的正弦波信号是一种典型的模拟信号。表示数字量的电信号称为数字信号。在电路中,数字信号往往表现为突变的电压或电流,如图0.2所示的方波信号为一种典型的数字信号。

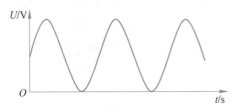

图 0.1 典型的模拟信号

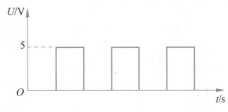

图 0.2 典型的数字信号

3）模拟电路与数字电路

电子技术是研究电子器件和电子电路的工作原理及其应用的一门科学技术。电子器件主要包括半导体二极管、晶体三极管、场效应管等分立元件与集成器件，用来实现信号的产生、放大、调制、转换等功能；电子电路是组成电子系统的基本单元，由电阻、电容、电感等电子元件和电子器件构成，实现某种特定功能。按传输和处理信号的不同，电子电路的基本内容包括模拟电路与数字电路两大部分。

传输和处理模拟信号的电子电路称为模拟电路。模拟电路研究的重点是信号在传输和处理过程中的波形变化以及器件和电路对信号波形的影响，主要采用模型分析法、图解法、近似估算法等方法。

传输和处理数字信号的电子电路称为数字电路。数字电路着重研究各种电路的输入和输出之间的逻辑关系，主要采用逻辑代数、真值表、卡诺图、状态转换图、时序图等分析方法。

由于模拟电路和数字电路处理的信号不同，所以在器件工作状态、电路结构、输出和输入关系、电路分析方法等方面都有很大的区别，两者研究内容及方法比较如表 0.2 所示。

表 0.2　模拟电路与数字电路的比较

比 较 类 别	模 拟 电 路	数 字 电 路
工作信号	模拟信号	数字信号
晶体管的工作状态	放大状态	开关状态（饱和与截止）
输出与输入的关系	线性关系	逻辑关系
基本电路	放大电路、运算电路、振荡电路、滤波电路、稳压电路等	门电路、组合逻辑电路、时序逻辑电路、半导体存储器、模数和数模转换电路、可编程逻辑器件等
分析方法	模型分析法、图解法、近似估算法等	逻辑代数、真值表、卡诺图、状态转换图、时序图等
电路结构	模拟电路的基本单元电路是基本放大器和运算放大器	数字电路的基本单元电路是逻辑门和触发器

3. 电路基础

在学习本课程之前，读者已经学习完大学物理、电路等课程，知晓电路模型、线性元件的特性、一阶电路的全响应、谐振等基本概念，掌握了 KCL、KVL、网孔分析法、节点分析法、叠加原理、戴维南定理、诺顿定理、三要素法、相量分析法等经典内容，这些内容是深入学习电子技术的基础，将在本课程中使用。如果读者在电路基础方面比较薄弱，这里系统性地归纳和总结了电路基础的重点知识，请扫描二维码进行巩固、学习。

为了便于本课程学习，衔接好先修课程的知识点，几个相关的基本概念与方法强调如下，希望读者有深刻的理解。

要点归纳

1）无源元器件与有源元器件

通过学习电路基础知识可知，电阻、电容、电感是常见的无源元件，另外，变压器、继电器、谐振器、无源滤波器均属于无源器件，它们的共同特点是在不需要外加电源的条件下,可以在有信号时工作。电压源和电流源是常见的有源元件,另外,三极管、场效应管、集成电路等电子器件均是有源器件,它们的共同特点是需要电源才能正常工作并实现特定功能。

2）线性/非线性元器件和线性/非线性电路

线性元器件是指输出量和输入量具有正比关系的元器件,常见的线性元器件包括电阻、电容、电感、变压器等。非线性元器件是指输出量和输入量不成正比关系的元器件,常见的非线性元器件包括二极管、三极管、场效应管等。当三极管、场效应管、运算放大器等有源器件工作在线性放大状态时,它们也是线性器件。

线性电路是指完全由线性元器件、独立源或线性受控源构成的电路。非线性电路是指含有非线性元器件的电路。在讨论三极管组成的电路是不是线性电路时,当三极管工作在线性放大状态时,此时的三极管是一个线性器件,那么该电路就是一个线性电路,这一点也可以从输出和输入成正比的特点判断出来;反之,三极管工作在非线性状态(饱和或截止)时,此时电路为非线性电路。

3）分立元件电路与集成电路

分立元件电路是将单个的电子元器件连接起来组成的电路。集成电路是采用一定的制造工艺将所有元器件都制作在一小块硅片上形成的电路。当用分立元件实现功能复杂的电路或系统时,势必会造成元器件数目众多,电路或系统的体积、重量和功耗都将增大,而且可靠性较差。由于集成电路克服了分立元件电路的缺点,因此其应用广泛,发展速度非常快。

在数字电路中,集成电路占绝对优势;但在模拟电路中,由于信号的多样性和功率的不同需求,以及集成电路技术受限等原因,无法在芯片中集成大电阻、电容、电感和变压器等元件,因此在模拟电路中,分立元件电路仍占有一席之地。

4）电路模型

电路模型是进行实体电路研究的"桥梁"。在电路课程学习中,读者已经掌握了电阻、电容、电感、电压源、电流源的电路模型以及使用这些模型构建等效电路的方法,能够通过一定条件下的实际元器件模型来研究电路,例如,实际照明灯泡可用电阻模型来等效分析和计算电路中的参数,再比如,将电流源和电压源进行等效转换可以简化求解电路中的参数。

在本课程中,对于非线性器件组成的电路,通常采用模型等效分析方法,即根据不同的应用环境和求解目标,通过选择不同的等效模型代替实际电路中的非线性器件进行分析计算电路中的参数。例如,在三极管组成的放大电路中,在进行模型选择和等效处理时,关键的一步就是根据三极管的工作状态和特征,进行近似线性化处理,从而建立了简化的线性等效电路模型,再采用已学的方法进行分析计算。

4. 本课程的学习方法

模拟电子技术基础是高等学校工科电类专业的一门重要的专业基础课程,也是核心必修课程,是衔接物理、电路等基础课程与后续专业课程的重要桥梁。该课程具有工程性和实践性强的特点,在学习过程中应注重以下几方面。

要点归纳

1）打好基础，重视知识体系的系统性和整体性

前面已经说过电路基础对本课程学习的重要性。读者需要重视前、后知识体系的连贯性，若基础不牢固，就不能全面深刻地理解后续对复杂电路的分析。读者需了解电子技术变革的历程，在单元电路学习的过程中注重知识的整体性。为了便于读者全面了解本课程的内容体系，对相关知识进行系统化的学习，这里以思维导图的形式，系统性地总结了课程主要知识点，请扫描二维码进行阅读。

2）正确处理"管—路—用"之间的关系

电子技术涉及半导体器件（管）、分立元件电路与集成电路（路）和电子电路应用（用）三部分内容，学习过程应坚持循序渐进、由简到繁。半导体器件的工作原理、电气特性是基础；电子电路分析与应用是核心。通过对分立元件电路的学习，掌握电子电路的基本分析方法，同时为理解集成芯片内部原理和学习集成电路的分析及应用打好基础；在应用中，需具备一定的工程意识，要处理好分立元件与集成电路的关系，合理选择元器件，综合考虑电路或系统性能、经济实用性等因素。

3）树立工程概念

电子技术课是一门工程性很强的课程，在采用模型等效法、近似估算法等进行电子电路分析时，难以用精确模型描述，这必然会带来一定的误差，因此，需建立工程概念，对实际问题的分析要具有工程观点，例如，在三极管放大电路中确立微变等效电路，是在交流小信号前提下用 h 参数等效模型代替实际电路中的三极管，忽略了一些参数的影响。再比如，在分析集成运算放大器组成的电路时，常使用理想集成运放模型，采用理想化的参数值。在本课程中，对于实际问题的计算不再注重精确计算，通常用一些近似分析方法和近似模型分析电路，如估算法、图解法和微变等效电路分析法，它们都是工程上的近似计算。

4）注重"理论与仿真验证、实践应用相结合"

由于电子技术具有实践性强的特点，因此应该十分注重实践环节，以实际操作实验为主，以仿真实验为辅。在理论学习的同时，要注重理论与实践相结合，特别是 EDA（Electronic Design Automation）仿真软件，对于初学者来说是一个非常实用的工具，可以随时随地验证理论方法。通过实践环节培养学生的动手能力和自主学习能力，特别是引导学生开展有深度、有挑战度地学习，培养探究能力，提高科研素养。

5）充分利用多形态学习资源

随着信息化教学技术的发展，线上教学方法、线上线下混合式教学方法被广泛应用，视频、动画等多形态教学资源被开发使用，使得课程学习方法随之改变。尤其是对于器件内部结构和实际电路设计，通过视频、动画等多形态资源，不仅可以看到现实中很难实现的内容，而且可以大大提高知识吸收率。本书在相关知识点提供了二维码学习资源，包括动画、视频、扩展阅读等。对于初学者来说，一定要充分利用好信息化工具和多形态学习资源，达到事半功倍的效果。

第

1

章

半导体器件

内容提要:

半导体器件是以半导体硅、锗等为主要材料制作而成的电子器件,是组成模拟电路和数字电路的基本单元。它的种类很多,二极管、三极管、场效应管以及集成电路都是重要的半导体器件,在实际中得到了极为广泛的应用。本章主要学习半导体器件的基本知识,为后续各章讨论由半导体器件构成的电子电路奠定基础。首先介绍半导体的基本知识,然后分别介绍半导体二极管、三极管、场效应管的结构、工作原理、特性曲线、主要参数及应用。

学习目标:

1. 了解 PN 结及其单向导电性。

2. 掌握二极管的伏安特性、主要参数及应用方法。

3. 掌握稳压二极管的稳压特性及使用方法,了解光电二极管、发光二极管等的工作原理。

4. 理解半导体三极管的结构和原理,掌握其特性及主要参数。

5. 了解场效应管的分类,理解其结构和原理,掌握其特性及主要参数。

重点内容:

1. 二极管的伏安特性与使用方法。

2. 稳压二极管的稳压特性与使用方法。

3. 三极管的输入特性与输出特性及主要参数。

4. 场效应管的输出特性与转移特性及主要参数。

1.1 半导体基础知识

在物理学中,按照导电能力不同,材料可以分为导体、绝缘体和半导体三类。导体中有大量的自由电子,加上电场后,自由电子定向移动,形成电流。因此,导体的电阻率很小,只有 $10^{-8} \sim 10^{-6} \Omega \cdot m$,导电能力很强。绝缘体中自由电子很少,外加电场后,不会形成电流。因此,绝缘体的电阻率很大,一般为 $10^8 \sim 10^{18} \Omega \cdot m$,导电能力很差。还有少数材料的导电能力介于导体和绝缘体之间,称为半导体(semiconductor),如硅(Si)、锗(Ge)和砷化镓(GaAs)等,它们的电阻率通常为 $10^{-5} \sim 10^6 \Omega \cdot m$。

半导体具有一些独特的物理性质,正是这些特性使其在电子技术中发挥着极其重要的作用,具体表现在以下三方面。

1. 掺杂性

在纯净的半导体中掺入微量的其他元素材料后,其电阻率将急剧下降。例如,在纯净的硅材料中掺入百万分之一的硼元素后,材料的电阻率就从约 $2 \times 10^3 \Omega \cdot m$ 下降到约 $4 \times 10^{-3} \Omega \cdot m$。利用这一特性可以制造各种半导体器件,如半导体二极管、三极管和场效应管等。

2. 热敏性

大多数半导体材料的电阻率随温度变化而发生明显的改变。温度升高,半导体的电阻率会明显变小。例如,温度每升高 10℃,锗的电阻率就会减小到原来的一半。利用这一特性可以很容易制成各种热敏元器件,如热敏电阻、温度传感器等。当然,这一特性也会导致半导体器件特性随温度发生变化,从而会对电子电路的稳定性产生很大影响,因此有必要考虑温度因素,避免导致对电路性能参数的不利影响。

3. 光敏性

有些半导体材料对光十分敏感,其电阻率随着光照的增强而显著下降。例如,由硫化镉半导体制成的光敏电阻,在无光照时电阻高达几十兆欧姆,受到光照时电阻会减小到几十千欧姆。半导体受光照后电阻明显变小的现象称为"光导电"。利用这一特性可以制成光敏电阻、光电二极管和光电三极管等。

1.1.1 本征半导体

纯净的半导体称为本征半导体(intrinsic semiconductor)。常用的半导体材料硅和锗均为四价元素,它们的共同特点是原子最外层轨道上有四个电子,称为价电子。硅和锗原子呈电中性,图 1.1.1 所示的是硅和锗原子结构的简化模型,写着 +4 的圆圈表示原子核和除价电子之外的其余内层电子,称为惯性核;大圆圈表示外层电子轨道,上面的四个点表示四个价电子。本征半导体的原子排列有序,呈四面体的晶体结构,如图 1.1.2 所示。在晶体结构中,原子之间靠得很近,每个原子的价电子不仅受到自身原子核的吸引,而且还受到相邻原子核的吸引,使得它们成为共用电子,这样的组合称为共价键结构,图 1.1.3 是这种共价键结构的平面示意图。每个原子的四个价电子都通过共价键与周围的四个原子发生作用,相互结合,形成整齐有序的晶体结构。晶体中的原子在空间形成排列整齐的点阵,称为晶格。

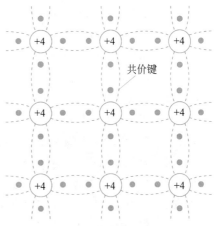

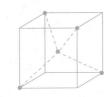

图 1.1.1 简化模型　　图 1.1.2 四面体晶体结构　　图 1.1.3 共价键结构

在绝对温度 $T=0\text{K}$ 时,如果没有外界激发,所有价电子都被共价键所束缚,不会形成自由电子,因此,称为束缚电子。这时,半导体中没有能够自由移动的带电粒子,半导体是良好的绝缘体,不能导电。但是,与绝缘体相比,半导体中的价电子受共价键的束缚力较小,只要得到较小的能量,价电子就会摆脱共价键的束缚,成为自由电子。例如,在

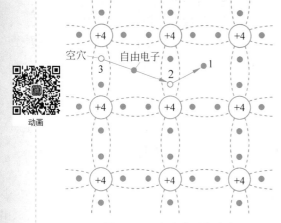

图 1.1.4　自由电子与空穴

温度 $T = 0K$ 时,硅原子中的价电子只要获得 1.21eV 的能量,就会变成自由电子。因此,当温度升高或受到日光照射时,有些价电子就会获得足够的能量,挣脱共价键的束缚,成为自由电子,这种物理现象称为本征激发,也称为热激发。自由电子产生的同时,在共价键中留下了一个空位,这个空位称为空穴。在本征半导体中,自由电子和空穴总是成对出现的,因此称为电子空穴对,如图 1.1.4 所示。在原子中,正负电荷数量是相等的。原子失掉一个带负电荷的电子后,它将多出一个正电荷,因此,可以说,空穴是带正电荷的。同时不难看出,一个空穴的电荷大小与一个电子的电荷数值相同。在本征半导体中,自由电子和空穴的数量是相等的,从宏观上看,它仍然是电中性的。

由于共价键中出现了空穴,当在本征半导体两端外加一电场时,就会有其他相邻共价键的价电子被吸引来填补这个空位,而在其原有的位置上留下一个空位。在图 1.1.4 中,2 处的电子受到本征激发跑到 1 处,变成自由电子,在 2 处留下空位。同样,3 处的价电子又跑来填补 2 处的空位,在 3 处形成新的空位。这样,无论从形式上看,还是从实际效果看,都好像是空穴在移动。空穴移动形成的电流,实际上是束缚电子移动而形成的电流。

运载电荷的粒子称为载流子。在导体中,只有一种载流子,即自由电子,自由电子的定向移动形成传导电流;而在半导体中,有两种载流子,即自由电子和空穴,自由电子的定向移动形成电子电流,空穴的定向移动形成空穴电流,两者都可以形成传导电流。这是半导体导电区别于导体导电的一个重要特点。由于自由电子和空穴所带电荷极性相反,所以在外电场作用下它们的运动方向也是相反的,本征半导体中的电流是电子电流和空穴电流之和。

在本征半导体中,不但存在着本征激发,而且存在着另一种现象:自由电子受原子核的吸引,与空穴在运动中随机相遇,自由电子释放原来获取的激发能量,重新回到共价键中去。这就好像自由电子和空穴相互结合,正负电荷彼此抵消,电子空穴对消失,这种现象称为复合。在一定温度下,本征激发和复合现象不断发生,并最终达到动态平衡,此时,本征激发所产生的电子空穴对和复合所消失的电子空穴对数量相等,电子空穴对的数量或浓度保持不变。在室温 $T = 300K$ 时,硅材料中电子空穴对的浓度约为 $1.5 \times 10^{10}/cm^3$,锗材料中电子空穴对的浓度约为 $2.4 \times 10^{13}/cm^3$。当温度升高时,电子空穴对的浓度随之升高,因而必然使得导电性能增强;反之,若温度降低,电子空穴对的浓度降低,因而导电性能变差。因此,温度对本征半导体材料的导电性能影响很大。

常温下,本征半导体中存在自由电子和空穴两种载流子,不再是绝缘体。但是,一般由于本征激发所产生的电子空穴对的数量很少,因此,本征半导体的导电性能很差。

1.1.2　杂质半导体

本征半导体的载流子浓度很低,导电能力很差,且对温度变化十分敏感,不宜在半导体器件制造中直接使用。在本征半导体中掺入微量的杂质元素,可以大大改善它的导电性能。掺入杂质元素后的半导体称为杂质半导体(extrinsic semiconductor)。按照掺入杂质元素类型的不同,杂质半导体可以分为 N 型半导体和 P 型半导体。

1. N 型半导体

图 1.1.5(a)所示为 N 型半导体的共价键结构示意图。在四价的硅中采用扩散工艺,掺入五价的元素磷(或砷、锑等),则磷原子将会代替原来晶格位置上的硅原子。磷原子最外层有五个价电子,其中的四个价电子与周围的四个硅原子的价电子组成共价键,另外还有一个价电子无法组成共价键。这个价电子受到的束缚力很小,只要得到 0.05eV 左右的能量就会变成自由电子,而一般硅原子的价电子变成自由电子则需要得到 1.21eV 的能量。上述过程称为杂质电离。失去一个价电子的磷原子带有一个正电荷,成为不能自由移动的正电粒子——正离子。在室温下,N 型半导体中所有的磷原子都会发生杂质电离,使一个价电子变为自由电子。由于杂质原子可以提供自由电子,因而称之为施主原子。

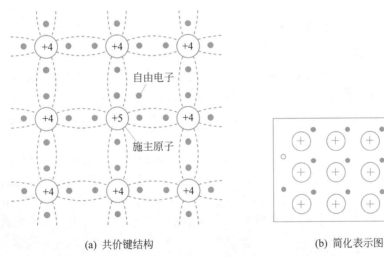

(a) 共价键结构　　　　　　　　　　　(b) 简化表示图

图 1.1.5　N 型半导体

在 N 型半导体中,不但有杂质电离产生的自由电子,还有本征激发产生的电子空穴对,前者比后者的数量要大得多。因此,在这种杂质半导体中既有自由电子,又有空穴,其简化表示如图 1.1.5(b)所示。自由电子是由杂质电离和本征激发导致的;而空穴只是由本征激发导致的。由于自由电子的数量比空穴大得多,自由电子为多数载流子,简称多子,空穴为少数载流子,简称少子。电子带负(Negative)电,因此,这种半导体称为 N 型半导体。

2. P 型半导体

图 1.1.6(a)所示为 P 型半导体的内部结构示意图。在四价的硅中掺入三价的元素

硼（或镓、铟等），则硼原子将会代替原来晶格位置上的硅原子。硼原子最外层有三个价电子，与周围的四个硅原子组成共价键时，缺少一个价电子，出现了一个空位（空位为电中性）。相邻共价键上的价电子受激发就会来填补这个空位。这样，硼原子多了一个电子，成为不能移动的带负电荷的负离子，而失去价电子的硅原子形成了一个空穴。这也是一个杂质电离的过程。在室温下，P 型半导体中的所有硼原子都会发生杂质电离，产生空穴。由于杂质原子可以接收自由电子，因而称之为受主原子。

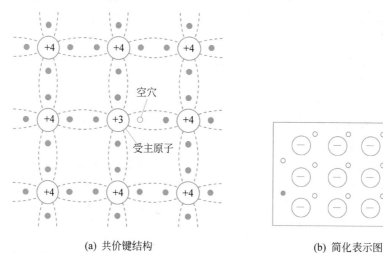

(a) 共价键结构   (b) 简化表示图

图 1.1.6   P 型半导体

在 P 型半导体中，同样既有自由电子，又有空穴，其简化表示图如图 1.1.6(b) 所示。空穴是由杂质电离和本征激发导致的，而自由电子是由本征激发导致的。空穴的数量比自由电子大得多，空穴为多子，自由电子为少子。空穴带正（Positive）电，因此，这种半导体称为 P 型半导体。

在 N 型和 P 型半导体中，多子的浓度取决于掺入的杂质原子的密度；少子的浓度尽管很低，但与本征激发和复合有关，主要取决于温度，这将影响半导体器件的性能。

在同一块半导体材料中，既掺入具有施主原子的杂质，又掺入具有受主原子的杂质，它到底会成为哪种类型的半导体材料呢？这要由施主原子密度和受主原子密度决定。哪一种密度高，就成为哪种半导体。由此可见，在 N 型半导体中再掺入三价杂质元素，且其浓度大于原掺入的五价杂质元素，则半导体可转型为 P 型半导体；反之，P 型半导体也可以通过掺入足够的五价杂质元素而转型为 N 型半导体。

1.1.3   PN 结的形成及其单向导电性

采用不同的掺杂工艺，将 P 型半导体和 N 型半导体制作在同一块半导体基片上，在其交界处就会形成 PN 结。PN 结具有一系列极其重要的物理现象，它为现代半导体工业和电子技术的革命性发展奠定了重要基础。

1. PN 结的形成

采用一定的半导体制造工艺，将一块半导体材料一边做成 P 型半导体，一边做成 N

动画

型半导体,两者之间有一个交界面。在交界面两侧,P 型半导体和 N 型半导体的多子浓度差别较大。在 P 区一侧,空穴的浓度很大;在 N 区一侧,自由电子的浓度很大。由于两种载流子存在很大的浓度差,它们必然向对方的区域扩散,如图 1.1.7 所示。

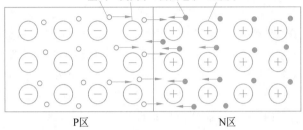

图 1.1.7　载流子的扩散

这种由于浓度差引起的运动称为扩散运动。P 区中的空穴扩散到对方区域后,在原来的位置留下了不能移动的负离子;N 区中的自由电子扩散到对方区域后,在原来的位置留下了不能移动的正离子。扩散到对方区域的载流子都变成了少数载流子,在两个区域的交界面附近,它们将会与该区域中的多数载流子复合掉。这样,在两个区域的交界面附近就形成了只有不能移动的正负离子、没有任何载流子的区域,这个区域称为空间电荷区,如图 1.1.8 所示。在这个区域中,载流子几乎消耗已尽,所以又称为耗尽区或耗尽层。

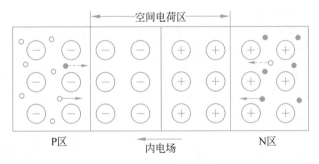

图 1.1.8　PN 结的形成

在空间电荷区中,N 区一侧带正电,P 区一侧带负电,从而形成了一个内电场。内电场的方向由 N 区指向 P 区,N 区的电位比 P 区约高零点几伏,这个电位差称为接触电位差。扩散运动越剧烈,空间电荷区越宽,内电场也就越强。

内电场是由多数载流子的扩散运动形成的。内电场建立后,对载流子的运动产生了两种不同影响。对于两个区域中多数载流子的扩散运动,内电场的方向与多数载流子扩散的方向相反,所以,它会阻止扩散运动的进行,即内电场对多数载流子的扩散运动起到阻碍作用,而且内电场越强,空间电荷区越宽,扩散运动就越难发生。自由电子要从 N 区到 P 区,空穴要从 P 区到 N 区,都必须增加足够的能量才行,这相当于越过一个能量高坡,称为势垒。因此,空间电荷区又称为势垒区。对于两个区域中的少数载流子,它们在电场的作用下向对方区域运动,这种运动称为漂移运动。同时,内电场对少数载流子的漂移运动起到促进作用。

多数载流子的扩散运动使得空间电荷区变宽,内电场加大。内电场的加大进一步阻碍了多数载流子的扩散运动,同时促进了少数载流子的漂移运动。少数载流子漂移时,N区的少数载流子(空穴)到达P区后,会使P区的负离子减少,P区的少数载流子(自由电子)到达N区后,会使N区的正离子减少,从而使得内电场减弱。内电场的减弱又反过来促进了多数载流子的扩散。由此可见,载流子的扩散运动和漂移运动是相互制约的。在无外电场和其他激发作用的情况下,参与扩散运动的多数载流子数量与参与漂移运动的少数载流子数量相等,从而达到动态平衡,形成 **PN结**,如图1.1.8所示。此时,空间电荷的数量达到稳定,内电场的大小也稳定下来,空间电荷区的宽度不再发生变化,虽然仍有载流子流过PN结,但其正负电荷的数量是相等的,电流为零。

在空间电荷区中,正负离子的数量是相等的。如果N区和P区的杂质浓度相等,耗尽区在两个区域内的宽度是相等的,那么这种PN结称为 对称**PN**结;如果杂质浓度不相等,耗尽区在两个区域内的宽度是不相等的,那么这种PN结称为 不对称**PN**结。

2. PN结的单向导电性

上述讨论是PN结没有外加电场的情况。如果PN结外加电场,将会呈现出非常重要的特性——单向导电性。

1) PN结外加正向电压

如图1.1.9所示,将PN结的P区接电源正极,N区接电源负极,称PN结外加正向电压,称为正向偏置,简称正偏(Forward bias)。此时,外加电场 E_w 与内电场 E 的极性相反,削弱了内电场,破坏了原来的平衡状态,使空间电荷区变窄,PN结变薄。在外加电场 E_w 的作用下,N区和P区中多数载流子的扩散运动大大增强,自由电子从N区扩散到P区,空穴从P区扩散到N区,而少数载流子的漂移运动减弱。只要外电场 E_w 存在,这个过程将源源不断地进行,从而在PN结内形成电流。由扩散运动和漂移运动形成的电流分别称为 扩散电流和漂移电流。

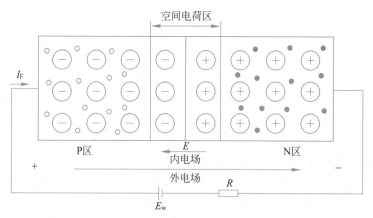

图1.1.9 PN结外加正向电压

PN结外加正向电压后,扩散电流大大增加,而少数载流子的数量很少,形成的漂移电流很小,与扩散电流相比是微不足道的。因此,在外加正向电压时,主要是扩散电流流过 PN 结,称为正向电流,记为 I_F,这时的 PN 结处于导通状态,呈现为低电阻。由于 PN 结导通时的压降只有零点几伏,因而应在回路中串联一个限流电阻,防止 PN 结因 I_F 过大而损坏。I_F 的大小主要取决于外加电压 E_w 和限流电阻 R。

2) PN 结外加反向电压

如图 1.1.10 所示,将 PN 结的 P 区接电源负极,N 区接电源正极,称 PN 结外加反向电压,称为反向偏置,简称反偏(Reverse bias)。此时,外加电场 E_w 与内电场 E 的极性相同,使空间电荷区变宽,PN 结变厚。在外加电场 E_w 的作用下,N 区和 P 区中多数载流子的扩散运动大为减弱,扩散电流大大减小;少数载流子的漂移运动有所增强,漂移电流占了主导地位。PN 结反偏时的漂移电流又称为反向电流,记为 I_R。因为少数载流子是由热激发而产生的,其数量极少,所以 I_R 非常小,当反向电压并不太高时,绝大多数少子均参与了导电,I_R 几乎不再随反向电压的增大而增大,在温度一定时其大小基本不变,似乎是饱和了,称为反向饱和电流(Reverse saturation current),记为 I_S。PN 结反偏时,反向电流 I_R 很小,在近似分析中常将它忽略不计,此时的 PN 结处于截止状态,呈现为高电阻。

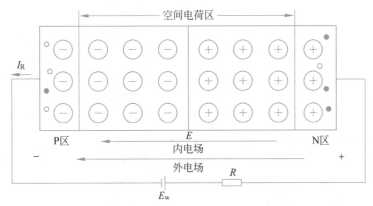

图 1.1.10　PN 结外加反向电压

综上所述,PN 结正偏时,将会通过较大的正向电流 I_F,PN 结处于导通状态,呈现为低电阻;PN 结反偏时,只有很小的反向电流 I_R,PN 结处于截止状态,PN 结呈现为高电阻,这就是 PN 结的单向导电性。

1.1.4　PN 结的伏安特性

1. PN 结的伏安特性表达式

PN 结两端的外加电压 u 与流过 PN 结的电流 i 之间的关系称为 PN 结的伏安特性。通过理论分析可知,PN 结的伏安特性可表示为

$$i = I_S(e^{\frac{u}{U_T}} - 1) \tag{1.1.1}$$

式中,I_S 是 PN 结的反向饱和电流;$U_T = \dfrac{kT}{q}$,称为温度电压当量,$k = 1.381 \times 10^{-23}$ J/K,

是玻耳兹曼常数，T 为热力学温度，$q = 1.6 \times 10^{-19} C$，是一个电子的电荷量。常温下，即 $T = 300K$ 时，$U_T \approx 26mV$。

2. PN 结的伏安特性曲线

1）正向特性

PN 结正偏时的伏安特性称为 正向特性。当 PN 结正偏时，一般很容易满足 $u \gg U_T$。例如，当 $u = 0.1V$ 时，$e^{\frac{u}{U_T}} \approx e^4 \approx 55 \gg 1$。此时，式(1.1.1)可以表示为

$$i \approx I_S e^{\frac{u}{U_T}} \tag{1.1.2}$$

由式(1.1.2)可知，当 PN 结正偏时，i 随 u 按指数规律变化，如图 1.1.11 中的第一象限所示。

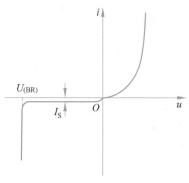

图 1.1.11　PN 结的伏安特性曲线

2）反向特性

PN 结反偏时的伏安特性称为 反向特性。在反向特性中，二极管处于截止或击穿两种状态，其中击穿又分为电击穿和热击穿。

（1）截止。当 PN 结反偏时，一般很容易满足 $|u| \gg U_T$。因 $e^{\frac{u}{U_T}} \ll 1$，故式(1.1.1)又可以表示为

$$i \approx -I_S \tag{1.1.3}$$

由式(1.1.3)可以看出，当 PN 结反偏时，其反向电流是一个很小的电流，且与反向电压大小无关，如图 1.1.11 中的第三象限所示。对于硅 PN 结来说，I_S 一般为纳安数量级；对于锗 PN 结，I_S 一般为微安数量级。

（2）击穿。当反向电压增大到一定程度时，流过 PN 结的反向电流急剧增大，这种现象称为 反向击穿，如图 1.1.11 中第三象限左边所示。发生反向击穿时的电压称为 反向击穿电压 $U_{(BR)}$。当反向电流不太大时，PN 结的温度还不会超过允许的最高温度（硅 PN 结为 150～200℃，锗 PN 结为 75～100℃），PN 结仍不会损坏，及时减小反向电压，反向击穿现象就会消失，PN 结仍能正常工作，这种击穿称为 电击穿，其物理过程是可逆的。然而，在发生了电击穿后，若仍继续增大反向电压，流过 PN 结的反向电流也随之增大，消耗在 PN 结上的功耗是很大的。这样，PN 结因发热而超过其最高允许温度，PN 结就被永久性地烧坏了，这种击穿称为 热击穿。显然，热击穿是不可逆的。

1.1.5　PN 结的反向击穿

按击穿的机理不同，PN 结反向击穿有以下两种类型。

1. 齐纳击穿

对于掺杂密度高的 PN 结，空间电荷区中的正负离子密度也大，空间电荷区很窄。所以，在较低的反向电压下，就可以使内电场达到足够的场强。这个内电场将会直接把空间电荷区里的半导体原子的价电子从共价键中激发出来，产生电子空穴对，从而使反向

电流突然增大,出现击穿,这种击穿称为齐纳击穿。当反向电压低于 4V 时,击穿主要是由齐纳击穿所致。击穿电压还受温度的影响,发生齐纳击穿的 PN 结,当温度上升时,价电子的能量增加,使价电子激发所需的电压变小,所以,齐纳击穿电压的温度系数为负值,即温度升高时,击穿电压降低。

2. 雪崩击穿

对于掺杂密度低的 PN 结,空间电荷区很宽,需要更高的电压才能在空间电荷区中有较强的场强。当 PN 结两端加的反向电压足够大时,内电场也随之增强,使得漂移运动的少子获得的能量显著增加,运动速度大大加快。这些少子在运动过程中,会与共价键中的价电子发生碰撞,将一部分动能转移给共价键中的电子,使价电子脱离共价键的束缚,变成自由电子,从而产生了电子空穴对。新产生的电子与空穴被电场加速后又会碰撞其他价电子,再产生新的电子空穴对,这就是载流子的倍增效应,反向电流剧增,PN 结被击穿。这种击穿与高原雪山发生的雪崩现象类似,因此称为雪崩击穿,其击穿电压一般大于 6V。由于温度上升时,晶体中的原子热运动加剧,被加速的少子与原子发生"摩擦"的机会增加,损耗部分能量,这就需要有更高的反向电压才能使 PN 结击穿,因此,雪崩击穿电压具有正的温度系数。

击穿电压为 4~6V 时,PN 结两种击穿可能同时存在,这时,击穿电压的温度系数较小。正确理解击穿的内部机理,对于后续学习稳压管的相关知识有较大的帮助。

1.1.6 PN 结的电容效应

在物理学中,电容表示了一个器件电荷量与电压之间的关系。在 PN 结中,空间电荷区中正负离子的数量、扩散到 P 区的电子和扩散到 N 区的空穴的数量,都与外加电压有关系,这也表现出电容效应。PN 结的电容效应按产生的机理不同分为势垒电容和扩散电容。

1. 势垒电容 C_B

PN 结两边分布着正负离子,与平板电容器非常类似。当 PN 结外加正向电压时,空间电荷区中正负离子的数量要减少,PN 结变薄;当外加反向电压时,空间电荷区中正负离子的数量要增加,PN 结变厚。这种现象类似于平板电容器的充放电,如图 1.1.12 所示。图中,L 是外加电压为 U 时的空间电荷区的宽度,当电压变化量 $\Delta U < 0$ 时,空间电荷区的宽度增大为 $L+\Delta L$,如图 1.1.12(a)所示;当 $\Delta U > 0$ 时,空间电荷区的宽度减小为 $L-\Delta L$,如图 1.1.12(b)所示。空间电荷区(势垒区)中正负离子的数量随外加电压的变化而发生变化的效应称为势垒电容,用 C_B 表示。根据理论分析可知,C_B 可表示为

$$C_B = \frac{C_{B0}}{\left(1-\dfrac{u}{U_0}\right)^n} \tag{1.1.4}$$

式中,u 是 PN 结的外加电压;C_{B0} 是 $u=0$ 时的 C_B 值;U_0 是 PN 结的接触电位差;n 是变容指数,其大小取决于 PN 结的工艺、结构等因素,一般为 1/3~6。一般地,势垒电容 C_B 的大小为 1~100pF。利用 PN 结加反向电压时随 u 变化的特性,可制成各种变容二极管。

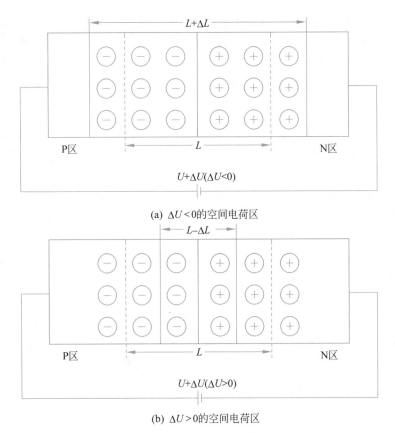

(a) $\Delta U < 0$的空间电荷区

(b) $\Delta U > 0$的空间电荷区

图 1.1.12　势垒电容示意图

　　PN 结本身有一个结电阻,从等效的观点看,势垒电容与它是并联的。当 PN 结外加正向电压时,PN 结的结电阻很小,势垒电容 C_B 的等效阻抗较大,两者并联主要是结电阻起作用,可以不考虑势垒电容 C_B 的影响。当 PN 结外加反向电压时,PN 结的结电阻很大,势垒电容的等效阻抗也不小,两者的作用都是不能忽略的。因此,势垒电容 C_B 主要是在 PN 结反偏时起作用。

2. 扩散电容 C_D

　　当 PN 结外加正向电压时,P 区中的多数载流子空穴和 N 区中的多数载流子电子都要向对方区域扩散。在扩散过程中不断与对方区域中的多数载流子复合。扩散到另一侧半导体的多子称为非平衡少数载流子,简称为非平衡少子。在靠近 PN 结边界处,非平衡少子的浓度最高,距边界越远,其浓度越低,并形成了一定的浓度梯度。当正向电压增大时,非平衡少子的浓度增大且浓度梯度也增大,积累在 P 区和 N 区中的非平衡少子数量增多;当正向电压减小时,非平衡少子的浓度减小且浓度梯度也减小,积累在 P 区和 N 区中的非平衡少子数量减少。图 1.1.13 所示的三条曲线是在不同正向电压下的 P 区少子浓度的分布情况。由图 1.1.13 可知,当外加电压增大时,曲线由①变为②,非平衡少子浓度增大;当外加电压减小时,曲线由①变为③,非平衡少子浓度减小。

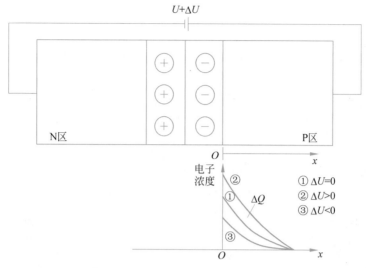

图 1.1.13　P 区少子浓度分布示意图

当外加正向电压变化时,P 区和 N 区非平衡少子的数量和浓度梯度都要变化,这种电容效应称为扩散电容,用 C_D 表示。根据理论分析可知,C_D 可表示为

$$C_D = \frac{\Delta Q}{\Delta U} \tag{1.1.5}$$

式中,ΔU 为 PN 结两端电压的变化量,ΔQ 为非平衡少子引起的电量的变化量。PN 结正偏时,积累的非平衡少子数量随外加电压的增大而增加,扩散电容大;PN 结反偏时,少子本身的数量很少,扩散电容很小,一般可以忽略。显然,扩散电容主要是在 PN 结正偏时起作用。扩散电容 C_D 的大小一般为 $10 \sim 100\text{pF}$。

势垒电容 C_B 和扩散电容 C_D 的大小都是随外加电压变化而变化的,但与普通电容不一样,它们属于非线性电容。由于 C_B 和 C_D 都是并联在 PN 结上,所以 PN 结的结电容 C_J 是两者之和,即

$$C_J = C_B + C_D \tag{1.1.6}$$

当 PN 结正偏时,$C_D \gg C_B$,C_J 大小主要取决于 C_D,为几十到几百皮法;当 PN 结反偏时,$C_B \gg C_D$,C_J 大小主要取决于 C_B,为几皮法到几十皮法。由于 C_B 和 C_D 一般都很小,对于低频信号呈现出很大的容抗,其作用可以忽略不计,因此,只有在信号频率较高时才考虑结电容的作用。

1.2　半导体二极管

1.2.1　半导体二极管的结构与分类

半导体二极管(Diode)又称为晶体二极管,简称二极管,是由一个 PN 结加上电极引线和外壳构成的,图 1.2.1 所示为半导体二极管的结构示意图和符号。在图 1.2.1(b)中,标"＋"号的一端与 PN 结的 P 区相连,称为阳极(Anode);标"－"号的一端与 PN 结

的 N 区相连,称为阴极(Cathode)。

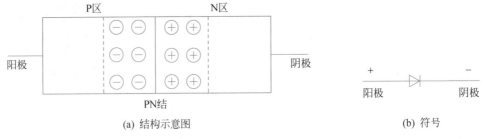

(a) 结构示意图   (b) 符号

图 1.2.1 二极管的结构示意图与符号

    半导体二极管有许多种类型。按材料不同分,最常用的有硅二极管和锗二极管两种;按用途不同分,有整流二极管、稳压二极管、开关二极管、检波二极管等;按结构不同分,有点接触型、面接触型和平面型三种。

    点接触型二极管的结构如图 1.2.2(a)所示,其特点是结面积小,因而结电容小,适合用于高频电路,工作频率可达 100MHz,适用于高频检波和小功率整流。例如,2AP1 是点接触型锗二极管,最大整流电流为 16mA,最高工作频率为 150MHz。

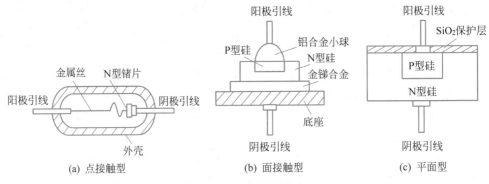

(a) 点接触型   (b) 面接触型   (c) 平面型

图 1.2.2 二极管的结构

    面接触型二极管的结构如图 1.2.2(b)所示,它的特点是 PN 结面积大,因而结电容大,能通过较大的电流,但工作频率低,适用于低频整流电路。例如,2CP1 为面接触型硅二极管,最大整流电流为 400mA,最高工作频率只有 3kHz。

    平面型二极管的结构如图 1.2.2(c)所示,它的特点是 PN 结面积可大可小,往往用于集成电路制造工艺中。PN 结面积大的,可通过较大的电流,适用于大功率整流;PN结面积小的,结电容小,适合在数字电路中作为开关管使用。

1.2.2 二极管的伏安特性

    二极管两端电压 u_D 和流过它的电流 i_D 之间的关系称为二极管的伏安特性。与 PN 结一样,二极管具有单向导电性,在近似分析时,仍然用 PN 结的伏安特性表达式 $i_D = I_S(e^{\frac{u_D}{U_T}} - 1)$ 来描述二极管的伏安特性。但是,由于二极管存在半导体体电阻和引线电阻,以及二极管表面漏电流的影响,使得二极管的伏安特性与 PN 结的伏安特性存在一些差别。图 1.2.3 给出了实测的半导体二极管的特性曲线,其中 $u_D > 0$ 的部分称为正向特性, $u_D < 0$ 的部分称为反向特性。由特性曲线可知,二极管是非线性器件。

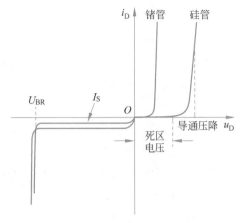

图 1.2.3　二极管的伏安特性曲线

1. 正向特性

(1) 当二极管外加较小的正向电压时,正向电流几乎为零,可以认为二极管是不导通的,此工作区域称为死区。死区的电压范围称为死区电压。只有外加电压大于死区电压时,才有明显的电流流过二极管,因此死区电压又称为开启电压或门槛电压。二极管的死区电压与材料和温度有关,一般硅二极管的死区电压为0.5V,锗二极管的死区电压为0.1V。

(2) 二极管正向导通后,其管压降变化很小。硅二极管的正向导通电压为 0.6～0.8V,典型值为 0.7V。锗二极管的正向导通电压为 0.2～0.4V,典型值为 0.3V。

2. 反向特性

(1) 当二极管外加的反向电压小于击穿电压 $U_{(BR)}$ 时,反向饱和电流 I_S 很小,而且其大小基本不随反向电压的变化而变化。

(2) 当二极管外加的反向电压大于 $U_{(BR)}$ 时,将会出现反向击穿,实质上是内部的PN 结发生击穿,反向电流急剧增加,这与前面讨论的 PN 结的反向击穿是相同的。

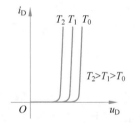

图 1.2.4　二极管的正向特性随温度的变化

3. 温度对二极管特性的影响

由二极管的伏安特性表达式可知,由于 I_S 和 U_T 都是受温度影响的,二极管的特性也随温度的变化而变化。图 1.2.4 给出了二极管的正向特性随温度的变化。在给定电流下,所需的正向偏置电压随温度的增加而减小,即正向电压具有负的温度系数。温度系数用温度每变化1℃时正向电压的变化量来表示,对硅二极管而言,该参数大约为 -2mV/℃。

在反向特性中,由于 I_S 与少数载流子的数量有关,因此其大小也受温度影响。温度每增加 5℃, I_S 值大约增加一倍。一般情况下,实际的二极管反向电流在温度每增加10℃,其值约增加一倍。

1.2.3　二极管的主要参数

对于半导体器件,除了用特性曲线来描述其工作特性外,还经常使用一组参数来定量描述其性能,这些参数也是合理选用器件的依据。二极管的主要参数如下所述。

扩展阅读

1. 最大整流电流 I_F

最大整流电流 I_F 是指二极管长时间运行时允许通过的最大正向平均电流，由 PN 结的面积和散热条件决定。如果电流超过这个值，二极管就会因发热量超过限度而烧坏。

2. 反向击穿电压 $U_{(BR)}$

反向击穿电压 $U_{(BR)}$ 是指二极管出现反向击穿时的电压值。二极管一旦反向击穿，其反向电流急剧增加，将会因过热而烧坏。因此，二极管的反向工作电压不允许超过 $U_{(BR)}$。一般情况下，定义反向击穿电压的一半为二极管允许的最大反向工作电压。例如，二极管 2AP1 的最高反向工作电压为 20V，而反向击穿电压实际上大于 40V。

3. 反向电流 I_R

反向电流 I_R 是指在室温条件下，二极管未出现击穿时的反向电流。I_R 越小，表明二极管的单向导电性越好。I_R 是由少数载流子运动形成的，因此，它受温度的影响较大。一般硅二极管的反向电流为纳安数量级，锗二极管的反向电流为微安数量级。

4. 最大工作频率 f_M

最大工作频率 f_M 是指二极管工作的上限截止频率。当工作频率大于 f_M 时，由于结电容的作用，二极管的单向导电性变差。

1.2.4 二极管的模型

二极管是一种非线性器件，当然可以使用伏安特性表达式对其电压电流关系进行理论分析和计算机辅助分析，但在工程分析时，使用公式往往不够直观、简便。因此，常常用一些等效的模型来代替实际电路中的二极管，并对二极管应用电路进行分析。在工程分析时，可按大信号和小信号两种工作条件建立二极管的等效模型，其中，大信号模型包括理想二极管模型、恒压降模型和折线模型。

1. 理想二极管模型

理想二极管模型是将二极管的单向导电性做了理想化处理。当正偏时，二极管导通，有较大的正向电流，其导通压降为零；当反偏时，二极管截止，其电阻为无穷大，反向电流为零。理想二极管的伏安特性如图 1.2.5(a) 中的实线所示，图中虚线为实际二极管的伏安特性。图 1.2.5(b) 为理想二极管的等效模型。在实际电路中，当电源电压远大于二极管的导通压降时，可采用理想二极管模型分析电路。

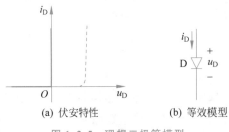

(a) 伏安特性　　(b) 等效模型

图 1.2.5　理想二极管模型

2. 恒压降模型

当电源电压与二极管的导通压降相差不够大时，采用理想二极管模型分析电路得到的结果将会产生较大的误差，此时，可以采用恒压降模型。恒压降模型，又称为理想二极管串联电压源模型，即在正向导通时，用一个恒定电压源与理想二极管的串联电路来代替实际电路中的二极管,其伏安特性和符号如图 1.2.6(a)、(b)所示。图 1.2.6(b)中,理想二极管反映了二极管 D 的单向导电性,电压源 U_D 代表二极管的正向导通压降。对于硅二极管来说,$U_D=0.7\text{V}$;对于锗二极管来说,$U_D=0.3\text{V}$。

3. 折线模型

为了更准确地描述二极管的伏安特性,对恒压降模型做进一步修正,即认为二极管的管压降不是恒定的,而是随着流过电流的增加而增大,这样就得到了二极管的折线模型,如图 1.2.7 所示。图中,U_{th} 为二极管的死区电压;$r_D=\dfrac{\Delta U}{\Delta I}$,对硅二极管来说,一般取 $r_D=200\Omega$。

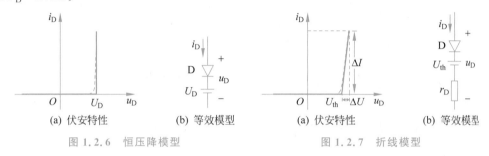

<table>
<tr><td>(a) 伏安特性</td><td>(b) 等效模型</td><td>(a) 伏安特性</td><td>(b) 等效模型</td></tr>
<tr><td colspan="2" align="center">图 1.2.6　恒压降模型</td><td colspan="2" align="center">图 1.2.7　折线模型</td></tr>
</table>

4. 小信号模型

在模拟电子电路中,二极管经常是工作在直流电压源和交流小信号电压源共同作用的电路,如图 1.2.8(a)所示,二极管始终导通,且流过二极管的电流及管压降既有直流分量,又有交流分量,这时,必须对其进行小信号建模。

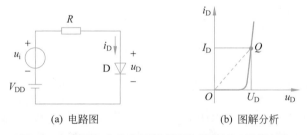

(a) 电路图	(b) 图解分析

图 1.2.8　直流、交流电压源共同作用时的二极管电路

在图 1.2.8(a)中,当 $u_i=0$ 时,即电路中只有直流量,二极管两端电压和流过二极管的电流就是图 1.2.8(b)中 Q 点的值(U_D,I_D),I_D 的表达式为

$$I_D=\frac{V_{DD}-U_D}{R} \tag{1.2.1}$$

此时,电路处于直流工作状态,也称为**静态**,Q 点称为**静态工作点**。二极管工作在静态时的等效电阻称为**直流电阻**,用 R_D 表示,其表达式为

$$R_D=\frac{U_D}{I_D} \tag{1.2.2}$$

由此可见,R_D 不是恒定值,而是随静态工作点的变化而变化。需要注意的是,R_D 是

Q 到原点 O 的直线斜率的倒数。

当 $u_i = U_m \sin(\omega t)$ 时（$U_m \ll V_{DD}$），电路的工作点将在 Q' 和 Q'' 之间的小范围内变化，则二极管两端电压和流过二极管的电流的变化量分别为 Δu_D 和 Δi_D，如图 1.2.9(a) 所示。此时，二极管等效成一个动态电阻，称为交流电阻 r_d，其表达式为

$$r_d = \frac{\Delta u_D}{\Delta i_D} \tag{1.2.3}$$

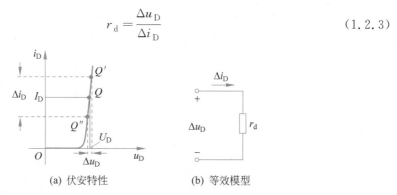

(a) 伏安特性　　　　　(b) 等效模型

图 1.2.9　小信号模型

在实际应用中，微小变化量 Δu_D 和 Δi_D 也常用交流分量 u_d 和 i_d 表示，则交流电阻 $r_d = \dfrac{u_d}{i_d}$，图 1.2.9(b) 给出了二极管的小信号模型。

需要注意的是，交流电阻 r_d 是特性曲线过 Q 点的切线斜率的倒数。通过求解伏安特性表达式在 Q 点的导数的倒数即可得到 r_d 的值。因此，对二极管的伏安特性表达式 $i_D = I_S(e^{u_D/U_T} - 1)$ 进行求导可得

$$\frac{1}{r_d} = \frac{\Delta i_D}{\Delta u_D} \approx \frac{\mathrm{d} i_D}{\mathrm{d} u_D} = \frac{\mathrm{d}[I_S(e^{u_D/U_T} - 1)]}{\mathrm{d} u_D} = \frac{I_S}{U_T} e^{u_D/U_T} \tag{1.2.4}$$

在 Q 点处，二极管两端电压 u_D 远大于 U_T，从而可得

$$r_d = \frac{U_T}{I_S e^{u_D/U_T}} \approx \frac{U_T}{I_D} \approx \frac{26\mathrm{mV}}{I_D} \tag{1.2.5}$$

从式(1.2.5)可以看出，交流电阻 r_d 的大小是与直流电流 I_D 密切相关的。r_d 并不是表示二极管中真正有一个这样的电阻器，只是表明二极管工作在交流状态时可以用它来等效表示。需要说明的是，若交流信号为高频信号，在模型中还应考虑结电容的影响。

【例 1.2.1】　由硅二极管组成的电路如图 1.2.10(a) 所示，$R = 1\mathrm{k}\Omega$，$U_{REF} = 1\mathrm{V}$，试判断 $V_{DD} = 10\mathrm{V}$ 和 $V_{DD} = 3\mathrm{V}$ 时电路中的二极管是否导通，若导通，请选择合适的二极管模型求出 A、B 两端的电压 U_{AB}。

解：(1) 若 $V_{DD} = 10\mathrm{V}$，先假设二极管开路，则求得二极管两端的开路电压为 $V_{DD} - U_{REF} = 9\mathrm{V}$，大于死区电压 0.5V，因此二极管导通。由于回路等效电源电压为 9V，远大于二极管的导通压降 0.7V，故可采用理想二极管模型来近似计算，等效电路如图 1.2.10(b) 所示，可求得 $U_{AB} = V_{DD} = 10\mathrm{V}$。

(2) 若 $V_{DD} = 3\mathrm{V}$，假设二极管开路，则可求得二极管两端的开路电压为 $V_{DD} -$

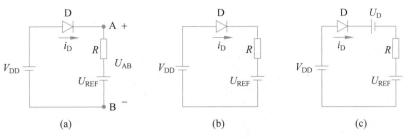

图 1.2.10 例 1.2.1 图

$U_{REF} = 2V$，大于死区电压 0.5V，因此二极管导通。但由于回路等效电源电压为 2V，与二极管的导通压降 0.7V 相差不大，若采用理想二极管模型进行计算会导致较大的误差，故采用二极管的恒压降模型来近似计算，等效电路如图 1.2.10(c) 所示，$U_D = 0.7V$，可求得 $U_{AB} = V_{DD} - 0.7V = 2.3V$。

【例 1.2.2】 由硅二极管组成的电路如图 1.2.11(a) 所示，$R = 1k\Omega$，$V_{DD} = 5V$，$u_i = 0.1\sin(\omega t)(V)$，二极管的导通压降 $U_D = 0.7V$，试求输出电压 u_O 并画出其波形。

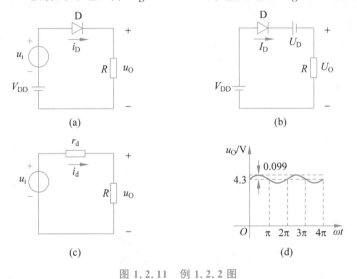

图 1.2.11 例 1.2.2 图

解：由于 $V_{DD} = 5V$，$u_i \ll V_{DD}$，两者之和大于二极管的死区电压 0.5V，故二极管导通。根据叠加原理，可以将 V_{DD} 和 u_i 的作用单独考虑，分别得到相应的电路模型，如图 1.2.11(b)、(c) 所示。由图 1.2.11(b) 可求得

$$U_O = V_{DD} - U_D = 5 - 0.7 = 4.3(V)$$

$$I_D = (V_{DD} - U_D)/R = 4.3(mA)$$

由式 (1.2.5) 求得二极管的交流电阻为

$$r_d = \frac{U_T}{I_D} = \frac{26}{4.3} \approx 6(\Omega)$$

由图 1.2.11(c) 求得输出电压的交流部分为

$$u_o = \frac{R}{R+r_d} u_i = \frac{1000}{1000+6} \times 0.1\sin(\omega t) \approx 0.099\sin(\omega t)(\text{V})$$

把直流部分和交流部分相加,从而求得

$$u_O = 4.3 + 0.099\sin(\omega t)(\text{V})$$

根据 u_O 的表达式可画出其波形如图1.2.11(d)所示。

1.2.5 二极管的应用

二极管作为基本的电子元器件,其应用十分广泛。例如,利用二极管的单向导电性,可以将交流电变换为直流电,从而实现整流;利用二极管导通后两端电压基本不变的特性,可以实现限幅。

1. 整流

整流是将具有正、负两个极性的交流电转化为单极性直流电的过程。整流二极管电路是构成直流电源的第一级电路。

将输入交流信号中的半波消除从而产生一个直流值的过程称为 半波整流。图1.2.12(a)为二极管半波整流电路,输入电压 $u_i = 100\sin(\omega t)(\text{V})$,二极管工作在大信号下,因此可用理想二极管模型代替。当 $u_i < 0$ 时,D截止,此时 $u_o = 0$;当 $u_i > 0$ 时,D导通,此时 $u_o = u_i$。图1.2.12(b)给出了输出电压波形,可以看出,此电路是利用二极管的单向导电性,使流过负载电阻 R 的电流方向保持不变,实现了半波整流。

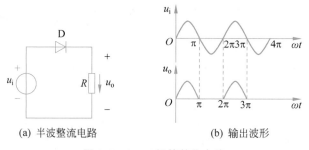

(a) 半波整流电路   (b) 输出波形

图1.2.12 二极管整流电路

整流电路还有全波整流、桥式整流电路等,具体将在第9章讲述。整流二极管一般为平面型硅二极管,选时,主要考虑其最大整流电流、反向击穿电压、最高工作频率等参数。

2. 限幅

限幅电路又称为削波电路,它是一种能够限制输入电压变化范围的电路,常用来消除高于或低于特定电平的部分信号。限幅电路可分为单向限幅和双向限幅两大类。

1) 单向限幅

图1.2.13(a)为二极管单向限幅电路,采用恒压降模型进行分析可知:当 $u_i > -U_D - U_{REF}$ 时,二极管D截止,回路中的电流近似为0,R 两端的电压为0,因此输出电压 $u_o = u_i$;当 $u_i \leqslant -U_D - U_{REF}$ 时,D导通,输出电压的幅值被限制,且 $u_o = -U_D - U_{REF}$。图1.2.13(b)给出了输入信号为交流正弦信号时的输出电压波形。

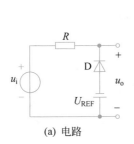
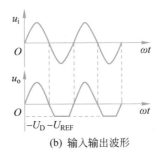

(a) 电路　　　　　　　　(b) 输入输出波形

图 1.2.13　单向限幅电路

2）双向限幅

在单向限幅的基础上，通过使用一个双向限幅电路或并联限幅电路，可以同时实现正、负限幅。图 1.2.14(a) 为一双向限幅电路，由方向相反的两个二极管和两个电压源构成。若输入电压 $u_i = 5\sin(\omega t)$（V），则采用恒压降模型进行分析可知：当 $u_i \leqslant -2.7\text{V}$ 时，D_1 导通，输出电压的幅值被限制为 -2.7V；当 $u_i \geqslant 2.7\text{V}$ 时，D_2 导通，输出电压的幅值被限制为 2.7V，因此可画出输出电压 u_o 波形如图 1.2.14(b) 所示。

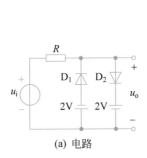
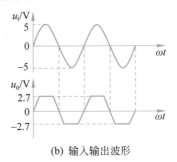

(a) 电路　　　　　　　　(b) 输入输出波形

图 1.2.14　双向限幅电路

【例 1.2.3】　二极管构成的限幅电路如图 1.2.15(a) 所示，$R = 1\text{k}\Omega$，$U_{REF} = 2\text{V}$，输入信号为 u_i，试回答下列问题：

（1）若 u_i 为 4V 的直流信号，采用恒压降模型计算流过二极管的电流 I 和输出电压 u_o；

（2）若 u_i 为幅度 ±4V 的交流三角波，波形如图 1.2.15(b) 所示，采用恒压降模型分析电路并画出对应的 u_o 波形。

解：（1）采用恒压降模型分析，二极管的导通压降 $U_D = 0.7\text{V}$。因为 $u_i > U_{REF} + U_D$，所以二极管正向导通，故

$$I = \frac{u_i - U_{REF} - U_D}{R} = \frac{4 - 2 - 0.7}{1000} = 1.3 (\text{mA})$$

$$u_o = U_{REF} + U_D = 2 + 0.7 = 2.7 (\text{V})$$

（2）u_i 为幅度 ±4V 的交流三角波，在采用恒压降模型分析时，如果 $u_i \geqslant U_{REF} + U_D$，则二极管导通，$u_o = U_{REF} + U_D = 2.7\text{V}$；如果 $u_i < U_{REF} + U_D$，则二极管截止，$u_o = u_i$，由此画出 u_o 与 u_i 对应的波形如图 1.2.15(b) 所示。

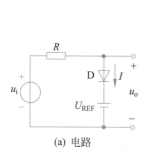
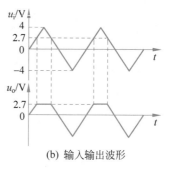

(a) 电路   (b) 输入输出波形

图 1.2.15 例 1.2.3 图

3. 钳位

钳位电路的作用是保持输入信号的形状不变,使整个信号电压平移一个直流电平,从而将其底部或顶部钳制在一定的电平上。

图 1.2.16(a)所示的电路为一钳位电路,输入正弦信号 $u_i = U_m \sin(\omega t)$,如图 1.2.16(b)所示。假设初始时电容电量为 0,u_i 在负半周时,二极管导通,电容充电至 $+U_m$,$u_o = 0$V(忽略二极管的导通压降);u_i 在正半周时,二极管截止,由于电容无放电回路,电容两端电压保持为 U_m,u_o 即是电容两端电压加上输入信号正半周电压,所以 $u_o = U_m + U_m \sin(\omega t)$,对应的波形如图 1.2.16(b)所示。从图中可以看出,输出波形相对于输入波形只是平移了一个特定的直流电平。

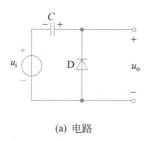
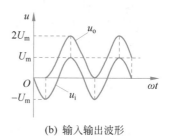

(a) 电路   (b) 输入输出波形

图 1.2.16 钳位电路

【例 1.2.4】 由硅二极管构成的电路如图 1.2.17 所示,二极管的导通压降 $U_D = 0.7$V,输入电压 $u_A = 5$V,$u_B = 1$V,试求输出电压 u_O 的值。

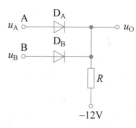

解:因为 A 点电位比 B 点电位高,所以二极管 D_A 优先导通。D_A 导通后,起到钳位作用,把输出电压 u_O 钳位在 4.3V,即 $u_O = 4.3$V,D_B 因反偏而截止。

图 1.2.17 例 1.2.4 图

1.2.6 特殊二极管

除了普通二极管外,还有许多特殊二极管,如稳压二极管、光电二极管、发光二极管、变容二极管等。

1. 稳压二极管

稳压二极管(Zener diode)是由硅材料制成的面接触型晶体二极管,简称稳压管,也称为齐纳二极管,其符号如图 1.2.18(a)所示。它是利用 PN 结反向击穿后的稳压特性而制作的二极管,被广泛应用于稳压和限幅电路中。

1) 稳压管的伏安特性

稳压管的伏安特性与普通二极管的伏安特性非常相似,图 1.2.18(b)所示为稳压管的伏安特性曲线。可以看出,当反向电压增大到一定值时,稳压管出现了反向击穿,在一定的电流变化范围内,两端电压几乎保持不变,表现出稳压特性。稳压管正常工作时处于反向击穿状态,只要合理地控制反向电流,稳压管就不会因过热而损坏。在实际电路中应通过串联一个限流电阻对电流加以限制,以保证稳压管正常工作。

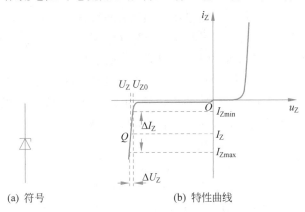

(a) 符号　　　　(b) 特性曲线

图 1.2.18　稳压管的符号和特性曲线

2) 稳压管的模型

稳压管的等效模型如图 1.2.19 所示,二极管 D_1 组成的支路等效为稳压管的正偏与反偏但未被击穿时的情况;理想二极管 D_2、电压源 U_{Z0}、动态电阻 r_Z 组成的支路等效为稳压管反向击穿时的情况。

如图 1.2.18(b)所示,Q 为稳压管的工作点,稳压管两端的电压 U_Z 可由下式求得

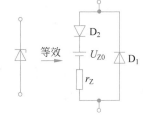

图 1.2.19　稳压管的等效模型

$$U_Z = U_{Z0} + I_Z r_Z \qquad (1.2.6)$$

一般稳压管 U_Z 较大时,可以忽略 r_Z 的影响,U_Z 为恒定值。

3) 稳压管的主要参数

(1) 稳定电压 U_Z。U_Z 是指在规定电流范围内工作时的稳压管的反向击穿电压。U_Z 具有分散性,在产品手册上给出的值并不是一个唯一值,而是一个电压范围。如稳压管 2CW7C 的稳定电压 U_Z 为 5~5.6V。在使用时,可通过测量确定稳压管的准确值。

扩展阅读

(2) 动态电阻 r_Z。如图 1.2.18(b)所示,r_Z 是指在正常稳压工作时,稳压管两端电压的变化量与电流的变化量之比,即

$$r_Z = \frac{\Delta U_Z}{\Delta I_Z} \qquad (1.2.7)$$

r_Z 的值一般为几欧姆至几十欧姆,其值越小,说明稳压管的反向击穿特性曲线越陡

峭,电流变化时 U_Z 的变化越小,稳压特性越好。

（3）最小工作电流 I_{Zmin}。I_{Zmin} 是稳压管正常工作时的最小电流,工作电流小于此值时,稳压管不能稳压或稳压效果差。在产品手册中,该参数称为稳定电流,是稳压管工作在稳压状态时的参考电流。

（4）最大允许工作电流 I_{Zmax} 和最大功耗 P_{ZM}。I_{Zmax} 是指稳压管正常工作时允许的反向电流的最大值,即最大稳压电流。稳压管的最大功耗 P_{ZM} 等于 U_Z 与 I_{Zmax} 的乘积。当稳压管的工作电流大于 I_{Zmax} 时,即其功耗超过 P_{ZM},会使管子从电击穿过渡到热击穿而烧坏。

（5）温度系数 α。稳压管的稳定电压与温度有关,这一关系用温度系数 α 表示,是指温度每变化 1℃时 U_Z 的变化量。若温度上升时,U_Z 增大,则 α 为正值;若温度上升时,U_Z 减小,则 α 为负值。由 PN 结的击穿机理(见 1.1.5 节)可知,对于 $U_Z>6V$ 的稳压管,正常工作时,管子出现的是雪崩击穿,所以,稳压管具有正的温度系数,即随着温度上升,U_Z 将增大,α 为正值;对于 $U_Z<4V$ 的稳压管,正常工作时,管子出现的是齐纳击穿,所以稳压管具有负的温度系数,即随着温度上升,U_Z 将减小,α 为负值;U_Z 介于 $4\sim6V$ 的稳压管,α 可能为正值,也可能为负值。

在实际应用中,常把一只温度系数为正值的管子与一只温度系数为负值的管子串联使用,两只管子可以互相补偿温度对 U_Z 的影响,这时总的稳定电压为两只管子稳定电压之和。若将两只温度系数为正值的管子接成如图 1.2.20(a)所示进行使用,不管外加电压极性如何,两只管子中总是有一只正向导通,其两端电压具有负的温度系数,能够补偿另一只稳定电压的正的温度系数,从而使温度对稳定电压的影响变得极小。根据该原理制作的具有温度补偿的稳压管,称为双向稳压管,如图 1.2.20(b)所示。

4）稳压管稳压电路

稳压管组成的稳压电路如图 1.2.21 所示,其中,U_I 为未经稳定的直流电压,R 为限流电阻,R_L 为负载电阻,U_O 为稳压电路的输出电压。

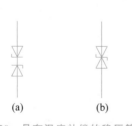

图 1.2.20 具有温度补偿的稳压管符号

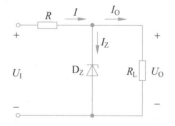

图 1.2.21 稳压管组成的稳压电路

（1）稳压原理。

在电路中,使 U_O 不稳定的原因有两个:一是 U_I 的变化,另一个是 R_L 的变化。下面对这两个参数变化时稳压管如何实现稳定输出电压逐一进行分析。

若 U_I 不稳定,设 U_I 增大,这将使 U_O 有增大的趋势,也必然引起稳压管电压 U_Z 的增大,由于其动态电阻极小,所以将使流过稳压管的电流 I_Z 剧增,由此使得电流 I 增大,

R 两端的压降 U_R 增大，U_O 减小，补偿了因 U_I 变化而导致的 U_O 的增大，使 U_O 基本保持不变。这一过程可表示如下

$$U_I\uparrow \longrightarrow U_O\uparrow \longrightarrow U_Z\uparrow \longrightarrow I_Z\uparrow \longrightarrow I\uparrow \longrightarrow U_R\uparrow \longleftarrow$$
$$U_O\downarrow \longleftarrow$$

若 R_L 变化，设 R_L 减小，这将使 U_O 有减小的趋势，同样会引起稳压管电压 U_Z 的减小，由于稳压管的动态电阻极小，这将使 I_Z 大大减小，由此使得 I 减小，R 两端的压降 U_R 减小，U_O 增加，补偿了因 R_L 变化而导致的 U_O 的下降，使 U_O 基本保持不变。这一过程可表示如下

$$R_L\downarrow \longrightarrow U_O\downarrow \longrightarrow U_Z\downarrow \longrightarrow I_Z\downarrow \longrightarrow I\downarrow \longrightarrow U_R\downarrow \longleftarrow$$
$$U_O\uparrow \longleftarrow$$

（2）限流电阻的计算。

在如图 1.2.21 所示的稳压电路中，稳压管工作于反向击穿状态，因此，稳压管使 U_O 稳定的条件是

$$U_I\frac{R_L}{R+R_L}\geqslant U_Z \tag{1.2.8}$$

此时

$$I=\frac{U_I-U_O}{R}=\frac{U_I-U_Z}{R} \tag{1.2.9}$$

$$I_Z=I-I_O=\frac{U_I-U_Z}{R}-\frac{U_Z}{R_L} \tag{1.2.10}$$

由式（1.2.9）和式（1.2.10）可知，R 和 U_I 的变化都影响 I 的大小，而 I 和 I_O 的变化又影响 I_Z 的大小。稳压管正常工作时，必须保证 I_Z 大于最小稳定电流 I_{Zmin}；同时，为了保证稳压管不会因功耗过大而被烧坏，I_Z 也不能超过最大稳定电流 I_{Zmax}。因此，当 I_O 为最小值 I_{Omin}、U_I 为最大值 U_{Imax} 而使 I 最大时，R 必须足够大，以满足 $I_Z\leqslant I_{Zmax}$，故

$$\frac{U_{Imax}-U_Z}{R}-I_{Omin}\leqslant I_{Zmax} \tag{1.2.11}$$

由上式可得

$$R\geqslant\frac{U_{Imax}-U_Z}{I_{Omin}+I_{Zmax}} \tag{1.2.12}$$

当 I_O 为最大值 I_{Omax}、U_I 为最小值 U_{Imin} 而使 I 最小时，R 必须足够小，以满足 $I_Z\geqslant I_{Zmin}$，故

$$\frac{U_{Imin}-U_Z}{R}-I_{Omax}\geqslant I_{Zmin} \tag{1.2.13}$$

由上式可得

$$R\leqslant\frac{U_{Imin}-U_Z}{I_{Omax}+I_{Zmin}} \tag{1.2.14}$$

因此,限流电阻 R 必须满足下列关系

$$\frac{U_{Imax} - U_Z}{I_{Omin} + I_{Zmax}} \leqslant R \leqslant \frac{U_{Imin} - U_Z}{I_{Omax} + I_{Zmin}} \qquad (1.2.15)$$

式(1.2.15)给出了 R 的取值范围, R 值选得小一些,电阻上的损耗就会小一点; R 值选得大一些,电路的稳压性能就好一些,稳压电路的性能指标将在第9章介绍,在此不做详述。

稳压管稳压电路结构简单,成本低,实现起来容易,因此,使用较为广泛。但是,它的性能指标较低,输出电压不可调,输出电流受 I_{Zmax} 的限制,带负载能力较差,因此这种稳压电路只能用在输出电压固定和输出电流变化不大的场合。

【例 1.2.5】 在如图 1.2.21 所示的电路中,已知输入电压 $U_I = 20(1 \pm 10\%)$V, $R_L = 500\Omega$, $U_Z = 6$V, $I_{Zmin} = 5$mA,最大功耗 $P_{ZM} = 150$mW,试求 R 的取值范围。

解: 根据题意得

$$I_{Zmax} = P_{ZM}/U_Z = 25(mA)$$

负载电流

$$I_O = U_Z/R_L = 12(mA)$$

因此

$$R_{max} = \frac{U_{Imin} - U_Z}{I_O + I_{Zmin}} = \frac{20 \times 0.9 - 6}{12 + 5} \approx 706(\Omega)$$

$$R_{min} = \frac{U_{Imax} - U_Z}{I_O + I_{Zmax}} = \frac{20 \times 1.1 - 6}{12 + 25} \approx 432(\Omega)$$

即 R 的取值范围是 $432 \sim 706\Omega$。

2. 光电二极管

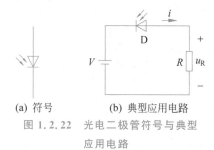

(a) 符号   (b) 典型应用电路

图 1.2.22 光电二极管符号与典型应用电路

光电二极管(Photodiode)是一种能够将光信号转换为电信号的常用器件,其结构与半导体二极管基本相似,只是光电二极管可以直接暴露在光源附近或通过透明窗口、光导纤维封装,使光到达器件的光敏感区域。光电二极管的符号和典型应用电路如图 1.2.22 所示。

当无光照时,光电二极管与普通二极管一样,具有单向导电性,外加反向电压时的反向电流称为暗电流;当有光照时,它将激发产生更多的少数载流子(电子空穴对),使得空穴能够向着阳极的方向运动,电子向着阴极的方向运动,在反向电压下产生光电流。光电流随着光照强度的增加而上升,当光电流大于几十微安时,与光照强度呈线性关系。光照强度一定时,光电二极管可等效为恒流源。图 1.2.22(b)所示电路中,电流 i 仅决定于光电二极管所受的光照强度,电阻 R 将电流的变化转换成电压的变化,即 $u_R = iR$。

光电二极管是利用 PN 结的光敏特性的,又称为光敏二极管,常用于光电传感器、光探测器以及报警电路中。

3. 发光二极管

发光二极管(Light-Emitting Diode, LED)简称为 LED,是一种常用的发光器件,其符号与典型应用电路如图 1.2.23 所示。发光二极管与普通二极管一样是由一个 PN 结组成的,也具有单向导电性。当给发光二极管加上正向电压后,从 P 区注入 N 区的空穴和由 N 区注入 P 区的电子,在 PN 结附

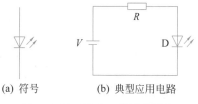

(a) 符号   (b) 典型应用电路

图 1.2.23 发光二极管符号与典型应用电路

近数微米内分别与 N 区的电子和 P 区的空穴复合,产生自发辐射的荧光。不同的半导体材料中电子和空穴所处的能量状态不同。当电子和空穴复合时释放出的能量多少不同,释放出的能量越多,则发出的光的波长越短。常用的是发红光、绿光或黄光的二极管。使用 LED 时,必须串联限流电阻以控制流过二极管的电流,如图 1.2.23(b)所示。

发光二极管的另一种重要用途是信号变换。在以光缆为信号传输媒介的系统中,可以用发光二极管将电信号变换为光信号,通过光缆传输,然后用光电二极管接收,再复现电信号。

如图 1.2.24 所示,发送端一个 0~5V 的脉冲信号通过限流电阻 R_1 作用于 LED,这个发射电路可使 LED 产生一数字光信号(LED 的亮和灭),并作用于光缆。在接收端,光缆中的光照射在光电二极管上,可以在接收电路的输出端复现出与输入信号反向的脉冲信号。

4. 变容二极管

二极管中的 PN 结电容的大小除了与本身结构尺寸和工艺有关外,还与外加电压有关。变容二极管(Varactor diode)是利用 PN 结反偏时结电容大小随外加电压而变化的特性制成的,其符号如图 1.2.25 所示。

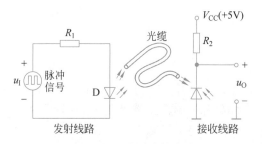

图 1.2.24 信号变换电路   图 1.2.25 变容二极管符号

变容二极管在反向偏置状态下工作,因此没有直流电流流过器件,反向偏置电压控制耗尽层的宽度,进而控制结电容的大小。反偏电压增大时结电容减小,反之结电容增大。变容二极管的电容量一般较小,其最大值为几十皮法到几百皮法。它主要在高频电路中用作自动调谐、调频、调相等。例如,在电视接收机的调谐回路中作可变电容,通过控制直流电压来改变二极管的结电容量,从而改变谐振频率实现频道选择。

1.3 半导体三极管

1947 年 12 月 23 日，美国贝尔实验室的 Schockley、Bardeen 和 Brattain 研制了世界上第一个晶体管（点接触式锗管），是电子技术发展史上的重要里程碑。晶体管（Transistor）又称为半导体三极管、晶体三极管，由于工作时两种极性的多数载流子和少数载流子都参与运行，因此，这种类型的晶体管称为双极型晶体管（Bipolar Junction Transistor，BJT）。本节将详细介绍 BJT 的工作原理、特性曲线和主要参数等。

1.3.1 BJT 的结构及分类

根据不同的掺杂方式在同一个硅片上制成三个杂质半导体区域，两端是两个相同类型的半导体区域，中间是一个极性与两端相反的半导体区域，这就构成了 BJT。按照导电类型的不同，BJT 分为 NPN 型和 PNP 型两种，其结构示意图如图 1.3.1(a)、(b)所示。图 1.3.1(c)、(d)分别是 NPN 型和 PNP 型 BJT 的符号。

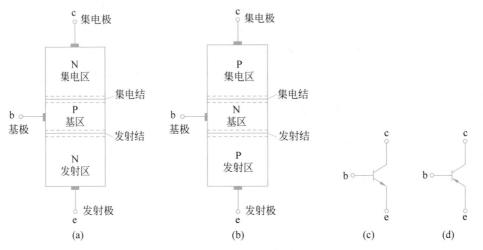

图 1.3.1　BJT 的结构示意图和符号

从图 1.3.1(a)、(b)中可以看出，不论是哪种类型，BJT 都有三个工作区域：发射区、基区和集电区。为了获得良好的性能，发射区的掺杂浓度很高，基区非常薄且掺杂浓度很低，集电区的面积较大且掺杂浓度较低。每个区域对外引出一个电极，分别是发射极 e、基极 b 和集电极 c。相邻区域的交界处形成了两个 PN 结，发射区与基区之间的 PN 结称为发射结，基区与集电区之间的 PN 结称为集电结。在电路符号中，发射极的箭头方向表示发射结在正向偏置时的电流方向。

除了上述分类方式，BJT 还有其他常用的分类方式。按照半导体材料来分，BJT 有硅管、锗管；按照工作频率来分，BJT 有高频管和中低频管；按照功耗来分，BJT 可分为大功率管、中功率管与小功率管。此外，BJT 的制造工艺和封装形式等都有很多不同种类，在使用时，应当根据不同用途选择合适的类型。

1.3.2　BJT 的工作原理

BJT 有三个电极,其中一个电极作为信号输入端,另一个电极作为信号输出端,剩下的第三个电极是输入回路与输出回路的公共端。根据公共端的不同,BJT 电路有共发射极、共基极、共集电极三种接法,图 1.3.2 所示为 NPN 型 BJT 的三种接法。BJT 的接法又称为组态。不管是哪一种组态,使 BJT 工作于放大状态的外部条件是发射结正向偏置,集电结反向偏置。由于共发射极组态在实际应用中最为广泛,下面以 NPN 型 BJT 共发射极组态为例,从内部载流子的传输过程和电流分配关系来进一步分析 BJT 的工作原理。

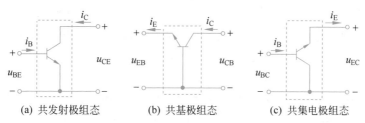

(a) 共发射极组态　　　(b) 共基极组态　　　(c) 共集电极组态

图 1.3.2　BJT 的三种基本组态

1. BJT 内部载流子的传输过程

电路如图 1.3.3(a)所示,BJT 的基极为信号输入端,基极-发射极回路称为输入回路,集电极为信号输出端,集电极-发射极回路称为输出回路,发射极是公共端,故该电路为共发射极组态。输入回路中的基极电源 V_{BB} 和输出回路中的集电极电源 $V_{CC}(V_{CC}>V_{BB})$满足外部偏置条件,使得 BJT 工作在放大状态。图中 BJT 内部载流子的传输示意图如图 1.3.3(b)所示。

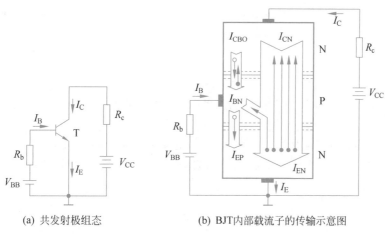

(a) 共发射极组态　　　　　(b) BJT内部载流子的传输示意图

图 1.3.3　BJT 内部载流子的传输过程

动画

1) 发射区向基区注入自由电子

从图 1.3.3(b)中可以看出,在发射结正向电压的作用下,发射结的内电场被削弱,有利于多子的扩散,发射区中的多子(自由电子)通过发射结注入基区,形成电子电流 I_{EN};

基区的多子(空穴)扩散到发射区,形成了空穴电流 I_{EP},两者之和就是发射极电流 I_E。由于基区的掺杂浓度很低,I_{EP} 非常小,发射区自由电子的掺杂浓度远大于基区空穴的掺杂浓度,即 $I_{EN} \gg I_{EP}$,故 $I_E = I_{EN} + I_{EP} \approx I_{EN}$。

2)自由电子在基区中扩散与复合

发射区的自由电子注入基区后,变成了少数载流子。在集电极反向电压的吸引下,这些电子就会向集电区方向运动。在运动过程中,一部分电子将会与遇到的空穴复合,使基区中电子的浓度分布发生很大变化。在靠近发射结的地方电子的浓度很高,离发射结越远,电子的浓度越低,形成了一定的浓度梯度。复合掉的空穴由外加电压 V_{BB} 提供,V_{BB} 的正极不断地从基区拉走电子,相当于为基区提供空穴,形成电流 I_{BN},它是基极电流 I_B 的一部分。

由于基区很薄且掺杂浓度很低,注入基区的自由电子,只有极少部分与空穴复合,绝大部分在集电结反向电压的作用下进入集电区。

3)集电区收集自由电子

集电结外加反向电压,其内电场大大增强,阻碍了集电结两边多数载流子的扩散,促进了少数载流子的漂移。因此,基区中的大量少数载流子——自由电子向集电区漂移,然后被集电极收集,形成电流 I_{CN},它是集电极电流 I_C 的一部分。显然,$I_{CN} = I_{EN} - I_{BN}$。

4)基区和集电区的少子漂移形成反向饱和电流

在集电结反向电压的作用下,基区和集电区的少数载流子互相漂移,形成基极和集电极之间的反向饱和电流 I_{CBO},其值较小,而且与集电结反向电压的大小几乎无关,它是集电极电流 I_C 的另一部分。

通过上述分析可知,在 BJT 中存在两种载流子参与导电,因此称之为双极型晶体管。

2. 电流关系

从内部载流子的传输过程可以看出,BJT 三个电极上的电流关系表达式如下。

$$I_B = I_{BN} + I_{EP} - I_{CBO} \tag{1.3.1}$$

$$I_C = I_{CN} + I_{CBO} \tag{1.3.2}$$

$$I_E = I_{EN} + I_{EP} = I_{CN} + I_{BN} + I_{EP} = I_B + I_C \tag{1.3.3}$$

从外部看,BJT 三个电极的电流满足 KCL 节点方程,即

$$I_E = I_B + I_C \tag{1.3.4}$$

1)集电极电流 I_C 与发射极电流 I_E 之间的关系

为了反映扩散到集电区的电流 I_{CN} 与发射极电流 I_E 之间的比例关系,通常定义这两个量的比值为 $\bar{\alpha}$,即

$$\bar{\alpha} = \frac{I_{CN}}{I_E} \tag{1.3.5}$$

在式(1.3.5)中,可以把发射极电流作为输入量,把集电极电流作为输出量,发射极-基极回路为输入回路,集电极-基极回路为输出回路,基极作为公共端,这种接法为共基极组态,如图 1.3.4 所示,电源 V_{EE}、V_{CC} 使发射结正向偏置,集电结反向偏置。式(1.3.5)描述了共基极组态放大电路的输出电流与输入电流的关系,故 $\bar{\alpha}$ 称为共基极直流电流放

大系数,由定义可见,$\bar{\alpha}$ 的值总是小于 1,但接近 1,一般为
$0.90 \sim 0.99$。

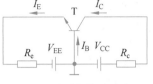

图 1.3.4 共基极组态

将式(1.3.5)代入式(1.3.2),可得

$$I_C = \bar{\alpha} I_E + I_{CBO} \tag{1.3.6}$$

式(1.3.6)描述了输出电流 I_C 受输入电流 I_E 的控制
作用。若忽略 I_{CBO},则该式可简化为

$$I_C \approx \bar{\alpha} I_E \tag{1.3.7}$$

2) 集电极电流 I_C 与基极电流 I_B 之间的关系

将式(1.3.4)代入式(1.3.6),可得

$$I_C = \bar{\alpha}(I_B + I_C) + I_{CBO} \tag{1.3.8}$$

因此,有

$$I_C = \frac{\bar{\alpha}}{1 - \bar{\alpha}} I_B + \frac{1}{1 - \bar{\alpha}} I_{CBO} \tag{1.3.9}$$

令

$$\bar{\beta} = \frac{\bar{\alpha}}{1 - \bar{\alpha}} \tag{1.3.10}$$

则可得

$$I_C = \bar{\beta} I_B + (1 + \bar{\beta}) I_{CBO} = \bar{\beta} I_B + I_{CEO} \tag{1.3.11}$$

式中,基极电流 I_B 是输入电流,集电极电流 I_C 是输出电流,发射极是公共端,其对应电
路即为共发射极放大电路。通常将 $\bar{\beta}$ 定义为共发射极直流电流放大系数,其值为 $20 \sim$
200。$\bar{\beta}$ 的大小体现了 BJT 的电流放大能力。I_{CEO} 是基极开路时流过集电极和发射极
的反向饱和电流,称为穿透电流,且 $I_{CEO} = (1 + \bar{\beta}) I_{CBO}$。$I_{CBO}$、$I_{CEO}$ 的值均很小,在近似
计算中一般可以忽略,因此,式(1.3.11)可以写成

$$I_C \approx \bar{\beta} I_B \tag{1.3.12}$$

由式(1.3.4)和式(1.3.12),可得 I_E 与 I_B 之间的关系表达式为

$$I_E \approx (1 + \bar{\beta}) I_B \tag{1.3.13}$$

在图 1.3.3 所示的共发射极放大电路中,输入回路有电压增量时,使 BJT 基极与发
射极之间的电压 U_{BE} 有增量 Δu_{BE}。当 $\Delta u_{BE} > 0$ 时,BJT 的发射结正向偏置电压增加,有
更多的自由电子从发射区扩散到基区,使发射极电流、基极电流和集电极电流均增加,增
量分别为 Δi_E、Δi_B 和 Δi_C,这些增量均为正;相反,当 $\Delta u_{BE} < 0$ 时,相应的电流增量均为
负。通常定义

$$\alpha = \frac{\Delta i_C}{\Delta i_E} \tag{1.3.14}$$

$$\beta = \frac{\Delta i_C}{\Delta i_B} \tag{1.3.15}$$

α 为共基极交流电流放大系数,其值略小于 1,但接近 1;β 为共发射极交流电流放大系

数,其值通常远大于 1。通过前面的分析已经知道,α、β 不是独立的,而是互有联系,两者之间的关系为

$$\alpha = \frac{\beta}{1+\beta} \quad \text{或} \quad \beta = \frac{\alpha}{1-\alpha} \tag{1.3.16}$$

需要指出的是,从定义可知,$\bar{\alpha}$ 和 α 的含义是不同的,$\bar{\beta}$ 和 β 的含义也是不同的。$\bar{\alpha}$、$\bar{\beta}$ 反映了直流量的电流放大能力,α、β 反映了交流量的电流放大能力。严格来说,$\bar{\alpha}$ 和 α 的大小是不一样的,$\bar{\beta}$ 和 β 的大小也是不一样的。但质量好的管子,两者差别不大,一般可以认为 $\bar{\alpha} \approx \alpha$,$\bar{\beta} \approx \beta$。

1.3.3 BJT 的特性曲线

以上讨论了 BJT 的内部载流子运动和电流分配关系。对于使用者来说,仅仅根据这些信息来使用 BJT 是不够的,还需要进一步熟悉 BJT 的特性曲线。电子器件的特性一般都具有分散性,在器件手册上给出的往往是某一型号器件的典型特性曲线。在使用时,如果需要,还应对特定的器件参数进行专门的测量。

从如图 1.3.2 所示的三种接法可以看出,BJT 总是有一个电极作为输入回路和输出回路的公共端,构成一个二端口网络,每个端口均有电流、电压两个变量,常采用输入特性曲线和输出特性曲线描述各电极之间电压、电流之间的关系。下面以共发射极组态为例,介绍 BJT 的输入特性曲线和输出特性曲线。

1. 输入特性曲线

视频

如图 1.3.5 所示,将一个 NPN 型硅管接成共发射极组态,其输入量是基极电流 i_B 和发射结压降 u_{BE},其输出量是集电极电流 i_C 和管压降 u_{CE}。输入特性曲线描述的是管压降 u_{CE} 一定时,输入回路中基极电流 i_B 和发射结压降 u_{BE} 之间的关系,其表达式为

$$i_B = f(u_{BE})\big|_{u_{CE}=常数} \tag{1.3.17}$$

从图 1.3.5 可以看出,当 $u_{CE} = 0\mathrm{V}$ 时,BJT 的集电极与发射极之间相当于短路,BJT 等效为两个并联的 PN 结。因此,基极电流 i_B 和发射结压降 u_{BE} 之间的关系反映了发射结和集电结两个 PN 结并联后的正向特性,与二极管的伏安特性相类似,呈指数关系。基极电流 i_B 大体上是发射区和集电区向基区扩散的电子电流之和。图 1.3.6 给出了 $u_{CE} = 0\mathrm{V}$ 时的输入特性曲线。

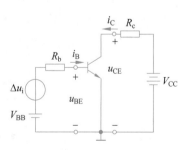

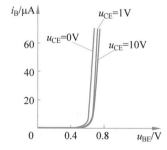

图 1.3.5 BJT 接成共发射极组态　　图 1.3.6 NPN 型硅 BJT 共发射极组态时的输入特性曲线

当 u_{CE} 从 0V 增大到 1V 时,特性曲线向右移动了一段距离。在 $u_{CE}=1$V 时,集电结电压由正向偏置变为反向偏置,集电结吸引电子的能力增强了。这样,从发射区注入基区的电子大部分流向集电区,形成集电极电流 i_C,使得在基区参与复合运动的电子大大减少了。与 $u_{CE}=0$V 时相比,在相同的 u_{BE} 下,基极电流 i_B 大大减小了,特性曲线也就向右移动了。

如果 u_{CE} 继续增大,比如增大到 10V,这时测得的特性曲线虽然也右移了一点,但与 $u_{CE}=1$V 时差别很小。这是因为在 $u_{CE}>1$V 后,集电结已经将大部分电子吸引过去,形成了集电极电流。即使继续增大,集电结收集电子的能力继续增强,但所能增加的电子数量已经很小了,因此,基极电流 i_B 的变化很小。BJT 工作在放大状态时,一般情况下,u_{CE} 总是大于 1V 的,不同 u_{CE} 的各条输入特性曲线十分密集,几乎重叠在一起,因此,一般用 $u_{CE}=1$V 时的特性曲线近似地代替 $u_{CE}>1$V 的所有特性曲线。

2. 输出特性曲线

输出特性曲线描述的是基极电流 i_B 一定时,输出回路中集电极电流 i_C 和管压降 u_{CE} 之间的关系,其表达式为

$$i_C = f(u_{CE})\mid_{i_B=\text{常数}} \tag{1.3.18}$$

图 1.3.7 所示是 NPN 型硅管的输出特性曲线。

由图 1.3.7 可以看出,当基极电流 i_B 取不同数值时,集电极电流 i_C 是一组形状大体相同的曲线。现取其中 $i_B=40\mu$A 的一条进行讨论。

在这一条曲线靠近坐标原点的位置,管压降 u_{CE} 很小,集电极收集电子的能力很差,集电极电流非常小。当 u_{CE} 略有增加时,集电极收集电子的能力有明显的增强,从发射区进入基区的电子较多地进入集电区,集电极电流 i_C 显著地增加。

当管压降 u_{CE} 超过 1V 后,集电极电位足够高,收集电子的能力足够强。发射区扩散到基区的电子绝大部分都被集电极收集起来,形成了集

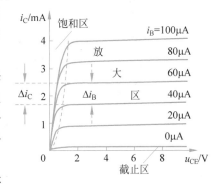

图 1.3.7 NPN 型硅 BJT 共发射极组态时的输出特性曲线

电极电流 i_C,即使管压降 u_{CE} 继续增加,集电极电流 i_C 也基本保持不变。因而,输出特性曲线大体上是一条平行于横轴的直线。这时,集电极电流 i_C 的大小与基极电流 i_B 成正比,如果等间隔地改变 i_B 的大小继续测试,可以得到一组间隔基本均匀且彼此平行的直线,如图 1.3.7 中间部分所示。其中 $i_B=0$ 的一条,对应的 i_C 等于集电极-发射极反向饱和电流 I_{CEO}。

从输出特性曲线可以看出,整个曲线可以划分成三个区域:饱和区、放大区和截止区。

1)饱和区

BJT 的饱和区位于纵坐标的附近。在此区域内,管压降 u_{CE} 很小,使得集电极收集电子的能力较差,集电极电流 i_C 较小。当 u_{CE} 增加时,i_C 增加很快,i_C 不受 i_B 的控制。

对于 BJT 而言,其发射结正向偏置,集电结也是正向偏置。一般认为,当 $u_{CE}=u_{BE}$,即 $u_{CB}=0$ 时,集电结为零偏,BJT 处于临界饱和状态。BJT 饱和时的管压降称为饱和压降,常用 U_{CES} 表示,工程上,硅管的 U_{CES} 取作 0.3V,锗管为 0.1V。

2)截止区

一般将 $i_B=0$ 那条曲线以下的区域称为截止区,此时 i_C 也近似为 0。截止时,BJT 的发射结压降小于其死区电压。为了保证 BJT 可靠地截止,经常使发射结反偏,同时,集电结也反偏。其实,当 $i_B=0$ 时,严格来说基极仍然存在集电极-基极反向饱和电流 I_{CBO},集电极回路的电流 i_C 也并不真正为 0,而是有一个很小的穿透电流 I_{CEO},对于小功率硅管来说,通常小于 $1\mu A$,因此在近似分析中通常忽略不计。

3)放大区

输出特性曲线中间的部分称为放大区。在这个区域内,BJT 的发射结正向偏置,集电结反向偏置。集电极电流 i_C 与基极电流 i_B 之间满足线性放大关系,即 $I_C=\bar{\beta}I_B$,$\Delta i_C=\beta\Delta i_B$。

以上三个区域都是 BJT 的工作区域,在模拟电路中,BJT 一般都工作于放大区,而在数字电路中,BJT 一般工作于饱和区和截止区。

上述讨论的是 NPN 型 BJT 的特性曲线,对于 PNP 型 BJT,与之相比,工作原理是相同的,只不过是电流流向和各极间的电压正负极性是相反的,故其特性曲线与 NPN 型 BJT 的特性曲线是关于原点对称的,在此不再赘述。

【例 1.3.1】 电路如图 1.3.8 所示,BJT 导通时 $U_{BE}=0.7V$,$\bar{\beta}=100$。当 U_I 分别为 $-3V$、$3V$、$6V$ 时,试判断 BJT 的工作状态。

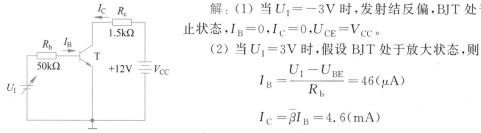

图 1.3.8　BJT 的三个工作区

解:(1)当 $U_I=-3V$ 时,发射结反偏,BJT 处于截止状态,$I_B=0$,$I_C=0$,$U_{CE}=V_{CC}$。

(2)当 $U_I=3V$ 时,假设 BJT 处于放大状态,则

$$I_B=\frac{U_I-U_{BE}}{R_b}=46(\mu A)$$

$$I_C=\bar{\beta}I_B=4.6(mA)$$

$$U_{CE}=V_{CC}-I_CR_c=5.1(V)$$

因为 $U_{CE}>U_{BE}$,所以假设成立,BJT 处于放大状态。

(3)当 $U_I=6V$ 时,假设 BJT 处于放大状态,则

$$I_B=\frac{U_I-U_{BE}}{R_b}=106(\mu A)$$

$$I_C=\bar{\beta}I_B=10.6(mA)$$

$$U_{CE}=V_{CC}-I_CR_c=-3.9(V)$$

因为 $U_{CE}<U_{BE}$,所以假设不成立,BJT 处于饱和状态。

1.3.4　BJT 的主要参数

扩展阅读

表征 BJT 的参数很多,它们均可在器件手册中查到,这里介绍一些主要参数。

1. 直流参数

（1）集电极-基极反向饱和电流 I_{CBO}。BJT 的发射极开路时，在其集电结上加反向电压，得到反向电流，该电流称为集电极-基极反向饱和电流 I_{CBO}，它实际上就是一个 PN 结的反向饱和电流。I_{CBO} 的大小取决于少数载流子的浓度和外界温度。锗管的 I_{CBO} 为微安数量级，硅管的 I_{CBO} 为纳安数量级。显然，硅管的 I_{CBO} 受温度影响更小。

（2）集电极-发射极反向饱和电流 I_{CEO}。集电极-发射极反向饱和电流 I_{CEO} 定义为基极开路时，在集电结和发射极之间加反向电压，得到的反向电流。由于这个电流从集电极穿过基区流到发射极，因此，称为穿透电流，$I_{CEO} = (1+\bar{\beta})I_{CBO}$。

I_{CEO} 是一个与少数载流子密切相关的电流，同样受温度影响很大。一般锗管的 I_{CEO} 为几十微安或更大；硅管为几微安以下。通常，将 I_{CEO} 作为衡量管子好坏的重要参数。

（3）共发射极直流电流放大系数 $\bar{\beta}$。在共发射极组态下，若忽略反向饱和电流 I_{CBO} 和穿透电流 I_{CEO}，共发射极直流电流放大系数 $\bar{\beta}$ 近似等于直流状态下集电极电流 I_C 与基极电流 I_B 之比，即

$$\bar{\beta} = \frac{I_C}{I_B}\bigg|_{I_{CBO}=0} \qquad (1.3.19)$$

（4）共基极直流电流放大系数 $\bar{\alpha}$。在共基极组态下，其直流电流放大系数用 $\bar{\alpha}$ 表示，定义为直流状态下集电极电流 I_C（忽略反向饱和电流 I_{CBO}）与发射极电流 I_E 之比，即

$$\bar{\alpha} = \frac{I_C}{I_E}\bigg|_{I_{CBO}=0} \qquad (1.3.20)$$

2. 交流参数

（1）共发射极交流电流放大系数 β。在共发射极放大电路中，BJT 经常工作于某一直流工作点。在输入回路叠加上交流信号后，就会产生电压和电流的变化量。因此，共发射极交流电流放大系数 β 定义为集电极电流的变化量 Δi_C 与基极电流的变化量 Δi_B 之比，即

$$\beta = \frac{\Delta i_C}{\Delta i_B}\bigg|_{U_{CE}=常数} \qquad (1.3.21)$$

（2）共基极交流电流放大系数 α。在共基极组态下，共基极交流电流放大系数用 α 表示，定义为集电极电流变化量 Δi_C 与发射极电流变化量 Δi_E 之比，即

$$\alpha = \frac{\Delta i_C}{\Delta i_E}\bigg|_{U_{CB}=常数} \qquad (1.3.22)$$

除了上述两个交流参数外，由于三极管发射结和集电结均存在结电容，所以当放大电路工作频率较高时，结电容会对电路参数产生较大影响。相关的频率参数与电路分析方法，将在第 3 章详细说明。

3. 极限参数

（1）集电极最大允许耗散功率 P_{CM}。BJT 集电极与发射极之间的压降主要降落在

集电结上。BJT 的功耗主要由集电结承担,在直流工作条件下,管子的功耗 $P_C = U_{CE}I_C$。这部分功耗将会导致集电结发热,结温升高。当结温上升到某一值时,管子发出的热量与耗散的热量相等,达到热平衡,结温不再上升。如果功耗过大,结温超过 PN 结的最高允许温度(硅管允许的最大结温为 $150 \sim 200\,^{\circ}\mathrm{C}$,锗管允许的最大结温为 $85 \sim 100\,^{\circ}\mathrm{C}$),将会使管子烧坏。因此,必须对 BJT 能够承受的集电极最大允许耗散功率 P_{CM} 做出限制。显然,BJT 的集电极最大允许功耗与其散热条件有关,大功率管加装散热片后,可使其功耗提高很多。

(2)集电极最大允许电流 I_{CM}。如前所述,BJT 的 β 值并不是一个固定不变的值。实测表明,当集电极电流 I_C 较小时,β 值也较小。集电极电流 I_C 增大时,β 值也随之增大。当集电极电流 I_C 增大到一定程度时,β 值达到最大且基本保持不变。通常应使 BJT 工作在这一区域。超过这一区域后,如果集电极电流 I_C 仍然继续增大,β 值反而要减小了。集电极最大允许电流 I_{CM} 就是 β 值从最大值减小到其 70% 左右时所对应的集电极电流。BJT 工作时,其集电极电流 I_C 一般不应该超过这一电流。当然,即使 $I_C > I_{CM}$ 也不表示 BJT 会损坏。

(3)反向击穿电压。BJT 有两个 PN 结,如果其反向电压超过允许值时,都会发生反向击穿。击穿电压值不仅与器件本身有关,而且与外加电路的接法有关。

通常,反向击穿电压有以下三种:

① $U_{(BR)EBO}$ 表示集电极开路时,发射极与基极之间允许的最大反向电压,这是发射结所允许的最大反向电压,其值一般为几伏到十几伏。

② $U_{(BR)CBO}$ 表示发射极开路时,集电极与基极之间允许的最大反向电压,这是集电结所允许的最大反向电压,其值一般为几十伏到几百伏。

③ $U_{(BR)CEO}$ 表示基极开路时,集电极与发射极之间允许的最大反向电压,此时集电结承受反向电压。$U_{(BR)CEO}$ 一般总是小于 $U_{(BR)CBO}$。

在实际使用时,BJT 的基极和发射极之间常常接有电阻 R_b,相应的集电极与发射极之间的击穿电压用 $U_{(BR)CER}$ 表示。若电阻 $R_b = 0$,相应的击穿电压用 $U_{(BR)CES}$ 表示。通常,这几个集电极反向击穿电压之间的大小关系如下

$$U_{(BR)CBO} > U_{(BR)CES} > U_{(BR)CER} > U_{(BR)CEO}$$

BJT 反向击穿后,相应的电流将会急剧增加,通常会造成器件的损坏。图 1.3.9 中画出了集电结出现反向击穿时的情况。一旦超过击穿电压后,集电极电流增大,特性曲线出现上翘,该区域称为击穿区。

根据给定的极限参数 P_{CM}、I_{CM} 和 $U_{(BR)CEO}$,可以在 BJT 的输出特性曲线上画出其安全工作区。在图 1.3.9 所示的 BJT 的输出特性曲线上,集电极最大允许耗散功率 P_{CM} 代表的双曲线称

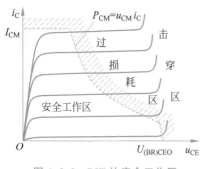

图 1.3.9　BJT 的安全工作区

为功耗限制线,曲线右上方为过损耗区,BJT 的功耗应在这条线以下;集电极最大允许电

流 I_{CM} 代表的直线,称为过流线,BJT 工作时,集电极电流应在这条线以下;击穿电压 $U_{(BR)CEO}$ 代表的曲线是安全工作区与击穿区的分界线,工作时,电压 u_{CE} 必须小于相应的击穿电压,在这三条线之内是 BJT 的安全工作区。显然,BJT 应当工作在安全工作区中。

1.3.5 BJT 的直流模型

由前面讨论可知,BJT 是一个较为复杂的非线性器件,直接用它进行电路分析往往不太方便。在工程上经常使用的方法就是使用器件的等效模型进行电路分析,在此仅讨论 BJT 的直流等效模型。

由输出特性曲线可知,BJT 在不同的直流偏置下,可以有三种不同的工作状态。下面以 NPN 型 BJT 组成的共发射极放大电路为例加以说明。

当 BJT 的发射结电压小于死区电压或反偏时,一般集电结也反偏,BJT 工作于截止状态。这时,基极电流和集电极电流都为零。BJT 的发射结不导通,集电极和发射极之间也不导通,三个极相当于都开路,如图 1.3.10(a)所示。

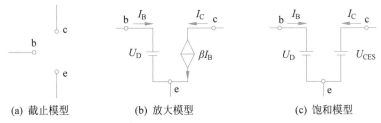

(a) 截止模型   (b) 放大模型   (c) 饱和模型

图 1.3.10 BJT 的直流模型

当 BJT 的发射结正偏且发射结两端电压大于死区电压,集电结反偏时,BJT 工作于放大状态。这时,基极电流 I_B 从基极流到发射极,集电极电流 I_C 从集电极流到发射极。BJT 的发射结压降 U_{BE} 基本上是一个固定电压 U_D(硅管压降为 0.7V,锗管为 0.3V),可以用一个电压源 U_D 表示。集电极和发射极之间可以用一个线性的流控电流源 $I_C = \beta I_B$ 表示,如图 1.3.10(b)所示。

当 BJT 的发射结正偏且发射结两端电压大于死区电压、集电结也正向偏置时,BJT 工作于饱和状态。这时,BJT 的发射结压降与放大状态相同,也可以用一个电压源 U_D 表示。集电极电流 I_C 与基极电流 I_B 不再是线性放大关系,其大小不受 BJT 的控制,而是由外电路决定。集电极和发射极之间的饱和压降 U_{CES} 很小,一般为零点几伏(硅管的典型值是 0.3V,锗管是 0.1V),可以用一个电压值为 U_{CES} 的电压源表示,如图 1.3.10(c)所示。

上述直流模型仅适用于 BJT 工作在直流信号的电路,读者可以在理解上述 BJT 等效模型的基础上直接计算电路的直流参数。

1.4 场效应晶体管

在工作过程中,1.3 节讨论的晶体管内部的多数载流子和少数载流子都参与导电,因此称为双极型晶体管(BJT)。本节介绍的**场效应晶体管**(Field Effect Transistor,FET)

是继 BJT 后出现的器件,也属于晶体管的一种,但在工作过程中只有一种载流子参与导电,因此称为单极型晶体管。场效应晶体管不但具有与 BJT 相类似的体积小、重量轻、寿命长等优点,而且具有输入电阻高、噪声低、热稳定性好、抗辐射能力强、低功耗等独特优势,这些优点使之从诞生起就广泛应用于各种电子电路中。按照结构不同,场效应晶体管分为结型场效应管(Junction Field Effect Transistor,JFET)和绝缘栅型场效应管(Isolated Gate Field Effect Transistor,IGFET)两种类型。本节将详细介绍它们的结构、原理、特性及主要参数。

1.4.1 结型场效应管

场效应晶体管分别于 1925 年由 Julius Edgar Lilienfeld 和 1934 年由 Oskar Heil 发明,但是实用的结型场效应晶体管器件一直到 1952 年才被制造出来。

结型场效应管又有 N 沟道和 P 沟道两种类型,图 1.4.1(a)是 N 沟道 JFET 的结构示意图,图 1.4.1(b)是两种类型 JFET 的电路符号。下面以 N 沟道 JFET 为例,讨论管子的结构、工作原理、特性曲线。

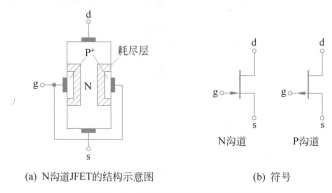

(a) N沟道JFET的结构示意图　　　　(b) 符号

图 1.4.1　JFET 的结构示意图及符号

视频

1. 结构

如图 1.4.1(a)所示,N 沟道 JFET 的主体部分是一块 N 型半导体,在其两侧扩散了两个高浓度的 P 型区域,用 P^+ 表示。N 型区域的上下两端各引出一个电极,分别是漏极和源极,用 d(或 D)和 s(或 S)表示。两边的 P^+ 区域引出两条引线并连在一起,称为栅极,用 g(或 G)表示。P 区和 N 区交界面形成耗尽层,漏极和源极之间的非耗尽层区域形成导电通路,称为导电沟道。这种结构的 JFET,其导电沟道是 N 型半导体,因此称为 N 沟道 JFET。如果导电沟道是 P 型半导体,栅极是 N^+ 型,则为 P 沟道 JFET。

2. 工作原理

为了使 N 沟道 JFET 能正常工作,应保证栅极和源极之间电压(简称栅源电压)$u_{GS} \leqslant 0$,漏极与源极之间电压(简称漏源电压)$u_{DS} \geqslant 0$,这样既使得栅极输入电阻很高,又实现了 u_{GS} 对沟道电流的控制。下面通过 u_{GS} 和 u_{DS} 对导电沟道的影响详细介绍管子的工作原理。

1) 当 $u_{DS} = 0V$ 时,u_{GS} 对导电沟道的控制作用

当栅源电压 u_{GS} 和漏源电压 u_{DS} 均为零时,栅极的 P^+ 区域与 N 型沟道之间形成

PN 结,PN 结的宽度是自然形成的,这时,耗尽层很窄,导电沟道很宽,如图 1.4.2(a) 所示。

若在栅源之间加上一个负电压,即 $u_{GS}<0V$,栅极与 N 沟道之间的 PN 结反偏,由于 N 型半导体中的掺杂浓度远小于 P 型半导体,因此,耗尽层的宽度主要向 N 区扩展。耗尽层变宽,导电沟道变窄,沟道电阻相应变大,如图 1.4.2(b)所示。

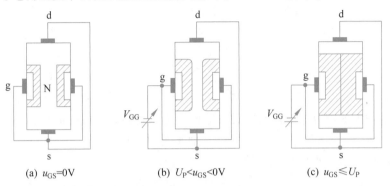

(a) $u_{GS}=0V$　　　　　(b) $U_P<u_{GS}<0V$　　　　　(c) $u_{GS}\leqslant U_P$

图 1.4.2　$u_{DS}=0V$ 时,u_{GS} 对导电沟道的控制作用

当 $|u_{GS}|$ 增大时,沟道电阻进一步加大。当 $|u_{GS}|$ 增大到某一数值时,耗尽层重合,沟道消失,沟道电阻趋于无穷大,即沟道全部被夹断,如图 1.4.2(c)所示,这时的 u_{GS} 值称为夹断电压 U_P。由此可见,JFET 是利用栅源电压 u_{GS} 所产生的电场变化来改变沟道电阻的大小,也就是利用电场效应控制沟道中电流的大小,因而称为场效应晶体管。

2) 当 $U_P<u_{GS}\leqslant 0V$ 时,u_{DS} 对漏极电流 i_D 的控制作用

当 u_{GS} 一定时,若在漏极和源极之间加上不同的电压 u_{DS},就会在沟道中产生不同大小的漏极电流 i_D,u_{DS} 通过对沟道宽度的控制,改变沟道的等效电阻及 i_D 的值。下面以 $u_{GS}=0$ 为例,说明 u_{DS} 对沟道宽度和 i_D 的影响。

(1) 若 $u_{DS}=0V$,如图 1.4.2(a)所示,则虽然存在一定宽度的导电沟道,但由于漏极和源极之间的电压为零,多子不会产生定向移动,因而电流 $i_D=0$。

(2) 若 $0V<u_{DS}<|U_P|$,如图 1.4.3(a)所示,这时,沟道两端存在电位差,有电流 i_D 流过沟道,当 u_{DS} 增大时,i_D 也会随之增大;同时,此电流将沿着沟道的方向产生一个电压降,使得沟道各点的电位不同,其值自漏极至源极逐渐变小,漏极电位最高,其值为 u_{DS},源极电位最低,其值为零。这样,沟道不同点与栅极的电位差是不同的,离开源极越远,电位差越大,在漏极处电位差最大。因此,PN 结所承受的反向电压是不同的,耗尽层向 N 区中的扩展也是不均匀的,靠近漏极处最宽,靠近源极处最窄,中间呈倾斜分布。

(3) 若 $u_{DS}=|U_P|$,则栅漏之间的电压 $u_{GD}=u_{GS}-u_{DS}=U_P$,靠近漏极附近的耗尽层开始出现夹断区,如图 1.4.3(b)所示,称 $u_{GD}=U_P$ 为预夹断。此时对应的漏极电流称为饱和漏极电流 I_{DSS}。

(4) 导电沟道出现预夹断以后,若 u_{DS} 继续增大,即 $u_{DS}>|U_P|$,则 $u_{GD}<U_P$,沟道被夹断的部分就会变长,向源极方向延伸,如图 1.4.3(c)所示。u_{DS} 越大,向源极方向延伸的部分就越长。由于夹断部分的电阻很大,电阻增加引起电压的增大抵消了 u_{DS} 电压

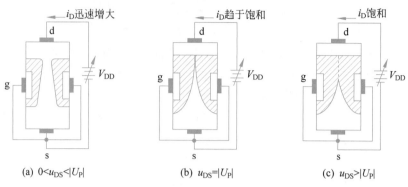

(a) $0<u_{DS}<|U_P|$　　　　　(b) $u_{DS}=|U_P|$　　　　　(c) $u_{DS}>|U_P|$

图 1.4.3　$u_{GS}=0V$ 时，u_{DS} 对导电沟道的控制作用

的增大，u_{DS} 增大的部分主要降落在被夹断的沟道上，而沟道导通部分的场强与原来大体相同，因此，当 u_{DS} 增大，i_D 不再随之改变，似乎是"饱和"了，i_D 基本保持不变，即 i_D 几乎仅仅取决于 u_{GS}，表现出恒流特性。

上述分析是以 $u_{GS}=0$ 为例，若是在 $U_P<u_{GS}\leqslant 0V$ 的条件下，u_{GS} 和 u_{DS} 的值将一起改变沟道的宽度，沟道预夹断时的 u_{DS} 值为 $u_{DS}=u_{GS}-U_P$ 或 $u_{DS}=u_{GS}+|U_P|$。

视频

3. 特性曲线

由于 JFET 正常工作时的 u_{GS} 能够使沟道两侧的 PN 结反向偏置，栅极输入电流 $i_G\approx 0$，因此，JFET 不再需要用输入特性来描述 i_G 与 u_{GS} 之间的关系。通常使用输出特性曲线和由输出特性曲线得到的转移特性曲线描述场效应管各极电压和电流之间的关系。

1）输出特性曲线

输出特性曲线又称为漏极特性曲线，描述当栅源电压 u_{GS} 不变时漏极电流 i_D 与漏源电压 u_{DS} 之间的关系，即

$$i_D=f(u_{DS})\big|_{u_{GS}=常数} \tag{1.4.1}$$

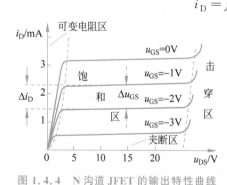

图 1.4.4　N 沟道 JFET 的输出特性曲线

图 1.4.4 是 N 沟道 JFET 的输出特性曲线。可以看出，场效应管有三个工作区域：可变电阻区、饱和区和夹断区。

（1）可变电阻区。图 1.4.4 中虚线为预夹断点的轨迹，即对应的 u_{DS} 和 u_{GS} 之间的关系表达式为 $u_{DS}=u_{GS}-U_P$。u_{GS} 越大，预夹断时的 u_{DS} 也越大。虚线左边区域称为可变电阻区，在该区域内，$u_{DS}<u_{GS}-U_P$，导电沟道未出现夹断，漏极和源极之间可以看作是一个受 u_{GS} 控制的可变电阻。如果 u_{GS} 不变，i_D 大体上随着 u_{DS} 线性变化，近似为直线，其斜率的倒数即为漏极和源极之间的等效电阻。如果 u_{GS} 发生变化，沟道的等效电阻将不同，因此，这个区域称为可变电阻区。

（2）饱和区。图 1.4.4 中预夹断轨迹（虚线）右边部分为饱和区，该区域中的 u_{DS} 和 u_{GS} 之间的关系表达式为 $u_{GD}=u_{GS}-u_{DS}<U_P$，即 $u_{DS}>u_{GS}-U_P$。此时，i_D 几乎不随

u_{DS} 的变化而变化,只受 u_{GS} 的控制,呈现恒流特性,因此饱和区又称为恒流区。这个区域是管子的线性放大区,场效应管工作在放大工作状态时就是工作在这个区域。

在饱和区,可以通过改变 u_{GS} 来控制 i_D,这是与电流控制器件 BJT 不同的,因此称场效应管为电压控制器件。与 BJT 用 $\beta = \dfrac{\Delta i_C}{\Delta i_B}$ 来描述动态情况下基极电流对集电极电流的控制作用相类似,场效应管用 g_m 来描述动态情况下栅源电压对漏极电流的控制作用,g_m 称为低频跨导,即

$$g_m = \frac{\Delta i_D}{\Delta u_{GS}}\bigg|_{u_{DS}=\text{常数}} \qquad (1.4.2)$$

(3)夹断区(截止区)。当 $u_{GS} < U_P$ 时,管子处于夹断状态,i_D 近似为零,图 1.4.4 中靠近横轴的区域称为夹断区,也称为截止区。

另外,当 u_{DS} 增大超过管子的承受限度时,栅极和源极间的耗尽层被破坏,i_D 急剧增大,管子将被击穿。因此,u_{DS} 的值不能超过漏源击穿电压 $U_{(BR)DS}$。若栅漏击穿电压为 $U_{(BR)GD}$,则 $U_{(BR)DS} = u_{GS} - U_{(BR)GD}$,可以看出,$U_{(BR)DS}$ 的大小随着 u_{GS} 的增大而增大,如图 1.4.4 所示,$U_{(BR)DS}$ 的轨迹(虚线)右侧区域称为击穿区。

2)转移特性曲线

转移特性曲线描述当漏源电压 u_{DS} 不变时,漏极电流 i_D 与栅源电压 u_{GS} 之间的关系,即

$$i_D = f(u_{GS})\big|_{u_{DS}=\text{常数}} \qquad (1.4.3)$$

图 1.4.5 为 N 沟道 JFET 的转移特性曲线,在输出特性曲线上,对应于 u_{DS} 等于某一固定值做一条垂直的直线,可以获得该直线与不同 u_{GS} 的输出特性曲线的交点,根据这些交点即可得到不同 u_{GS} 时的 i_D 的值,由此可以画出该 u_{DS} 值所对应的转移特性曲线。图 1.4.5 中画出了 u_{DS} 为 10V 时的曲线,同时可以看出,当管子工作于饱和区时,u_{DS} 对 i_D 的影响很小,所以,不同 u_{DS} 对应的转移特性曲线基本上重合在一起。转移特性曲线描述了 u_{GS} 对 i_D 的控制作用,它可以近似地表示为

$$i_D = I_{DSS}\left(1 - \frac{u_{GS}}{U_P}\right)^2, \quad U_P \leqslant u_{GS} \leqslant 0 \qquad (1.4.4)$$

式中,I_{DSS} 为饱和漏极电流,即在 $u_{GS}=0$ 情况下产生预夹断时的 i_D 值。需要指出的是,

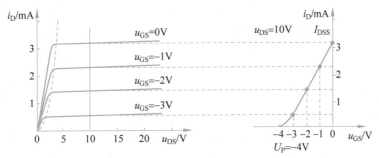

图 1.4.5　N 沟道 JFET 的转移特性曲线

式(1.4.4)只有在饱和区成立,如果管子工作在可变电阻区,不同 u_{DS} 所对应的转移特性曲线有较大差异。

对于 P 沟道 JFET,所有外加电压极性、电流方向与 N 沟道 JFET 相反,其特性曲线与 N 沟道 JFET 的特性曲线相似。

1.4.2 绝缘栅型场效应管

根据绝缘层所用材料之不同,绝缘栅型场效应管有多种类型,目前应用最广泛的一种是以二氧化硅(SiO₂)为绝缘层的金属—氧化物—半导体场效应管(Metal-Oxide-Semiconductor Field Effect Transistor,MOSFET),简称 MOS 场效应管。MOSFET 于 1960 年由 Dawan Kahng 发明,虽然比 JFET 的出现晚了约 8 年,但是 MOSFET 的应用已经远远超过了 JFET,其中一个重要原因是加在 MOSFET 栅极和漏极的电压具有相同的极性,而加在 JFET 栅极和漏极的电压必须具有相反的极性。MOSFET 也有 N 沟道和 P 沟道两种类型,分别称为 NMOS 管和 PMOS 管,每一类按结构不同又分为增强型和耗尽型。所谓增强型,是指当 $u_{GS}=0$ 时,没有导电沟道;所谓耗尽型,是指当 $u_{GS}=0$ 时,存在导电沟道。下面以 NMOS 管为例进行讨论。

视频

1. N 沟道增强型 MOS 管

1)结构

N 沟道增强型 MOS 管的结构如图 1.4.6(a)所示。它以一块掺杂浓度较低的 P 型硅作衬底,采用扩散工艺在衬底上面左右两侧制成两个高浓度的 N⁺区域,然后在上面覆盖一层很薄的二氧化硅绝缘层,通过一定的工艺在二氧化硅的表面生成一层金属铝作为栅极 g,再从两个 N⁺区域引出两个电极,分别为源极 s 和漏极 d,从衬底 B 引出一个电极,通常将它在管内与源极相连接进行使用。从图 1.4.6(a)中可以看出,栅极与源极、漏极和衬底均不接触,因此,称为绝缘栅型。图 1.4.6(b)是 N 沟道增强型 MOS 管的符号。

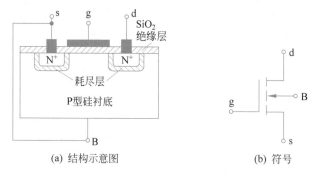

(a) 结构示意图   (b) 符号

图 1.4.6　N 沟道增强型 MOS 管

2)工作原理

(1) 从图 1.4.6(a)中可以看出,当 NMOS 管的栅极和源极短接时,即栅源电压 $u_{GS}=0$,源极与衬底以及漏极与衬底之间形成了两个背靠背的 PN 结,因此,不管在漏极和源极之间所加的电压极性如何,总会有一个 PN 结处于反向截止状态,漏极电流 i_D 始终为零,管子是不导通的。

（2）当 $0<u_{GS}<U_T$、$u_{DS}=0$ 时，如图 1.4.7(a)所示，除了两个 N^+ 区与 P 型半导体形成的 PN 结外，由于栅极电位高于衬底电位，因此电压 u_{GS} 会在二氧化硅绝缘层中产生一个垂直于半导体表面、由栅极指向 P 型衬底的电场。这个电场一方面排斥栅极下方 P 型衬底中的多数载流子——空穴，使其远离两个 N^+ 区域，从而留下不能移动的负离子，形成耗尽层；另一方面吸引衬底中的少子——自由电子到半导体的表面，从而在 P 型衬底的表面形成一个 N 型的薄层，称为反型层。显然，u_{GS} 越大，栅极下方衬底表面的空穴越来越少，而自由电子越来越多。但 u_{GS} 较小，吸引的自由电子不足以形成导电沟道。

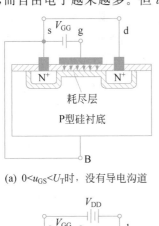

(a) $0<u_{GS}<U_T$时，没有导电沟道

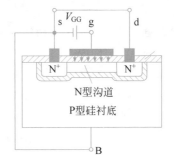

(b) $u_{GS}\geqslant U_T$时，出现N型沟道

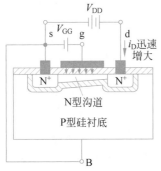

(c) $u_{GS}\geqslant U_T$，u_{DS}较小时，i_D迅速增大

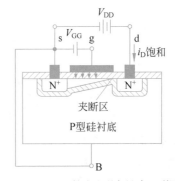

(d) $u_{GS}\geqslant U_T$，u_{DS}较大出现夹断时，i_D饱和

图 1.4.7　N 沟道增加型 MOS 管的工作原理

（3）当 $u_{GS}\geqslant U_T$、$u_{DS}=0$ 时，如图 1.4.7(b)所示，u_{GS} 产生的电场吸引了足够多的自由电子，反型层连通了漏极和源极的两个 N^+ 区域，成为这两个区域之间的导电沟道，称为 N 型沟道，由于反型层是由正电场感应生成的，因此又称为感生沟道。通常，使导电沟道开始形成的电压 u_{GS} 称为开启电压 U_T。显然，u_{GS} 越大，反型层越厚，导电沟道越宽，沟道电阻越小。只是因为 $u_{DS}=0$，所以沟道中仍然没有电流。需要说明的是，在如图 1.4.6(b)所示的符号中，衬底箭头的方向表示由衬底的 P 区指向沟道 N 区。

（4）当 $u_{GS}\geqslant U_T$、$u_{DS}>0$ 时，沟道中就会有电流 i_D。u_{DS} 较小时，u_{DS} 稍有上升，i_D 就会迅速增大。电流 i_D 流过沟道时，就会产生压降，使栅极与沟道中各点的压降不再相等，形成一个电位梯度。栅源之间的压降最大，就是 u_{GS}，相应的反型层最厚；栅漏之间的压降最小，此时 $u_{GD}=u_{GS}-u_{DS}$，反型层最薄，整个感生沟道中的电子呈楔形分布，沟道的截面积从左到右逐步减小，如图 1.4.7(c)所示。

u_{DS} 继续增加,当 $u_{GD}=u_{GS}-u_{DS}=U_T$ 时($u_{DS}=u_{GS}-U_T$),漏端的沟道开始消失,这种情况称为预夹断。如果 u_{DS} 在此基础上继续增大($u_{DS}>u_{GS}-U_T$),$u_{GD}=u_{GS}-u_{DS}<U_T$,则夹断点就会向源极方向延伸,在漏极附近出现夹断区,如图 1.4.7(d)所示。随着夹断区变宽,沟道电阻增大,由此使得沟道电压的增大抵消了 u_{DS} 的增大,u_{DS} 增大的部分即 $u_{DS}-(u_{GS}-U_T)$ 全部落到了夹断区上,使 i_D 在沟道出现预夹断后几乎不再随 u_{DS} 的增加而改变。

视频

3) 特性曲线

MOSFET 正常工作时,由于二氧化硅绝缘层的存在,栅极电流 $i_G=0$,因此研究其输入特性是没有意义的。与 JFET 相同,MOSFET 的特性曲线也有输出特性曲线和转移特性曲线。

N 沟道增强型 MOS 管的输出特性曲线如图 1.4.8(a)所示,与 JFET 的输出特性类似,可以分可变电阻区、饱和区和夹断区三个工作区域。

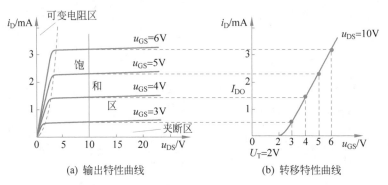

(a) 输出特性曲线　　　　(b) 转移特性曲线

图 1.4.8　N 沟道增强型 MOS 管的特性曲线

(1) 可变电阻区。从图 1.4.8(a)可以看出,可变电阻区位于靠近坐标纵轴的附近。在这个区域内,u_{DS} 较小,导电沟道没有夹断。此时,MOS 管的 u_{DS} 与 i_D 的关系可以看成是一个受 u_{GS} 控制的可变电阻。当 u_{GS} 较小时,沟道中被吸引的自由电子较少,导电沟道很窄,沟道电阻较大,相应的漏极电流 i_D 较小,u_{GS} 增大时,沟道中被吸引的自由电子增多,导电沟道变宽,沟道电阻变小,相应的漏极电流 i_D 变大。同时,i_D 的变化受 u_{DS} 的影响也较大。当 u_{DS} 较小时,u_{DS} 对导电沟道的宽窄影响较小,i_D 与 u_{DS} 之间近似呈线性关系;当 u_{DS} 增大时,导电沟道在漏端附近变窄,沟道电阻变大,漏极电流 i_D 随 u_{DS} 增大的趋势减缓。

(2) 饱和区。饱和区的输出特性曲线表示了 MOS 管出现预夹断以后,u_{DS} 与 i_D 的关系。从图 1.4.8(a)可以看出,输出特性曲线上的预夹断轨迹虚线,就是可变电阻区与饱和区的分界线。在饱和区内,导电沟道已经被夹断了,尽管 u_{DS} 在增大,但 i_D 基本上保持不变,因此,这个区域也称为恒流区。

(3) 夹断区(截止区)。当 u_{GS} 小于开启电压 U_T 时,导电沟道未形成,MOS 管处于截止状态。图 1.4.8(a)中靠近横轴的区域,即为夹断区(截止区)。

当 u_{DS} 增大到一定值而超过 MOS 管的承受限度时,漏极与衬底之间的 PN 结就会发生击穿，i_D 急剧增大，导致管子被烧坏，击穿电压及击穿区的概念与前面的 JFET 相似，此处不再赘述。

N 沟道增强型 MOS 管的转移特性曲线如图 1.4.8(b)所示。由于在饱和区中，i_D 的大小基本与 u_{DS} 无关，因此，u_{DS} 取不同值时得到的转移特性曲线基本重合。与 JFET 相类似，这一转移特性曲线的函数表达式可以近似地表示为

$$i_D = I_{DO}\left(\frac{u_{GS}}{U_T} - 1\right)^2 \tag{1.4.5}$$

式中，I_{DO} 是 $u_{GS} = 2U_T$ 时的 i_D。

2. N 沟道耗尽型 MOS 管

如图 1.4.9(a)所示，在制造 NMOS 管的过程中，如果采用一定的工艺，在其二氧化硅绝缘层中掺入大量的钠(Na)或钾(K)等正离子，这些正离子将会产生正电场，即使在 $u_{GS} = 0$ 时，在 P 型衬底的表面也存在反型层，即漏极和源极之间存在导电沟道。如果加一正向的漏源电压，则会产生漏极电流 i_D。当 u_{GS} 为正时，反型层变厚，导电沟道变宽，沟道电阻变小，i_D 增大；当 u_{GS} 为负时，反型层变薄，导电沟道变窄，沟道电阻变大，i_D 减小。当 u_{GS} 为负且幅值增大到一定值时，反型层消失，导电沟道消失，$i_D = 0$，此时的 u_{GS} 称为夹断电压 U_P。与 N 沟道 JFET 的夹断电压相同，N 沟道耗尽型 MOS 管的夹断电压也是负值。但是，正常工作时，前者的 u_{GS} 只能为负值，而后者的 u_{GS} 可正、可负，且栅极和源极之间有非常大的绝缘电阻。

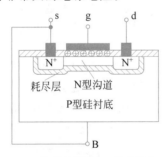
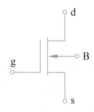

(a) N沟道耗尽型MOS管的结构   (b) N沟道耗尽型MOS管的符号

图 1.4.9　N 沟道耗尽型 MOS 管

N 沟道耗尽型 MOS 管的符号如图 1.4.9(b)所示。

与 N 沟道 JFET 的特性相类似，N 沟道耗尽型 MOS 管的输出特性曲线和转移特性曲线如图 1.4.10(a)、(b)所示。

在饱和区中，N 沟道耗尽型 MOS 管的 i_D 与 u_{GS} 的关系可近似地表示为

$$i_D = I_{DSS}\left(1 - \frac{u_{GS}}{U_P}\right)^2 \tag{1.4.6}$$

式中，I_{DSS} 为 $u_{GS} = 0$ 时的 i_D，与 N 沟道 JFET 一样，也称为饱和漏极电流。

正如双极性晶体管有 NPN 型和 PNP 型一样，MOS 管也有 N 沟道和 P 沟道两种。P 沟道 MOS 管又有增强型和耗尽型两种。P 沟道 MOS 管以 N 型硅作为衬底，P^+ 型硅作源区和漏区，感生沟道是由空穴组成的 P 沟道。在工作时，各个电极所加电压极性与

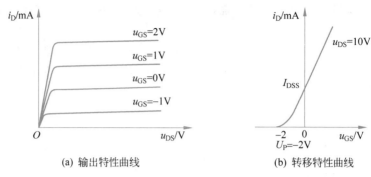

(a) 输出特性曲线   (b) 转移特性曲线

图 1.4.10　N 沟道耗尽型 MOS 管的特性曲线

NMOS 管是相反的,漏极电流的方向也是相反的。为了便于学习和比较,四种类型 MOS 管的符号、特点及特性曲线总结如表 1.4.1 所示,请读者自行理解。

扩展阅读

1.4.3　场效应管的主要参数

1. 直流参数

(1) 夹断电压 U_P。对于结型场效应管和耗尽型的 MOS 管,在漏源电压 u_{DS} 为某一固定值(一般为 10V)时,能够使漏极电流 i_D 从大减小到某一微小电流(一般为 $50\mu A$)时对应的栅源电压 u_{GS} 的值称为夹断电压 U_P。

(2) 开启电压 U_T。对于增强型 MOS 管来说,在漏源电压 u_{DS} 为某一固定值(一般为 10V)时,能够使漏极电流 i_D 从零增大到某一微小电流(一般为 $50\mu A$)时对应的栅源电压 u_{GS} 的值称为开启电压 U_T。

(3) 饱和漏极电流 I_{DSS}。对于结型场效应管和耗尽型的 MOS 管,在栅源电压 $u_{GS}=0$ 的条件下,管子发生预夹断时的漏极电流 i_D 称为饱和漏极电流 I_{DSS}。

(4) 直流输入电阻 R_{GS}。它是场效应管栅源之间的直流等效电阻,等于栅源电压与栅极电流之比。对于 JFET 来说,其栅源之间是反偏的 PN 结,PN 结反偏时总会有一些反向电流存在,输入电阻一般大于 $10^7\Omega$;而对于 MOSFET 来说,栅源之间有 SiO_2 绝缘层,输入电阻为 $10^9\sim10^{15}\Omega$。

2. 交流参数

(1) 低频跨导 g_m。在漏源电压 u_{DS} 为某一固定值时,漏极电流 i_D 的变化量与栅源电压 u_{GS} 的变化量之比,即

$$g_m=\frac{\Delta i_D}{\Delta u_{GS}}\bigg|_{u_{DS}=\text{常数}} \tag{1.4.7}$$

这个参数反映了栅源电压 u_{GS} 对于漏极电流 i_D 的控制能力,是场效应管的一个重要参数,其值通常为十分之几到几毫西门子,特殊的可达 100mS 或更高。低频跨导可以通过仪器测试得到,还可以通过对式(1.4.4)~式(1.4.6)求导,得到不同类型管子的低频跨导。

(2) 极间电容。场效应管的三个电极之间也有极间电容,即栅源电容 C_{gs}、栅漏电容 C_{gd}、漏源电容 C_{ds},它们由 PN 结的结电容及分布电容组成。通常,C_{gs} 和 C_{gd} 为 $1\sim3pF$,

表 1.4.1 四种类型 MOS 管管比较

MOS 管类型	增强型 NMOS 管	增强型 PMOS 管	耗尽型 NMOS 管	耗尽型 PMOS 管
标准符号				
简化符号				
衬底类型	P 型	N 型	P 型	N 型
沟道类型	N 型	P 型	N 型	P 型
导电沟道 $u_{GS}=0$	无导电沟道		有导电沟道	
开启电压 U_T	$U_T>0$	$U_T<0$		
夹断电压 U_P			$U_P<0$	$U_P>0$

续表

MOS 管类型	增强型 NMOS 管	增强型 PMOS 管	耗尽型 NMOS 管	耗尽型 PMOS 管
输出特性	i_D/mA，u_{DS}/V；$u_{GS}=6\text{V}$、$u_{GS}=5\text{V}$、$u_{GS}=4\text{V}$、$u_{GS}=3\text{V}$	i_D/mA，O，u_{DS}/V；$u_{GS}=-3\text{V}$、$u_{GS}=-4\text{V}$、$u_{GS}=-5\text{V}$、$u_{GS}=-6\text{V}$	i_D/mA，u_{DS}/V，O；$u_{GS}=2\text{V}$、$u_{GS}=1\text{V}$、$u_{GS}=0\text{V}$、$u_{GS}=-1\text{V}$	i_D/mA，O，u_{DS}/V；$u_{GS}=+1\text{V}$、$u_{GS}=0\text{V}$、$u_{GS}=-1\text{V}$、$u_{GS}=-2\text{V}$
转移特性	i_D/mA，u_{GS}/V；$u_{DS}=10\text{V}$，$U_T=2\text{V}$，0，2	i_D/mA，0，u_{GS}/V；-2，$U_T=-2\text{V}$，$u_{DS}=-10\text{V}$	i_D/mA，u_{GS}/V；$u_{DS}=10\text{V}$，-2，0，$U_P=-2\text{V}$	i_D/mA，$U_P=2\text{V}$，0，2，u_{GS}/V；$u_{DS}=-10\text{V}$

而 C_{ds} 为 $0.1\sim1\mathrm{pF}$。管子在高频电路应用时,应考虑这些电容的影响。管子的最高工作频率也是这些电容影响的反映。

3. 极限参数

(1) 漏极最大允许耗散功率 P_{DM}。与 BJT 相似,在直流工作条件下,FET 消耗的功率 $P_D=U_{DS}I_D$,其值的大小决定了管子的温升。P_{DM} 与 P_{CM} 相似,在 FET 工作过程中,P_D 不允许超过 P_{DM},否则管子会因为发热而烧坏。

(2) 漏极最大允许电流 I_{DM}。它是管子在工作时允许的漏极电流最大值,相当于 BJT 的 I_{CM}。

(3) 栅源击穿电压 $U_{(BR)GS}$。对于结型场效应管,$U_{(BR)GS}$ 就是使栅极与沟道之间 PN 结反向击穿的电压 u_{GS};对于绝缘栅型场效应管,$U_{(BR)GS}$ 就是使绝缘层击穿的 u_{GS}。

(4) 漏源击穿电压 $U_{(BR)DS}$。管子进入恒流区后,当 u_{DS} 增大时,使 i_D 急剧增大的 u_{DS} 值就是 $U_{(BR)DS}$。

极限参数确定后,可以根据 P_{DM} 在输出特性曲线上画出管子的临界功耗线,再根据 I_{DM} 与 $U_{(BR)DS}$,便可得到管子的安全工作区。

1.4.4 场效应管的直流模型

FET 是一个电压控制型非线性器件,在直流工作状态下,根据它的工作区域和工作状态的不同,可以建立不同的直流等效模型。

FET 的栅源之间的电阻很大,不论工作在哪种状态,总可以近似认为是开路的。图 1.4.11(a) 是 FET 工作在可变电阻区时的模型,FET 的漏源之间可以看成一个受栅源电压控制的可变电阻 R_{DS}。图 1.4.11(b) 是 FET 工作在饱和区时的模型。这时,FET 的漏极电流 i_D 受栅源电压 u_{GS} 控制,这里用一个受控电流源 $f(u_{GS})$ 表示,其电流大小可以用式(1.4.4)~式(1.4.6)表示。图 1.4.11(c) 是 FET 工作在夹断区时的模型。这时,FET 的漏极电流 i_D 近似为零,漏源之间可看成是开路的。

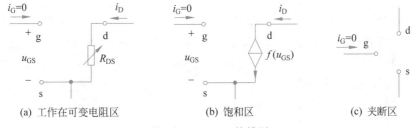

(a) 工作在可变电阻区　　　(b) 饱和区　　　(c) 夹断区

图 1.4.11　FET 的模型

需要说明的是,上述模型只适用于直流信号工作时的电路。

在模拟电路中,BJT 和 FET 经常工作在某一直流工作点,在此基础上又叠加了一个很小的交流信号。这时,需要考虑交流量的工作状况,与之对应,应建立管子的交流小信号模型,这部分内容将在第 2 章详细介绍。

小结

(1) 硅和锗是两种常用的制造半导体器件的材料。在半导体中,有电子和空穴两种载流子。半导体具有独特的物理特性:掺杂性、热敏性、光敏性。

(2) 半导体分为本征半导体和杂质半导体。本征半导体的导电能力与温度有关。杂质半导体中多数载流子的浓度决定于掺杂杂质的浓度,少数载流子的浓度与温度有关。

(3) PN 结是组成半导体器件的核心,它具有单向导电性。PN 结的特性用伏安特性来描述,伏安特性的表达式为 $i = I_S(e^{\frac{u}{U_T}} - 1)$。

(4) 二极管由一个 PN 结加引线和管壳构成,伏安特性与 PN 结相似。由于二极管是非线性器件,所以通常采用简化模型来分析二极管电路,这些模型有理想模型、恒压降模型、折线模型、小信号模型等。

(5) 稳压二极管是一种特殊的二极管,正常工作时处于反向击穿状态。稳压管的正向特性与普通二极管相近。

(6) 半导体三极管也称为晶体管,简称为 BJT,具有两个 PN 结、三个电极,有 NPN型和 PNP 型两种类型,按使用的半导体材料不同又可分为硅管和锗管两类。

(7) BJT 的特性用输入特性和输出特性来描述。给两个 PN 结不同的直流偏置,BJT 可以有放大、饱和、截止三种工作状态。

(8) 场效应管分为结型场效应管和绝缘栅型场效应管两种类型,每种均有 N 沟道和P 沟道之分,绝缘栅型场效应管又分为增强型和耗尽型两种。场效应管的特性用输出特性和转移特性来描述。加合适的直流偏置,场效应管可工作在可变电阻区、饱和区(恒流区)、夹断区(截止区)三种工作区。

习题

1.1 有两个 PN 结:一个反向饱和电流为 $1\mu A$,另一个反向饱和电流为 $1nA$,当它们串联工作时,流过 PN 结的正向电流为 $1mA$,两个 PN 结的导通压降分别为多少?

1.2 理想二极管电路如题图 1.2 所示,已知 $u_i = 20\sin(\omega t)(V)$,若忽略二极管的正向压降和反向电流,请分别写出输出电压 u_o 的表达式,并画出 u_o 与 u_i 相对应的波形。

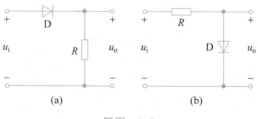

(a)   (b)

题图 1.2

1.3 在题图 1.3 电路中,已知 $u_i = 6\sin(\omega t)$(V),若二极管的正向导通压降为 0.7V,请分别写出输出电压 u_o 的表达式,并画出 u_o 与 u_i 相对应的波形。

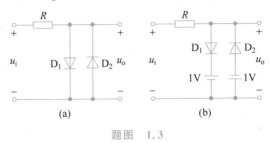

题图 1.3

1.4 二极管电路如题图 1.4 所示,电阻 $R = 1\text{k}\Omega$,试求:

(1)利用硅二极管的恒压降模型计算流过二极管的电流 i 和输出电压 u_O;

(2)利用二极管的小信号模型计算输出电压 u_O 的变化范围。

1.5 电路如题图 1.5(a)所示,输入信号 u_1 和 u_2 的波形如题图 1.5(b)所示。忽略二极管的管压降,画出输出电压 u_O 的波形。

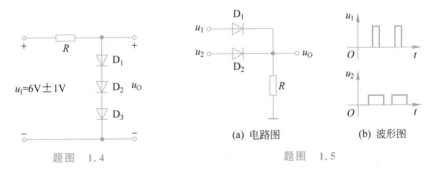

题图 1.4   题图 1.5

1.6 用万用表的电阻挡测量二极管的正反向电阻。万用表内的电池为 1.5V,黑色表笔接电池正端,红色表笔接电池负端。当用黑色表笔测二极管的 A 端,红色表笔测二极管的 B 端时,测得二极管的等效电阻为 300Ω;用黑色表笔测二极管的 B 端,红色表笔测二极管的 A 端时,测得二极管的等效电阻为 30kΩ。试问 A、B 两端哪一端是阳极,哪一端是阴极?测得的电阻是直流电阻还是交流电阻?

1.7 试分析题图 1.7 所示电路中的二极管是导通还是截止?并求出 A、B 两端的电压 U_{AB}。

1.8 有两个稳压管,其稳压值 $U_{Z1} = 6\text{V}$,$U_{Z2} = 7.5\text{V}$,正向导通压降 $U_D = 0.7\text{V}$。若两个稳压管串联时,可以得到哪几种稳压值?若两个稳压管并联时,又可以得到哪几种稳压值?

1.9 有一个二端元件,如何用万用表去判定它到底是二极管、电容器,还是电阻器?

1.10 如何用万用表的电阻挡判定一个 BJT 是 NPN 型还是 PNP 型?如何确定 BJT 的 b、c、e 三个极?

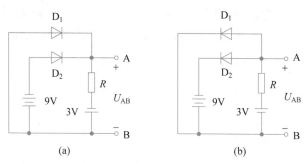

题图　1.7

1.11　有 X、Y 两个 BJT,从电路中可以测得它们各个引脚的对地电压为：X 管 $U_{X1}=12V,U_{X2}=6V,U_{X3}=6.7V$; Y 管 $U_{Y1}=-15V,U_{Y2}=-7.8V,U_{Y3}=-7.5V$ 。试判断它们是锗管还是硅管？是 PNP 型还是 NPN 型？哪个极是基极、发射极和集电极？

1.12　题图 1.12 中给出了 8 个 BJT 各个电极的电位,试判定这些 BJT 是否处于正常工作状态？如果不正常,是短路还是烧断？如果正常,是工作于放大状态、截止状态,还是饱和状态？

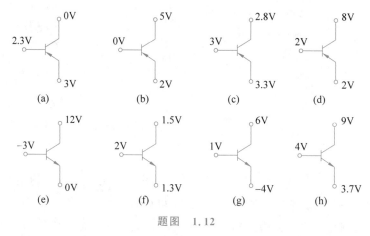

题图　1.12

题图　1.14

1.13　一个 BJT,其集电极最大电流 $I_{CM}=120mA$,集电极最大功耗 $P_{CM}=200mW$,击穿电压 $U_{(BR)CEO}=40V$ 。如果它的工作电压 $U_{CE}=10V$,那么它的工作电流 I_C 不能超过多少？如果 BJT 的工作电流为 2mA,则其工作电压的极限值是多少？

1.14　电路如题图 1.14 所示,已知场效应管的 $U_T=5V,I_{DO}=2mA$ 。试分析当 $u_I=4V,8V,12V$ 三种情况下场效应管分别工作在什么区域。

1.15　分别判断题图 1.15 所示各电路中的场效应管是否有可能工作在恒流区。

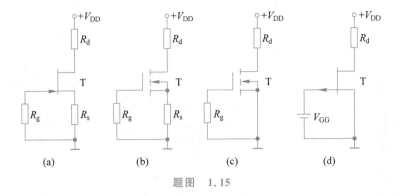

题图　1.15

第

2

章

基本放大电路

内容提要:

基本放大电路是模拟电路的重要内容之一。它不仅在实际中得到了广泛应用,而且是集成电路的重要单元电路,也是分析功率放大电路、负反馈放大电路等其他模拟电路的重要基础。本章首先介绍"放大"的基本概念与放大电路的主要性能指标,然后以基本共射放大电路为例,分析其原理,讨论放大电路的分析方法,并继而介绍静态工作点稳定的共射放大电路与其他基本放大电路,最后简要介绍了多级放大电路的组成、原理和性能指标的计算方法。

学习目标:

1. 理解放大电路的工作原理及"失真"的概念。
2. 掌握放大电路的分析方法和静态、动态性能指标的计算方法。
3. 理解温度对静态工作点的影响以及稳定静态工作点的措施。
4. 掌握由 BJT 和场效应管组成的各种基本放大电路的特点和应用方法。
5. 理解多级放大电路的原理,掌握其性能指标的计算方法。

重点内容:

1. 放大电路的分析方法和性能指标的计算方法。
2. 失真的类型与消除失真的方法。
3. 温度对静态工作点的影响及稳定静态工作点的措施。
4. 各种基本放大电路的特点和应用方法。

2.1　放大电路的基本概念与主要性能指标

2.1.1　放大电路的基本概念

在放大电路中,需要被放大的电信号(电压或电流)的幅度往往很小,通常是毫伏、微安数量级,甚至更小。例如,话筒把语音转换为电信号,其输出电压为几毫伏至几十毫伏。这些微弱的电信号以时间为变量,按照一定规律发生变化。信号被放大以后,输出信号随时间而变化的规律必须与被放大的输入信号严格相同,即放大的前提是不失真,但其电压或电流的幅度得到了较大提高。因此,放大是把一个微弱的电信号的幅度放大,能够实现放大功能的电子电路称为放大电路或放大器。

放大电路对电信号的放大,本质上是对能量的控制和转换。例如,利用扩音机放大语音,话筒(传感器)将语音转换成相应的电信号,放大电路将这些电信号放大后通过扬声器输出,扬声器输出信号的能量比放大前大得多,输出信号的能量来自放大电路的供电电源。也就是说,放大电路将电源的能量适当地转换为所需要的信号并送到输出端,从而得到比输入端更大的信号。放大的任务就是把输入信号的幅度放大到所需要的大小。

2.1.2　放大电路的性能指标

一个放大电路的性能如何,是通过一系列指标来体现。放大电路的指标有很多,这里简述常用的几个性能指标。

图 2.1.1 为放大电路的示意图。图中，信号源电压为 $\dot{U}_s$，R_s 为其内阻，$\dot{U}_i$ 和 $\dot{I}_i$ 分别为输入电压和输入电流，R_i 为放大电路的输入电阻；$\dot{U}_o'$ 和 R_o 为输出端口的戴维南等效电路参数，$\dot{U}_o$ 和 $\dot{I}_o$ 分别为输出电压和输出电流，R_L 为负载电阻。由于任何稳态信号都可以看作是若干不同频率的正弦信号的叠加，因此在分析和测试放大电路时经常采用正弦波作为输入信号，故图 2.1.1 中的电压、电流变量均假设为正弦交流信号，并用相量符号表示。

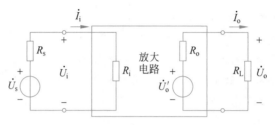

图 2.1.1　放大电路示意图

1. 放大倍数

放大倍数是衡量放大电路放大能力的重要指标，其值是输出信号 $\dot{X}_o$（$\dot{U}_o$ 或 $\dot{I}_o$）与输入信号 $\dot{X}_i$（$\dot{U}_i$ 或 $\dot{I}_i$）之比。

在实际电路中，根据放大电路输入信号的条件和对输出信号的要求，如果只需要考虑电路的输出电压 $\dot{U}_o$ 和输入电压 $\dot{U}_i$ 的关系，则可表示为

$$\dot{U}_o = \dot{A}_u \dot{U}_i \tag{2.1.1}$$

式中，$\dot{A}_u = \dot{U}_o / \dot{U}_i$ 为电路的电压放大倍数，无量纲。这种电路称为电压放大电路。

若只考虑放大电路的输出电流 $\dot{I}_o$ 和输入电流 $\dot{I}_i$ 的关系，则可表示为

$$\dot{I}_o = \dot{A}_i \dot{I}_i \tag{2.1.2}$$

式中，$\dot{A}_i = \dot{I}_o / \dot{I}_i$ 为电路的电流放大倍数，无量纲。这种电路称为电流放大电路。

如果需要把电流信号转换为电压信号，则需要考虑输出电压 $\dot{U}_o$ 与输入电流 $\dot{I}_i$ 的关系，可表示为

$$\dot{U}_o = \dot{A}_r \dot{I}_i \tag{2.1.3}$$

式(2.1.3)中的 $\dot{A}_r = \dot{U}_o / \dot{I}_i$，称为互阻放大倍数，单位为 Ω。这种电路称为互阻放大电路。

如果需要把电压信号转换为电流信号，这时要考虑输出电流 $\dot{I}_o$ 与输入电压 $\dot{U}_i$ 之间的关系，可表示为

$$\dot{I}_o = \dot{A}_g \dot{U}_i \tag{2.1.4}$$

式中,$\dot{A}_g = \dot{I}_o / \dot{U}_i$,称为**互导放大倍数**,具有电导的性质,单位为 S。这种电路称为**互导放大电路**。

综上所述,根据放大电路输入信号的条件和对输出信号的要求,放大电路可分为四种类型:电压放大电路、电流放大电路、互阻放大电路、互导放大电路。而这四种电路只是考虑问题的侧重点不同,实际上,不管信号源是电压源还是电流源,根据戴维南定理和诺顿定理,它们之间可相互转换,输出电流和电压的关系也可以通过电阻、负载等进行转换。也就是说,同一个放大电路可作为四种不同类型的电路来考虑,并且不同类型的电路之间可以相互转换。一般地,电压放大电路应用最为普遍,所以在以下讨论中,主要讨论电压放大电路。

若考虑信号源内阻 R_s 的影响,则电压放大倍数为

$$\dot{A}_{us} = \frac{\dot{U}_o}{\dot{U}_s} \qquad (2.1.5)$$

在工程上,根据需要,电压放大倍数 $\dot{A}_u$ 也常用以 10 为底的对数增益表达,其基本单位为 B(贝尔,Bel),贝尔(B)单位太大,通常用它的十分之一单位——分贝(dB)。所以这种表示方法是电压放大倍数的分贝表示法,通常称为**电压增益**,可写为 $20\lg|\dot{A}_u|$(dB)。用对数坐标表达增益随频率变化的曲线,可扩大增益变化的范围,在研究放大电路的频率特性时经常使用。

2. 输入电阻

由图 2.1.1 可见,放大电路的输入电阻 R_i 是指从放大电路输入端口向右看进去的等效电阻,可表示为

$$R_i = \frac{\dot{U}_i}{\dot{I}_i} \qquad (2.1.6)$$

R_i 的大小将影响放大电路从信号源 $\dot{U}_s$ 获得输入电压 $\dot{U}_i$ 值的大小。因为加在放大电路的信号源是有内阻 R_s 的,当有电流 $\dot{I}_i$ 流过输入回路时,会在 R_s 上产生压降,而真正加在放大电路输入端的电压 $\dot{U}_i$ 也将小于 $\dot{U}_s$,它们之间的关系可表示为

$$\dot{U}_i = \frac{R_i}{R_s + R_i}\dot{U}_s \qquad (2.1.7)$$

由式(2.1.7)可见,当 $\dot{U}_s$、R_s 一定时,R_i 越大,则 $\dot{U}_i$ 越大,对信号源的衰减就越小,反之则衰减越大。所以,R_i 是衡量放大电路对信号源衰减程度的指标。

根据诺顿定理,电压源可等效变换为电流源,此时希望 R_i 越小越好,R_i 越小,R_s 的分流越小,$\dot{I}_i$ 越接近信号源电流,信号源衰减越小。由此可见,对一个放大电路来说,究竟其输入电阻 R_i 是大一点好还是小一点好,要视信号源的具体情况而定。由于实际应用中,信号源大多为电压源,因此通常希望 R_i 的值大一些。

3. 输出电阻

输出电阻是在信号源为零、负载开路时从放大电路输出端看进去的等效电阻。如图 2.1.1 所示,根据戴维南定理,从放大电路的输出端口向左看进去,可等效为开路电压 $\dot{U}_{o}'$ 与等效电阻 R_{o} 串联,其中的等效电阻 R_{o} 即为放大电路的输出电阻。如图 2.1.2 所示,根据定义,在求 R_{o} 时,须将电路中的独立电压源和独立电流源置为零,去掉负载电阻 R_{L},在输出端加上一个交流电压源 $\dot{U}$,产生交流电流 $\dot{I}$,输出电阻 R_{o} 可表示为

$$R_{o} = \left. \frac{\dot{U}}{\dot{I}} \right|_{\dot{U}_{s}=0, R_{L}=\infty} \tag{2.1.8}$$

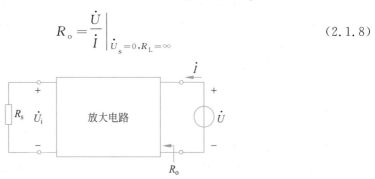

图 2.1.2　求解放大电路输出电阻的示意图

R_{o} 的大小将影响放大电路送给负载的电压。当放大电路带负载 R_{L} 时,因为 R_{o} 的存在,会使输出回路电流 $\dot{I}_{o}$ 在 R_{o} 上产生压降,这就使负载 R_{L} 上获得的电压 $\dot{U}_{o}$ 小于开路电压 $\dot{U}_{o}'$,它们之间的关系可表示为

$$\dot{U}_{o} = \frac{R_{L}}{R_{o}+R_{L}} \dot{U}_{o}' \tag{2.1.9}$$

由式(2.1.9)可见,当 $\dot{U}_{o}'$、R_{L} 一定时,R_{o} 越小,则 R_{L} 两端的电压 $\dot{U}_{o}$ 越大。这表示放大电路的输出电压送给负载的部分越大,放大电路带负载的能力越强。反之,输出电阻越大,电路带负载的能力越弱。所以,输出电阻 R_{o} 是衡量放大电路带负载能力的重要指标。

注意,输入电阻和输出电阻均是交流电压和交流电流的比值,所以它们是交流电阻,体现了放大电路的交流性能。

4. 通频带(带宽)

由于放大电路中存在电容、电感及半导体器件的结电容等电抗元件,所以当信号的频率太高或太低时,放大电路的放大倍数都会下降并产生相移。通常,一个放大电路只适用于放大一定频率范围的信号。通频带是衡量放大电路对不同频率信号的适应能力的重要指标。

图 2.1.3 所示是某放大电路的电压放大倍数在整个频率范围内的变化趋势。在中频段,电路的电压放大倍数近似为常数且最大,在此用 A_{um} 表示。当信号频率下降而使放大倍数下降为中频值 A_{um} 的 0.707 倍时,对应的频率称为下限截止频率,简称下限频

率,记作 f_L。当信号频率升高而使放大倍数下降为中频值 A_{um} 的 0.707 倍时,对应的频率称为上限截止频率,简称上限频率,记作 f_H。f_H 和 f_L 之间形成的频带宽度称为通频带或带宽,记作 f_{BW},即

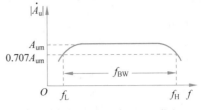

图 2.1.3　放大电路的频率指标

$$f_{BW} = f_H - f_L \qquad (2.1.10)$$

通频带越宽,表明放大电路能够放大的频率范围越大,对信号频率的适应能力越强。一般情况下,总是希望放大电路的通频带宽一些。对于扩音机,其通频带应宽于音频(20Hz~20kHz)的范围。但是,在有些应用中也希望通频带尽可能窄,例如选频放大电路,理想情况下希望它只对单一频率的信号放大,以提高选频性能。因此,放大电路的频带宽度应适当选择。

5. 最大不失真输出电压

放大电路可以对输入信号进行放大,但其输出信号的幅度有一定范围。如果超过这个范围,那么输出信号将会受到器件非线性的制约,不再按照应有的规律变化,也就是产生了失真。因为这种失真是由器件的非线性特性引起的,所以称为非线性失真。最大不失真输出电压是指当输入信号再增大,就会使输出波形出现非线性失真时的输出电压,一般用有效值 U_{om} 表示,也可以用峰-峰值 U_{opp} 表示,$U_{opp} = 2\sqrt{2}U_{om}$。

6. 最大输出功率

放大电路的输入信号通常非常微弱,可以不考虑它的功率问题,但其输出信号的电压和电流都比较大,往往要对其输出功率进行考虑。输出功率过大,使得输出电压或电流有可能出现非线性失真。更有甚者,如果输出功率超过器件的功率要求,则会造成器件的损坏。因此,定义放大电路的最大输出功率,它是在电路的输出信号基本不失真情况下所能输出的最大功率,记作 P_{om}。

7. 非线性失真系数

上面已经提到,当放大电路的输出信号幅度过大时,由于器件本身非线性的限制,输出信号将会出现非线性失真。非线性失真系数是用来衡量放大电路中出现非线性失真程度大小的指标,记作 D。

一旦输出电压有失真,输出波形中除了有基波外,还有各次谐波。谐波分量越多且越大,失真就越严重。设 U_{o1} 为输出信号中基波分量的幅值,U_{o2}、U_{o3}……分别为各次谐波分量的幅值,则非线性失真系数 D 的表达式为

$$D = \sqrt{\left(\frac{U_{o2}}{U_{o1}}\right)^2 + \left(\frac{U_{o3}}{U_{o1}}\right)^2 + \cdots} \qquad (2.1.11)$$

2.2　基本共射放大电路的工作原理

基本放大电路是由一个 BJT 或场效应管组成的放大电路。对于 BJT 来说,它有三个极,可以组成基本共射极放大电路、基本共集电极放大电路和基本共基极放大电路,这

三种电路分别简称为基本共射放大电路、基本共集放大电路和基本共基放大电路。其中,使用最为广泛的是基本共射放大电路,下面以基本共射放大电路为例,详细介绍放大电路的工作原理。

2.2.1 放大电路实现放大的条件

图 2.2.1 是基本共射放大电路的原理电路。BJT 是起放大作用的核心器件。电源 V_{BB} 和 V_{CC} 保证发射结正偏,集电结反偏,即 BJT 处于放大工作状态。输入信号 u_i 为正弦波交流电压信号,是需要放大的信号。

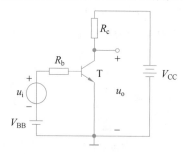

图 2.2.1 基本共射放大电路的原理电路

当 $u_i = 0$ 时,此时电路中只有直流信号作用,称放大电路处于静态。在输入回路中,V_{BB} 经基极电阻 R_b 提供基极电流 I_B,因为 BJT 处于放大状态,所以集电极电流 $I_C = \beta I_B$,在输出回路中,R_c 上的压降为 $I_C R_c$,集电极与发射极之间的电压为 $U_{CE} = V_{CC} - I_C R_c$。只有直流信号作用时 BJT 的基极电流 I_B、集电极电流 I_C、发射结压降 U_{BE}、管压降 U_{CE} 称为放大电路的静态工作点 Q(Quiescent),通常记作 I_{BQ}、I_{CQ}、U_{BEQ}、U_{CEQ}。在近似计算中,U_{BEQ} 是已知的,对于硅管,其值为 0.7V,对于锗管,其值为 0.3V。

当 $u_i \neq 0$ 时,此时电路中交流信号和直流信号是共存的,称放大电路处于动态。在输入回路中,必将在静态的基础上产生一个动态的基极电流 i_b,由三极管的放大作用可知,输出回路必然产生一个动态的集电极电流 i_c,经集电极电阻 R_c 使 u_{CE} 发生变化,u_{CE} 的变化量就是输出的动态电压 u_o,从而实现了电压放大。

由上述分析可以看出,要使放大电路始终工作在放大状态,应满足以下几点。

(1)必须使 BJT 工作在放大状态。

在模拟电路中,被放大的信号一般很小,往往是毫伏数量级或更小,这样的信号不可能克服 BJT 发射结的死区电压。为了保证能够放大交流小信号,必须给 BJT 加上适当的直流偏置电压,使发射结正偏,集电结反偏,保证 BJT 工作在放大区。提供直流偏置电压和电流的电路称为直流偏置电路。在此基础上,加上交流小信号后,才能有效地进行放大。

(2)必须使放大电路工作在 BJT 放大区的合适位置。

如 2.1 节所述,放大的前提是不失真,因而放大电路仅仅工作在 BJT 的放大区还不够。如果工作的区域接近截止区或饱和区,则在工作过程中很容易进入这两个区域,导致非线性失真。因此,直流偏置电路需要为放大电路提供一个合适的静态工作点,以保证 BJT 的工作区域远离截止区和饱和区,尽可能获得最大不失真范围。

(3)输入信号的幅度不能太大。

输入信号的幅度应使放大后的信号不超过放大电路的最大不失真输出电压,保证放大电路工作在放大状态。如果输出信号过大,则会使 BJT 工作在截止区或饱和区,从而出现失真。

（4）解决好交流信号输入、输出与电路的耦合问题。

图 2.2.1 是基本共射放大电路的原理电路，但在实际应用时，还需解决输入回路中信号源与放大电路和输出回路中放大电路与负载的耦合问题。"耦合"即为"连接"，图 2.2.1 中信号源与放大电路和放大电路与负载均是直接相连，称为直接耦合方式。在解决耦合问题时，一方面要求耦合电路能够传输交流输入信号 u_i 和输出信号 u_o，使 u_i能够加到 BJT 的输入端，使 u_o 能够加到负载上，传输过程中的信号损耗应尽可能小；另一方面要求信号源、负载与放大电路的直流工作状态应互不影响，把电路输入端和输出端的交流量与直流量隔开。放大电路中常使用大容量的电容器来完成信号源与放大电路和放大电路与负载的耦合。

2.2.2　基本共射放大电路的结构及各元件的作用

图 2.2.2 所示是经过改进的基本共射放大电路。其中，电容 C_1 连接信号源与放大电路，电容 C_2 连接放大电路与负载，这种连接称为阻容耦合方式，起连接作用的电容称为耦合电容。由电路可知，耦合电容 C_1、C_2 起到了"隔直、通交"的作用。"隔直"是指利用电容对直流开路的特点，隔离信号源、放大电路、负载之间的直流联系，以保证它们的直流工作状态相互独立，互不影响。"通交"是指利用电容对交流短路的特点使交流信号能顺利地通过它，从而使输入信号顺利加到 BJT 的输入端，使输出信号顺利加到负载上。为了使电容的交流阻抗接近于零，应选用电容量大的电解电容。

在电路中，三极管 T 是整个电路的核心元件，具有能量转换和电流控制的能力，起放大作用。由前面的分析可知，外加的直流偏置电源必须保证 BJT 始终工作在放大状态，即发射结正偏，集电结反偏。直流电源 V_{BB} 的负端接发射极，正端通过基极电阻 R_b 接基极，保证了 BJT 的发射结为正偏，并通过 R_b 给基极回路提供基极电流。直流电源 V_{CC} 提供了 BJT 和整个电路工作所需的能量。它的负端接发射极，正端通过 R_c 接集电极。适当选择它们的参数值，使集电极电位高于基极电位，就可以保证集电结处于反偏状态。R_c 是集电极电阻，通过 R_c 可以为 BJT 提供集电极电流，同时把集电极电流的变化量转换成电压的变化量送到输出端。如果没有集电极电阻 R_c，就不可能完成这个变化量的转变，电路输出端电压的变化量将始终为零。

在电路中，两个电源的负端、BJT 的发射极以及输入信号源和输出端的负载电阻，都连接在一点，即公共端。这个公共端是整个电路的参考电位点，在电子电路中称为"地"，用"⊥"表示。电路中各点的电位都是各点与"地"之间的电位差，各点电位的极性也是相对于"地"而言的。

图 2.2.2 中画的电路不够简明。为了简化电路，通常选取 $V_{CC}=V_{BB}$，两者合二为一，电源也不再画出，而是以相应的符号加以表示，从而可得到实用的基本共射放大电路，如图 2.2.3 所示。

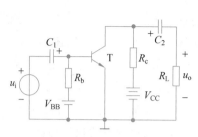

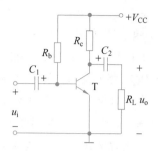

图 2.2.2 基本共射放大电路　　　图 2.2.3 基本共射放大电路的常用画法

2.2.3　基本共射放大电路的工作原理

前面已经提到,正弦波交流信号是需要放大的信号。在输入交流信号之前($u_i = 0$),放大电路中只有直流量,电路处于静态。这时,BJT 处于放大状态,并有一个合适的静态工作点(I_{BQ}、I_{CQ}、U_{BEQ}、U_{CEQ})。

交流信号 u_i 加入放大电路后,通过电容 C_1 加到 BJT 的发射结,从而使得基极电流 i_B 在直流电流 I_{BQ} 的基础上叠加了一个交流量 i_b,图 2.2.4(a)给出了基极电压和电流的变化波形。i_B 的变化引起集电极电流 i_C 的变化(βi_b),i_C 在直流电流 I_{CQ} 的基础上叠加了一个交流量 $i_c = \beta i_b$,从而实现了电流的放大。集电极电流 i_C 的变化,在集电极电阻 R_c 上产生了压降,必然使得 u_{CE} 在直流电压 U_{CEQ} 的基础上叠加交流电压 u_{ce}。但是,当 i_C 增加时,u_{CE} 是减小的。需要注意的是,u_{CE} 的变化恰恰与 i_C 相反,也即与 u_i 相反。u_{CE} 的变化量经过电容 C_2 传送到输出端形成输出电压 u_o,且 u_o 与 u_i 相反。如果电路参数选择适当,那么 u_o 的幅度将比 u_i 大得多,从而实现电压的放大。电路中各点电压、电流的变化情况如图 2.2.4(b)所示。图中,虚线对应的值为直流量,实线对应的值为直流量与交流量叠加后的瞬时值。

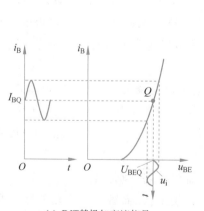

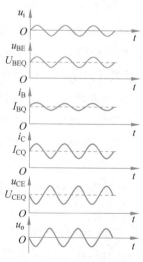

(a) BJT基极加交流信号　　　(b) 放大电路中的波形

图 2.2.4　共射放大电路中的信号波形

综合以上分析,可总结如下:

(1) 放大电路中的电压和电流是交直流共存的,即各信号的瞬时值是在原来静态直流量的基础上叠加交流量而形成,如

$$\begin{cases} i_{B} = I_{BQ} + i_{b} \\ i_{C} = I_{CQ} + i_{c} \\ u_{CE} = U_{CEQ} + u_{ce} \end{cases} \quad (2.2.1)$$

虽然交流量可有正负的变化,但瞬时量的电压极性和电流方向始终是不变的。

(2) 放大后的输出电压 u_o 与 u_i 是同频率的正弦波,由于放大电路工作在三极管的线性工作区,所以可以不失真地放大交流信号。

(3) 输出电压 u_o 与输入电压 u_i 的相位相反,这是共射放大电路特有的现象。

从上述分析中可以看到,放大电路中的直流信号与交流信号是共存的,而两种信号的作用不同。直流信号是基础,它保证 BJT 工作在放大状态,并为 BJT 提供合适的静态工作点,以保证放大电路能够不失真地放大交流信号;交流信号是被放大的量,是真正输出到负载中的有用的量。交流输入信号的幅度很小,一般在毫伏数量级,若没有直流信号的工作基础,如此小的交流信号加到 BJT 的发射结上,根本不足以克服 BJT 的死区电压,即 BJT 处于截止状态;即使交流信号的幅度较大,大于 BJT 的死区电压,但输出仍然会产生严重的非线性失真,因此,没有直流信号,放大电路当然不能正常工作。

放大电路在其输出端实现了信号的放大。从能量转换的角度来看,放大电路自身是不可能产生能量的,输出的交流能量是由直流电源 V_{CC} 提供的。放大电路的作用是在 BJT 的控制下,按照输入信号的变化规律,将电源提供的直流能量转换为输出信号的交流能量。因此,放大作用实质上是放大器件的控制作用,放大电路只是一种能量控制部件。

在上面的分析讨论中,涉及了一些不同类型的物理量,如直流量、交流量、瞬时值等。为了方便表达,所有变量表示方法遵循如下约定:

直流量:字母大写,下标大写,如:I_B、I_C、U_{BE}、U_{CE};

交流量:字母小写,下标小写,如:i_b、i_c、u_{be}、u_{ce};

瞬时值:字母小写,下标大写,如:i_B、i_C、u_{BE}、u_{CE};

交流量的有效值:字母大写,下标小写,如:I_b、I_c、U_{be}、U_{ce};

交流量的相量表示形式:字母大写,下标小写,大写字母上加"·",如:$\dot{U}_i$、$\dot{U}_o$、$\dot{I}_b$、$\dot{I}_c$、$\dot{U}_{be}$、$\dot{U}_{ce}$。

2.3 放大电路的分析方法

基本放大电路是一个非线性电路,因为其中的 BJT 是非线性元件,其发射结电压与电流呈非线性关系。如果想准确分析的话,则必须采用非线性电路的分析方法,分析方法复杂而且不够精确。针对这种情况,工程上经常采用线性化的处理方法。所谓线性化,就是在满足一定要求的条件下,将电路中的非线性元件 BJT 转换为线性元件的等效

表示,这样就可以将整个电路看成线性电路,从而用线性电路的分析方法进行分析。

电路经过线性化处理以后,如果将直流和交流合在一起分析,仍然比较复杂和烦琐,可以将放大电路的直流和交流分开处理,分别进行静态分析和动态分析,从而简化了电路的分析方法和过程。对放大电路的分析应遵循"先静态,后动态"的原则,静态分析证明静态工作点合适,动态分析才有意义。

2.3.1 静态分析方法

1. 直流通路

进行放大电路的静态分析时,可以先画出直流通路。直流信号通过的路径,称为放大电路的"直流通路"。这时,耦合电容 C_1、C_2 相当于开路,因此不需要画出两个耦合电容之外的部分。

画直流通路的原则是:放大电路中的所有电容看作开路,交流电压源看作短路。根据这样的原则,可以把图 2.2.3 的电路画成图 2.3.1(a)的形式。

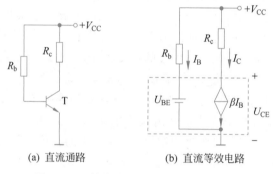

(a) 直流通路   (b) 直流等效电路

图 2.3.1 基本共射放大电路的直流通路

在第 1 章中已经讨论过,BJT 工作在截止、放大和饱和时,可以有不同的直流工作模型。在基本放大电路中,直流偏置电路可以保证 BJT 始终工作在放大状态并且提供了一个合适的静态工作点,因此可以将图 2.3.1(a)中的 BJT 改换成其放大状态的直流模型,从而得到直流等效电路,如图 2.3.1(b)所示。从图 2.3.1(b)中可以看出,BJT 工作在放大状态时,它的发射结压降 U_{BE} 可以看作一个 0.7V 的固定电压源,集电极和发射极之间有一个流控电流源 βI_B,这两个元件都是线性元件,因此,该电路可以作为线性电路来处理。

2. 近似估算法

根据图 2.3.1(b),对放大电路的静态工作状况进行分析,需要计算电路的静态工作点 Q,由于 U_{BEQ} 已知,下面只需计算静态电流 I_{BQ}、I_{CQ} 和电压 U_{CEQ} 三个参数。在输入回路中,V_{CC} 经基极电阻 R_b 提供基极电流,列出 KVL 方程可以求得

$$I_{BQ} = (V_{CC} - U_{BEQ})/R_b \tag{2.3.1}$$

因为 BJT 处于放大状态,所以集电极电流为

$$I_{CQ} = \beta I_{BQ} \tag{2.3.2}$$

在输出回路中,R_c 上的压降为 $I_{CQ}R_c$,列出 KVL 方程,从而可以求得

$$U_{CEQ} = V_{CC} - I_{CQ}R_c \tag{2.3.3}$$

式(2.3.1)～式(2.3.3)简明扼要,准确程度高,是求解放大电路静态工作点的基本公式。

放大电路的静态分析有近似估算法和图解法两种。所谓近似估算法,就是利用式(2.3.1)～式(2.3.3)进行近似计算来分析放大电路的性能,又称为估算分析法。这三个式子只适用于基本共射放大电路,若电路不同,当然计算的公式也会有所不同。但是都会列出输入和输出回路方程,再将电路参数数值代入有关方程式,即可求得Q。

3. 图解法

图解法,也就是图解分析法,即用作图的方法分析放大电路静态工作点。下面介绍具体的分析过程。

1) 输入回路

为了便于采用图解法分析静态工作状况,将电源电压V_{CC}和V_{BB}分开画出,如图2.3.2所示。

在输入回路中,虚线左侧线性部分u_{BE}和i_B的关系表达式为

$$u_{BE} = V_{BB} - i_B R_b \qquad (2.3.4)$$

虚线右侧非线性部分u_{BE}和i_B的关系即为BJT的输入特性曲线。

图 2.3.2 基本共射放大电路的
直流通路

在输入特性坐标系中,画出式(2.3.4)所确定的直线,其与横坐标的交点为$(V_{BB}, 0)$,与纵坐标的交点为$(0, V_{BB}/R_b)$,斜率为$-1/R_b$,如图2.3.3(a)所示,该直线称为输入回路直流负载线。该直线与BJT的输入特性曲线的交点就是静态工作点Q,由此求得该交点对应的值(U_{BEQ}, I_{BQ})。

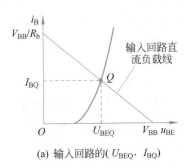

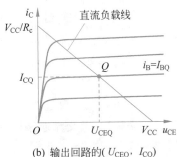

(a) 输入回路的(U_{BEQ}, I_{BQ})

(b) 输出回路的(U_{CEQ}, I_{CQ})

图 2.3.3 采用图解法求解静态工作点

2) 输出回路

与输入回路相似,在输出回路,虚线右侧线性部分u_{CE}和i_C的关系表达式为

$$u_{CE} = V_{CC} - i_C R_c \qquad (2.3.5)$$

虚线左侧非线性部分u_{CE}和i_C的关系即为BJT的输出特性曲线中$i_B = I_{BQ}$的那一条曲线。

在输出特性坐标系中,画出式(2.3.5)所确定的直线,其与横坐标的交点为$(V_{CC}, 0)$,与纵坐标的交点为$(0, V_{CC}/R_c)$,斜率为$-1/R_c$,如图2.3.3(b)所示。该直线称为输出回

路直流负载线。通常所称的直流负载线就是指输出回路直流负载线。由该直线与 $i_B = I_{BQ}$ 对应的输出特性曲线的交点就是静态工作点 Q，由此求得该交点对应的值（U_{CEQ}，I_{CQ}）。

采用图解法求解静态工作点必须测量并准确画出管子的输入和输出特性曲线，其过程比较麻烦，且误差较大。一般在工程计算允许的误差范围内，常采用近似估算法求解静态工作点。但采用图解法可以直观地看到静态工作点的位置是否合适，在动态分析时能够形象地显示静态工作点与失真的关系。

2.3.2 动态分析——图解法

1. 交流通路与交流负载线

在静态工作点的基础上，给电路输入交流信号后，电路将处于动态工作状态。在动态工作时，放大电路中加入了输入信号 u_i，电路中同时有直流量和交流量存在。如果只研究交流量，那么耦合电容 C_1、C_2 可视为短路。而直流电源 V_{CC} 是一个固定不变的量，其变化量为零，在内阻很小可以忽略不计时，V_{CC} 相当于对地交流短路。所以，在分析动态工作状况时，对于电压、电流的交流分量，放大电路可画成图 2.3.4 的形式，称为放大电路的"交流通路"。画交流通路的要点是：使所有的大电容量的电容和所有的电压恒定的直流电压源都短路。

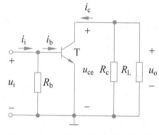

图 2.3.4 基本共射放大电路交流通路

下面用图解法对电路的动态状况进行分析。

当放大电路输入端加上正弦交流信号 u_i 时，如果电路的输出端开路（空载），相当于负载电阻 $R_L = \infty$，则 BJT 集电极电流的直流分量和交流分量都只经过 R_c，即输出回路负载线与前面介绍的直流负载线重合，当电路中的交流电压、电流发生变化时，其工作点将沿着直流负载线上下移动。

在接入负载电阻 R_L 后，输出回路的交流电流 i_c 不仅流过电阻 R_c，也流过负载电阻 R_L。交流信号流过电路的状况可由交流通路来描述，由交流通路可见，当放大电路带负载 R_L 时，u_o、u_{ce} 与 i_c 之间的线性关系可表示为

$$u_o = u_{ce} = -i_c(R_c /\!/ R_L) = -i_c R_L' \qquad (2.3.6)$$

式中，$R_L' = R_c /\!/ R_L$。由于 $u_{CE} = U_{CEQ} + u_{ce} = U_{CEQ} - i_c R_L'$，而 $i_c = i_C - I_{CQ}$，因此可得

$$u_{CE} = U_{CEQ} - i_c R_L' = U_{CEQ} + I_{CQ} R_L' - i_C R_L' \qquad (2.3.7)$$

式(2.3.7)可用一条直线表示，其斜率是 $-\dfrac{1}{R_L'}$，描述了动态时工作点移动的轨迹，称之为输出回路交流负载线，简称为交流负载线。

当交流信号 u_i 为零时，电路处于静态，因此，交流负载线是过静态工作点 Q、斜率为 $-\dfrac{1}{R_L'}$ 的直线。由前面的静态分析可知，直流负载线的斜率为 $-\dfrac{1}{R_c}$，由于 $R_L' < R_c$，因此

交流负载线比直流负载线更陡,如图 2.3.5 所示。

需要说明的是,前面所讨论的空载时交流信号的工作情况属于一种特殊情况,此时 $R_L = \infty$, $R'_L = R_c /\!/ R_L = R_c$,所以交流负载线的斜率为 $-\dfrac{1}{R_c}$,与直流负载线的斜率相同,即此时的交流负载线与直流负载线重合。

无论是否带负载,在加入交流信号后,输出交流电压和电流都是沿交流负载线变化的,由于带负载时的交流负载线比空载时的更陡,因此带负载时 u_{CE} 的变化范围比空载时缩小了,即最大不失真输出电压的幅度减小了。

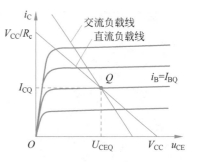

图 2.3.5　基本共射放大电路的交流负载线

2. 非线性失真与静态工作点的选择

放大电路的静态工作点可以设置在直流负载线的不同位置上。静态工作点设置的位置不同,将会对电路的交流工作状态产生不同的影响。

如果静态工作点选得比较适中,远离饱和区和截止区。加上交流信号 u_i 以后,BJT 始终工作在放大区,就可以不失真地放大交流信号,而且交流输出信号正负两个方向的变化幅值都比较大,如图 2.3.6(b)中的 u_o(实线)所示。从图 2.3.6(b)中的虚线输出波形可以看出,在 Q 点的上部,最大不失真输出电压峰值等于($U_{CEQ} - U_{CES}$),Q 点的下部,最大不失真输出电压峰值等于 $I_{CQ}R'_L$,因此整个放大电路的最大不失真输出电压峰值为($U_{CEQ} - U_{CES}$)与 $I_{CQ}R'_L$ 的较小者。

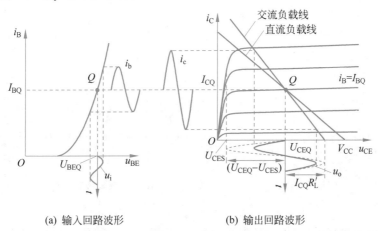

(a) 输入回路波形　　　　　　(b) 输出回路波形

图 2.3.6　静态工作点 Q 位置选择合适

但是,如果静态工作点的位置选得过低,如图 2.3.7(a)中的 Q 点,那么加上交流信号后,在负半周的某段时间内,当基极电流 i_b 减小到一定值时,会导致 BJT 脱离放大区而进入截止区。因此 i_b 产生底部失真,集电极电流 i_c 必然产生同样的底部失真,从而导致输出电压 u_o 波形出现了顶部失真,这种失真是因为工作点进入截止区引起的,因而称为截止失真,如图 2.3.7(b)所示。

动画

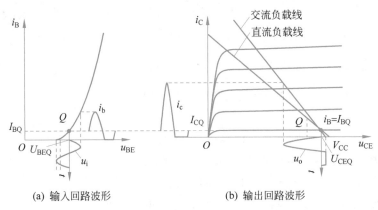

(a) 输入回路波形 (b) 输出回路波形

图 2.3.7　静态工作点 Q 位置过低产生截止失真

当出现截止失真时,要想消除失真,可以适当减小 R_b 的值,使静态工作点上移;若放大电路的静态工作点已经不能更改,则可减小输入信号,使 BJT 在整个信号周期内都处于放大状态。

如果静态工作点的位置选得过高,如图 2.3.8(a)中的 Q 点,那么加上交流信号以后,在正半周的某段时间内,当基极电流 i_b 增大到一定值时,导致 BJT 脱离放大区进入饱和区。这时,虽然 i_b 没有失真,但由于集电极电流 i_c 不能再跟随 i_b 线性增大而产生顶部失真,从而导致 u_o 波形出现了底部失真,这种失真是因为工作点进入饱和区引起的,因而称为饱和失真,如图 2.3.8(b)所示。

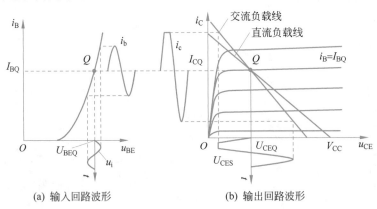

(a) 输入回路波形 (b) 输出回路波形

图 2.3.8　静态工作点 Q 位置过高产生饱和失真

当出现饱和失真时,要想消除失真,可以适当增大 R_b 的值,使静态工作点下移;也可以减小集电极电阻 R_c 来增大 U_{CEQ};或选择一个 β 值较小的 BJT 来减小 I_{CQ}。若上述方法均不可行,则可减小输入信号,使 BJT 在整个信号周期内都处于放大状态。

截止失真和饱和失真是管子进入非线性区引起的,故统称为非线性失真。

在放大电路中,BJT 必须有合适的静态工作点,才能使放大电路获得足够大的动态变化范围。为了获得最大不失真的动态范围,静态工作点应该设置在交流负载线的中间位置。当忽略 BJT 的 U_{CES} 及 I_{CBO} 时,放大电路的最大不失真输出电压峰值是 U_{CEQ} 与 $I_{CQ}R'_L$ 的较小者。如果静态工作点选择在交流负载线的中间位置,则 $U_{CEQ} = I_{CQ}R'_L$,放大电路的动态范围最大。另外,在输出电压信号幅度不大的场合,为了降低管子的静态功耗,可以适当降低 Q 点的位置。

2.3.3 动态分析——微变等效电路法

放大电路的动态分析,又称为交流小信号分析。所谓交流小信号,"小"的含义是信号变化范围不大,没有超出 BJT 的线性区。如果 BJT 进入到非线性区而产生了失真,就不能说是小信号了,这与 2.1 节提到的"放大"概念是一致的。前面采用图解法可以直观地分析各点电压、电流的波形关系,有助于深入理解放大电路的工作原理,还可以求得输入与输出波形的相位关系,但不能进行参数计算。对动态性能指标的计算,需采用微变等效电路法,下面进行详细讨论。

1. h 参数等效模型

视频

在基本放大电路中,讨论 BJT 的等效电路时,可以把 BJT 看成双端口网络,如图 2.3.9(a)所示。BJT 虽然是非线性器件,但当它工作于小信号时,工作点只在 Q 点附近很小的范围内移动,其变化量(交流分量)很小,可以等效为一个线性网络,如图 2.3.9(b)所示。所谓等效,就是指两者的输入回路、输出回路的电压、电流均具有相同的关系。在低频电路中使用较多的是物理概念清晰、易于测量的 h 参数等效模型。

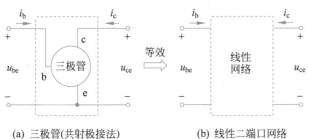

(a) 三极管(共射极接法) (b) 线性二端口网络

图 2.3.9 BJT 的二端口网络

对于共射极组态的 BJT 而言,其输入回路和输出回路的电压、电流关系如下

$$u_{BE} = f_1(i_B, u_{CE}) \tag{2.3.8}$$

$$i_C = f_2(i_B, u_{CE}) \tag{2.3.9}$$

由于是讨论 BJT 的交流小信号模型,因此,对式(2.3.8)式(2.3.9)求全微分可得

$$\mathrm{d}u_{BE} = \frac{\partial u_{BE}}{\partial i_B}\bigg|_{U_{CEQ}} \mathrm{d}i_B + \frac{\partial u_{BE}}{\partial u_{CE}}\bigg|_{I_{BQ}} \mathrm{d}u_{CE} \tag{2.3.10}$$

$$\mathrm{d}i_C = \frac{\partial i_C}{\partial i_B}\bigg|_{U_{CEQ}} \mathrm{d}i_B + \frac{\partial i_C}{\partial u_{CE}}\bigg|_{I_{BQ}} \mathrm{d}u_{CE} \tag{2.3.11}$$

式中,$\mathrm{d}u_{BE}$、$\mathrm{d}i_B$、$\mathrm{d}i_C$、$\mathrm{d}u_{CE}$ 均表示各电量的微变量。对于实际的放大电路,这些微变量就是微小的交流信号。因此,式(2.3.10)和式(2.3.11)又可以表示为

$$u_{be} = h_{ie}i_b + h_{re}u_{ce} \tag{2.3.12}$$

$$i_c = h_{fe}i_b + h_{oe}u_{ce} \tag{2.3.13}$$

式中，u_{be}、i_b、i_c、u_{ce} 是微小的交流信号；h_{ie}、h_{re}、h_{fe}、h_{oe} 为 BJT 共射极接法的参数，下标中 e 表示共射极接法。因为这四个参数的量纲不同，所以称为混合参数，也称为 h 参数，h 源于 hybrid(混合)的首字母。

进一步研究微变量的关系，可知上述各个 h 参数的物理含义如下：

$$h_{ie} = \frac{\partial u_{BE}}{\partial i_B}\bigg|_{U_{CEQ}} = \frac{\Delta u_{BE}}{\Delta i_B}\bigg|_{\Delta u_{CE}=0}，当 \Delta u_{CE}=0(u_{CE}=U_{CEQ})时，即为输出端交流短路$$

时的输入电阻，相当于 BJT 基极和发射极之间的交流电阻，称为 BJT 共射极输入电阻，常用 r_{be} 表示。如图 2.3.10(a)所示，在 BJT 的输入特性曲线上，r_{be} 就是静态工作点 I_{BQ} 处切线斜率的倒数，可以看出，I_{BQ} 越大，则 r_{be} 越小。

$$h_{re} = \frac{\partial u_{BE}}{\partial u_{CE}}\bigg|_{I_{BQ}} = \frac{\Delta u_{BE}}{\Delta u_{CE}}\bigg|_{\Delta i_B=0}，当 \Delta i_B=0(i_B=I_{BQ})时，即为输入端交流开路时的电$$

压反馈系数，一般可以用 μ_r 表示，它反映了 BJT 内部的反馈作用。如图 2.3.10(b)所示，在 BJT 的输入特性曲线上，μ_r 表示 I_{BQ} 处对应两条不同 u_{CE} 值(Δu_{CE})的输入特性曲线之间水平方向的散开程度。由第 1 章介绍的 BJT 的输入特性曲线可知，当 $u_{CE}>1V$ 时，不同的 u_{CE} 值对应的输入特性曲线几乎重合，因此 μ_r 是一个很小的值，一般小于 10^{-3}。

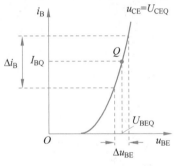
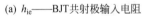
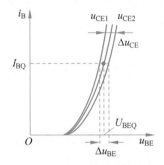

(a) h_{ie}——BJT共射极输入电阻   (b) h_{re}——BJT内电压反馈系数

图 2.3.10　从输入特性看 BJT 的 h 参数的物理含义

$$h_{fe} = \frac{\partial i_C}{\partial i_B}\bigg|_{U_{CEQ}} = \frac{\Delta i_C}{\Delta i_B}\bigg|_{\Delta u_{CE}=0}，当 \Delta u_{CE}=0(u_{CE}=U_{CEQ})时，即为输出端交流短路时$$

的交流电流放大系数，就是前面介绍的共射交流电流放大系数 β。如图 2.3.11(a)所示，在 BJT 的输出特性曲线上，β 表示 U_{CEQ} 处对应两条不同 i_B 值(Δi_B)的输出特性曲线之间垂直方向的散开程度，垂直方向散开的距离越大，β 就越大。

$$h_{oe} = \frac{\partial i_C}{\partial u_{CE}}\bigg|_{I_{BQ}} = \frac{\Delta i_C}{\Delta u_{CE}}\bigg|_{\Delta i_B=0}，当 \Delta i_B=0(i_B=I_{BQ})时，即为输入端交流开路时的输$$

出电导，可以用 $\frac{1}{r_{ce}}$ 表示，r_{ce} 是 BJT 的输出电阻。如图 2.3.11(b)所示，在 BJT 的输出特

性曲线上,r_{ce} 就是表示静态工作点 I_{BQ} 对应的输出特性曲线随 u_{CE} 的增大而上翘的程度。一般情况下,输出特性曲线随 u_{CE} 增大会略有上翘,Δu_{CE} 很大,而 Δi_C 很小,因此 r_{ce} 很大,其值在几百千欧姆以上,而 h_{oe} 很小,通常小于 10^{-5} S。

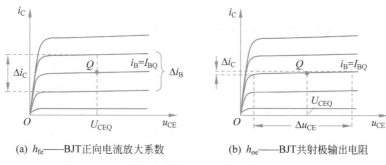

(a) h_{fe}——BJT正向电流放大系数　　　　(b) h_{oe}——BJT共射极输出电阻

图 2.3.11　从输出特性看 BJT 的 h 参数的物理含义

根据式(2.3.12)和式(2.3.13)可以画出 BJT 低频 h 参数等效模型如图 2.3.12(a)所示。在这个模型中,μ_r 和 $\dfrac{1}{r_{ce}}$ 这两个量都很小,一般都可以忽略不计,从而可以得到 BJT 简化的 h 参数等效模型,如图 2.3.12(b)所示,它是以后分析放大电路的基础。

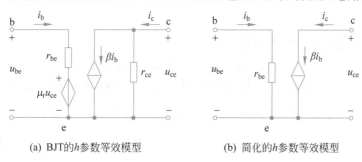

(a) BJT的h参数等效模型　　　　　(b) 简化的h参数等效模型

图 2.3.12　BJT 的 h 参数等效模型

对于 BJT 的 h 参数等效模型,需注意以下三点:

(1) 该模型是一个交流小信号模型,只适用于解决交流量的分析计算问题,对于直流量和瞬时值的分析计算,则不适用。而且,模型没有考虑结电容的影响,只适用于低频信号的情况,故也称之为 BJT 低频小信号等效模型。

(2) 交流小信号模型中的参数,都是在某一静态工作点处的值,这体现了电路中交流量与直流量之间的关系。因此,只有在信号幅度较小和器件线性程度较好的区域,模型才有较高的准确性。

(3) 图 2.3.12 中的模型是针对 NPN 型的 BJT 画出的,对于 PNP 型的 BJT,这个等效模型仍然适用。也就是说,NPN 型 BJT 的模型和 PNP 型 BJT 的模型是完全相同的。

2. r_{be} 的计算

在简化的 h 参数等效模型中,r_{be} 可通过下述分析得到的近似表达式求得。

图 2.3.13 是 BJT 的结构示意图。其中,由于管子的集电区和发射区的掺杂浓度比

较高,对应的体电阻较小,只有几欧姆,因此可以忽略;因管子的基区非常薄,并且掺杂浓度很低,所以基区体电阻较大,一般为几十到几百欧姆,不能忽略,用 $r_{bb'}$ 表示,可以通过查阅器件手册得到;正偏的发射结等效电阻 $r_{b'e}$ 比反偏的集电结等效电阻 $r_{b'c}$ 要小得多。

根据式(1.2.5)可以得到正偏的发射结的等效电阻 $r_{b'e}$ 为

$$r_{b'e} = \frac{U_T}{I_{EQ}} \approx \frac{26\,\mathrm{mV}}{I_{EQ}} \tag{2.3.14}$$

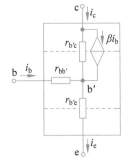

图 2.3.13　BJT 的结构示意图

由图 2.3.13 可知,BJT 基极与发射极之间的交流电压为

$$u_{be} = i_b r_{bb'} + i_e r_{b'e} = i_b [r_{bb'} + (1+\beta) r_{b'e}] \tag{2.3.15}$$

根据 r_{be} 的定义可得

$$r_{be} = \frac{u_{be}}{i_b} = r_{bb'} + (1+\beta) r_{b'e} = r_{bb'} + (1+\beta)\frac{U_T}{I_{EQ}} \tag{2.3.16}$$

注意,从式(2.3.16)可以看出,r_{be} 与静态工作点有关,Q 点越高,即 I_{EQ} 越大,r_{be} 越小。

3. 放大电路的动态性能指标计算

在如图 2.3.4 所示的交流通路中,用 BJT 简化的 h 参数等效模型代替非线性的 BJT,可以画出其交流小信号等效电路,称为放大电路的微变等效电路,如图 2.3.14 所示。图中,所有的交流量都用正弦量的相量来表示,输入电压 $\dot{U}_i$ 和输出电压 $\dot{U}_o$ 的参考方向都是上正下负,基极电流 $\dot{I}_b$ 和集电极电流 $\dot{I}_c$ 的参考方向都是流入 BJT 的。

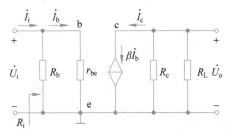

图 2.3.14　基本共射放大电路的微变等效电路

1) 电压放大倍数 $\dot{A}_u$

由图 2.3.14 可知,$\dot{U}_i = \dot{I}_b r_{be}$,$\dot{U}_o = -\dot{I}_c (R_c /\!/ R_L) = -\beta \dot{I}_b (R_c /\!/ R_L)$,依据电压放大倍数的定义,可以写出电路的电压放大倍数的表达式为

$$\dot{A}_u = \frac{\dot{U}_o}{\dot{U}_i} = -\frac{\beta \dot{I}_b (R_c /\!/ R_L)}{\dot{I}_b r_{be}} = -\frac{\beta (R_c /\!/ R_L)}{r_{be}} = -\frac{\beta R'_L}{r_{be}} \tag{2.3.17}$$

在式(2.3.17)中,$R'_L = R_c /\!/ R_L$,负号表示输入信号与输出信号相位相反。

2) 输入电阻 R_i

从图 2.3.14 中可以看出,电路的输入电流

$$\dot{I}_i = \dot{I}_{R_b} + \dot{I}_b = \frac{\dot{U}_i}{R_b} + \frac{\dot{U}_i}{r_{be}}$$

电路的输入电阻是一个等效的交流电阻,可以求得

$$R_i = \frac{\dot{U}_i}{\dot{I}_i} = R_b /\!/ r_{be} \tag{2.3.18}$$

通常,基极电阻 R_b 在几十千欧姆至几百千欧姆之间,交流电阻 r_{be} 在几百欧姆至几千欧姆之间。两者相差较大,一般情况下,$R_b \gg r_{be}$,故

$$R_i \approx r_{be} \tag{2.3.19}$$

3) 输出电阻 R_o

根据式(2.1.8)给出的输出电阻的定义和要求,画出求解电路输出电阻的等效电路,如图 2.3.15 所示。图中,负载电阻 R_L 已经去掉,将 U_i 置为零,在电路的输出端加上交流信号 $\dot{U}$,得到一个交流电流 $\dot{I}$,则电路的输出电阻为

$$R_o = \frac{\dot{U}}{\dot{I}} \bigg|_{\dot{U}_i=0, R_L=\infty}$$

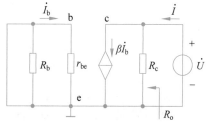

图 2.3.15 求解基本共射放大电路的输出电阻

从图 2.3.15 可以看出,输入电压 $\dot{U}_i = 0$,使得基极电流 $\dot{I}_b = 0$。这样,流控电流源 $\beta \dot{I}_b$ 也为零,故电流源相当于开路。因此,电路的输出电阻为

$$R_o = R_c \tag{2.3.20}$$

以上讨论了放大电路的动态分析方法。这种分析方法简明、实用、准确性高,在电子电路的分析中得到了广泛的应用。下面,通过例题看一下如何全面运用静态和动态分析方法求解一个基本放大电路的性能指标。

【例 2.3.1】 共射放大电路如图 2.3.16(a)所示。电路中,$V_{CC} = 12V$,$R_b = 300k\Omega$,$R_c = 3k\Omega$,$R_L = 3k\Omega$,BJT 的 $r_{bb'} = 200\Omega$,$\beta = 50$,电容 C_1、C_2 足够大,对交流相当于短路。试求电路的静态工作点 Q,并估算电路的电压放大倍数 $\dot{A}_u$、输入电阻 R_i 和输出电阻 R_o。

解:(1) 对电路进行静态分析,求得静态工作点 Q:

$$I_{BQ} \approx \frac{V_{CC}}{R_b} = \frac{12}{300} = 40(\mu A)$$

$$I_{CQ} = \beta I_{BQ} \approx 50 \times 40 = 2(mA)$$

$$U_{CEQ} = V_{CC} - I_{CQ}R_c = 12 - 2 \times 3 = 6(V)$$

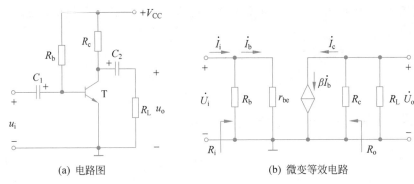

(a) 电路图　　　　　　　　　　(b) 微变等效电路

图 2.3.16　共射放大电路

（2）电路的动态分析。

画出放大电路的微变等效电路如图 2.3.16(b)所示，其中

$$r_{be} = r_{bb'} + (1+\beta)\frac{U_T}{I_{EQ}} = 200 + (1+50)\frac{26}{2} = 0.86(\text{k}\Omega)$$

由微变等效电路可以求得

$$\dot{A}_u = -\frac{\beta R'_L}{r_{be}} = -\frac{50 \times (3 /\!/ 3)}{0.86} = -87.2$$

$$R_i = R_b /\!/ r_{be} \approx r_{be} = 0.86(\text{k}\Omega)$$

$$R_o = R_c = 3(\text{k}\Omega)$$

2.4　静态工作点稳定的共射放大电路

2.4.1　温度对静态工作点的影响

动画

　　基本共射放大电路是最简单的放大电路，也称固定偏置放大电路，它的静态工作点不太稳定，往往会随着外界温度的变化而波动，从而影响到电路对交流信号的放大性能。造成这种情况的原因在于 BJT 的参数 U_{BE}、β、I_{CEO} 受温度的影响而改变。

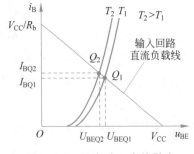

图 2.4.1　温度对 Q 点的影响

1. 温度对 U_{BE} 的影响

　　图 2.4.1 是温度为 T_1、$T_2(T_2 > T_1)$ 时的两条输入特性曲线。在图 2.4.1 中，若保持 i_B 不变，则温度较高时的 u_{BE} 较小，由此可见，与二极管的正向特性一样，发射结压降 U_{BE} 具有负的温度系数，即温度上升 1℃，U_{BE} 减小 2～2.5mV。由式(2.3.1)可知，U_{BEQ} 减小将使得 I_{BQ} 增大。在放大电路静态分析的图解法中，做出斜率为 $-1/R_b$ 的输入回路直流负载线，它与 T_1、T_2 对应输入特性曲线的交点分别为

Q_1、Q_2，如图 2.4.1 所示。从图中也可以看出，温度为 T_2 时的 I_{BQ2} 大于温度为 T_1 时的 I_{BQ1}，因此 T_2 时的 I_{CQ2} 大于 T_1 时的 I_{CQ1}，从而可知，温度升高使放大电路中 BJT 的

I_{CQ} 增大。

2. 温度对 β 和 I_{CEO} 的影响

温度对 β 的影响主要表现在 β 随温度的升高而增大,温度每上升 $1^{\circ}\!C$,β 增大 $0.5\%\sim$ 1%,其结果是在相同 I_{BQ} 的情况下,集电极电流 I_{CQ} 随温度的上升而增大。

温度对 I_{CEO} 的影响主要是由于少子漂移容易受温度影响而导致的。在第 1 章讲到,BJT 的集电极-基极反向饱和电流 I_{CBO} 是由少数载流子的漂移引起的,I_{CBO} 随温度上升而增大,因此 I_{CEO} 随温度上升而增大。温度上升 $10^{\circ}\!C$,I_{CEO} 约增大一倍。

综上可见,当温度上升时,β 和 I_{CEO} 上升,而 U_{BE} 下降,这三个参数变化的最终影响将使得 BJT 的集电极电流 I_{CQ}($I_{CQ}=\beta I_{BQ}+I_{CEO}$)上升,从而导致电路静态工作点的变化。

2.4.2 稳定静态工作点的措施

稳定静态工作点的措施主要有以下几种。

1. 温度补偿技术

在放大电路中,可以采用对温度敏感的元器件,如热敏电阻、二极管等,以减小温度对静态工作点的影响。如图 2.4.2 所示,在直流偏置电路中,基于 KCL 定律,在 BJT 的基极节点进行分流,就可以达到减小 I_B 的效果。图中,利用二极管反向电流 I_R 随温度升高而增大的特性来构成温度补偿电路,根据 KCL 定律,流过 R_b 的电流 $I_{R_b}=I_R+I_B$,故在 I_{R_b} 基本确定时,当温度升高引起 I_C 增大的同时,温度升高会导致 I_R 增大,由于 I_{R_b} 固定不变,I_B 就会减小,从而使 I_C 减小,补偿了因温度上升导致的 I_C 的增量,即稳定了静态工作点。

从上述分析过程可知,温度补偿的方法是靠温度敏感元器件直接对基极电流 I_B 产生影响,使之产生与 I_C 相反方向的变化。

2. 直流负反馈技术

为了克服温度对静态工作点的影响,可以采用分压式偏置共射放大电路,并在电路中引入负反馈,如图 2.4.3 所示。

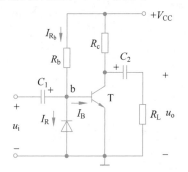
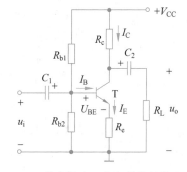

图 2.4.2 使用温度补偿技术稳定静态工作点　　图 2.4.3 稳定静态工作点的共射放大电路

在如图 2.4.3 所示的电路中,通过合理选择电阻 R_{b1} 和 R_{b2} 的阻值,使流过它们的静态电流比 BJT 的基极电流大得多,从而可以忽略基极电流的影响。因此,BJT 基极的静态电位由电阻 R_{b1} 和 R_{b2} 对电源电压分压得到。电阻的参数受温度影响非常小,所以,基极的静态电位是一个固定不变的值。当温度升高时,电流 I_C 和 I_E 都会升高,电阻 R_e 上的压降也会升高,使得 BJT 的发射结电压 U_{BE} 减小,进而引起电流 I_B 的减小,这样就抵消了因温度升高而导致的 I_C 的增量,从而使 I_C 基本保持不变,其变化过程如下:

$$T\uparrow \longrightarrow I_C\uparrow \longrightarrow I_E\uparrow \longrightarrow I_E R_e\uparrow \longrightarrow U_{BE}\downarrow \longrightarrow I_B\downarrow$$
$$I_C\downarrow \longleftarrow$$

这种作用的实质就是利用 I_C 的变化,造成 U_{BE} 以及 I_C 向相反方向的变化,从而起到稳定静态工作点的作用,这就是直流负反馈的作用。有关负反馈的知识,将在第 6 章进一步讨论。

3. 集成电路中采用恒流源偏置技术

在模拟集成电路中,常采用恒流源偏置技术稳定静态工作点,而不使用较大阻值的电阻,该部分内容将在第 5 章介绍。

上述分压式偏置共射放大电路是典型的静态工作点稳定电路,常称为静态工作点稳定的共射放大电路,在由分立元件组成的电路和集成电路中都有广泛的应用,下面对其静态和动态分析进行深入探讨。

2.4.3 静态工作点稳定的共射放大电路分析

1. 静态分析

在如图 2.4.3 所示的电路中,首先画出直流通路,如图 2.4.4(a)所示。下面采用两种方法来求解静态工作点。

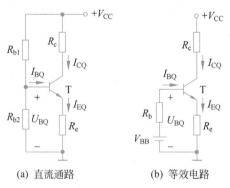

(a) 直流通路   (b) 等效电路

图 2.4.4　直流通路与等效电路

1) 方法一

在图 2.4.4(a)中,由于 BJT 基极电流很小,可以忽略,因此基极电位

$$U_{BQ} = \frac{R_{b2}}{R_{b1} + R_{b2}}V_{CC} \tag{2.4.1}$$

BJT 的集电极电流

$$I_{CQ} \approx I_{EQ} = \frac{U_{BQ} - U_{BEQ}}{R_e} \tag{2.4.2}$$

基极电流

$$I_{BQ} = \frac{I_{CQ}}{\beta} = \frac{I_{EQ}}{1+\beta} = \frac{U_{BQ} - U_{BEQ}}{(1+\beta)R_e} \tag{2.4.3}$$

BJT 集电极与发射极之间的电压

$$U_{CEQ} \approx V_{CC} - I_{CQ}(R_c + R_e) \tag{2.4.4}$$

2) 方法二

首先利用戴维南定理,将图 2.4.4(a)所示直流通路的输入回路进行等效变换。断开基极,等效电压源电压即为基极的开路电压,从而求得 $V_{BB} = \dfrac{R_{b2}}{R_{b1} + R_{b2}} V_{CC}$,等效电阻 $R_b = R_{b1} /\!/ R_{b2}$,等效变换后的电路如图 2.4.4(b)所示。

在图 2.4.4(b)中,列出输入回路 KVL 方程为

$$V_{BB} = I_{BQ} R_b + U_{BEQ} + I_{EQ} R_e = I_{BQ} R_b + U_{BEQ} + (1+\beta) I_{BQ} R_e$$

从而求得

$$I_{BQ} = \frac{V_{BB} - U_{BEQ}}{R_b + (1+\beta)R_e} \tag{2.4.5}$$

然后由 $I_{CQ} = \beta I_{BQ}$ 进而求得 I_{CQ},再根据式(2.4.4)求出 U_{CEQ}。

比较式(2.4.3)和式(2.4.5)可知,方法二得到的结果更加精确,但只要满足 $(1+\beta)R_e \gg R_b$,则两种方法的计算结果是基本相同的。在工程上,通常允许存在一定的误差,方法一比较简便,因此常被采用。

2. 动态分析

画出图 2.4.3 所示电路的微变等效电路,如图 2.4.5 所示。

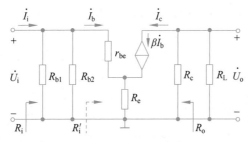

图 2.4.5 微变等效电路

1) 电压放大倍数 $\dot{A}_u$

由图 2.4.5 可知,电路的电压放大倍数

$$\dot{A}_u = \frac{\dot{U}_o}{\dot{U}_i} = -\frac{\beta \dot{I}_b R'_L}{\dot{I}_b [r_{be} + (1+\beta)R_e]} = -\frac{\beta R'_L}{r_{be} + (1+\beta)R_e} \tag{2.4.6}$$

式中,$R'_L = R_c /\!/ R_L$,负号表示输入信号与输出信号相位相反。在式(2.4.6)的分母中,出

现了 $(1+\beta)R_e$ 这一项,因此,电路的电压放大倍数减小了很多。为了既保持静态工作点不变,又不改变电压放大倍数,可以在电阻 R_e 两端并联一个较大的电容 C_e,称为**旁路电容**。旁路电容 C_e 对直流量相当于开路,不影响静态状况,对交流量来说,如果交流信号的频率足够高,电容的值足够大,那么电容相当于将电阻 R_e 交流短路,所以,这时的电压放大倍数与式(2.3.17)相同。

2)输入电阻 R_i

在图 2.4.5 中,为了便于分析讨论,将虚线右侧电路的输入电阻记为 R_i',则

$$R_i' = \frac{\dot{U}_i}{\dot{I}_b} = r_{be} + (1+\beta)R_e \tag{2.4.7}$$

可以看出,电路的输入电阻为

$$R_i = \frac{\dot{U}_i}{\dot{I}_i} = R_{b1} \ /\!/ \ R_{b2} \ /\!/ \ R_i' \tag{2.4.8}$$

通常,输入电阻 R_i' 在几千欧姆至几十千欧姆之间,与基本共射放大电路的输入电阻 r_{be} 相比,要大得多。输入电阻提高的主要原因在于加入了发射极电阻 R_e。

3)输出电阻 R_o

在图 2.4.5 中,根据输出电阻的定义,可以求出

$$R_o = \frac{\dot{U}}{\dot{I}}\bigg|_{\dot{U}_i=0, R_L=\infty} = R_c \tag{2.4.9}$$

可以看出,所得的结果与基本共射放大电路相同。

2.5 共集与共基放大电路及电流源电路

在基本共射放大电路中,BJT 的基极是输入端,集电极是输出端,发射极是输入回路和输出回路的公共端。除了这种组态以外,还可以组成以集电极作为公共端的基本共集放大电路和以基极作为公共端的基本共基放大电路。下面分别介绍这两种基本放大电路。

2.5.1 基本共集放大电路

基本共集放大电路如图 2.5.1(a)所示,对应的直流通路与交流通路分别如图 2.5.1(b)和(c)所示。由交流通路可以看出,BJT 的基极是输入端,发射极是输出端,而集电极是输入回路和输出回路的公共端,所以,该电路为共集电极组态。由于输出电压从发射极获得,因此,共集放大电路也称为射极输出器。

1. 静态分析

根据图 2.5.1(b)所示的直流通路,列出输入回路 KVL 方程为

$$V_{CC} = I_{BQ}R_b + U_{BEQ} + I_{EQ}R_e = I_{BQ}R_b + U_{BEQ} + (1+\beta)I_{BQ}R_e$$

故可求出基极电流

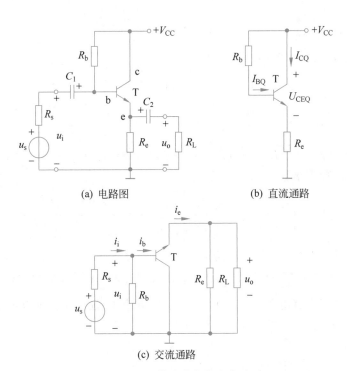

(a) 电路图   (b) 直流通路

(c) 交流通路

图 2.5.1   基本共集放大电路

$$I_{BQ} = \frac{V_{CC} - U_{BEQ}}{R_b + (1+\beta)R_e} \qquad (2.5.1)$$

一般有 $V_{CC} \gg U_{BEQ}$，因此

$$I_{BQ} \approx \frac{V_{CC}}{R_b + (1+\beta)R_e} \qquad (2.5.2)$$

从而可进一步求得

$$I_{CQ} = \beta I_{BQ} \qquad (2.5.3)$$

$$U_{CEQ} = V_{CC} - I_{EQ}R_e \approx V_{CC} - I_{CQ}R_e \qquad (2.5.4)$$

2. 动态分析

由图 2.5.1(c)可以画出基本共集放大电路的微变等效电路,如图 2.5.2 所示,在此基础上可求解动态指标。

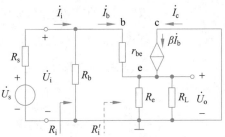

图 2.5.2   基本共集放大电路的微变等效电路

1）电压放大倍数 $\dot{A}_{u}$

由图 2.5.2 可求得电路的输出电压

$$\dot{U}_{o} = \dot{I}_{e}R'_{L} = (1+\beta)\dot{I}_{b}R'_{L}$$

式中，$R'_{L} = R_{e} /\!/ R_{L}$。

电路的输入电压

$$\dot{U}_{i} = \dot{I}_{b}r_{be} + \dot{I}_{e}R'_{L} = \dot{I}_{b}r_{be} + (1+\beta)\dot{I}_{b}R'_{L} = \dot{I}_{b}[r_{be} + (1+\beta)R'_{L}]$$

因此，电路的电压放大倍数

$$\dot{A}_{u} = \frac{\dot{U}_{o}}{\dot{U}_{i}} = \frac{(1+\beta)\dot{I}_{b}R'_{L}}{\dot{I}_{b}[r_{be} + (1+\beta)R'_{L}]} = \frac{(1+\beta)R'_{L}}{r_{be} + (1+\beta)R'_{L}} \tag{2.5.5}$$

由式(2.5.5)可见，$|\dot{A}_{u}| < 1$，但一般情况下，$(1+\beta)R'_{L} \gg r_{be}$，故 $|\dot{A}_{u}| \approx 1$，即 $\dot{U}_{o} \approx \dot{U}_{i}$，说明输出电压与输入电压大小相同、相位相同，因此，射极输出器又称为射极跟随器。需要说明的是，虽然电路没有电压放大能力，但是输出电流 $\dot{I}_{e}$ 远大于输入电流 $\dot{I}_{b}$，所以，电路具有较强的电流放大能力，并且具有功率放大作用。

2）输入电阻 R_{i}

在图 2.5.2 中，可以求得虚线右侧电路的输入电阻为

$$R'_{i} = \frac{\dot{U}_{i}}{\dot{I}_{b}} = r_{be} + (1+\beta)R'_{L} \tag{2.5.6}$$

因此可以求得

$$R_{i} = \frac{\dot{U}_{i}}{\dot{I}_{i}} = R_{b} /\!/ R'_{i} = R_{b} /\!/ [r_{be} + (1+\beta)R'_{L}] \tag{2.5.7}$$

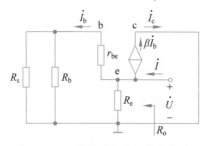

图 2.5.3　求解基本共集放大电路
输出电阻的等效电路

与基本共射放大电路相比，两个电路的基极电阻相差不大，但是 r_{be} 比 R'_{i} 要小得多，所以，基本共集放大电路的输入电阻较大，可达几十千欧姆到几百千欧姆。

3）输出电阻 R_{o}

根据输出电阻的定义，画出基本共集放大电路求解 R_{o} 的等效电路，如图 2.5.3 所示。可以看到，基极电流 $\dot{I}_{b}$ 不再为零，而且方向与原来相反。因此，流控电流源 $\beta\dot{I}_{b}$ 也不为零，方向为反向。

由图 2.5.3 可以求得输出电阻

$$R_{o} = \frac{\dot{U}}{\dot{I}} = \frac{\dot{U}}{\dfrac{\dot{U}}{R'_{s} + r_{be}} + \dfrac{\beta\dot{U}}{R'_{s} + r_{be}} + \dfrac{\dot{U}}{R_{e}}} = R_{e} /\!/ \frac{R'_{s} + r_{be}}{1+\beta} \tag{2.5.8}$$

式中, $R'_s = R_s // R_b$。一般有 $\dfrac{R'_s + r_{be}}{1 + \beta} \ll R_e$, 故

$$R_o \approx \frac{R'_s + r_{be}}{1 + \beta} \qquad (2.5.9)$$

与共射放大电路的输出电阻相比,基本共集放大电路的输出电阻较小,只有几百欧姆甚至几十欧姆。

综上所述,可概括出共集放大电路的主要特点:电路的电压放大倍数接近 1 或略小于 1,输入电阻比较高,输出电阻比较低,具有较强的电流放大能力。利用这些特点,共集放大电路可用于多级放大电路的输入级、输出级或中间级。由于 R_i 较大,故其常用于多级放大电路的输入级,以减小放大电路对信号源的衰减;而由于 R_o 很小,故其又常用于多级放大电路的输出级,以提高放大电路带负载的能力;也可以用于放大电路的中间级来连接两级电路,减小电路间直接相连带来的信号损失,起缓冲作用。由于这些特点,共集放大电路得到了广泛的应用。

2.5.2 基本共基放大电路

基本共基放大电路如图 2.5.4(a) 所示,图 2.5.4(b) 是它的交流通路。由交流通路可见,BJT 的发射极是输入端,集电极是输出端,而基极是输入回路和输出回路的公共端,所以该电路为共基极组态。

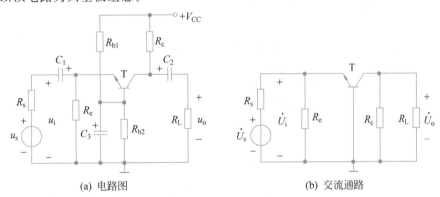

(a) 电路图　　　　　　　　　　(b) 交流通路

图 2.5.4　基本共基放大电路

1. 静态分析

画出图 2.5.4(a) 所示电路的直流通路,其与 2.4 节中所讨论的静态工作点稳定的共射放大电路的直流通路是相同的,所以,电路静态工作点的计算方法也与之相同,此处不再赘述。

2. 动态分析

画出基本共基放大电路的微变等效电路如图 2.5.5 所示,下面求解动态指标。

1) 电压放大倍数 $\dot{A}_u$

由图 2.5.5 可知,电路的输出电压

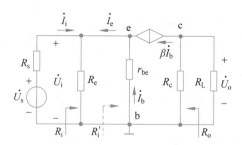

图 2.5.5 基本共基放大电路的微变等效电路

$$\dot{U}_o = -\dot{I}_c R'_L = -\beta \dot{I}_b R'_L$$

式中，$R'_L = R_c /\!/ R_L$。

电路的输入电压

$$\dot{U}_i = -\dot{I}_b r_{be}$$

因此，电路的电压放大倍数

$$\dot{A}_u = \frac{\dot{U}_o}{\dot{U}_i} = \frac{-\beta \dot{I}_b R'_L}{-\dot{I}_b r_{be}} = \frac{\beta R'_L}{r_{be}} \tag{2.5.10}$$

由式(2.5.10)可知，基本共基放大电路与基本共射放大电路的电压放大倍数在数值上是相同的，不同的是，共基放大电路的输出信号与输入信号同相。

2）输入电阻 R_i

在图 2.5.5 中，可以求得虚线右侧电路的输入电阻为

$$R'_i = \frac{\dot{U}_i}{-\dot{I}_e} = \frac{-\dot{I}_b r_{be}}{-(1+\beta)\dot{I}_b} = \frac{r_{be}}{1+\beta} \tag{2.5.11}$$

因此可以求得

$$R_i = \frac{\dot{U}_i}{\dot{I}_i} = R_e /\!/ R'_i = R_e /\!/ \frac{r_{be}}{1+\beta} \tag{2.5.12}$$

一般情况下，$R_e \gg \dfrac{r_{be}}{1+\beta}$，所以可得

$$R_i \approx \frac{r_{be}}{1+\beta} \tag{2.5.13}$$

由式(2.5.13)可见，与其他组态的电路相比，基本共基放大电路的输入电阻最小。

3）输出电阻 R_o

在图 2.5.5 中，若将其 $\dot{U}_s$ 短路，则有 $\dot{I}_b = 0$，受控电流源 $\beta \dot{I}_b = 0$，相当于开路，断开负载 R_L，显然

$$R_o = R_c \tag{2.5.14}$$

可见，基本共基放大电路的输出电阻与基本共射放大电路的输出电阻相同。

2.5.3　三种 BJT 基本放大电路比较

比较三种 BJT 基本放大电路,它们各有特点,如表 2.5.1 所示。在这三种基本放大电路中,共射放大电路最为常用,因为它既有电压放大能力,又有电流放大能力,常作为各种放大电路的单元电路;共集放大电路只能放大电流不能放大电压,是三种组态中输入电阻最大、输出电阻最小的电路,并具有电压跟随的特点,常用于多级放大电路的输入级和输出级,在功率放大电路中也常采用射极输出的形式;共基放大电路只能放大电压不能放大电流,具有电流跟随的特点,输入电阻较小,放大倍数和输出电阻与共射放大电路相当,是三种组态中高频特性最好的电路,常作为宽频带放大电路(放大电路的频率响应将在第 3 章讨论)。

表 2.5.1　三种 BJT 基本放大电路比较

		共射放大电路	共集放大电路	共基放大电路
组态特点	输入端	基极	基极	发射极
	输出端	集电极	发射极	集电极
	公共端	发射极	集电极	基极
u_o 与 u_i 的相位关系		反相	同相	同相
电压放大倍数		$-\dfrac{\beta(R_c /\!/ R_L)}{r_{be}}$ 大	$\dfrac{(1+\beta)(R_e /\!/ R_L)}{r_{be}+(1+\beta)(R_e /\!/ R_L)}$ 小,电压跟随	$\dfrac{\beta(R_c /\!/ R_L)}{r_{be}}$ 大
电流放大倍数		β,大	$1+\beta$,大	α,小,电流跟随
输入电阻		$R_b /\!/ r_{be}$ 中	$R_b /\!/ [r_{be}+(1+\beta)R_L']$ 大	$R_e /\!/ \dfrac{r_{be}}{1+\beta}$ 小
输出电阻		R_c 大	$R_e /\!/ \dfrac{(R_s /\!/ R_b)+r_{be}}{1+\beta}$ 小	R_c 大
应用范围		低频电压放大电路,多级放大电路的中间级	多级放大电路的输入级、输出级、缓冲级,功率放大电路	高频电路,宽频带放大电路

2.5.4　BJT 电流源电路

电流源又称恒流源,它是模拟集成电路中的基本单元电路,常用作偏置电路和有源负载。从广义上讲,能够提供恒定电流的电路即可称作电流源。能够实现此功能的电路很多,在此仅介绍一种由 BJT 构成的电流源电路。

在 2.4 节介绍了静态工作点稳定的共射放大电路,采用负反馈方法可以得到稳定的集电极电流,因此,这个电路就是一种性能很好的电流源电路,图 2.5.6(a)所示就是由 BJT 构成的电流源电

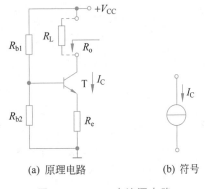

(a) 原理电路　　(b) 符号

图 2.5.6　BJT 电流源电路

路,图 2.5.6(b)是其符号。可以看出,此电路实际上就是 2.4 节分析过的静态工作点稳定的共射放大电路的直流通路。

由于电流源的直流输出电流恒定,致使它的电流变化量 ΔI_C 很小,这就意味着它的交流电阻 $R_o=\dfrac{\Delta U_o}{\Delta I_C}$ 很大。在计算输出电阻时,需要考虑 BJT 集电结和发射极之间等效电阻 r_{ce} 的影响。画出微变等效电路,可以求出

$$R_o = r_{ce}\left(1 + \frac{\beta R_e}{r_{be} + R_b + R_e}\right) \tag{2.5.15}$$

式中,$R_b = R_{b1} /\!/ R_{b2}$。由于式中的 r_{ce} 比较大,R_o 的阻值通常为兆欧级。

需要强调的是,电流源的直流电阻不同于交流电阻。直流电阻指的是电流源的输出直流电压与输出直流电流之比,由于输出直流电流 I_C 较大,所以电流源的直流电阻较小,一般为几千欧姆以下,远小于其交流电阻。

利用电流源的直流电流恒定的特点,可给放大电路提供稳定的直流偏置;利用恒流源交流电阻大、直流电阻小的特点,又可用作有源负载,以改善放大电路多方面的性能。关于这方面的内容,将在第 5 章进一步讨论。

2.6 场效应管基本放大电路

场效应管与 BJT 在功能及应用上是很相似的,它们都有三只引脚,并且可以将它们的引脚对应起来看:g 极相当于 b 极,d 极相当于 c 极,s 极相当于 e 极。它们两者都能实现输入信号对输出信号的控制,都有放大作用,所不同的是,BJT 是一种电流控制器件,而场效应管是一种电压控制器件。对于场效应管来说,它也可以组成三种基本放大电路,即基本共源放大电路、基本共漏放大电路和基本共栅放大电路,以 N 沟道结型场效应管为例,三种组态如图 2.6.1 所示。由场效应管组成的基本放大电路与 BJT 组成的基本放大电路,其结构相似,分析方法几乎相同。下面以 N 沟道结型场效应管为例,讨论场效应管放大电路的有关内容。

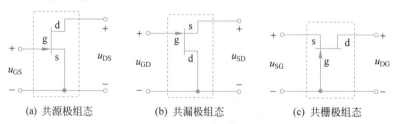

(a) 共源极组态　　　　　(b) 共漏极组态　　　　　(c) 共栅极组态

图 2.6.1　场效应管放大电路的三种组态

2.6.1　场效应管基本放大电路的静态分析

与 BJT 放大电路一样,为了使场效应管放大电路正常工作,也必须设置合适的静态工作点,以保证在交流输入信号的整个周期内场效应管均工作在恒流区。由于场效应管是一种电压控制器件,故其偏置方式与 BJT 放大电路不同。下面以共源放大电路为例,

介绍实际中常用的自给偏压电路和分压式偏置电路以及两种偏置电路的静态工作点计算方法。

1. 自给偏压电路及其静态工作点的计算

由 N 沟道结型场效应管组成的基本共源放大电路如图 2.6.2(a)所示,图 2.6.2(b)为该电路的直流通路,即为自给偏压电路。在图 2.6.2(a)中,对于 N 沟道结型场效应管,要保证管子处于恒流区,必须使其 $u_{DS}>u_{GS}+|U_P|$,且 $u_{GS}<0$,电路中的直流电源电压 V_{DD} 可保证前者,而后者由 R_s 及 R_g 来保证;V_{DD} 一方面保证场效应管工作在恒流区,另一方面为负载提供能量,与共射放大电路中的 V_{CC} 作用相同;R_d 与共射放大电路中的 R_c 作用相同,它将漏极电流 i_D 的变化转换成电压 u_{DS} 的变化,从而实现电压放大;耦合电容 C_1、C_2 与 BJT 放大电路的耦合电容完全一样,起到"隔直、通交"的作用。

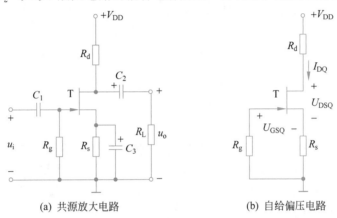

(a) 共源放大电路　　　　　　　(b) 自给偏压电路

图 2.6.2　场效应管自给偏压电路

在静态时,由图 2.6.2(b)可见,当漏极电流 I_{DQ} 流过 R_s 时必然产生压降,使源极电位 $U_{SQ}=I_{DQ}R_s$。由于场效应管栅极电流为零,因而 R_g 上无电流流过,使栅极电位 $U_{GQ}=0$,所以栅源之间的电压为

$$U_{GSQ}=U_{GQ}-U_{SQ}=-U_{SQ}=-I_{DQ}R_s \tag{2.6.1}$$

由式(2.6.1)可见,电路是靠源极电阻 R_s 上的电压自行为栅极与源极提供了一个负偏压,故称为自给偏压。

静态工作点的求解方法也有图解法和近似估算法两种。如图 2.6.3(a)所示,在场效应管的转移特性坐标系中,画出输入回路直流负载线,即 $u_{GS}=-i_D R_s$,找到该直线与转移特性曲线的交点,从而求得(U_{GSQ}, I_{DQ})。同样,如图 2.6.3(b)所示,在场效应管的输出特性坐标系中,找到 $U_{GS}=U_{GSQ}$ 那条曲线(若没有,则需测出该曲线),该曲线描述了非线性部分电路中漏极电流 i_D 与漏源电压 u_{DS} 之间的关系;然后做出直流负载线 $u_{DS}=V_{DD}-i_D(R_d+R_s)$,该直线描述了线性部分电路中 i_D 与 u_{DS} 之间的关系,曲线与直线的交点即为静态工作点 Q,读取坐标值即可求得 I_{DQ} 和 U_{DSQ}。上述即为图解法的求解过程,下面介绍近似估算法的求解过程。

由第 1 章可知,N 沟道结型场效应管工作在放大状态(恒流区)时,其栅源之间可以看成开路,漏源之间有一个受控电流源,其漏极电流的大小受栅源负偏压的控制,即

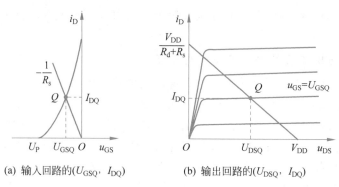

(a) 输入回路的(U_{GSQ}, I_{DQ}) (b) 输出回路的(U_{DSQ}, I_{DQ})

图 2.6.3 图解法求解场效应管自给偏压电路的静态工作点

$$i_D = I_{DSS}\left(1 - \frac{u_{GS}}{U_P}\right)^2$$

因此有

$$I_{DQ} = I_{DSS}\left(1 - \frac{U_{GSQ}}{U_P}\right)^2 \tag{2.6.2}$$

$$U_{DSQ} = V_{DD} - I_{DQ}(R_d + R_s) \tag{2.6.3}$$

式(2.6.1)~式(2.6.3)联立即可求得自给偏压电路的静态工作点 Q。

需要指出的是,电阻 R_s 除了可以为 U_{GSQ} 提供负偏压之外,还有稳定静态工作点的作用,但 R_s 的存在,同样会使电压放大倍数减小,所以,要使电压放大倍数不减小也需要在 R_s 两端并接旁路电容,这一点与静态工作点稳定的共射放大电路中的 R_e 类似。

自给偏压电路的结构简单且具有稳定静态工作点的作用,但电路产生负的栅源电压,所以只能用于需要负栅源电压的电路,例如,N 沟道结型场效应管放大电路和 N 沟道耗尽型 MOS 场效应管放大电路。由于增强型 MOS 场效应管在 $U_{GS} = 0$ 时,$I_D = 0$,只有当栅极与源极之间的电压 U_{GS} 达到开启电压 U_T 时,才有漏极电流,因此这种偏置电路不适用于增强型 MOS 场效应管放大电路。

2. 分压式偏置电路及其静态工作点的计算

图 2.6.4(a)所示为 N 沟道结型场效应管组成的共源极放大电路,其采用分压式偏置电路,图 2.6.4(b)为该电路的直流通路。从图 2.6.4(b)中可以看到,电路是靠电阻 R_{g1} 和 R_{g2} 的分压来改变栅极电位的,从而改变栅极与源极之间的偏置电压,因此称为分压式偏置电路。这种偏置电路由于电阻 R_{g1} 和 R_{g2} 的分压提高了栅极电位,使栅源电压可正可负,因此,它既适用于结型场效应管放大电路和耗尽型 MOS 场效应管放大电路,也适用于增强型 MOS 场效应管放大电路。

对于分压式偏置电路的静态工作点求解,同样可以使用图解法和近似估算法,图解法与前面确定自给偏压电路 Q 点的方法相似,此处不再赘述。下面使用近似估算法求解静态工作点。

静态时,由图 2.6.4(b)可知

$$U_{GQ} = \frac{R_{g2}}{R_{g1} + R_{g2}} V_{DD}$$

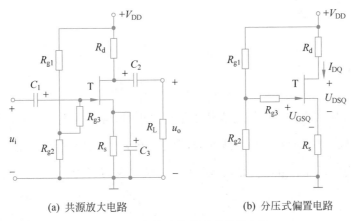

(a) 共源放大电路   (b) 分压式偏置电路

图 2.6.4　场效应管分压式偏置电路

$$U_{SQ} = I_{DQ}R_s$$

因此可以求得栅源之间的电压为

$$U_{GSQ} = U_{GQ} - U_{SQ} = \frac{R_{g2}}{R_{g1} + R_{g2}}V_{DD} - I_{DQ}R_s \tag{2.6.4}$$

式(2.6.2)～式(2.6.4)联立可求得分压式偏置电路的静态工作点 Q。

电路中的 R_{g3} 可取值到几兆欧姆,以增大输入电阻。

2.6.2　场效应管的低频小信号等效模型

与 BJT 一样,场效应管也是一种非线性器件,而在低频小信号情况下,也可以由线性等效电路——低频小信号模型来代替,下面进行详细讨论。

与分析 BJT 的 h 参数等效模型相同,将场效应管看作一个二端口网络,栅极与源极之间为输入端口,漏极与源极之间为输出端口,如图 2.6.5 所示。由于场效应管的输入电阻极高,输入电流几乎为零,而漏极电流 i_D 是栅源电压 u_{GS} 和漏源电压 u_{DS} 的函数,即

$$i_D = f(u_{GS}, u_{DS})$$

对上式求全微分可得

$$\mathrm{d}i_D = \left.\frac{\partial i_D}{\partial u_{GS}}\right|_{U_{DS}} \mathrm{d}u_{GS} + \left.\frac{\partial i_D}{\partial u_{DS}}\right|_{U_{GS}} \mathrm{d}u_{DS} \tag{2.6.5}$$

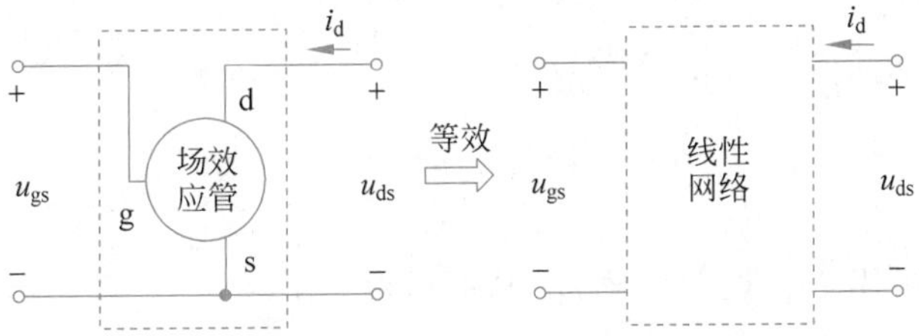

(a) 场效应管(共源极接法)   (b) 线性二端口网络

图 2.6.5　场效应管的二端口网络

令上式中

$$\frac{\partial i_D}{\partial u_{GS}}\bigg|_{U_{DS}} = g_m \qquad\qquad (2.6.6)$$

$$\frac{\partial i_D}{\partial u_{DS}}\bigg|_{U_{GS}} = \frac{1}{r_{ds}} \qquad\qquad (2.6.7)$$

在静态工作点 Q 确定,且交流信号变化量很小时,管子的电压、电流只在 Q 点附近变化,可以认为 Q 点附近的特性是线性的,即 g_m 和 r_{ds} 近似为常数。用交流小信号 $\dot{I}_d$、$\dot{U}_{gs}$、$\dot{U}_{ds}$ 代替变化量 $\mathrm{d}i_D$、$\mathrm{d}u_{GS}$、$\mathrm{d}u_{DS}$,所以式(2.6.5)又可写为

$$\dot{I}_d = g_m \dot{U}_{gs} + \frac{1}{r_{ds}}\dot{U}_{ds} \qquad\qquad (2.6.8)$$

式(2.6.8)是以交流小信号为变量的线性方程,它对应的场效应管线性低频小信号等效电路如图 2.6.6(a)所示。

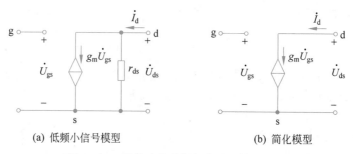

(a) 低频小信号模型   (b) 简化模型

图 2.6.6 场效应管的低频小信号等效模型

在图 2.6.6(a)中,因为场效应管的输入电阻极高,输入电流几乎为零,所以电路的输入端开路。$g_m \dot{U}_{gs}$ 是压控电流源,它体现了输入电压 $\dot{U}_{gs}$ 对输出电流 $\dot{I}_d$ 的控制作用。g_m 是输出回路电流与输入回路电压之比,称为低频跨导,体现了 $\dot{U}_{gs}$ 对 $\dot{I}_d$ 控制作用的大小,它与 BJT 中的 β 类似。r_{ds} 称为场效应管的共源极输出电阻,类似于双极型晶体管的 r_{ce}。

g_m 和 r_{ds} 均可由场效应管的特性曲线求得,如图 2.6.7 所示。在图 2.6.7(a)中,g_m 是 $U_{DS}=U_{DSQ}$ 那条转移特性曲线上静态工作点 Q 处的切线斜率,可以对场效应管的转移特性表达式在 Q 点求导即得其值。例如,以 N 沟道增强型 MOS 管为例,对它的转移特性表达式 $i_D = I_{DO}\left(\dfrac{u_{GS}}{U_T}-1\right)^2$ 求导,可得

$$g_m = \frac{\partial i_D}{\partial u_{GS}}\bigg|_{U_{DS}} = \frac{2I_{DO}}{U_T}\left(\frac{u_{GS}}{U_T}-1\right) = \frac{2}{U_T}\sqrt{I_{DO}i_D}$$

在小信号作用下,可用 I_{DQ} 近似代替 i_D,从而可得

$$g_m \approx \frac{2}{U_T}\sqrt{I_{DO}I_{DQ}} \qquad\qquad (2.6.9)$$

上式表明,g_m 的大小与放大电路的静态工作点 Q 相关,Q 越高,g_m 越大。因此,场效应

管放大电路与 BJT 放大电路相同，Q 点不仅影响电路是否会产生失真，而且影响放大电路的动态指标。

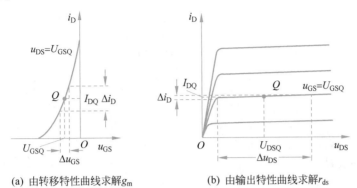

(a) 由转移特性曲线求解g_m　　　　(b) 由输出特性曲线求解r_{ds}

图 2.6.7　由场效应管的特性曲线求解 g_m 和 r_{ds}

在图 2.6.7(b)中，r_{ds} 是 $u_{GS}=U_{GSQ}$ 那条输出特性曲线在静态工作点 Q 处的切线斜率的倒数，描述了曲线上翘的程度。可以看到，r_{ds} 的数值很大，通常在几十千欧姆到几百千欧姆之间，一般远大于放大电路中的漏极电阻 R_d，所以可将其视为开路，忽略其影响。因此，图 2.6.6(a)所示的等效电路可简化为如图 2.6.6(b)所示的模型，它是对场效应管放大电路进行动态分析的基础。

2.6.3　场效应管基本放大电路的动态分析

场效应管基本放大电路的三种组态，即共源、共漏、共栅，与 BJT 基本放大电路的共射、共集、共基是相对应的，分别具有相似性。由于共栅放大电路很少使用，下面重点讨论共源和共漏两种基本放大电路。

1. 基本共源放大电路

基本共源放大电路如图 2.6.8 所示，它的交流信号公共端是源极，交流信号由栅极输入，漏极输出。下面用微变等效电路法求解该电路的动态指标。

首先画出图 2.6.8 中基本共源放大电路的微变等效电路，如图 2.6.9 所示。

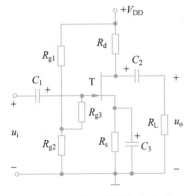

图 2.6.8　基本共源放大电路

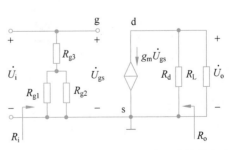

图 2.6.9　基本共源放大电路的微变等效电路

1）电压放大倍数 $\dot{A}_{\mathrm{u}}$

由图 2.6.9 可知

$$\dot{U}_{\mathrm{o}} = -g_{\mathrm{m}}\dot{U}_{\mathrm{gs}}R_{\mathrm{L}}'$$

式中，$R_{\mathrm{L}}' = R_{\mathrm{d}} /\!/ R_{\mathrm{L}}$。从输入端看，$\dot{U}_{\mathrm{i}} = \dot{U}_{\mathrm{gs}}$，因此可得

$$\dot{A}_{\mathrm{u}} = \frac{\dot{U}_{\mathrm{o}}}{\dot{U}_{\mathrm{i}}} = \frac{-g_{\mathrm{m}}\dot{U}_{\mathrm{gs}}R_{\mathrm{L}}'}{\dot{U}_{\mathrm{gs}}} = -g_{\mathrm{m}}R_{\mathrm{L}}' \tag{2.6.10}$$

式中的负号表示共源放大电路的输出电压与输入电压反相，该电路放大倍数较大，这些特点与基本共射放大电路是一致的。

2）输入电阻 R_{i}

由图 2.6.9 可知

$$R_{\mathrm{i}} = \frac{\dot{U}_{\mathrm{i}}}{\dot{I}_{\mathrm{i}}} = R_{\mathrm{g3}} + (R_{\mathrm{g1}} /\!/ R_{\mathrm{g2}}) \tag{2.6.11}$$

通常情况下，$R_{\mathrm{g3}} \gg (R_{\mathrm{g1}} /\!/ R_{\mathrm{g2}})$，所以

$$R_{\mathrm{i}} \approx R_{\mathrm{g3}} \tag{2.6.12}$$

由以上分析可见，R_{g3} 的存在可以保证场效应管放大电路的输入电阻很大，以减小偏置电阻对输入电阻的影响。

3）输出电阻 R_{o}

根据输出电阻的定义，断开负载 R_{L}，令 $\dot{U}_{\mathrm{i}} = 0$，则 $\dot{U}_{\mathrm{gs}} = 0$，故电流源 $g_{\mathrm{m}}\dot{U}_{\mathrm{gs}} = 0$，相当于开路，因此可求得

$$R_{\mathrm{o}} = R_{\mathrm{d}} \tag{2.6.13}$$

2. 基本共漏放大电路

图 2.6.10 所示是基本共漏放大电路。在电路中，交流输入信号由栅极输入，输出信号由源极输出，它的交流公共端是漏极。该电路从源极输出，也称为源极输出器。画出图 2.6.10 中电路的微变等效电路，如图 2.6.11 所示，在此基础上可求解电路的动态指标。

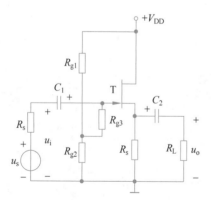

图 2.6.10　基本共漏放大电路

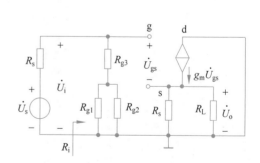

图 2.6.11　基本共漏放大电路的微变等效电路

1）电压放大倍数 $\dot{A}_{\mathrm{u}}$

由图 2.6.11 可知

$$\dot{U}_{\mathrm{o}} = g_{\mathrm{m}}\dot{U}_{\mathrm{gs}}R'_{\mathrm{L}}$$

式中，$R'_{\mathrm{L}}=R_{\mathrm{s}}//R_{\mathrm{L}}$。在输入回路中，有

$$\dot{U}_{\mathrm{i}} = \dot{U}_{\mathrm{gs}} + g_{\mathrm{m}}\dot{U}_{\mathrm{gs}}R'_{\mathrm{L}} = \dot{U}_{\mathrm{gs}}(1+g_{\mathrm{m}}R'_{\mathrm{L}})$$

所以，电压放大倍数为

$$\dot{A}_{\mathrm{u}} = \frac{\dot{U}_{\mathrm{o}}}{\dot{U}_{\mathrm{i}}} = \frac{g_{\mathrm{m}}\dot{U}_{\mathrm{gs}}R'_{\mathrm{L}}}{\dot{U}_{\mathrm{gs}}(1+g_{\mathrm{m}}R'_{\mathrm{L}})} = \frac{g_{\mathrm{m}}R'_{\mathrm{L}}}{1+g_{\mathrm{m}}R'_{\mathrm{L}}} \tag{2.6.14}$$

由式（2.6.14）可见，共漏放大电路的电压放大倍数小于 1，当 $g_{\mathrm{m}}R'_{\mathrm{L}}\gg1$ 时，放大倍数接近 1，并且输出电压与输入电压同相。显然输出电压跟随输入电压变化，所以基本共漏放大电路又称源极跟随器，它与射极跟随器类似。

2）输入电阻 R_{i}

由图 2.6.11 可以求得

$$R_{\mathrm{i}} = \frac{\dot{U}_{\mathrm{i}}}{\dot{I}_{\mathrm{i}}} = R_{\mathrm{g3}} + (R_{\mathrm{g1}} // R_{\mathrm{g2}}) \approx R_{\mathrm{g3}} \tag{2.6.15}$$

3）输出电阻 R_{o}

按照输出电阻的定义，可以画出求解输出电阻的等效电路如图 2.6.12 所示。

在图 2.6.12 中，电阻 R_{s} 和电流源 $g_{\mathrm{m}}\dot{U}_{\mathrm{gs}}$ 会对输出电阻产生影响，但其余电阻不起作用，因此可求出电路的输出电阻为

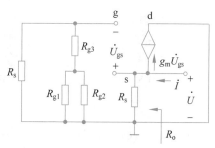

图 2.6.12　求输出电阻的等效电路

$$R_{\mathrm{o}} = \frac{\dot{U}}{\dot{I}} = \frac{\dot{U}_{\mathrm{gs}}}{\dfrac{\dot{U}_{\mathrm{gs}}}{R_{\mathrm{s}}} + g_{\mathrm{m}}\dot{U}_{\mathrm{gs}}} = R_{\mathrm{s}} // \frac{1}{g_{\mathrm{m}}} \tag{2.6.16}$$

一般情况下，$R_{\mathrm{s}}\gg\dfrac{1}{g_{\mathrm{m}}}$，所以

$$R_{\mathrm{o}} \approx \frac{1}{g_{\mathrm{m}}} \tag{2.6.17}$$

可见，源极跟随器的输出电阻很小，一般为几十欧姆到几百欧姆。

由以上分析可知，基本共漏放大电路没有电压放大能力，输入电阻很大，输出电阻很小，这些特点与基本共集放大电路非常相似。

通过上述场效应管基本放大电路可知，场效应管与双极性三极管（BJT）一样，可以组成各种放大电路，两者对比，可以总结出场效应管器件的如下特点：

（1）场效应管是一种压控器件，通过跨导 g_{m} 来描述其放大作用；BJT 是电流控制器件，用电流放大系数 β 来描述其放大作用。场效应管的跨导 g_{m} 较小，在相同负载电阻

下,共源放大电路的电压放大倍数一般比 BJT 共射放大电路的放大倍数要低。

（2）场效应管的输入电阻非常高（结型场效应管一般在 $10^7\,\Omega$ 以上,MOS 场效应管在 $10^9\,\Omega$ 以上）；BJT 的输入电阻约为几千欧姆的数量级。由于 MOS 场效应管的输入电阻很高,使栅极的感应电荷不易释放,而且绝缘层很薄,栅极和衬底之间的等效电容很小,感应产生少量电荷即可形成很高的电压,可能将 SiO_2 绝缘层击穿而损坏管子,所以应避免栅极悬空。

（3）由于场效应管利用一种极性的多数载流子导电（单极性器件）,而 BJT 中多子和少子均参与导电,且少子的浓度易受温度的影响,因此,与 BJT 相比,场效应管具有噪声小、受外界温度及辐射影响小的特点。

（4）MOS 管的源极和漏极在结构上是对称的,一般可将源极与漏极互换使用,但如果管子内部已将衬底与源极短接,则不能互换使用。对结型场效应管来说,源极与漏极可以互换使用。

（5）场效应管的制造工艺简单,有利于大规模集成。特别是 MOS 电路,每个 MOS 管在硅片上所占的面积约为 BJT 的 5%,因此集成度更高。此外,MOS 管构成的开关电路具有低功耗的优势,被广泛应用到各种电子电路中。

2.7 多级放大电路

前面讨论了各种类型的基本放大电路。这些放大电路都由一个管子构成,都称为单管放大电路或单级放大电路。单级放大电路各有其优缺点,往往不能全面满足电子系统对电路各种指标的综合要求。如它们的放大倍数不够大,输入电阻、输出电阻不理想等。所以一个实际的放大系统通常需要由多级放大电路构成。下面对多级放大电路的有关问题进行讨论。

2.7.1 多级放大电路的耦合方式

多级放大电路各级之间的连接方式称为耦合方式,常见的耦合方式有阻容耦合、直接耦合和变压器耦合。

1. 阻容耦合

在前面介绍的单级放大电路中,交流信号的输入和输出都是通过耦合电容完成的。在输入回路中,有电容与信号源内阻配合；在输出回路中,有电容与放大电路的输出电阻配合,因此称为阻容耦合。在多级放大电路中,如果各级放大电路之间（包括放大电路与信号源、放大电路与负载之间）通过电容相连,则是阻容耦合方式。一个阻容耦合两级放大电路如图 2.7.1 所示。第一级是共射电路,第二级是射极输出器。交流信号都是通过阻容方式耦合的。

阻容耦合方式的优点是：

（1）由于电容的隔直作用,使各级电路的静态工作点相互隔离,相互独立。这就给电路的设计、计算和调试带来了很大的方便。并且由于工作点独立,放大电路工作点的温度漂移局限于本级,不会给输出造成大的影响。

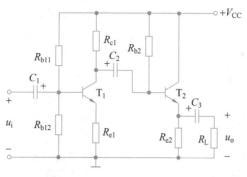

图 2.7.1 阻容耦合两级放大电路

（2）当耦合电容足够大时，在一定范围内电容可被视为短路，所以能够有效地放大交流信号。

但阻容耦合方式也存在如下缺点：

（1）当交流信号的频率较低时，电容的容抗较大，会使交流信号大大衰减，放大倍数下降，所以这种放大电路不能用来放大缓慢变化的信号或直流信号。

（2）因为集成工艺中制造大电容是很困难的，因而阻容耦合放大电路不便于集成。

2. 直接耦合

在单级或多级放大电路中，如果信号源与电路之间，电路中各级放大电路之间以及电路与负载电阻之间直接相连，则称为直接耦合。一个实际的直接耦合两级放大电路如图 2.7.2 所示。

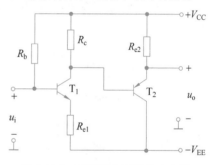

图 2.7.2 直接耦合两级放大电路

在图 2.7.2 中，第一级是共射放大电路，第二级是由 PNP 管构成的射极输出器，使用了正负两组电源。

直接耦合方式的优点是：

（1）放大电路之间直接相连，所以它不仅可以放大一般的交流信号，而且可以放大缓慢变化的信号或直流信号，它的低频特性很好。

（2）电路中不存在大电容，便于集成，目前几乎所有的集成电路均采用直接耦合方式。

直接耦合方式的缺点是：

（1）放大电路之间的直接相连会使各级的静态工作点相互关联，相互影响，从而给设计、计算、调试带来不便。

（2）直接耦合方式存在最大的问题是零点漂移现象，即输入信号为零时，温度对静态工作点的影响使得输出电压不为零的现象，这个问题将在第 5 章探讨。

3. 变压器耦合

变压器能够将信号转换成磁能的形式进行传送，所以，变压器也能作为多级放大电路的耦合元件来使用。将放大电路前级的输出信号通过变压器接到后级的输入端或负载电阻上,称为变压器耦合。图 2.7.3(a)所示为变压器耦合共射放大电路,R_L 既可以是实际的负载电阻,也可以代表后级放大电路,图 2.7.3(b)所示是它的微变等效电路。

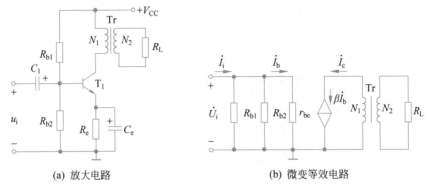

(a) 放大电路　　　　　　　　　　　　(b) 微变等效电路

图 2.7.3　变压器耦合共射放大电路

在实际系统中,有时负载电阻很小,例如扩音系统的扬声器,其阻值一般为 3Ω、4Ω、8Ω 和 16Ω 等。把负载电阻接到采用阻容耦合或直接耦合方式的放大电路的输出端,都会使电路的电压放大倍数变得很小,从而使负载无法获得较大功率。采用变压器耦合时,若忽略变压器自身的损耗,则一次侧损耗的功率等于二次侧负载电阻所获得的功率,即 $P_1 = P_2$。

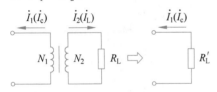

图 2.7.4　变压器耦合方式实现阻抗变换

如图 2.7.4 所示,设一次侧与二次侧线圈匝数之比为 $\dfrac{N_1}{N_2}$,一次侧电流为 $I_1(I_c)$,二次侧电流为 I_2,将负载折合到一次侧的等效电阻为 R_L',则由 $I_1^2 R_L' = I_2^2 R_L$,可得

$$R_L' = \left(\frac{I_2}{I_1}\right)^2 R_L \tag{2.7.1}$$

因为 $\dfrac{I_2}{I_1} = \dfrac{N_1}{N_2}$,所以式(2.7.1)可变换为

$$R_L' = \left(\frac{N_1}{N_2}\right)^2 R_L \tag{2.7.2}$$

因此,对于图 2.7.3 所示的共射放大电路,其电压放大倍数为

$$\dot{A}_u = -\frac{\beta R_L'}{r_{be}} = -\frac{\beta R_L}{r_{be}}\left(\frac{N_1}{N_2}\right)^2 \tag{2.7.3}$$

由式(2.7.3)可以看出,选择合适的匝数比,可以获得所需的电压放大倍数,从而使负载电阻上获得足够大的电压和足够大的功率。

图 2.7.5 所示是一个变压器耦合两级放大电路,变压器 Tr_1 将第一级的输出信号传送给第二级,变压器 Tr_2 将第二级的输出信号传送给负载。

变压器耦合方式的优点是:

(1) 由于变压器耦合放大电路的前、后级靠磁路耦合,所以与阻容耦合放大电路一

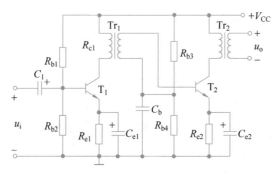

图 2.7.5　变压器耦合两级放大电路

样,它的各级放大电路的静态工作点相互独立,便于分析、设计和调试。

(2) 变压器耦合方式的重要优点是可以实现阻抗变换,因而在分立元件功率放大电路中得到了广泛应用。

变压器耦合方式的缺点是:

(1) 它的低频特性差,不能放大变化缓慢的信号,直流信号也无法通过变压器。

(2) 变压器体积大且笨重,更不便于集成。

在集成功率放大电路产生之前,几乎所有的功率放大电路都采用变压器耦合的形式,目前只有在集成功率放大电路无法满足需要的情况下,如需输出特大功率,或实现高频功率放大时,才考虑用分立元件构成变压器耦合放大电路。

2.7.2　多级放大电路的分析方法

1. 静态分析

在阻容耦合与变压器耦合的多级放大电路中,各级的静态工作点相互独立,所以计算时可按单级放大电路的计算方法进行。

直接耦合的多级放大电路,各级的直流通路是相互联系的,所以计算时要综合考虑前后级电压、电流之间的关系,一般要列几个回路方程才可解决问题。当然,在计算过程中可以运用工程上近似处理的方法,在误差允许范围内可以忽略一些次要因素,将各级放大电路分别计算,以简化运算过程。下面对如图 2.7.2 所示的直接耦合放大电路采用近似计算方法求解其静态工作点。

将图 2.7.2 中的两级放大电路分开计算,在计算第一级电路时,由于第一级的集电极电流通常比第二级的基极电流大得多,因此忽略第二级的基极电流,则可先求出第一级的集电极电位,也就是第二级的基极电位,然后再分别计算各级放大电路的静态工作点。具体计算过程如下:

对于第一级电路,有

$$V_{\mathrm{CC}} - (-V_{\mathrm{EE}}) = I_{\mathrm{BQ1}} R_{\mathrm{b}} + U_{\mathrm{BEQ1}} + I_{\mathrm{EQ1}} R_{\mathrm{e1}} = I_{\mathrm{BQ1}} R_{\mathrm{b}} + U_{\mathrm{BEQ1}} + (1 + \beta_1) I_{\mathrm{BQ1}} R_{\mathrm{e1}}$$

因此求得

$$I_{\mathrm{BQ1}} = \frac{V_{\mathrm{CC}} + V_{\mathrm{EE}} - U_{\mathrm{BEQ1}}}{R_{\mathrm{b}} + (1 + \beta_1) R_{\mathrm{e1}}} \approx \frac{V_{\mathrm{CC}} + V_{\mathrm{EE}}}{R_{\mathrm{b}} + (1 + \beta_1) R_{\mathrm{e1}}}$$

$$I_{CQ1} = \beta_1 I_{BQ1}$$

$$U_{CEQ1} = V_{CC} + V_{EE} - I_{CQ1}(R_{c1} + R_{e1})$$

对于第二级电路,有

$$U_{BQ2} = U_{CQ1} = V_{CC} - I_{CQ1}R_{c1}$$

可以求得

$$I_{CQ2} \approx I_{EQ2} = \frac{V_{CC} - (U_{BQ2} + U_{BEQ2})}{R_{e2}} = \frac{I_{CQ1}R_{c1} - U_{BEQ2}}{R_{e2}}$$

$$I_{BQ2} = \frac{I_{CQ2}}{\beta_2}$$

$$U_{CEQ2} = -V_{EE} - (V_{CC} - I_{EQ2}R_{e2}) = -(V_{CC} + V_{EE} - I_{EQ2}R_{e2})$$

2. 动态分析

图 2.7.6 是图 2.7.1 所示阻容耦合两级放大电路的微变等效电路。下面以该电路为例,进行动态指标计算。

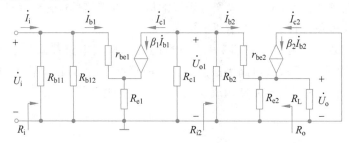

图 2.7.6 图 2.7.1 所示阻容耦合两级放大电路的微变等效电路

1) 多级放大电路的电压放大倍数 $\dot{A}_u$

由图 2.7.6 可知,放大电路的总的电压放大倍数为

$$\dot{A}_u = \frac{\dot{U}_o}{\dot{U}_i} = \frac{\dot{U}_{o1}}{\dot{U}_i} \cdot \frac{\dot{U}_o}{\dot{U}_{o1}} = \dot{A}_{u1}\dot{A}_{u2} \qquad (2.7.4)$$

由式(2.7.4)可见,多级放大电路总的电压放大倍数是各个单级放大电路放大倍数的乘积,这个结论虽然是从这个电路出发得到的,但它具有普遍意义。对于一般的多级放大电路,前一级的输出电压就是后一级的输入电压,可以写出

$$\dot{A}_u = \frac{\dot{U}_o}{\dot{U}_i} = \frac{\dot{U}_{o1}}{\dot{U}_i} \cdot \frac{\dot{U}_{o2}}{\dot{U}_{o1}} \cdot \cdots \cdot \frac{\dot{U}_o}{\dot{U}_{o(n-1)}} = \dot{A}_{u1}\dot{A}_{u2}\cdots\dot{A}_{un} \qquad (2.7.5)$$

单级放大倍数的求解方法前已述及,所以不难求出多级放大电路的总的放大倍数。对于如图 2.7.6 所示的两级放大电路,可以求得总的电压放大倍数为

$$\dot{A}_u = \frac{\dot{U}_o}{\dot{U}_i} = -\frac{\beta_1 R'_{L1}}{r_{be1} + (1+\beta_1)R_{e1}} \cdot \frac{(1+\beta_2)R'_L}{r_{be2} + (1+\beta_2)R'_L}$$

式中,$R'_{L1} = R_{c1} /\!/ R_{i2}$,$R_{i2}$ 为第二级放大电路的输入电阻,由 2.5 节的介绍可知,$R_{i2} =$

$R_{b2}//[r_{be2}+(1+\beta_2)R'_L]$，$R'_L=R_{e2}//R_L$。

需要注意的是，$\dot{A}_{u1}$、$\dot{A}_{u2}$ 均指带负载情况下的电压放大倍数。由多级放大电路前后级之间的关系可知，后一级的输入电阻就相当于前一级的负载电阻，在计算前一级的电压放大倍数时，一定要考虑后一级的负载电阻，这一点是要特别注意的。

2）多级放大电路的输入电阻 R_i 和输出电阻 R_o

多级放大电路的输入电阻即为从第一级向后看得到的输入电阻，也就是第一级的输入电阻。多级放大电路的输出电阻即为从末级放大电路向前看得到的输出电阻，也就是最后一级的输出电阻。但在计算中要注意是否涉及级与级之间的相互关系，相互关系的一般规律是：后一级的输入电阻等效为前一级的负载电阻，前一级的输出电阻等效为后一级的信号源内阻。

对于如图 2.7.6 所示的两级放大电路，整个电路的输入电阻就是第一级的输入电阻，因此有

$$R_i=\frac{\dot{U}_i}{\dot{I}_i}=R_{b1}\ //\ R_{b2}\ //\ [r_{be1}+(1+\beta_1)R_{e1}]$$

电路的输出电阻为最后一级的输出电阻，即

$$R_o=\frac{\dot{U}}{\dot{I}}\bigg|_{\dot{U}_i=0,R_L=\infty}=R_{e2}\ //\ \frac{R'_s+r_{be2}}{1+\beta_2}$$

式中，$R'_s=R_{c1}//R_{b2}$，这说明整个电路的输出电阻是与第一级的集电极电阻有关的。在多级放大电路输入电阻和输出电阻的计算中，要特别注意射极输出器。如果射极输出器出现在整个电路的最前面一级，那么，输入电阻不但与第一级有关，而且与后面的电路有关；如果射极输出器出现在最后一级，则输出电阻不但与最后一级有关，而且与前面的电路有关。

小结

（1）放大是在不失真的前提下对输入信号的幅度进行放大，体现了信号对能量的控制作用，所放大的信号是变化量。放大电路中的负载所获得的随输入信号变化的能量，要比信号所给出的能量大得多，这个多出来的能量是由电源提供的。

（2）放大电路的主要性能指标有电压放大倍数、输入电阻、输出电阻、通频带、最大输出幅度等参数。

（3）BJT 在放大电路中有共射极、共集电极、共基极三种组态，在三种组态中 BJT 处于放大工作状态的外部偏置条件是发射结正偏，集电结反偏。共射放大电路有电压和电流放大能力，输出和输入反向；共集放大电路又称为射极输出器或射极跟随器，电压放大倍数近似为 1，有电流放大能力，输入电阻大，输入电阻小，输出与输入同相；共基放大电路有电压放大能力，电流放大倍数小于 1，输入电阻小，输出与输入同相。

（4）放大电路的静态分析方法有近似估算法和图解法，动态分析方法有图解法和微

变等效电路法,各种方法各有优势。

（5）使 BJT 放大电路的静态工作点不稳定的因素主要是温度变化,主要表现在温度变化对 BJT 的参数 U_{BE}、β、I_{CEO} 的影响,常用负反馈技术构成静态工作点稳定的共射放大电路。

（6）场效应管基本放大电路有共源极、共漏极和共栅极三种组态,与 BJT 的共射极、共集电极、共基极放大电路相对应,具有很多相似性。

（7）为了进一步提高放大倍数,可采用多级放大电路,级与级之间的常用耦合方式有阻容耦合、直接耦合和变压器耦合,三种方式各有优劣。

（8）多级放大电路的放大倍数是各级放大倍数的乘积,输入电阻为输入级的输入电阻,输出电阻为输出级的输出电阻。在计算单级放大电路的性能指标时,需注意前、后级是否有参数相关联。

习题

2.1　有两个电压放大倍数相同的放大器 A 和 B,它们的输入电阻不同。若在它们的输入端分别加同一个具有内阻的信号源,在负载开路的条件下测得 A 的输出电压小,这说明什么? 为什么会出现这样的情况?

2.2　题图 2.2 中各电路能否不失真地放大信号。如不能,请说明原因,并加以改正,使它能够起到放大作用。

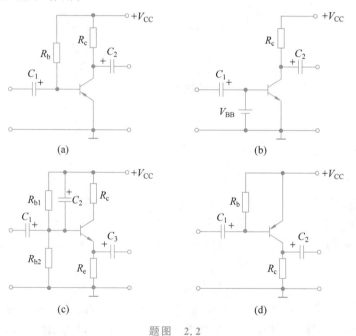

题图　2.2

2.3　电路如题图 2.3 所示,BJT 的 $\beta=50$,$U_{BE}=0.7V$,$V_{CC}=12V$,$R_b=45k\Omega$,$R_c=3k\Omega$。

(1) 电路处于什么工作状态(饱和、放大、截止)?

(2) 要使电路工作到放大区,可以调整电路中的哪几个参数?

(3) 在 $V_{CC}=12V$ 的前提下,如果 R_c 不变,应使 R_b 为多大,才能保证 $U_{CEQ}=6V$?

2.4 电路如题图 2.3 所示,已知 BJT 的输出特性曲线如题图 2.4 所示。若 $V_{CC}=12V$,$R_c=3k\Omega$,$R_b=200k\Omega$,BJT 的 $U_{BE}=0.7V$。

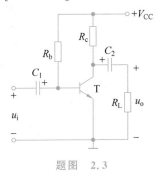

题图 2.3

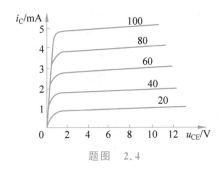

题图 2.4

(1) 试用图解法确定静态工作点的 I_{BQ}、I_{CQ} 和 U_{CEQ}。

(2) R_c 变为 $4k\Omega$ 时 Q 点移至何处?

(3) 若 R_c 为 $3k\Omega$ 不变,R_b 从 $200k\Omega$ 变为 $150k\Omega$,Q 点将有何变化?

2.5 在题图 2.3 所示电路中,调整 R_b 的大小,使 $U_{CEQ}=5V$,如果不考虑 BJT 的反向饱和电流 I_{CEO} 和饱和压降 U_{CES},当输入信号 $\dot{U}_i$ 的幅度逐渐加大时,最先出现的是饱和失真还是截止失真? 电路可以得到的最大不失真输出电压的峰值是多大?

2.6 电路如题图 2.6 所示,若 $\alpha=0.99$,$r_{bb'}=200\Omega$,$I_E=-2mA$,$U_{BE}=-0.3V$,电容 C_1、C_2 足够大,求电路的电压放大倍数 $\dot{A}_u$、输入电阻 R_i 和输出电阻 R_o。

2.7 在题图 2.7 所示电路中,$V_{CC}=15V$,$R_{b1}=60k\Omega$,$R_{b2}=30k\Omega$,$R_e=2k\Omega$,$R_c=3k\Omega$,$R_L=3k\Omega$,$\beta=60$,$r_{bb'}=300\Omega$,$U_{BE}=0.7V$。

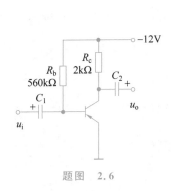

题图 2.6

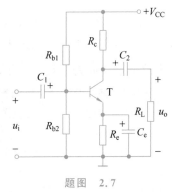

题图 2.7

(1) 试求电路静态工作点的 I_{BQ}、I_{CQ} 和 U_{CEQ}。

(2) 画出电路的交流小信号等效电路。

(3) 计算电路的输入电阻 R_i 和输出电阻 R_o。

（4）若信号源内阻 $R_s = 750\Omega$，信号源电压有效值 $U_s = 40\mathrm{mV}$，试求电路的输出电压 U_o。

2.8　电路如题图 2.8 所示，电源电压 $V_{EE} = 15\mathrm{V}$，$R_b = 510\mathrm{k}\Omega$，$R_e = 2\mathrm{k}\Omega$，$R_L = 500\Omega$，$\beta = 100$，$r_{bb'} = 200\Omega$，$|U_{BE}| = 0.7\mathrm{V}$，电容 C_1、C_2 足够大。

（1）确定电路静态工作点的 I_{BQ}、I_{CQ} 和 U_{CEQ}。

（2）试求电路的电压放大倍数 $\dot{A}_u$。

（3）计算电路的输入电阻 R_i 和输出电阻 R_o。

2.9　电路如题图 2.9 所示，已知 $V_{CC} = 12\mathrm{V}$，$R_{b1} = 15\mathrm{k}\Omega$，$R_{b2} = 30\mathrm{k}\Omega$，$R_e = 3\mathrm{k}\Omega$，$R_c = 3.3\mathrm{k}\Omega$，$\beta = 100$，$r_{bb'} = 200\Omega$，$U_{BE} = 0.7\mathrm{V}$，电容 C_1、C_2 足够大。

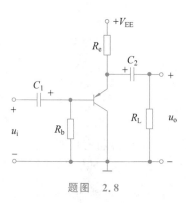
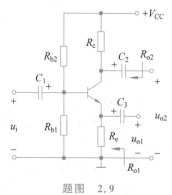

题图　2.8　　　　　　　题图　2.9

（1）计算电路静态工作点的 I_{BQ}、I_{CQ} 和 U_{CEQ}。

（2）分别计算电路的电压放大倍数 $\dot{A}_{u1}$ 和 $\dot{A}_{u2}$。

（3）求电路的输入电阻 R_i。

（4）分别计算电路的输出电阻 R_{o1} 和 R_{o2}。

2.10　电路如题图 2.10 所示，已知 $V_{CC} = 10\mathrm{V}$，$R_1 = 20\mathrm{k}\Omega$，$R_2 = 80\mathrm{k}\Omega$，$R_3 = 2\mathrm{k}\Omega$，$R_L = 3\mathrm{k}\Omega$，BJT 的 $\beta = 100$，$r_{bb'} = 200\Omega$，$U_{BE} = 0.7\mathrm{V}$，电容 C_1、C_2、C_3 足够大。

（1）计算电路静态工作点的 I_{BQ}、I_{CQ} 和 U_{CEQ}。

（2）求电路的电压放大倍数 $\dot{A}_u$。

（3）计算电路的输入电阻 R_i 和输出电阻 R_o。

2.11　电路如题图 2.11 所示，已知 $r_{be} = 1\mathrm{k}\Omega$，$\beta = 50$，$R_e = 510\Omega$，$R_s = 1\mathrm{k}\Omega$，$R_c = 5.1\mathrm{k}\Omega$，$R_b = 200\mathrm{k}\Omega$，电容 C_1、C_2 足够大。试求电路的电压放大倍数 $\dot{A}_u = \dfrac{\dot{U}_o}{\dot{U}_{i1} - \dot{U}_{i2}}$。

2.12　电路如题图 2.12 所示，$V_{DD} = 28\mathrm{V}$，$R_d = 5\mathrm{k}\Omega$，$R_g = 5\mathrm{M}\Omega$，$R_s = 2\mathrm{k}\Omega$，$R_L = 7.5\mathrm{k}\Omega$，$I_{DSS} = 4\mathrm{mA}$，夹断电压 $U_P = -4\mathrm{V}$，电容 C_1、C_2、C_s 足够大。

（1）计算电路静态工作点的 I_{DQ}、U_{GSQ} 和 U_{DSQ}；

（2）计算电路的电压放大倍数 $\dot{A}_u$；

（3）若不接旁路电容 C_s，求电路的输入电阻 R_i 和输出电阻 R_o。

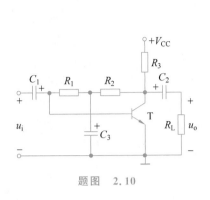

题图 **2.10**

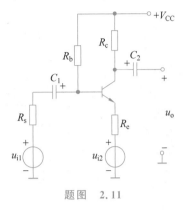

题图 **2.11**

2.13 电路如题图 2.13 所示。

（1）画出该电路的交流小信号等效电路。

（2）写出 $\dot{A}_u$、R_i 和 R_o 的表达式。

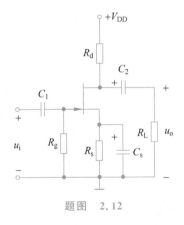

题图 **2.12**

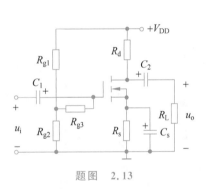

题图 **2.13**

2.14 电路如题图 2.14 所示，$V_{DD}=40\text{V}$，$R_g=1\text{M}\Omega$，$R_d=10\text{k}\Omega$，$R_{s1}=100\Omega$，$R_{s2}=400\Omega$，N 沟道耗尽型 MOS 管夹断电压 $U_P=-6\text{V}$，$I_{DSS}=6\text{mA}$。

（1）计算电路静态工作点的 I_{DQ}、U_{GSQ} 和 U_{DSQ}。

（2）分别计算电路的电压放大倍数 $\dot{A}_{u1}=\dfrac{\dot{U}_{o1}}{\dot{U}_i}$ 和 $\dot{A}_{u2}=\dfrac{\dot{U}_{o2}}{\dot{U}_i}$。

（3）求输出电阻 R_{o1} 和 R_{o2}。

2.15 两级放大电路如题图 2.15 所示，已知 $V_{CC}=10\text{V}$，$R_{b1}=20\text{k}\Omega$，$R_{b2}=60\text{k}\Omega$，$R_{e1}=2\text{k}\Omega$，$R_{e2}=510\Omega$，$R_{c1}=R_{c2}=2\text{k}\Omega$，$R_L=5\text{k}\Omega$，$\beta_1=\beta_2=50$，$r_{bb'1}=r_{bb'2}=200\Omega$，$U_{BE1}=U_{BE2}=0.7\text{V}$，所有电容都足够大。

（1）计算电路静态工作点的 I_{CQ1}、U_{CEQ1}、I_{CQ2} 和 U_{CEQ2}（忽略 I_{BQ2} 的影响）；

（2）计算电路的电压放大倍数 $\dot{A}_u$。

（3）计算电路的输入电阻 R_i 和输出电阻 R_o。

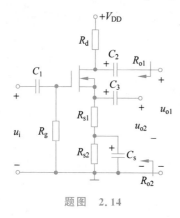

题图　2.14

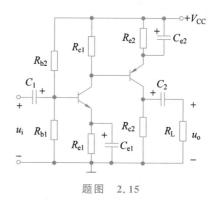

题图　2.15

第 3 章

放大电路的频率响应

内容提要：

由于电路中存在耦合电容、旁路电容、极间电容等，使得放大电路对不同频率的正弦信号有不同的放大能力和相移。正确理解这些电容对电路性能指标的影响并掌握放大电路的频率响应分析方法，对于深入分析和设计放大电路具有重要的指导意义。本章首先介绍频率响应的基本概念，然后讨论 BJT 的高频模型及参数，在此基础上重点讨论共射放大电路的频率响应的分析方法，再探讨场效应管的高频模型和共源极放大电路的频率特性，最后简要介绍了多级放大电路的频率特性。

学习目标：

1. 掌握放大电路频率响应的基本概念和影响放大电路频率响应的主要因素。
2. 理解 BJT 的高频等效模型，掌握放大电路频率响应的分析方法。
3. 理解场效应管的高频等效模型及其放大电路的频率特性。
4. 了解多级放大电路的频率响应与单级放大电路的频率响应之间的关系。

重点内容：

1. 影响放大电路频率响应的主要因素。
2. 放大电路频率响应的分析方法。

3.1 概述

在第 2 章介绍的放大电路中，用通频带这一指标来描述电路对不同频率信号的响应情况，因此在设计和使用放大电路时要了解信号的频率范围，该频率范围不能超出放大电路的通频带。那么是什么因素导致放大电路输出信号的幅度和相位随输入信号频率的变化而变化呢？又如何分析和计算通频带的上限截止频率和下限截止频率等参数呢？这就是本章要讨论的问题。

3.1.1 频率响应

在前面分析放大电路时，都假设电路的输入信号为单一频率的正弦信号，而且电路中的耦合电容和旁路电容对交流信号都视为短路，BJT、FET 的极间电容、电路中的分布电容和负载电容均视为开路，忽略了这些电容的影响，放大电路的放大倍数均是与频率无关的量。而在实际应用中，电路所处理的信号一般不是单一频率的信号，而是频率范围很宽的信号，例如，声音信号的频率范围是 20Hz～20kHz；图像信号是 0～6MHz。因此，放大电路中所含的各种电容的容抗会随信号频率的变化而变化，从而使放大电路对不同频率的输入信号呈现出不同的放大能力。

频率响应又称为频率特性，是指放大电路输入相同幅度的正弦波信号时，放大倍数与频率变化之间的关系，可以由函数式表示

$$\dot{A}_u(f) = |\dot{A}_u(f)| \angle \varphi(f) \tag{3.1.1}$$

式中，$|\dot{A}_u(f)|$ 表示放大倍数的幅值与频率的关系，称为幅频响应（或幅频特性），而 $\varphi(f)$ 表示放大器输出电压与输入电压之间的相移（相位差）与频率的关系，称为相频响应（或

相频特性),两者综合起来可全面表征放大电路的频率响应。

3.1.2 放大电路频率响应的分析方法

1. 频域法

频域法是放大电路在输入正弦小信号的作用下,测量或分析其$|\dot{A}_u(f)|$和$\varphi(f)$,并用下限截止频率f_L、上限截止频率f_H和通频带f_{BW}来定量描述其频率特性的一种方法。该方法常用如图 2.1.3 所示形式的幅频特性曲线和相频特性曲线描述放大电路的频率特性。由于这种方法是在频率的范畴内研究频率特性,所以称为频域分析法,简称为频域法,也称为稳态法。

频域法的优点是分析简单,便于测试;缺点是不能直观地确定放大电路的波形失真。

2. 时域法

时域法是以单位阶跃信号(如图 3.1.1(a)所示)为放大电路的输入信号,研究放大电路的输出波形随时间变化的情况,也就是放大电路的瞬态响应,它又称为放大电路的阶跃响应。通过分析研究电路瞬态响应来研究放大电路频率响应的方法,称为瞬态法。由于瞬态法是以时间作为参数来描述放大电路的频率特性,因此又称为时域法。

阶跃信号包含有频率为$0 \sim \infty$的各种频率分量。由于放大电路对各频率分量的放大倍数和相移不同,所以输出电压波形不同于输入电压波形,如图 3.1.1(b)所示。这种失真的大小常以上升时间t_r和平顶降落率δ来表征。

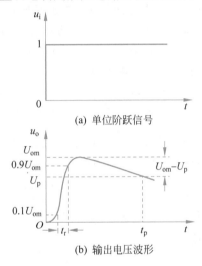

(a) 单位阶跃信号

(b) 输出电压波形

图 3.1.1 放大电路的瞬态响应

上升时间t_r定义为输出电压瞬时值从$0.1U_{om}$上升到$0.9U_{om}(U_{om}$为输出电压峰值)所需要的时间。由于这一段时间对应于输入和输出信号发生阶跃的时刻,包含丰富的高频分量。所以,t_r越小,放大电路对高频分量放大的能力越强,f_H越大。理论和实践证明t_r和f_H之间有如下关系

$$t_r f_H \approx 0.35 \tag{3.1.2}$$

平顶降落率δ是指输入信号发生阶跃并经过一段时间t_p后,输出信号瞬时值相对峰值U_{om}下降的程度,常用百分数表示,定义如下

$$\delta = \frac{U_{om} - U_p}{U_{om}} \times 100\% \tag{3.1.3}$$

式中,U_p为$t = t_p$时的输出电压瞬时值。由于阶跃信号顶部主要反映信号中的直流分量和低频分量,所以δ越大,即平顶降落越严重,放大电路对低频信号的放大能力越差,f_L越大;反之δ越小,f_L越小。δ与f_L之间的关系为

$$\delta = 2\pi f_L t_p \times 100\% \tag{3.1.4}$$

时域法的优点是可以很直观地判断放大电路的波形失真,并可利用示波器直接观测

放大电路的瞬态响应。在工程实际中,频域法和时域法可以互相结合,根据具体情况取长补短地运用。

通过分析不难发现,上述两种方法存在内在联系。当放大电路的输入信号为阶跃电压时,在阶跃电压的上升阶段,放大电路的瞬态响应(上升时间)决定于放大电路的高频响应(f_H);而在阶跃电压的平顶阶段,放大电路的瞬态响应(平顶降落)又决定于放大电路的低频响应(f_L)。因此,一个频带很宽的放大电路,同时也是一个很好的方波信号放大电路。在实际应用中,常用一定频率的方波信号去测试宽频放大电路的频率响应,若其方波响应很好,则说明该放大电路的频带较宽。

3.1.3 波特图

在研究放大电路的频率响应时,输入信号频率范围为几赫兹到几百兆赫兹,甚至更宽;而放大倍数从几倍到上百万倍。为了在同一坐标系中表示出如此大的变化范围,常采用波特图(Bode diagram)。波特图也称为波德图,是指对数频率响应曲线,是由 H. W. Bode 提出来的。

对数频率响应曲线分为幅频响应曲线和相频响应曲线,它们将被描画在如图 3.1.2 所示的对数坐标系中。图中的横坐标以频率相对值的对数来分度,两种曲线的横坐标均用这种分度。幅频响应曲线的纵坐标用 $20\lg|\dot{A}_u|$ 来表达,单位为分贝(dB)。相频响应曲线的纵坐标用角度 φ 表示,单位是"°"。

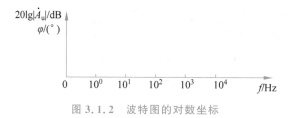

图 3.1.2　波特图的对数坐标

波特图的优点是:能够扩大频率的表达范围,并使频率响应曲线的作图方法得到简化。

3.2　BJT 放大电路的频率响应

由于放大电路中存在着电抗元件,如耦合电容、旁路电容、晶体管的结电容和分布电容等,它们的容抗$\left(\dfrac{1}{j\omega C}\right)$均与频率有关。因此,放大器的电压放大倍数是与频率有关的量。这就需要研究放大器的电压放大倍数与频率变化之间的关系,即所谓放大电路的频率响应。

3.2.1　无源 RC 网络的频率响应

在放大器中,决定放大器频率响应的电容总是以 RC 网络的形式出现的,下面先介绍简单的 RC 电路的频率响应,以便于后续讨论放大电路的频率响应。

视频

1. 低通网络

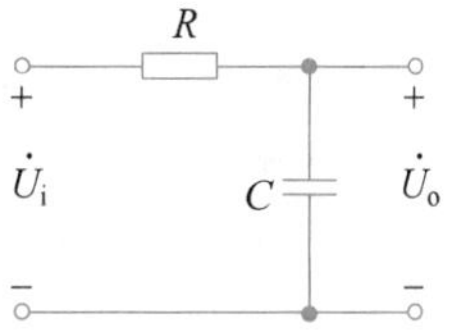

图 3.2.1 所示是由无源元件 R、C 组成的网络,它允许低频信号通过而衰减高频信号,因而称之为 RC 低通网络。

图 3.2.1 RC 低通网络

1) 频率响应的表达式

设输出电压和输入电压之比为 $\dot{A}_u$,则由图 3.2.1 不难推导出

$$\dot{A}_u = \frac{\dot{U}_o}{\dot{U}_i} = \frac{\dfrac{1}{j\omega C}}{R + \dfrac{1}{j\omega C}} = \frac{1}{1 + j\omega RC} \qquad (3.2.1)$$

式中,ω 为输入信号的角频率,RC 为回路的时间常数 τ。令 $\omega_H = \dfrac{1}{RC} = \dfrac{1}{\tau}$,$f_H = \dfrac{\omega_H}{2\pi} = \dfrac{1}{2\pi RC}$,将 $\omega = 2\pi f$ 代入式(3.2.1),则可得频率响应为

$$\dot{A}_u = \frac{1}{1 + j\dfrac{\omega}{\omega_H}} = \frac{1}{1 + j\dfrac{f}{f_H}} \qquad (3.2.2)$$

将 $\dot{A}_u$ 用幅值和相角表示,则分别可得幅频响应

$$|\dot{A}_u| = \frac{1}{\sqrt{1 + \left(\dfrac{f}{f_H}\right)^2}} \qquad (3.2.3)$$

相频响应

$$\varphi = -\arctan\frac{f}{f_H} \qquad (3.2.4)$$

由式(3.2.3)和式(3.2.4)可见,当 $f \ll f_H$ 时,$|\dot{A}_u| \approx 1$(最大值),$\varphi \approx 0°$,而随着频率的升高,$|\dot{A}_u|$ 会下降,φ 会增大,且 $\dot{U}_o$ 滞后于 $\dot{U}_i$;当 $f = f_H$ 时,$|\dot{A}_u| = \dfrac{1}{\sqrt{2}} \approx 0.707$,下降至最大值的 0.707 倍,$\varphi = -45°$;当 $f \gg f_H$ 时,$|\dot{A}_u| \approx \dfrac{f_H}{f}$,可以看出 f 升高 10 倍,$|\dot{A}_u|$ 降低为原来的 1/10;当 f 趋于无穷大时,$|\dot{A}_u|$ 趋于 0,φ 趋于 $-90°$。由此可见,若输入信号的频率超过 f_H,则 $|\dot{A}_u|$ 很快衰减,频率越高,衰减越大,相移越大;只有当频率远低于 f_H 时,$\dot{U}_o \approx \dot{U}_i$。$f_H$ 称为 RC 低通网络的"上限截止频率",其大小由时间常数 $\tau = RC$ 决定。

2) RC 低通网络的波特图

由式(3.2.3)可得 RC 低通网络的对数幅频特性为

$$20\lg|\dot{A}_u| = -20\lg\sqrt{1 + \left(\frac{f}{f_H}\right)^2} \qquad (3.2.5)$$

联立式(3.2.5)与式(3.2.4),将一组不同的频率值代入后可得

$$f < 0.1f_H \quad |\dot{A}_u| \approx 1 \quad 20\lg|\dot{A}_u| = 0\text{dB} \quad \varphi \to 0°$$

$$f = 0.1f_H \quad |\dot{A}_u| \approx 1 \quad 20\lg|\dot{A}_u| = 0\text{dB} \quad \varphi \approx -5.7°$$

$$f = f_H \quad |\dot{A}_u| \approx 0.707 \quad 20\lg|\dot{A}_u| = -3\text{dB} \quad \varphi = -45°$$

$$f = 10f_H \quad |\dot{A}_u| \approx 0.1 \quad 20\lg|\dot{A}_u| = -20\text{dB} \quad \varphi \approx -84.3°$$

$$f = 100f_H \quad |\dot{A}_u| \approx 0.01 \quad 20\lg|\dot{A}_u| = -40\text{dB} \quad \varphi \approx -89.4°$$

将以上各值描绘在对数坐标系中,即可得 RC 低通网络的波特图,如图 3.2.2 所示。

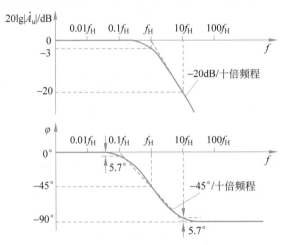

图 3.2.2　RC 低通网络的波特图

由图 3.2.2 中的对数幅频响应曲线可知,虚线所示的折线非常接近所描绘的曲线,此折线由两条直线构成,当 $f \leqslant f_H$ 时,是一条与横轴平行的直线;当 $f > f_H$ 时,是一条斜率为 $-20\text{dB}/$十倍频程的直线。两条直线在 f_H 处相交,也即折线以 f_H 为转折点。如果只要求对幅频响应进行粗略的估算,则可以用此折线代替曲线,此时的最大误差点在 f_H 处,误差为 3dB。若需精确分析,则只要在折线的基础上加以修正即可。

由图 3.2.2 中的对数相频响应曲线可知,虚线所示的折线很接近所描绘的曲线,这条折线由三段构成:$\varphi = 0°$ 的直线,$\varphi = 90°$ 的直线,斜率为 $-45°/$十倍频程的斜线。在工程近似估算中,也常用此折线来代替曲线,此时的最大误差在 $f = 0.1f_H$ 和 $f = 10f_H$ 处,均为 5.7°。如需精确分析,也可在折线的基础上加以修正。

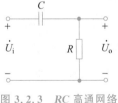

图 3.2.3　RC 高通网络

2. 高通网络

图 3.2.3 所示的无源 RC 网络允许高频信号通过而衰减低频信号,因而称之为 RC 高通网络。

1) 频率响应的表达式

由图 3.2.3 可求得输出电压和输入电压之比为

$$\dot{A}_u = \frac{\dot{U}_o}{\dot{U}_i} = \frac{R}{R + \frac{1}{j\omega C}} = \frac{1}{1 - j\frac{1}{\omega RC}} \tag{3.2.6}$$

令 $\omega_L = \dfrac{1}{RC}$，$f_L = \dfrac{\omega_L}{2\pi} = \dfrac{1}{2\pi RC}$，将 $\omega = 2\pi f$ 代入上式，则可得频率响应为

$$\dot{A}_u = \frac{1}{1 - \mathrm{j}\dfrac{\omega_L}{\omega}} = \frac{1}{1 - \mathrm{j}\dfrac{f_L}{f}} \tag{3.2.7}$$

将 $\dot{A}_u$ 用幅值和相角表示，则分别可得到幅频响应

$$|\dot{A}_u| = \frac{1}{\sqrt{1 + \left(\dfrac{f_L}{f}\right)^2}} \tag{3.2.8}$$

相频响应

$$\varphi = \arctan\frac{f_L}{f} \tag{3.2.9}$$

由式(3.2.8)和式(3.2.9)可见，当 $f \gg f_L$ 时，$|\dot{A}_u| \approx 1$，这是 $|\dot{A}_u|$ 的最大值，$\varphi \approx 0°$，而随着频率的降低，$|\dot{A}_u|$ 会下降，φ 会增大，且 $\dot{U}_o$ 超前于 $\dot{U}_i$；当 $f = f_L$ 时，$|\dot{A}_u| = \dfrac{1}{\sqrt{2}} \approx$ 0.707，下降至最大值的 0.707 倍，$\varphi = 45°$；当 $f \ll f_L$ 时，$|\dot{A}_u| \approx \dfrac{f}{f_L}$，可以看出 f 降低 10 倍，$|\dot{A}_u|$ 也降低为 1/10；当 f 趋于零时，$|\dot{A}_u|$ 趋于 0，φ 趋于 90°。由此可见，若输入信号的频率低于 f_L，则 $|\dot{A}_u|$ 很快衰减，频率越低，衰减越大，相移越大；只有当频率远高于 f_L 时，$\dot{U}_o \approx \dot{U}_i$。$f_L$ 称为 RC 高通网络的"下限截止频率"，其大小由时间常数 $\tau = RC$ 决定。

2) RC 高通网络的波特图

由式(3.2.8)可得 RC 高通网络的对数幅频特性为

$$20\lg|\dot{A}_u| = -20\lg\sqrt{1 + \left(\frac{f_L}{f}\right)^2} \tag{3.2.10}$$

联立式(3.2.10)与式(3.2.9)，将一组不同的频率值代入后可得

$$f = 0.01f_L \quad |\dot{A}_u| \approx 0.01 \quad 20\lg|\dot{A}_u| = -40\text{dB} \quad \varphi \approx 89.4°$$

$$f = 0.1f_L \quad |\dot{A}_u| \approx 0.1 \quad 20\lg|\dot{A}_u| = -20\text{dB} \quad \varphi \approx 84.3°$$

$$f = f_L \quad |\dot{A}_u| \approx 0.707 \quad 20\lg|\dot{A}_u| = -3\text{dB} \quad \varphi = 45°$$

$$f = 10f_L \quad |\dot{A}_u| \approx 1 \quad 20\lg|\dot{A}_u| = 0\text{dB} \quad \varphi \approx 5.7°$$

$$f > 10f_L \quad |\dot{A}_u| \approx 1 \quad 20\lg|\dot{A}_u| = 0\text{dB} \quad \varphi \to 0°$$

将以上各值描绘在对数坐标系中，即可得 RC 高通网络的波特图，如图 3.2.4 所示。

由图 3.2.4 中的对数幅频响应曲线可知，虚线所示的折线非常接近所描绘的曲线，此折线由两条直线构成，当 $f \geqslant f_L$ 时，是一条与横轴平行的直线；当 $f < f_L$ 时，是一条

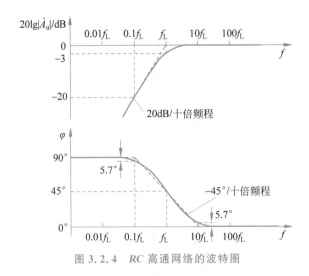

图 3.2.4　*RC* 高通网络的波特图

斜率为 20dB/十倍频程的直线。两条直线在 f_L 处相交,也即折线以 f_L 为转折点。如果只要求对幅频响应进行粗略的估算,则可以用此折线代替曲线,此时的最大误差点在 f_L 处,误差为 3dB。如需精确分析,只要在折线的基础上加以修正即可。

由图中对数相频响应曲线可知,虚线所示的折线很接近所描绘的曲线,这条折线由三段构成:$\varphi=0°$ 的直线,$\varphi=90°$ 的直线,斜率为 $-45°$/十倍频程的斜线。在工程近似估算中,也常用此折线来代替曲线,此时的最大误差在 $f=0.1f_L$ 及 $f=10f_L$ 处,均为 5.7°。如需精确分析,也可在折线基础上修正。

综上分析可知,对于 *RC* 低通网络,上限截止频率 f_H 是一个重要的频率点,当频率较低时,$|\dot{A}_u|\approx1$,$\varphi\approx0°$,随着频率的升高,$|\dot{A}_u|$ 会下降,φ 会增大,$\dot{U}_o$ 滞后于 $\dot{U}_i$,最大滞后 90°;对于 *RC* 高通网络,下限截止频率 f_L 是一个重要的频率点,当频率较高时,$|\dot{A}_u|\approx1$,$\varphi\approx0°$,随着频率的降低,$|\dot{A}_u|$ 会下降,φ 会增大,$\dot{U}_o$ 超前于 $\dot{U}_i$,最大超前 90°。

3.2.2　BJT 的高频等效模型

下面将从 BJT 的物理结构出发,建立 BJT 的高频小信号模型,即 BJT 的混合 π 模型。

1. BJT 的混合 π 模型

图 3.2.5(a)所示的是 BJT 的内部物理结构,它是根据 BJT 的内部物理过程得到的。在第 1 章的 BJT 的结构以及第 2 章 r_{be} 的计算中可知,由于基区非常薄并且掺杂浓度很低,因此基区体电阻不能忽略,而集电区和发射区的掺杂浓度较高,它们的体电阻较小,可以忽略。基极电流是由发射区扩散到基区的多子在基区复合形成的,这里近似地把这些复合看成都集中在基区的某一点,记作 b′点,如图 3.2.5(a)所示。这些复合的载流子形成的基极电流从 b′点经基区流到基极 b 产生电压降,这种现象用 b 和 b′之间的电阻 $r_{bb'}$ 表示,称为基区体电阻。$r_{b'e}$ 和 $r_{b'c}$ 分别代表发射结和集电结的结电阻,$C_{b'e}$ 和 $C_{b'c}$

分别代表发射结和集电结的结电容,它们的作用在高频信号下才会表现出来。由于结电容的影响,BJT 的基极电流不能全部用来控制集电极电流,一部分要对电容充电。因此在高频时,BJT 的集电极电流将与发射结两端电压 $\dot{U}_{b'e}$ 成正比,用一个受控电流源 $g_m\dot{U}_{b'e}$ 表示,g_m 称为跨导,描述 $\dot{U}_{b'e}$ 对 $\dot{I}_c$ 的控制关系,即 $\dot{I}_c = g_m\dot{U}_{b'e}$;$r_{ce}$ 表示 BJT 的集电极输出电阻。

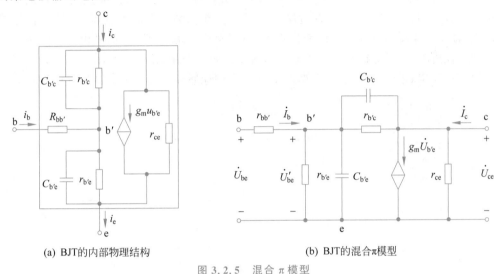

(a) BJT的内部物理结构　　　　(b) BJT的混合π模型

图 3.2.5　混合 π 模型

将图 3.2.5(a)改画成如图 3.2.5(b)所示的共射接法的形式,即得到了 BJT 的混合 π 形等效模型,因其形似希腊字母 π,并且各参数具有不同的量纲而得名,简称为混合 π 模型。

在图 3.2.5(b)中,由于 BJT 工作在放大状态,集电结反偏,$r_{b'c}$ 即为集电结的反偏电阻,达兆欧级,和与它并联的容抗相比,可以忽略其影响。在 h 参数交流小信号模型中提到,r_{ce} 可达数百千欧以上,与外部的并联电阻相比也可以忽略,由此可得简化的混合 π 模型,如图 3.2.6 所示。

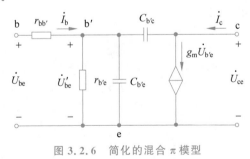

图 3.2.6　简化的混合 π 模型

BJT 的混合 π 模型具有如下特点:

(1) 它是一个高频小信号模型,只有在高频信号的作用下,结电容 $C_{b'e}$ 和 $C_{b'c}$ 的影响才会显现出来。

(2) 受控的电流源 $g_m\dot{U}_{b'e}$ 不是受控于输入基极电流 $\dot{I}_b$,而是发射结电压 $\dot{U}_{b'e}$,这样

表示的原因是：由于结电容的存在，使 $\dot{I}_b$ 不仅包含流过 $r_{b'e}$ 的电流，还包含流过 $C_{b'e}$ 的电流，因此集电极电流 $\dot{I}_c$ 已不再与 $\dot{I}_b$ 成正比，而是与 $\dot{U}_{b'e}$ 成正比，而它们之间的控制关系用 g_m 表示。

2. 混合 π 模型参数的估算

混合 π 模型和 h 参数交流小信号模型都是 BJT 的等效电路，只是适用于不同的工作频率范围。前者适应于高频，后者适应于中低频。在低频和中频的情况下，输入信号频率较低，BJT 的 PN 结极间电容的容抗很大，可以看作开路，因此，忽略结电容 $C_{b'e}$ 和 $C_{b'c}$ 的影响，由混合 π 模型得到低频等效电路如图 3.2.7(a) 所示，该电路与图 3.2.7(b) 中的 h 参数模型是互相等效。依据这种等效关系，则可方便地通过 h 参数来获得混合 π 参数。

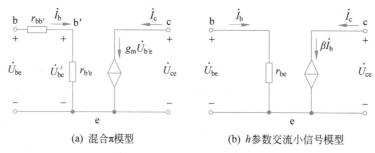

(a) 混合π模型 　　　　　　(b) h参数交流小信号模型

图 3.2.7　低频等效电路

比较两电路的输入回路，有

$$r_{be} = r_{bb'} + r_{b'e} \tag{3.2.11}$$

将式(3.2.11)与式(2.3.16)对比，可知

$$r_{b'e} = (1 + \beta_0) \frac{U_T}{I_{EQ}} \tag{3.2.12}$$

式中，β_0 为前面介绍的低频时 BJT 的共射极电流放大系数，此处加下标"0"，是为了区别于 BJT 高频时的 β。

再比较两电路的输出回路，得

$$\beta_0 \dot{I}_b = g_m \dot{U}_{b'e} \tag{3.2.13}$$

又知

$$\dot{U}_{b'e} = \dot{I}_b r_{b'e} \tag{3.2.14}$$

因此可求得

$$g_m = \frac{\beta_0}{r_{b'e}} = \frac{I_{CQ}}{U_T} \tag{3.2.15}$$

这样，在混合 π 模型中，除 $C_{b'e}$ 和 $C_{b'c}$ 外的其他参数均已求出。$C_{b'c}$ 的数值可以从产品手册中查到，至于 $C_{b'e}$ 可通过下式计算

$$C_{b'e} = \frac{g_m}{2\pi f_T} \tag{3.2.16}$$

式中的 f_T 为特征频率，也可从手册中查到，而上述关系式可由下面的讨论得出。

3. BJT 的频率参数 f_β、f_T

BJT 的频率参数用来描述晶体管对不同频率信号的放大能力。常用的频率参数有共射极截止频率 f_β、特征频率 f_T 等。

1) 共发射极截止频率 f_β

由于结电容的影响,BJT 的 β 值将随工作频率的上升而下降,且使 $\dot{I}_c$ 和 $\dot{I}_b$ 之间的相位差发生变化。因此,β 是频率的函数,在此用复数形式 $\dot{\beta}$ 表示。由 h_{fe}(也就是 β)的定义可知

$$\dot{\beta} = \frac{\dot{I}_c}{\dot{I}_b}\bigg|_{U_{CEQ}} \tag{3.2.17}$$

即 $\dot{\beta}$ 是集电极和发射极之间动态电压为零($\Delta u_{CE}=0$)时的电流 $\dot{I}_c$ 与 $\dot{I}_b$ 的比值。因此,将图 3.2.6 中的混合 π 模型的 c、e 输出端短路,即得高频时分析 $\dot{\beta}$ 的混合 π 模型,如图 3.2.8 所示。

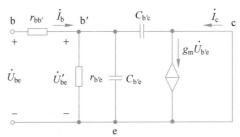

图 3.2.8 分析 $\dot{\beta}$ 的混合 π 模型

由图 3.2.8 可见,集电极电流为

$$\dot{I}_c = (g_m - j\omega C_{b'c})\dot{U}_{b'e} \tag{3.2.18}$$

基极电流 $\dot{I}_b$ 与 $\dot{U}_{b'e}$ 之间的关系可以使用 $\dot{I}_b$ 去乘 b' 和 e 之间的阻抗来获得,即

$$\dot{U}_{b'e} = \dot{I}_b\left(r_{b'e} \ /\!/ \ \frac{1}{j\omega C_{b'e}} \ /\!/ \ \frac{1}{j\omega C_{b'c}}\right) \tag{3.2.19}$$

由式(3.2.18)和式(3.2.19)可得 $\dot{\beta}$ 为

$$\dot{\beta} = \frac{\dot{I}_c}{\dot{I}_b} = \frac{g_m - j\omega C_{b'c}}{\dfrac{1}{r_{b'e}} + j\omega(C_{b'e} + C_{b'c})} \tag{3.2.20}$$

一般满足 $g_m \gg \omega C_{b'c}$,因此可得

$$\dot{\beta} \approx \frac{g_m r_{b'e}}{1 + j\omega r_{b'e}(C_{b'e} + C_{b'c})} \tag{3.2.21}$$

由式(3.2.15)可知 $\beta_0 = g_m r_{b'e}$,则得

$$\dot{\beta} = \frac{\beta_0}{1 + j\omega r_{b'e}(C_{b'e} + C_{b'c})} \tag{3.2.22}$$

式(3.2.22)与式(3.2.1)相似,说明 $\dot{\beta}$ 的频率响应与低通网络的频率响应相似。令 f_β 为 $\dot{\beta}$ 的截止频率,称为共发射极截止频率,则可知

$$f_\beta = \frac{1}{2\pi r_{b'e}(C_{b'e} + C_{b'c})} \tag{3.2.23}$$

将式(3.2.23)代入式(3.2.22)可得

$$\dot{\beta} = \frac{\beta_0}{1 + j\dfrac{f}{f_\beta}} \tag{3.2.24}$$

由式(3.2.24)可得 $\dot{\beta}$ 的幅频特性与相频特性为

$$|\dot{\beta}| = \frac{\beta_0}{\sqrt{1 + \left(\dfrac{f}{f_\beta}\right)^2}} \tag{3.2.25}$$

$$\varphi_\beta = -\arctan\frac{f}{f_\beta} \tag{3.2.26}$$

由此可得 $\dot{\beta}$ 的对数幅频特性与对数相频特性为

$$20\lg|\dot{\beta}| = 20\lg\beta_0 - 20\lg\sqrt{1 + \left(\frac{f}{f_\beta}\right)^2} \tag{3.2.27}$$

$$\varphi_\beta = -\arctan\frac{f}{f_\beta} \tag{3.2.28}$$

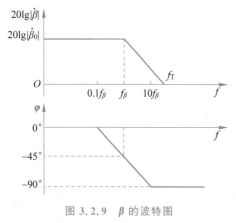

图 3.2.9 β 的波特图

因此可做出 $\dot{\beta}$ 的波特图,如图 3.2.9 所示。可以看到,当 $f = f_\beta$ 时,$20\lg|\dot{\beta}|$ 比低频时的 $20\lg\beta_0$ 下降 3dB,即 $|\dot{\beta}| = \dfrac{\beta_0}{\sqrt{2}}$。

2)特征频率 f_T

当 $f = f_\beta$ 时,虽然 $|\dot{\beta}| = \dfrac{\beta_0}{\sqrt{2}}$,但其值通常仍远大于 1,这表明 BJT 仍有电流放大能力。当 $|\dot{\beta}| = 1$ 时,BJT 才失去电流放大能力。定义 $|\dot{\beta}| = 1$ 时的工作频率为 BJT 的特征频率,记作 f_T。一般满足 $f_T \gg f_\beta$,则由式(3.2.25)及式(3.2.23)可得

$$f_T \approx \beta_0 f_\beta = \frac{g_m}{2\pi(C_{b'e} + C_{b'c})} \tag{3.2.29}$$

一般 $C_{b'e} \gg C_{b'c}$,所以

$$f_T \approx \frac{g_m}{2\pi C_{b'e}} \tag{3.2.30}$$

特征频率 f_T 是 BJT 的重要参数,常在手册中给出,由此即可求出 $C_{b'e}$。

与 $\dot{\beta}$ 相似,BJT 的共基极电流放大系数 α 也是频率的函数,可表示为

$$\dot{\alpha} = \frac{\alpha_0}{1 + \mathrm{j}\dfrac{f}{f_\alpha}} \qquad\qquad (3.2.31)$$

式中,α_0 是低频时 α 的值,f_α 是 BJT 的共基极截止频率。由 α 与 β 的关系可推出 f_α 与 f_β 之间存在如下关系

$$f_\alpha \approx (1 + \beta_0) f_\beta \qquad\qquad (3.2.32)$$

由式(3.2.29)和式(3.2.32)可得 f_T 与 f_α 之间有如下关系

$$f_T \approx \beta_0 f_\beta = \alpha_0 f_\alpha \qquad\qquad (3.2.33)$$

由上述分析可知,使用同一个 BJT 分别构成共射放大电路和共基放大电路时,共射放大电路的上限截止频率最高能达到 f_β,而共基放大电路的上限截止频率最高能达到 $(1+\beta_0) f_\beta$。由此可见,共基放大电路的高频特性比共射放大电路好得多,所以在高频应用领域常选用共基放大电路。

3.2.3 共射放大电路的频率响应

由于放大电路中的耦合电容、BJT 的极间电容以及导线的分布电容的容抗都是频率的函数,因此,当频率在大范围内变化时,会影响到电压放大倍数。图 3.2.10(a)所示为静态工作点稳定的共射放大电路,下面以该电路为例,详细介绍放大电路频率响应的分析方法。

考虑到电容的影响,可以画出图 3.2.10(a)的完整的交流小信号等效电路,如图 3.2.10(b)所示。

在图 3.2.10(b)中,$R_b = R_{b1} /\!/ R_{b2}$,可见,等效电路中包含了 BJT 的极间电容 $C_{b'e}$ 和

视频

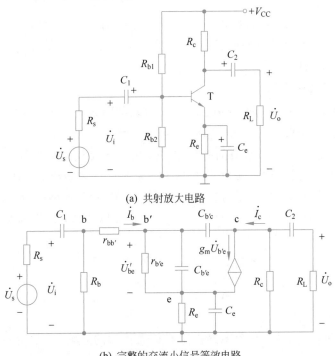

(a) 共射放大电路

(b) 完整的交流小信号等效电路

图 3.2.10 共射放大电路及其完整的交流小信号等效电路

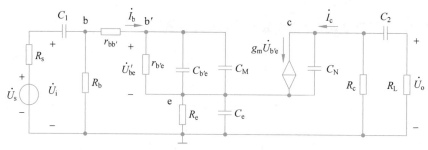

(c) 密勒定理等效后的交流小信号电路

图 3.2.10 （续）

$C_{b'c}$、耦合电容 C_1 和 C_2、旁路电容 C_e。由于 $C_{b'c}$ 跨接了输入回路和输出回路,使电路分析变得十分复杂。为此,为了便于分析,运用密勒定理将 $C_{b'c}$ 等效变换到输入回路和输出回路,即将其折合到输入回路与输出回路,等效变换后的电路如图 3.2.10(c)所示。图中 C_M 为 b' 和 e 之间的等效电容,其表达式为

$$C_M = C_{b'c}(1 - \dot{A}_u) \tag{3.2.34}$$

C_N 为 c 和 e 之间的等效电容,其表达式为

$$C_N = C_{b'c}\left(1 - \frac{1}{\dot{A}_u}\right) \tag{3.2.35}$$

在式(3.2.34)和式(3.2.35)中,$\dot{A}_u = \dot{U}_{ce}/\dot{U}_{b'e}$,在近似计算中常用中频时的 $\dot{A}_{um} = \dot{U}_{ce}/\dot{U}_{b'e}$ 代替。可见,用密勒定理等效变换后的 C_M 是 $C_{b'c}$ 的 $(1 + |\dot{A}_{um}|)$ 倍(对共射放大电路来说,$|\dot{A}_{um}| = -\dot{A}_{um}$),其值较大,这种现象称为密勒倍增效应,简称密勒效应;而由于共射放大电路的 $|\dot{A}_{um}|$ 通常很大,所以用密勒定理等效变换后的 C_N 近似等于 $C_{b'c}$,其值很小。

为了分析方便,下面将整个频率范围划分为三个频段(中频段、低频段、高频段)来讨论放大电路的频率响应。

1. 中频段的频率响应

在中频段,C_1、C_2 及 C_e 的容抗很小,与相串联的输入电阻 R_i、输出电阻 R_o 及其他电阻相比可以看作短路,同时极间电容 $C_{b'e}$ 和 $C_{b'c}$ 的容抗很大,与相并联的其他电阻相比,可以看作开路。这一频段对应的等效电路称为中频交流小信号等效电路,此时的等效电路是纯阻性的,得到的电压放大倍数与频率无关,2.4 节介绍的电压放大倍数就是在这一频段内得到的。因此,由图 3.2.10(b)可以画出电路的微变等效电路如图 3.2.11(a)所示。其中,$R_b = R_{b1} // R_{b2}$,一般总是远大于 r_{be},因而可以忽略 R_b,得到如图 3.2.11(b)所示的等效电路。

由图 3.2.11(b)可见,中频段的电压放大倍数为

$$\dot{A}_{um} = \frac{\dot{U}_o}{\dot{U}_i} = -\frac{\beta_0 R'_L}{r_{be}} \tag{3.2.36}$$

式中,$R'_L = R_C // R_L$。当考虑信号源的内阻对放大倍数的影响时,常用 $\dot{U}_o$ 和 $\dot{U}_s$ 的比值

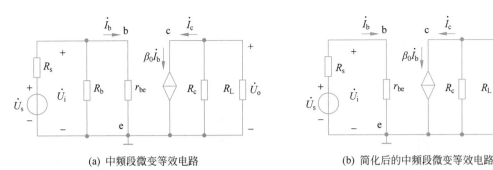

(a) 中频段微变等效电路   (b) 简化后的中频段微变等效电路

图 3.2.11　中频段交流小信号等效电路

表示放大电路的放大能力,用 $\dot{A}_{usm}$ 表示,即

$$\dot{A}_{usm}=\frac{\dot{U}_o}{\dot{U}_s}=\frac{\dot{U}_i}{\dot{U}_s}\frac{\dot{U}_o}{\dot{U}_i}=-\frac{r_{be}}{R_s+r_{be}}\frac{\beta_0 R'_L}{r_{be}}=\frac{\beta_0 R'_L}{R_s+r_{be}}\angle-180° \qquad (3.2.37)$$

2. 低频段的频率响应与下限截止频率

在低频段,$C_{b'e}$ 和 $C_{b'c}$ 可视为开路,虽然 C_1、C_2 及 C_e 的电容量较大,但工作于低频段时,其容抗增大,不能再看作短路,下面依次研究这些电容对频率响应的影响。

考虑 C_1、C_2 及 C_e 的影响,画出低频交流小信号等效电路如图 3.2.12(a) 所示。因 $R_b \gg r_{be}$,故 R_b 可以忽略;又因下限截止频率 f_L 非常接近中频段,故当 $f=f_L$ 时,C_e 的容抗仍很小,一般能够满足 $R_e \gg \frac{1}{\omega C_e}$,所以 R_e 可以忽略,从而画出忽略 R_b 和 R_e 后的低频段微变等效电路,如图 3.2.12(b) 所示。然后将 C_e 等效折算到输入回路,其等效电容为 $\frac{C_e}{1+\beta_0}$,再采用戴维南定理将输出回路进行等效变换,虚线左侧的一端口部分,其等效电压源为 $\beta_0 \dot{I}_b R_c$,等效电阻为 R_c,等效变换后的电路如图 3.2.12(c) 所示。

由图 3.2.12(c) 可得低频段的电压放大倍数为

$$\dot{A}_{usL}=\frac{\dot{U}_o}{\dot{U}_s}=-\frac{\beta_0 R'_L}{R_s+r_{be}}\frac{1}{1-j\dfrac{1}{\omega(R_s+r_{be})C'_1}}\frac{1}{1-j\dfrac{1}{\omega(R_c+R_L)C_2}}$$

$$=\dot{A}_{usm}\frac{1}{1-j\dfrac{1}{\omega(R_s+r_{be})C'_1}}\frac{1}{1-j\dfrac{1}{\omega(R_c+R_L)C_2}} \qquad (3.2.38)$$

式中,C'_1 为输入回路中 C_1 和 $\frac{C_e}{1+\beta_0}$ 串联后的等效电容,即

$$C'_1=\frac{C_1 C_e}{(1+\beta_0)C_1+C_e} \qquad (3.2.39)$$

对比式(3.2.38)和式(3.2.6)可知,低频段的放大电路相当于包含两个 RC 高通网络。

在输入回路中,时间常数 $\tau_1=(R_s+r_{be})C'_1$,下限截止频率为

$$f_{L1}=\frac{1}{2\pi(R_s+r_{be})C'_1} \qquad (3.2.40)$$

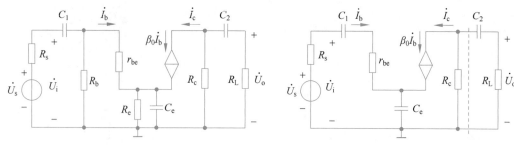

(a) 低频段微变等效电路　　　　　　　　(b) 忽略R_b和R_e后的微变等效电路

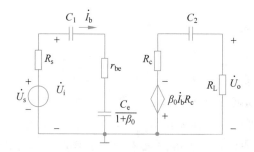

(c) 等效变换后的微变等效电路

图 3.2.12　低频段交流小信号等效电路

上式表明,C_1 和 C_e 共同影响输入回路的下限截止频率,若只考虑 C_1,即无旁路电容 C_e,则 $f_{L1}=\dfrac{1}{2\pi(R_s+r_{be})C_1}$;若只考虑 C_e,忽略 C_1,则 $f_{L1}=\dfrac{1}{2\pi(R_s+r_{be})\dfrac{C_e}{1+\beta_0}}$。

在输出回路中,时间常数 $\tau_2=(R_c+R_L)C_2$,下限截止频率为

$$f_{L2}=\frac{1}{2\pi(R_c+R_L)C_2} \tag{3.2.41}$$

因此,由式(3.2.40)、式(3.2.41)可求得 f_{L1} 和 f_{L2}。通过以上分析可知,当 $\tau_2\gg\tau_1$ 时,即 $f_{L1}\gg f_{L2}$,低频段放大电路的下限截止频率 f_L 主要决定于 C_1'(C_1 和 C_e 共同影响),C_2 的影响可以忽略,即 $f_L\approx f_{L1}$;当 $\tau_1\gg\tau_2$ 时,即 $f_{L2}\gg f_{L1}$,f_L 与 C_2 有关,C_1' 的影响可以忽略,即 $f_L\approx f_{L2}$。

由式(3.2.39)、式(3.2.40)和式(3.2.41)可以看出,增大 C_1、C_2 和 C_e 的电容量可以降低下限截止频率,从而改善放大电路的低频响应。

将式(3.2.40)和式(3.2.41)代入式(3.2.38)即得低频段的放大电路频率响应为

$$\dot{A}_{usL}=\frac{\dot{U}_o}{\dot{U}_s}=\frac{\dot{A}_{usm}}{\left(1-j\dfrac{f_{L1}}{f}\right)\left(1-j\dfrac{f_{L2}}{f}\right)} \tag{3.2.42}$$

3. 高频段的频率响应与上限截止频率

在高频段,C_1、C_2 和 C_e 等大容量的电容可看作短路,而 BJT 的结电容、分布电容、负载电容等小容量的电容随信号频率增大,其容抗会减小,已不能再看作开路。考虑

$C_{b'e}$、$C_{b'c}$、负载电容 C_L 及分布电容的影响,由图 3.2.10(c)可画出高频段交流小信号等效电路,如图 3.2.13(a)所示,其中,C_i 是 $C_{b'e}$、C_M 及分布电容并联后的等效电容,C_o 是 C_N、C_L 及分布电容并联后的等效电容。再将输入回路和输出回路分别采用戴维南定理进行等效变换,变换后的电路如图 3.2.13(b)所示,其中,$\dot{U}'_s = \dfrac{r_{b'e}}{R_s + r_{bb'} + r_{b'e}}\dot{U}_s$,$R'_s = (R_s + r_{bb'})/\!/r_{b'e}$,$R'_L = R_c /\!/ R_L$。

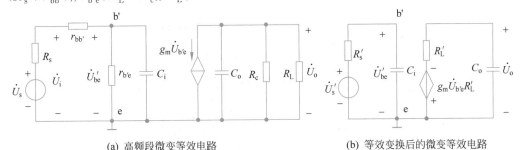

(a) 高频段微变等效电路　　　　　　　　(b) 等效变换后的微变等效电路

图 3.2.13　高频段交流小信号等效电路

由图 3.2.13(b)可得高频段的电压放大倍数为

$$\dot{A}_{usH} = \frac{\dot{U}_o}{\dot{U}_s} = \frac{\dot{U}'_s}{\dot{U}_s}\frac{\dot{U}_{b'e}}{\dot{U}'_s}\frac{\dot{U}_o}{\dot{U}_{b'e}} = \frac{r_{b'e}}{R_s + r_{bb'} + r_{b'e}}\frac{\dfrac{1}{j\omega C_i}}{R'_s + \dfrac{1}{j\omega C_i}}(-g_m R'_L)\frac{\dfrac{1}{j\omega C_o}}{R'_L + \dfrac{1}{j\omega C_o}}$$

$$= \dot{A}_{usm}\frac{1}{1 + j\omega R'_s C_i}\frac{1}{1 + j\omega R'_L C_o} \tag{3.2.43}$$

由式(3.2.43)及图 3.2.13(b)可以看出,高频段的放大电路相当于包含了两个 RC 低通网络。在输入回路中,时间常数 $\tau_i = R'_s C_i$,上限截止频率为

$$f_{H1} = \frac{1}{2\pi R'_s C_i} \tag{3.2.44}$$

在输出回路中,时间常数 $\tau_o = R'_L C_o$,上限截止频率为

$$f_{H2} = \frac{1}{2\pi R'_L C_o} \tag{3.2.45}$$

由式(3.2.44)和式(3.2.45)即可求得 f_{H1} 和 f_{H2}。由上述分析可知,当 $\tau_i \gg \tau_o$ 时,即 $f_{H1} \ll f_{H2}$,高频段放大电路的上限截止频率 f_H 决定于 C_i,C_o 的影响可以忽略,即 $f_H \approx f_{H1}$;当 $\tau_o \gg \tau_i$ 时,即 $f_{H2} \ll f_{H1}$,f_H 与 C_o 有关,C_i 的影响可以忽略,即 $f_H \approx f_{H2}$。

将式(3.2.44)和式(3.2.45)代入式(3.2.43)即得高频段的放大电路频率响应为

$$\dot{A}_{usH} = \frac{\dot{U}_o}{\dot{U}_s} = \frac{\dot{A}_{usm}}{\left(1 + j\dfrac{f}{f_{H1}}\right)\left(1 + j\dfrac{f}{f_{H2}}\right)} \tag{3.2.46}$$

4. 完整的频率响应

当低频段和高频段只考虑一个电容(C'_1 或 C_2,C_i 或 C_o)的影响时,根据前述共射放大电路中频段、低频段、高频段的频率响应表达式可以画出相应的波特图,从而得到完整的频率响应曲线,如图 3.2.14 所示。

结合图 3.2.2 和图 3.2.4,从图 3.2.14 中可以看出,用折线(虚线)来代替曲线(实线)能够近似地表达放大电路的频率响应,两组曲线的最大误差均出现在转折处,即上限截止频率 f_H 和下限截止频率 f_L 两处。幅频响应的最大误差为 3dB,相频响应的最大误差为 5.7°。若要准确表达频率响应,可以在折线的基础上进行适当的修正,修正后的曲线如图 3.2.14 中实线所示。

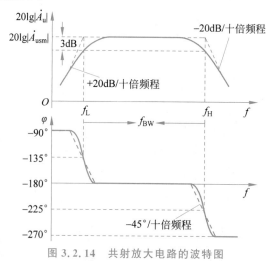

图 3.2.14 共射放大电路的波特图

由图 3.2.14 可以总结出阻容耦合共射放大电路的频率响应的特点如下:

(1) 对于幅值,在中频段,电容的影响可以忽略,所以电压放大倍数最大,且在这个频段内近似为常数;在低频段,结电容的容抗很大,与相应的 PN 结电阻并联时,可以忽略,而耦合电容及旁路电容的容抗变大,就会使电压放大倍数以 20dB/十倍频程的速度下降;在高频段,耦合电容及旁路电容的容抗很小,可以忽略,而结电容、负载电容及分布电容的容抗变小,也会使电压放大倍数以 20dB/十倍频程的速度下降。

(2) 对于相移,在中频段,忽略电容的影响,放大器的相移近似为 −180°;在低频段,在耦合电容及旁路电容的影响下,曲线在中频相移的基础上,以 45°/十倍频程的速度产生超前的附加相移,最大超前 90°;在高频段,在结电容、负载电容及分布电容的影响下,曲线在中频相移的基础上,以 45°/十倍频程的速度产生滞后的附加相移,最大滞后 90°。

由以上讨论可知,在频率响应的分析中,上限截止频率 f_H 和下限截止频率 f_L 是两个重要的参数,这两个参数决定了放大电路的通频带 f_{BW}($f_{BW}=f_H - f_L$),必须首先确定这两个参数,才可画出频率响应曲线,确定通频带。

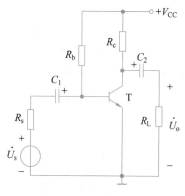

图 3.2.15 例 3.2.1 图

【例 3.2.1】 电路如图 3.2.15 所示,BJT 的 $\beta_0 = 50$,$r_{bb'} = 300\Omega$,$f_T = 150\text{MHz}$,$C_{b'c} = 4\text{pF}$,$U_{BE} = 0.7\text{V}$;$V_{CC} = 12\text{V}$,$R_b = 560\text{k}\Omega$,$R_c = 4.7\text{k}\Omega$,$R_s = $

600Ω，$R_L = 10k\Omega$，$C_1 = C_2 = 10\mu F$。求中频电压放大倍数、下限截止频率和上限截止频率。

解：（1）求解混合 π 模型参数

$$I_{BQ} = \frac{V_{CC} - U_{BE}}{R_b} = \frac{12 - 0.7}{560} \approx 20.2(\mu A)$$

$$r_{b'e} = \frac{U_T}{I_{BQ}} = \frac{26}{20.2} \approx 1.3(k\Omega)$$

$$g_m = \frac{\beta_0}{r_{b'e}} \approx 38.5(mS)$$

$$C_{b'e} = \frac{g_m}{2\pi f_T} = \frac{38.5}{2\pi \times 150} \approx 41(pF)$$

$$\dot{A}_u = \frac{\dot{U}_{ce}}{\dot{U}_{b'e}} = -\frac{\beta_0(R_c /\!/ R_L)}{r_{b'e}} = -g_m(R_c /\!/ R_L) \approx -123.1$$

$$C_i = C_{b'e} + C_{b'c}(1 - \dot{A}_u) = 41 + 4 \times 124.1 = 537.4(pF)$$

（2）计算中频电压放大倍数

$$r_{be} = r_{bb'} + r_{b'e} = 1.6(k\Omega)$$

$$\dot{A}_{usm} = \frac{\dot{U}_o}{\dot{U}_s} = \frac{\dot{U}_i}{\dot{U}_s}\frac{\dot{U}_o}{\dot{U}_i} = -\frac{\beta_0(R_c /\!/ R_L)}{R_s + r_{be}} = -\frac{50 \times 3.2}{0.6 + 1.6} \approx -72.7$$

（3）计算下限截止频率

$$f_{L1} = \frac{1}{2\pi(R_s + r_{be})C_1} = \frac{1}{2\pi(0.6 + 1.6) \times 10^3 \times 10 \times 10^{-6}} \approx 7.2(Hz)$$

$$f_{L2} = \frac{1}{2\pi(R_c + R_L)C_2} = \frac{1}{2\pi \times 3.2 \times 10^3 \times 10 \times 10^{-6}} \approx 5(Hz)$$

故电路的下限截止频率为

$$f_L = f_{L1} = 7.2(Hz)$$

（4）计算上限截止频率

$$R'_s = (R_s /\!/ R_b + r_{bb'}) /\!/ r_{b'e} = (0.6 /\!/ 560 + 0.3) /\!/ 1.3 \approx 0.53(k\Omega)$$

$$C_o \approx C_{b'c} = 4(pF)$$

因为时间常数 $R'_s C_i$ 大于 $(R_c + R_L)C_o$，所以电路的上限截止频率为

$$f_H = \frac{1}{2\pi R'_s C_i} = \frac{1}{2\pi \times 0.53 \times 10^3 \times 537.4 \times 10^{-12}} \approx 0.56(MHz)$$

3.3 场效应管放大电路的频率响应

由于场效应管放大电路也存在耦合电容和极间电容，因此，放大电路的电压放大倍数也必然与频率有关。下面分析场效应管放大电路的频率响应。

3.3.1 场效应管的高频等效模型

由于场效应管各极之间存在极间电容,因而其高频响应与 BJT 相似。根据场效应管的结构,可以画出其高频等效模型,如图 3.3.1(a)所示。其中,C_{gs}、C_{gd} 和 C_{ds} 为极间电容,r_{gs} 和 r_{ds} 分别为 g 与 s 之间的输入电阻和 d 与 s 之间的输出电阻,其值都很大。由于 r_{gs} 和 r_{ds} 比它们的外接电阻大得多,因此,在近似分析时,可以忽略不计,认为它们是开路的。而对于跨接在 g 与 d 之间的极间电容 C_{gd},为了便于分析,运用密勒定理对其进行等效变换,等效变换后的电路如图 3.3.1(b)所示。其中,C_M 为 g 和 s 之间的等效电容,其表达式为

$$C_M = C_{gd}(1 - \dot{A}_u) \tag{3.3.1}$$

C_N 为 d 和 s 之间的等效电容,其值为

$$C_N = C_{gd}\left(1 - \frac{1}{\dot{A}_u}\right) \tag{3.3.2}$$

式中,$\dot{A}_u = \dfrac{\dot{U}_o}{\dot{U}_i}$。在输入回路中,用 C'_{gs} 表示 C_{gs} 和 C_M 并联后的等效电容;在输出回路中,用 C'_{ds} 表示 C_{ds} 和 C_N 并联后的等效电容,等效后的场效应管模型如图 3.3.1(c)所示。由于输入回路的时间常数通常比输入回路的小得多,故高频时的上限截止频率取决于输入回路的时间常数,可以忽略 C'_{ds} 的影响,从而得到高频时场效应管的简化模型,如图 3.3.1(d)所示。

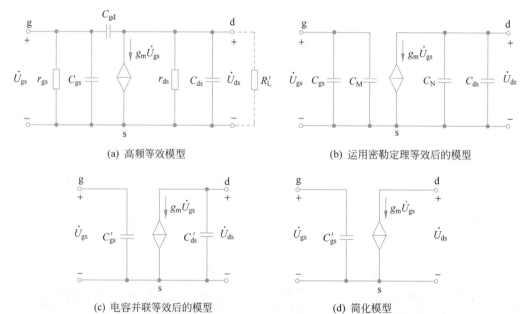

(a) 高频等效模型　　　　　　　　(b) 运用密勒定理等效后的模型

(c) 电容并联等效后的模型　　　　　　(d) 简化模型

图 3.3.1　场效应管的高频等效模型

3.3.2 共源放大电路的频率响应

场效应管放大电路的频率响应分析方法与 BJT 放大电路的频率响应分析方法非常相似,其结果也很相似。下面以共源极放大电路为例,介绍场效应管放大电路的频率响应分析方法。

共源极放大电路如图 3.3.2(a)所示,考虑耦合电容和极间电容的影响,其完整的交流小信号等效电路如图 3.3.2(b)所示。

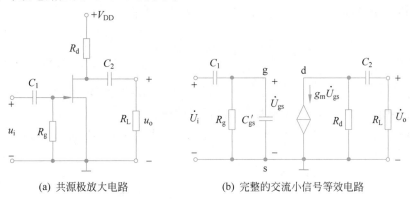

(a) 共源极放大电路　　　　　　　　(b) 完整的交流小信号等效电路

图 3.3.2　共源极放大电路及其完整的交流小信号等效电路

1. 中频段的频率响应

在中频段,耦合电容 C_1、C_2 短路,极间电容 C'_{gs} 开路,因而可画出中频段微变等效电路,如图 3.3.3 所示。

由图 3.3.3 可求得放大电路在中频段的电压放大倍数为

$$\dot{A}_{um} = \frac{\dot{U}_o}{\dot{U}_i} = -\frac{g_m \dot{U}_{gs}(R_d /\!/ R_L)}{\dot{U}_{gs}} = -g_m R'_L \tag{3.3.3}$$

2. 低频段的频率响应与下限截止频率

在低频段,考虑耦合电容 C_1、C_2 的影响,画出共源极放大电路在低频段的微变等效电路,如图 3.3.4 所示。

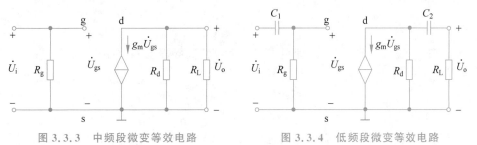

图 3.3.3　中频段微变等效电路　　　　图 3.3.4　低频段微变等效电路

由图 3.3.4 可求得放大电路在低频段的电压放大倍数为

$$\dot{A}_{uL} = \frac{\dot{U}_o}{\dot{U}_i} = \dot{A}_{um} \frac{1}{1 - j\dfrac{1}{\omega R_g C_1}} \frac{1}{1 - j\dfrac{1}{\omega (R_d + R_L) C_2}} \tag{3.3.4}$$

由式(3.3.4)可知,低频段的放大电路相当于包含两个 RC 高通网络。在输入回路中,时间常数 $\tau_1 = R_g C_1$,下限截止频率为

$$f_{L1} = \frac{1}{2\pi R_g C_1} \tag{3.3.5}$$

在输出回路中,时间常数 $\tau_2 = (R_d + R_L) C_2$,下限截止频率为

$$f_{L2} = \frac{1}{2\pi (R_d + R_L) C_2} \tag{3.3.6}$$

由此求得 f_{L1} 和 f_{L2}。若 $f_{L1} \gg f_{L2}$,则低频段放大电路的下限截止频率 $f_L \approx f_{L1}$;若 $f_{L2} \gg f_{L1}$,则 $f_L \approx f_{L2}$。由式(3.3.5)和式(3.3.6)也可以看出,增大耦合电容 C_1、C_2 可以降低下限截止频率,从而改善放大电路的低频响应。

将式(3.3.5)和式(3.3.6)代入式(3.3.4)即得放大电路低频段的频率响应为

$$\dot{A}_{uL} = \frac{\dot{U}_o}{\dot{U}_i} = \frac{\dot{A}_{um}}{\left(1 - j\dfrac{f_{L1}}{f}\right) \left(1 - j\dfrac{f_{L2}}{f}\right)} \tag{3.3.7}$$

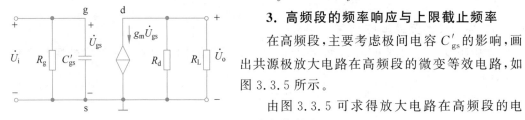

图 3.3.5　高频段微变等效电路

3. 高频段的频率响应与上限截止频率

在高频段,主要考虑极间电容 C'_{gs} 的影响,画出共源极放大电路在高频段的微变等效电路,如图 3.3.5 所示。

由图 3.3.5 可求得放大电路在高频段的电压放大倍数为

$$\dot{A}_{uH} = \frac{\dot{U}_o}{\dot{U}_i} = \dot{A}_{um} \frac{1}{1 + j\omega R_g C'_{gs}} \tag{3.3.8}$$

由式(3.3.8)可知,高频段的放大电路相当于包含一个 RC 低通网络。在输入回路中,时间常数 $\tau_1 = R_g C'_{gs}$,可求得放大电路的上限截止频率为

$$f_H = \frac{1}{2\pi R_g C'_{gs}} \tag{3.3.9}$$

将式(3.3.9)代入式(3.3.8)即可求得放大电路高频段的频率响应为

$$\dot{A}_{uH} = \frac{\dot{U}_o}{\dot{U}_i} = \frac{\dot{A}_{um}}{1 + j\dfrac{f}{f_H}} \tag{3.3.10}$$

由上述各频段的频率响应表达式也可以画出与 BJT 放大电路(见图 3.2.14)非常相似的波特图,此处不再赘述。

3.3.3 放大电路的增益带宽积

通过前面分析可知,加大耦合电容及旁路电容,可以降低下限截止频率,从而改善放大电路的低频特性,然而这种改善是有限的,在信号频率较低时,应考虑采用直接耦合方式。直接耦合放大电路不通过耦合电容实现级间连接,因此其下限截止频率 $f_L = 0$。

为了改善放大电路的高频特性,可以减小管子的极间电容,提高上限截止频率。放大电路的通频带(带宽) $f_{BW} = f_H - f_L$,由于一般总是有 $f_H \gg f_L$,故 $f_{BW} \approx f_H$,扩展通频带的关键就在于提高 f_H。但从前面的共射放大电路和共源放大电路的频率响应分析可知,经密勒定理等效变换后的输入回路电容 C_M 都会有密勒倍增效应,其大小与电路的放大倍数 $\dot{A}_u$ 有关。因此在提高放大倍数 $\dot{A}_u$ 时,将使 C_M 增大,从而降低 f_H;同样,通过增大 R_L' 可以提高放大倍数 $\dot{A}_u$,但将使 f_H 降低。这说明提高放大电路的增益与扩展放大电路的通频带是相互矛盾的。因此,不能只以 f_H 的大小来判断一个放大电路的高频性能。综合考虑这两个性能,引入一个新的参数"增益带宽积",记作 GBP,定义为

$$GBP = \dot{A}_{usm} f_{BW} \approx \dot{A}_{usm} f_H \tag{3.3.11}$$

确定了管子和电路的参数后,GBP 基本就是一个常数。由此可见,增益增大多少倍,带宽几乎就会变窄多少倍,这个结论具有普遍性。

3.4 多级放大电路的频率响应

由 2.7.2 节的分析可知,对于一个 n 级放大电路,电压放大倍数为各级电压放大倍数的乘积,即 $\dot{A}_u = \dot{A}_{u1} \dot{A}_{u2} \cdots \dot{A}_{un}$。各级放大电路的电压放大倍数是频率的函数,故多级放大电路的电压放大倍数 $\dot{A}_u$ 也必然是频率的函数。因此,一个 n 级放大电路的对数幅频响应和相频响应表达式为

$$20\lg |\dot{A}_u| = \sum_{k=1}^{n} 20\lg |\dot{A}_{uk}| \tag{3.4.1}$$

$$\varphi = \sum_{k=1}^{n} \varphi_k \tag{3.4.2}$$

为了简明起见,假设一个两级放大电路由两个频率响应相同($\dot{A}_{u1} = \dot{A}_{u2}$)的单级放大电路构成,即它们的中频电压增益 $\dot{A}_{um1} = \dot{A}_{um2}$,下限截止频率 $f_{L1} = f_{L2}$,上限截止频率 $f_{H1} = f_{H2}$。下面定性分析该两级放大电路的幅频响应,研究它与所含单级放大电路频率响应的关系。

整个电路的中频电压增益为

$$20\lg |\dot{A}_{um}| = 20\lg |\dot{A}_{um1}| + 20\lg |\dot{A}_{um2}| = 40\lg |\dot{A}_{um1}|$$

当 $f = f_{L1}$ 时,每级对应的电压增益为 $\dfrac{|\dot{A}_{um1}|}{\sqrt{2}}$,所以

$$20\lg |\dot{A}_{um}| = 40\lg |\dot{A}_{um1}| - 40\lg\sqrt{2}$$

由此可知,两级放大电路的增益下降了 6dB,并且由于此时 $\dot{A}_{u1}$、$\dot{A}_{u2}$ 均产生 $+45°$ 的附加相移,所以 $\dot{A}_u$ 产生 $+90°$ 的附加相移。同理可得,当 $f = f_{H1}$ 时,两级放大电路的增益也下降了 6dB,但此时 $\dot{A}_{u1}$、$\dot{A}_{u2}$ 均产生 $-45°$ 的附加相移,所以 $\dot{A}_u$ 产生 $-90°$ 的附加相移。因此,根据上述分析可以画出这个两级放大电路及单级放大电路的波特图如图 3.4.1 所示。根据放大电路通频带的定义,当电压增益为 $0.707|\dot{A}_{um}|$ 时,即增益下降 3dB 处对应的频率分别为下限截止频率 f_L 和上限截止频率 f_H,标注如图 3.4.1 所示。显然,$f_L > f_{L1}$,$f_H < f_{H1}$,因此两级放大电路的通频带比单级放大电路窄。依此推广到多级放大电路,多级放大电路的下限截止频率将增大,且大于每一级放大电路的下限截止频率;上限截止频率将减小,且小于每一级放大电路的上限截止频率,故多级放大电路的通频带变窄。

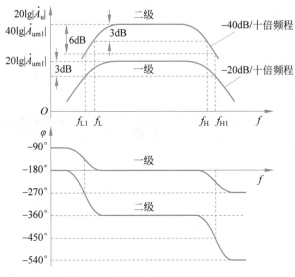

图 3.4.1　两级放大电路的波特图

若要定量计算一个 n 级放大电路的下限截止频率 f_L 和上限截止频率 f_H,设每一级的下限截止频率为 $f_{L1}, f_{L2}, \cdots, f_{Ln}$,则多级放大电路低频段的增益表达式为

$$\dot{A}_u = \prod_{k=1}^{n} \dot{A}_{umk} \frac{1}{1 - \mathrm{j}(f_{Lk}/f)} \qquad (3.4.3)$$

其中,$\dot{A}_{umk}$ 为第 k 级放大电路的中频放大倍数。整个电路的中频电压放大倍数为

$$|\dot{A}_{um}| = \prod_{k=1}^{n} |\dot{A}_{umk}|$$

所以有

$$\left| \frac{\dot{A}_u}{\dot{A}_{um}} \right| = \prod_{k=1}^{n} \frac{1}{\sqrt{1 + (f_{Lk}/f)^2}}$$

根据下限截止频率的定义，当 $f = f_L$ 时，$\left| \dfrac{\dot{A}_u}{\dot{A}_{um}} \right| = \dfrac{1}{\sqrt{2}}$，因此可得

$$\prod_{k=1}^{n} \frac{1}{\sqrt{1 + (f_{Lk}/f_L)^2}} = \frac{1}{\sqrt{2}}$$

两边平方得

$$\prod_{k=1}^{n} \left[1 + (f_{Lk}/f_L)^2 \right] = 2$$

将上式展开后，考虑到 $\dfrac{f_{Lk}}{f_L} < 1 (k = 1, 2, \cdots, n)$，故忽略高次项得

$$f_L \approx \sqrt{f_{L1}^2 + f_{L2}^2 + \cdots + f_{Ln}^2}$$

为了得到更精确的结果，将上式进行修正，乘以修正系数 1.1，可得

$$f_L \approx 1.1 \sqrt{f_{L1}^2 + f_{L2}^2 + \cdots + f_{Ln}^2} \tag{3.4.4}$$

设每一级的上限截止频率为 $f_{H1}, f_{H2}, \cdots, f_{Hn}$，则多级放大电路在高频段的增益表达式是

$$\dot{A}_u = \prod_{k=1}^{n} \dot{A}_{umk} \frac{1}{1 + j(f/f_{Hk})} \tag{3.4.5}$$

与上述 f_L 的推导过程类似，并经过修正，可得

$$\frac{1}{f_H} \approx 1.1 \sqrt{\frac{1}{f_{H1}^2} + \frac{1}{f_{H2}^2} + \cdots + \frac{1}{f_{Hn}^2}}$$

所以

$$f_H \approx \frac{1}{1.1 \sqrt{\dfrac{1}{f_{H1}^2} + \dfrac{1}{f_{H2}^2} + \cdots + \dfrac{1}{f_{Hn}^2}}} \tag{3.4.6}$$

若两级放大电路是由两个相同频率响应的单级放大电路组成，则其下限截止频率和上限截止频率分别为

$$f_L \approx 1.1\sqrt{2}\, f_{L1} = 1.56 f_{L1}$$

$$f_H \approx \frac{f_{H1}}{1.1\sqrt{2}} = 0.643 f_{H1}$$

若一个三级放大电路是由相同频率响应的单级放大电路组成，则可求得它的下限截止频率和上限截止频率分别为

$$f_L \approx 1.1\sqrt{3}\, f_{L1} = 1.91 f_{L1}$$

$$f_H \approx \frac{f_{H1}}{1.1\sqrt{3}} = 0.52 f_{H1}$$

通过比较可以看出，放大电路的级数越多，通频带越窄。

式(3.4.4)和式(3.4.6)多用于各级截止频率相差不大的情况。若某级的下限截止频率远高于其他各级的下限截止频率，则多级放大电路的下限截止频率近似等于该级的

下限截止频率(最高的下限截止频率);同理,若某级的上限截止频率远低于其他各级的上限截止频率,则多级放大电路的上限截止频率近似等于该级的上限截止频率(最低的下限截止频率),进而可知,如果某一级放大电路的频率响应设计得不够好,则会影响整个多级放大电路的频率特性。

小结

(1) 由于放大器件存在着极间电容,以及有些放大电路中存在耦合电容、旁路电容、分布电容、负载电容等,因此,放大电路对不同频率的信号具有不同的放大能力,其增益和相移均会随频率变化而变化,即增益是信号频率的函数,这种函数关系称为放大电路的频率响应,常用波特图(对数频率特性曲线)来描述。

(2) 为了描述 BJT 对高频信号的放大能力,需建立它的高频等效模型,即 BJT 的混合 π 模型。常用的 BJT 的频率参数有共射极截止频率 f_β、特征频率 f_T。

(3) 对于单级共射放大电路,低频段电压放大倍数下降的主要原因是信号在耦合电容及旁路电容上产生压降,同时还将产生 $0 \sim 90°$ 的超前附加相移。高频段电压放大倍数下降的主要原因是 BJT 的极间电容的影响,同时产生 $0 \sim 90°$ 的滞后附加相移。

(4) 下限截止频率 f_L 和上限截止频率 f_H 的数值决定于电容所在回路的时间常数,通频带 $f_{BW} = f_H - f_L$。

(5) 在一定条件下,增益带宽积约为常量,若要获得比较好的高频特性,则选择上限截止频率高的放大器件;若要使低频特性比较好,则可以考虑直接耦合方式。直接耦合放大电路不通过电容实现级间连接,因此,其低频截止频率 $f_L = 0$,低频响应好。

(6) 多级放大电路的通频带总是比组成它的每一级的通频带窄,而且级数越多,通频带越窄。

习题

3.1 选择填空。

(1) 放大电路在高频信号作用时放大倍数数值下降的原因是_____,而低频信号作用时放大倍数数值下降的原因是_____。

    A. 耦合电容和旁路电容的存在

    B. 半导体器件极间电容和分布电容的存在

    C. 半导体器件的非线性特性

    D. 放大电路的静态工作点不合适

(2) 当信号频率等于放大电路的 f_L 或 f_H 时,放大倍数的值约下降到中频时的_____。

    A. 0.5 倍   B. 0.7 倍   C. 0.9 倍   D. 1.4 倍

(3) 对于基本共射放大电路,当 $f = f_L$ 时,$\dot{U}_o$ 与 $\dot{U}_i$ 的相位关系是_____;

    A. $+45°$ B. $-90°$ C. $-135°$ D. $-225°$

当 $f = f_H$ 时,$\dot{U}_o$ 与 $\dot{U}_i$ 的相位关系是_____。

A. $-45°$ B. $-90°$ C. $-135°$ D. $-225°$

3.2 若某一放大电路的电压放大倍数为 100,则其对数电压增益是多少分贝? 另一放大电路的对数电压增益为 80dB,则其电压放大倍数是多少?

3.3 已知某放大电路电压放大倍数的频率特性为

$$\dot{A}_u = \frac{1000j\dfrac{f}{10}}{\left(1+j\dfrac{f}{10}\right)\left(1+j\dfrac{f}{10^6}\right)}$$

式中,f 的单位为 Hz,试求该电路的中频对数电压增益、下限截止频率 f_L 和上限截止频率 f_H。

3.4 一个放大电路的幅频特性如题图 3.4 所示,由图可知,该电路的中频放大倍数 $|A_{um}|$、下限截止频率 f_L 和上限截止频率 f_H 各为多少?

3.5 已知某电路是由相同频率响应的单级放大电路组成,其幅频特性如题图 3.5 所示,试回答:

(1) 该电路的耦合方式。

(2) 该电路由几级放大电路组成?

(3) 写出 $\dot{A}_u$ 的表达式,并估算该电路的上限截止频率 f_H。

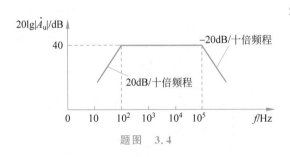

题图 3.4

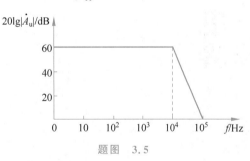

题图 3.5

3.6 电路如题图 3.6 所示,$V_{CC}=12V$,$R_b=470\text{k}\Omega$,$R_c=6\text{k}\Omega$,$R_s=1\text{k}\Omega$,$C_1=C_2=5\mu F$；BJT 的 $\beta_0=50$,$U_{BE}=0.7V$,$r_{bb'}=500\Omega$,$f_T=70\text{MHz}$,$C_{b'c}=5\text{pF}$。试求电路的下限截止频率 f_L 和上限截止频率 f_H。

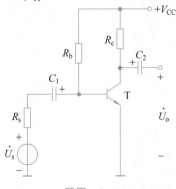

题图 3.6

第 4 章

功率放大电路

内容提要：

功率放大电路是一种以输出较大功率为目的的放大电路,用于直接驱动负载,通常作为多级放大电路的输出级。本章首先从简单的甲类功率放大电路开始讲起,通过分析计算其功率指标说明甲类功率放大电路具有输出功率小、效率低等缺点,从而引出乙类功率放大电路,因其存在交越失真故需进一步改进,在此基础上介绍各种实用的甲乙类互补对称功率放大电路,最后简要介绍了集成功率放大器的工作原理、电路结构及使用方法。

学习目标：

1. 理解"交越失真"产生的原因,掌握克服交越失真的方法。
2. 掌握各种功率放大电路的工作原理和功率参数的计算方法。
3. 掌握选择功率管的方法。
4. 了解集成功率放大器及其使用方法。

重点内容：

1. 克服交越失真的原理与方法。
2. OCL 与 OTL 功率放大电路的指标计算。
3. 功率管的选择方法。

4.1 概述

在电子系统中,模拟信号经过放大以后,需要去驱动大功率负载,例如,使用放大电路驱动扬声器发出洪亮的声音,再比如,使用放大电路驱动伺服电机等。这些向负载提供一定功率的放大电路称为功率放大器,简称为功放,在多级放大电路中通常作为输出级,称为功率放大级。前面介绍的电压放大电路,一般用于交流小信号放大,主要关注电压增益、输入电阻、输出电阻和频率特性等指标,输出功率一般在几百毫瓦以下。而驱动负载的输出功率需要达到几十瓦甚至几百瓦,这样大的输出功率是一般的电压放大电路无法胜任的。因此,需要针对功率输出的特点,研究功率放大电路的新问题。

4.1.1 功率放大电路的特点及分类

1. 特点

(1) 功率放大电路的主要作用就是向负载输出大功率的信号,主要关注以下指标：

① 输出功率尽可能大。为了获得尽可能大的输出功率,输出电压和输出电流都应有足够大的幅度。

② 效率要高。功率放大电路主要是将直流电源提供的电能转换成交流电能输送给负载,在能量的转换过程中,必须尽量减少电路的损耗,提高效率。

(2) 功率放大电路的非线性失真。功率放大电路运行在大信号状态下,核心器件BJT 接近于极限工作状态,电路很容易会出现非线性失真,输入信号越大,非线性失真越严重。在不同的功率放大系统中,对非线性失真的要求也不同,应将非线性失真限制在允许范围内。

（3）功率放大电路的分析方法。功率放大电路中的 BJT 工作在大信号状态下,因此,对于功率放大电路的分析,针对交流小信号放大电路所用的微变等效电路分析法不再适用,而应使用适用于大信号分析的方法——图解法。

（4）BJT 的极限参数与散热保护。BJT 工作在大电压、大电流的状态下,需要关注其极限参数,选择合适的管子。同时,由于 BJT 本身消耗的功率很大,因此,在功率放大电路的设计和使用过程中,必须注意 BJT 的散热和保护问题。

2. 分类

根据有信号输入时 BJT 在一个周期内导通时间的不同,放大电路可分为甲类、乙类、甲乙类等类型。

前面介绍的各种电压放大电路,静态工作点设置在合适的位置,如图 4.1.1(a)中的 Q_1,图中画出了集电极电流波形,BJT 在信号的整个周期内都工作在放大状态,即 BJT 在一个周期内均导通(导通角度 $\theta = 2\pi$),称为甲类放大电路。

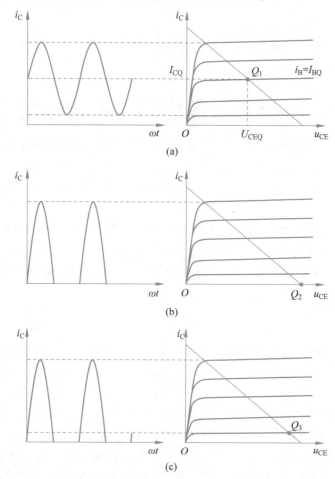

图 4.1.1　放大电路分类示意图

若将电路的静态工作点设置在图 4.1.1(b)中的 Q_2 点,使 BJT 的集电极静态电流为

0,则在正弦信号的半个周期内,有电流流过 BJT,而在另外半个周期,BJT 截止,即 BJT 在半个周期内导通($\theta = \pi$),集电极电流波形如图 4.1.1(b)所示,这种工作状态称为乙类放大状态。

若将电路的静态工作点设置在图 4.1.1(c)中靠近 BJT 截止区的 Q_3 点,则 BJT 导通时间大于半个周期而小于一个周期($\pi < \theta < 2\pi$),集电极电流波形如图 4.1.1(c)所示,这种工作状态称为甲乙类放大状态。

4.1.2 甲类功率放大电路

下面以如图 4.1.2(a)所示的电路为例,讨论甲类放大电路的功率计算问题。

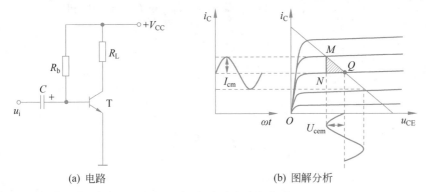

(a) 电路   (b) 图解分析

图 4.1.2 甲类功率放大电路

1. 静态功耗

在该电路中,负载电阻 R_L 直接接在集电极回路中。为了取得最大的动态范围,必须将电路的静态工作点设置在直流负载线的中点。此时,BJT 的静态电压 $U_{CEQ} \approx \dfrac{V_{CC}}{2}$,集电极静态电流 $I_{CQ} \approx \dfrac{V_{CC}}{2R_L}$。忽略基极电流,则电源 V_{CC} 提供的平均功率

$$P_E = V_{CC} I_{CQ} \tag{4.1.1}$$

BJT 与负载电阻 R_L 的静态功耗都是 $\dfrac{1}{2} V_{CC} I_{CQ}$,即 $U_{CEQ} I_{CQ}$。

2. 动态功耗

在正弦输入信号 u_i 的驱动下,BJT 的集电极电流 i_C 中将出现一个交流分量。集电极电压 u_{CE} 中也将出现一个交流分量。两个量分别为

$$u_{CE} = U_{CEQ} - U_{cem} \sin(\omega t) \tag{4.1.2}$$

$$i_C = I_{CQ} + I_{cm} \sin(\omega t) \tag{4.1.3}$$

这时,BJT 的功耗为

$$P_T = \frac{1}{2\pi} \int_0^{2\pi} u_{CE} i_C \, d(\omega t)$$

$$= \frac{1}{2\pi} \int_0^{2\pi} [U_{CEQ} - U_{cem}\sin(\omega t)][I_{CQ} + I_{cm}\sin(\omega t)]\mathrm{d}(\omega t)$$

$$= U_{CEQ}I_{CQ} - \frac{1}{2}U_{cem}I_{cm} \tag{4.1.4}$$

负载电阻 R_L 上的功耗为

$$\dot{P}_R = \frac{1}{2\pi} \int_0^{2\pi} (V_{CC} - u_{CE})i_C\mathrm{d}(\omega t)$$

$$\approx \frac{1}{2\pi} \int_0^{2\pi} (2U_{CEQ} - u_{CE})i_C\mathrm{d}(\omega t)$$

$$= \frac{1}{2\pi} \int_0^{2\pi} [U_{CEQ} + U_{cem}\sin(\omega t)][I_{CQ} + I_{cm}\sin(\omega t)]\mathrm{d}(\omega t)$$

$$= U_{CEQ}I_{CQ} + \frac{1}{2}U_{cem}I_{cm} \tag{4.1.5}$$

电源提供的功率为

$$P_E = \frac{1}{2\pi} \int_0^{2\pi} V_{CC}i_C\mathrm{d}(\omega t)$$

$$= \frac{1}{2\pi} \int_0^{2\pi} V_{CC}[I_{CQ} + I_{cm}\sin(\omega t)]\mathrm{d}(\omega t)$$

$$= V_{CC}I_{CQ} \tag{4.1.6}$$

由式(4.1.1)和式(4.1.6)可知,加上正弦交流信号后,电源提供的功率与静态相同。由式(4.1.4)和式(4.1.5)可知,BJT 消耗的功率为原来的静态功耗减去 $\frac{1}{2}U_{cem}I_{cm}$,R_L 上的功耗为原来的静态功耗加上 $\frac{1}{2}U_{cem}I_{cm}$,也就是说,BJT 的动态功耗送到了负载电阻 R_L 上,其值的大小为 $\frac{1}{2}U_{cem}I_{cm}$。负载电阻 R_L 上的动态功耗是经过放大后的动态功耗,定义为输出功率 P_o,表达式为

$$P_o = \frac{1}{2}U_{cem}I_{cm} \tag{4.1.7}$$

可见,输出功率 P_o 的大小是与输出电压的幅值密切相关的。在图 4.1.2(b)中,输出功率 P_o 可以用 $\triangle MNQ$ 的面积来表示,因此称该三角形为功率三角形。要提高输出功率,就是加大功率三角形的面积。

3. 效率

当输出幅值达到最大值时,即 $U_{cem} \approx \frac{1}{2}V_{CC}$,$I_{cm} \approx I_{CQ}$(忽略 BJT 的饱和压降 U_{CES} 和穿透电流 I_{CEO}),则电路理想的最大输出效率为

$$\eta_{max} = \frac{P_o}{P_E} \approx \frac{\frac{1}{2}\left(\frac{1}{2}V_{CC}\right)I_{CQ}}{V_{CC}I_{CQ}} = 25\% \tag{4.1.8}$$

由此可见,甲类功率放大电路的能量转换效率很低。虽然通过改变负载或采用变压器耦合输出等方式可以进一步提高甲类功率放大电路的效率,但都低于 50%。

甲类功率放大电路存在的缺点是输出功率小、静态功耗大、效率低。由图 4.1.2 可以看出,使得 BJT 在整个周期内导通且输出信号无失真,功率三角形面积的提高是有限的,电路输出功率小。在电源 V_{CC} 所提供的总功率中,有 50% 以上作为直流功耗消耗在晶体管和负载上,因此,要提高输出效率,必须设法降低静态功耗。

4.2 乙类功率放大电路

克服甲类功率放大电路的缺点为研究新的功率放大电路指明了方向。可以设想,为了提高输出效率,可以将 BJT 的静态工作点降低,使集电极静态电流 $I_{CQ}=0$,即管子工作在乙类状态,这样电路的静态功耗降为零,但在集电极电流 i_C 的波形中将出现半个周期的截止失真;为了解决失真问题,可用一个极性相补的 BJT 构成另一个同样的电路,使得在前一电路中的 BJT 截止时,后一电路中的 BJT 导通,则负载电阻 R_L 上仍可得到完整的正弦波,在一个周期内 BJT 导通了半个周期,这样的电路结构称为推挽式,构成的电路称为乙类互补对称功率放大电路,又称为乙类互补推挽功率放大电路,如图 4.2.1(a) 所示。

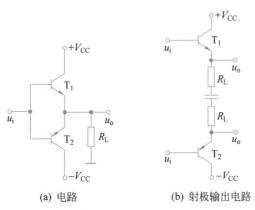

(a) 电路　　　　　(b) 射极输出电路

图 4.2.1　乙类互补对称功率放大电路

4.2.1　工作原理

视频

在如图 4.2.1(a)所示的电路中,T_1 是 NPN 型管,T_2 是 PNP 型管。两管的基极连在一起,作为电路的输入端;两管的发射极连在一起,作为电路的输出端,这两个 BJT 构成互补对称的射极输出电路,如图 4.2.1(b)所示。

1. 静态

在静态时,输入信号 $u_i=0$,两个 BJT 都不导通。两管的基极电流和集电极电流都为 0,流过负载电阻的电流也为 0,因此,输出电压为 0。从理论上说,静态时电路的功耗为 0,这可以大大提高电路的输出效率。

2. 动态

假设两个 BJT 的死区电压都为 0。加上正弦输入信号后,在输入信号 u_i 的正半周期间,T_1 导通,T_2 截止,图 4.2.1(b)中由 T_1 组成的射极输出电路工作,电流从 $+V_{CC}$ 经 T_1 的集电极流到发射极,然后流过负载电阻 R_L 到地,此时,输出信号 $u_o \approx u_i$;在输入信号 u_i 的负半周期间,T_2 导通,T_1 截止,图 4.2.1(b)中由 T_2 组成的射极输出电路工作,电流从地流过负载电阻 R_L,然后经 T_1 的发射极流到集电极,最后流入 $-V_{CC}$,$u_o \approx u_i$。不管是在信号的正半周还是负半周,两个 BJT 中总有一个导通。每个 BJT 各导通半个周期,交替工作,在负载电阻 R_L 上合成为一个完整的输出信号波形。

4.2.2 主要指标计算

针对大信号工作情况,用图解法进行电路分析,如图 4.2.2 所示。左半图是 T_1 管的特性曲线,右半图是 T_2 的特性曲线,由于管子工作在乙类状态,两管特性曲线的交界点是静态工作点 Q,即 $u_{CE} = V_{CC}$ 处。负载线通过 Q 点,斜率为 $-\dfrac{1}{R_L}$。通过分析可知,u_o 的最大值等于 $(V_{CC} - U_{CES})$,i_C 的最大值等于 $\dfrac{V_{CC} - U_{CES}}{R_L}$。

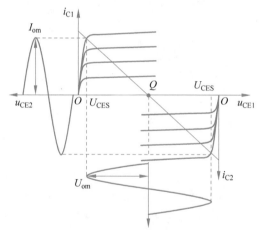

图 4.2.2 图解法分析电路工作情况

1. 输出功率

设输出电压的幅值为 U_{om}(最大值),则电路的输出功率为

$$P_o = U_o I_o = \frac{U_{om}}{\sqrt{2}} \frac{U_{om}}{\sqrt{2} R_L} = \frac{U_{om}^2}{2R_L} \tag{4.2.1}$$

输出功率的大小与输出电压幅值的平方成正比。当输出电压的幅值 U_{om} 达到最大值 $(V_{CC} - U_{CES})$ 时,输出功率也达到最大值,即

$$P_{om} = \frac{(V_{CC} - U_{CES})^2}{2R_L} \tag{4.2.2}$$

若 BJT 的饱和压降 U_{CES} 可以忽略,则输出功率的最大值为

$$P_{\text{om}} = \frac{V_{\text{CC}}^2}{2R_{\text{L}}}$$ (4.2.3)

2. BJT 的管耗

两个 BJT 是相互对称的,每个管子分别导通半个周期,因此,管耗是相同的。计算 BJT 消耗的功率时,只需求出一个管子的功率即可。一个管子的功率为

$$
\begin{aligned}
P_{\text{T1}} &= \frac{1}{2\pi} \int_0^\pi (V_{\text{CC}} - u_{\text{o}}) \frac{u_{\text{o}}}{R_{\text{L}}} \mathrm{d}(\omega t) \\
&= \frac{1}{2\pi} \int_0^\pi [V_{\text{CC}} - U_{\text{om}} \sin(\omega t)] \frac{U_{\text{om}} \sin(\omega t)}{R_{\text{L}}} \mathrm{d}(\omega t) \\
&= \frac{1}{R_{\text{L}}} \left(\frac{V_{\text{CC}} U_{\text{om}}}{\pi} - \frac{U_{\text{om}}^2}{4} \right)
\end{aligned}
$$ (4.2.4)

因此可求得两管的总功率为

$$P_{\text{T}} = 2P_{\text{T1}} = \frac{2}{R_{\text{L}}} \left(\frac{V_{\text{CC}} U_{\text{om}}}{\pi} - \frac{U_{\text{om}}^2}{4} \right)$$ (4.2.5)

3. 效率

电源提供的功率等于输出功率加上两个 BJT 的功率,即

$$P_{\text{E}} = P_{\text{o}} + P_{\text{T}} = \frac{2V_{\text{CC}} U_{\text{om}}}{\pi R_{\text{L}}}$$ (4.2.6)

因而,输出效率为

$$\eta = \frac{P_{\text{o}}}{P_{\text{E}}} = \frac{\pi}{4} \frac{U_{\text{om}}}{V_{\text{CC}}}$$ (4.2.7)

式(4.2.7)表明,能量转换效率与输出电压大小有关。当输出电压的幅值达到最大值时,即 $U_{\text{om}} \approx V_{\text{CC}}$,输出功率达到最大,此时的最大输出效率为

$$\eta_{\text{max}} = \frac{P_{\text{om}}}{P_{\text{E}}} = \frac{\pi}{4} = 78.5\%$$ (4.2.8)

与甲类功率放大电路相比,乙类功率放大电路的输出效率显然要高得多。

4. BJT 的最大管耗

由式(4.2.4)可知,每个管子消耗的功率与输出电压幅值 U_{om} 为二次函数关系。对式(4.2.4)求导,并令导数等于 0,即可求得最大管耗,因此有

$$\frac{\mathrm{d}P_{\text{T1}}}{\mathrm{d}U_{\text{om}}} = \frac{1}{R_{\text{L}}} \left(\frac{V_{\text{CC}}}{\pi} - \frac{U_{\text{om}}}{2} \right) = 0$$ (4.2.9)

从而可得

$$U_{\text{om}} = \frac{2V_{\text{CC}}}{\pi}$$ (4.2.10)

所以,一个 BJT 消耗的最大功率为

$$P_{\mathrm{T1max}} = \frac{1}{R_{\mathrm{L}}} \left[\frac{\frac{2}{\pi}V_{\mathrm{CC}}^2}{\pi} - \frac{\left(\frac{2V_{\mathrm{CC}}}{\pi}\right)^2}{4} \right] = \frac{1}{\pi^2} \frac{V_{\mathrm{CC}}^2}{R_{\mathrm{L}}} \approx 0.2 P_{\mathrm{om}} \tag{4.2.11}$$

4.2.3 BJT 的选择

在功率放大电路中,核心功率管 BJT 的工作电压、电流都比较大,使用时必须满足管子极限参数的要求,BJT 的选择应遵循以下原则。

1. 集电极最大允许耗散功率 P_{CM}

BJT 的集电极最大允许耗散功率必须满足:$P_{\mathrm{CM}} \geqslant 0.2 P_{\mathrm{om}}$,以防止 BJT 过度发热而损坏。

2. 击穿电压 $U_{\mathrm{(BR)CEO}}$

在乙类互补对称功率放大电路中,当一个 BJT 导通,则另一个 BJT 必然截止,导通后负载的最大电压幅值近似等于 V_{CC},而处于截止状态的管子的集电极电压为电源电压,该管子的集电极和发射极之间承受的最高电压近似等于 $2V_{\mathrm{CC}}$。因此,要求 BJT 的击穿电压满足:$|U_{\mathrm{(BR)CEO}}| \geqslant 2V_{\mathrm{CC}}$。

3. 集电极最大允许电流 I_{CM}

由于 BJT 导通后集电极最大可能流过的电流近似等于 $\dfrac{V_{\mathrm{CC}}}{R_{\mathrm{L}}}$,所以集电极最大允许电流需满足:$I_{\mathrm{CM}} \geqslant \dfrac{V_{\mathrm{CC}}}{R_{\mathrm{L}}}$,电流过大将使管子的放大能力变差。

4.3 甲乙类功率放大电路

在介绍乙类功率放大电路时,一个前提条件是假设 BJT 发射结的死区电压为 0。这样虽然将问题简化了,但是,实际电路中 BJT 的死区电压是无法忽略的。考虑这一因素之后,功率放大电路的工作状态将会发生变化。

4.3.1 甲乙类功率放大电路

在乙类功率放大电路中,由于静态时 T_1、T_2 管的发射结均置于零偏状态,在输入信号较小时,两个管子都截止,将会使输出信号产生一个"死区",即当输入信号在 BJT 的死区电压范围内变化时,BJT 的基极电流和集电极电流均为 0,电路的输出电压也为 0,以致造成输出信号失真,如图 4.3.1 所示,这种失真称为交越失真。

为了克服交越失真,应当在 T_1 和 T_2 管的基极加一定的偏置电压,使它们在静态时处于微导通的状态。这样,BJT 不再工作在乙类放大状态,而是工作在甲乙类放大状态了,因此称为甲乙类互补对称功率放大电路。

图 4.3.2 所示为一种甲乙类功率放大电路。与乙类功率放大电路相比,该电路增加了两个电阻和两个二极管。利用两个二极管上产生的正向压降给 T_1 和 T_2 提供适当的

静态偏置,使它们工作于微导通状态,以克服交越失真。

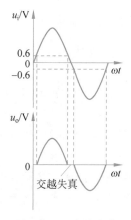

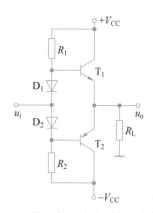

视频

图 4.3.1 交越失真   图 4.3.2 甲乙类互补对称功率放大电路

在静态时,输入信号 u_i 为 0,T_1 管和 T_2 管处于微导通状态,其静态电流很小,并且 T_1 管的基极电流等于 T_2 管的基极电流,因此,$i_o = I_{C1} - I_{C2} = 0$,没有电流流过负载电阻 R_L,输出电压为 $u_o = 0$。

加入正弦输入信号 u_i 后,在正弦信号的正半周,T_1 导通,T_2 截止,输出的信号也是正半周;在正弦输入信号的负半周,T_2 导通,T_1 截止,输出的信号也是负半周。因二极管 D_1 和 D_2 的交流电阻远小于 R_2,所以认为 T_1 和 T_2 的基极电位相等,D_1 和 D_2 相当于交流短路。在信号零点附近两个管子会同时导通,虽然流过每个功率管的电流波形是略大于半个周期的正弦波,但由于 $i_o = i_{C1} - i_{C2}$,使输出电流波形接近于正弦波,从而克服了交越失真。

如果用电阻来代替二极管产生偏置电压,同样也可以起到克服交越失真的作用。在如图 4.3.3 所示的电路中,可以通过调节电阻 R_2 的大小使 T_1 与 T_2 的基极电压等于 1.4V,从而使两管处于微导通状态,以克服交越失真。

如图 4.3.4 所示的电路是另一种偏置方式的甲乙类互补对称功率放大电路。其中,$U_{BE1} = |U_{BE2}| = U_{BE3} = U_{BE}$,$T_3$、$R_2$ 和 R_3 组成 U_{BE} 扩大电路。由于流入 T_3 基极的电流

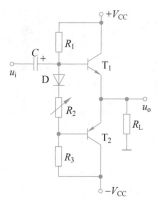

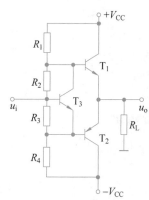

图 4.3.3 调节电阻实现偏置的功放电路   图 4.3.4 利用 U_{BE} 扩大电路实现偏置的功放电路

远小于流过电阻 R_2 和 R_3 的电流,而 T_3 的 U_{BE3} 基本保持不变,所以可得 T_1 和 T_2 的基极电压 $U_{12} = U_{BE}\left(1 + \dfrac{R_2}{R_3}\right)$,调节 R_2 与 R_3 的比值就可在 T_1 和 T_2 的基极得到任意倍 U_{BE} 的偏置电压。在该电路中,为了克服交越失真,应使 $U_{12} = 2U_{BE}$,因此需选取 $R_2 = R_3$。

对于甲乙类功率放大电路的功率计算,仍然使用乙类功率放大电路的一系列计算公式,其误差可以忽略不计。

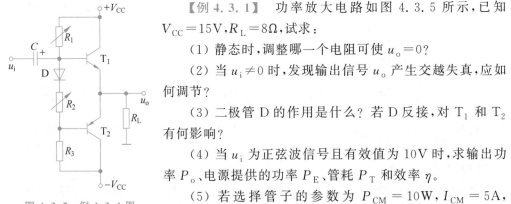

图 4.3.5 例 4.3.1 图

【例 4.3.1】 功率放大电路如图 4.3.5 所示,已知 $V_{CC} = 15V, R_L = 8\Omega$,试求:

(1) 静态时,调整哪一个电阻可使 $u_o = 0$?

(2) 当 $u_i \neq 0$ 时,发现输出信号 u_o 产生交越失真,应如何调节?

(3) 二极管 D 的作用是什么?若 D 反接,对 T_1 和 T_2 有何影响?

(4) 当 u_i 为正弦波信号且有效值为 10V 时,求输出功率 P_o、电源提供的功率 P_E、管耗 P_T 和效率 η。

(5) 若选择管子的参数为 $P_{CM} = 10W, I_{CM} = 5A$, $U_{(BR)CEO} = 50V$,判断电路是否能够安全工作。

解:(1) 静态时,调节电阻 R_1 可使 $u_o = 0$。

(2) 调节电阻 R_2 并适当增大它的电阻值,使 T_1 和 T_2 处于微导通状态,以消除交越失真。

(3) 二极管 D 正向导通时,和 R_2 在功率管的基极和发射极之间提供了一个合适的正向偏置电压,使管子工作在微导通状态,从而克服交越失真。若二极管 D 反接,则静态时流过 R_1 的电流全部成为 T_1 的基极电流,流过 R_3 的电流全部成为 T_2 的基极电流,将导致 T_1 和 T_2 的基极电流过大,甚至有可能烧坏功率管。

(4) u_i 的有效值为 10V,即其最大值为 $10\sqrt{2}$ V,故 $U_{om} = 10\sqrt{2}$ V,因此电路的输出功率为

$$P_o = \frac{U_{om}^2}{2R_L} = \frac{(10\sqrt{2})^2}{2 \times 8} = 12.5(W)$$

电源提供的功率为

$$P_E = \frac{2V_{CC}U_{om}}{\pi R_L} = \frac{2 \times 15 \times 10\sqrt{2}}{\pi \times 8} \approx 16.89(W)$$

功率管的管耗为

$$P_T = P_E - P_o = 4.39(W)$$

效率为

$$\eta = \frac{\pi}{4} \frac{U_{om}}{V_{CC}} = \frac{\pi}{4} \frac{10\sqrt{2}}{15} \approx 74\%$$

(5) 为了判断电路是否安全工作,即验证管子的参数是否小于其极限参数。求解管

子的最大管耗为

$$P_{\text{T1max}} = 0.2P_{\text{om}} = 0.2 \times \frac{V_{\text{CC}}^2}{2R_\text{L}} = 0.2 \times \frac{15^2}{2 \times 8} = 2.81(\text{W})$$

可知 $P_{\text{T1max}} < P_{\text{CM}}$；管子截止时，其发射极与集电极之间承受的最大电压 $2V_{\text{CC}} = 30\text{V} < U_{\text{(BR)CEO}}$；流过管子集电极的最大电流 $I_{\text{Cm}} = \frac{V_{\text{CC}}}{R_\text{L}} = 1.875\text{A} < I_{\text{CM}}$。综上分析，可判断电路是工作在安全状态。

4.3.2 带前置放大级的功率放大电路

互补对称功率放大电路本身并没有电压放大能力，在实际使用时，前面往往要接上放大电路，称为带前置放大级的功率放大电路。

图 4.3.6 所示是一个带有 BJT 前置放大级的甲乙类功率放大电路。在该电路中，T_3 管起到前置放大作用，电阻 R_1 为它提供偏置电流。电流源 I 作为 T_3 管的有源负载，可以提高前置放大级的电压放大倍数。电阻 R_2 和二极管 D 用来克服交越失真。二极管 D 的导通压降基本上是不变的，调整电阻 R_2 的大小可以改变两个 BJT 基极之间的电压。电阻 R_2 旁边有一个"＊"号标识，表示其值根据实际情况调整决定。电阻 R_3 和 R_4 分别接到 T_1 和 T_2 管的发射极，起到电流串联负反馈的作用，使输出电流保持稳定，同时有一定的限流保护作用，防止 T_1 和 T_2 管因电流过大而烧坏。

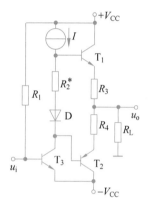

图 4.3.6 带前置放大级的甲乙类功率放大电路

【例 4.3.2】 在如图 4.3.6 所示的电路中，已知 $V_{\text{CC}} = 15\text{V}$，$T_1$ 与 T_2 的饱和压降 $|U_{\text{CES}}| = 2\text{V}$，$R_3 = R_4 = 0.5\Omega$，$R_\text{L} = 8\Omega$，输入电压足够大，求：

(1) 最大不失真输出电压 U_{omax}；

(2) 最大输出功率 P_{om} 和最大效率 η_{max}。

解：(1) 最大不失真输出电压为

$$U_{\text{omax}} = \frac{V_{\text{CC}} - U_{\text{CES}}}{R_3 + R_\text{L}} R_\text{L} = \frac{15 - 2}{0.5 + 8} \times 8 \approx 12.24(\text{V})$$

(2) 最大输出功率和最大效率分别为

$$P_{\text{om}} = \frac{U_{\text{omax}}^2}{2R_\text{L}} = \frac{12.24^2}{2 \times 8} \approx 9.36(\text{W})$$

$$\eta_{\text{max}} = \frac{\pi}{4} \cdot \frac{U_{\text{omax}}}{V_{\text{CC}}} = \frac{\pi}{4} \cdot \frac{12.24}{15} \approx 64\%$$

4.3.3 使用复合管的功率放大电路

1. 复合管

在功率放大电路中，功率管的输出电流往往很大，可以达到几安培。如果输入电流在几毫安以下时,功率管的电流放大系数就要达到几百甚至几千,单个管子一般不能满足要求。因此,为了提高电流放大能力,常常将两个 BJT 复合在一起,当作一个 BJT 使用,称为复合管,又称为达林顿管。复合管的主要参数是等效电流放大系数 β 和等效输入电阻 r_{be}。

图 4.3.7 所示是四种连接方式的复合管。图 4.3.7(a)是由两个 NPN 型的 BJT 复合而成的 NPN 型管,图 4.3.7(b)是由两个 PNP 型管复合而成的 PNP 型管。图 4.3.7(c)和图 4.3.7(d)都是由一个 NPN 型管和一个 PNP 型管构成的复合管,前者是 NPN 型复合管,后者是 PNP 型复合管。可以看出,复合管的类型由其第一个管子的类型决定。

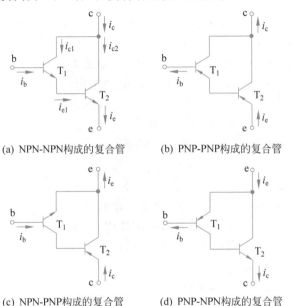

(a) NPN-NPN构成的复合管   (b) PNP-PNP构成的复合管

(c) NPN-PNP构成的复合管   (d) PNP-NPN构成的复合管

图 4.3.7   复合管

由图 4.3.7 可以求得各复合管的等效电流放大系数 β,以图 4.3.7(a)为例,其电流关系为

$$i_c = i_{c1} + i_{c2} = \beta_1 i_b + \beta_2 i_{e1} = \beta_1 i_b + \beta_2 (1 + \beta_1) i_b$$

式中,i_b 是复合管的基极电流,同时也是 T_1 管的基极电流;i_c 是复合管的集电极电流。i_{c1}、i_{c2} 和 β_1、β_2 为 T_1 和 T_2 管的集电极电流和电流放大系数。i_{e1} 为 T_1 管的发射极电流。因此,复合管的等效电流放大系数为

$$\beta = \frac{i_c}{i_b} = \beta_1 + \beta_2 + \beta_1 \beta_2 \approx \beta_1 \beta_2 \tag{4.3.1}$$

也就是说,整个复合管的电流放大系数近似等于各个管子电流放大系数的乘积。因为 T_1 管的集电极输出电流 i_{c1} 较小,而 T_2 管的集电极输出电流 i_{c2} 较大,因此 T_1 是小功率三极管,T_2 是大功率三极管。复合管的输出管(图 4.3.7 中的 T_2)通常都是大功率三极管。

另外,还可以求得复合管的输入电阻,对于图 4.3.7(a)和图 4.3.7(b)两种接法的复

合管,设 r_{be1} 和 r_{be2} 分别是 T_1 管和 T_2 管的输入电阻,因为 T_1 管是共集电极组态,而 T_2 管的输入电阻 r_{be2} 是 T_1 管的发射极电阻,所以复合管的等效输入电阻 $r_{be} = r_{be1} + (1+\beta) r_{be2}$;而对于图 4.3.7(c)和图 4.3.7(d)两种接法的复合管,有 $r_{be} = r_{be1}$。

需要指出的是,复合管的集电极-发射极反向饱和电流(穿透电流)I_{CEO} 很大,这是因为 T_1 的 I_{CEO1} 全部流入了 T_2 的基极,经 T_2 放大从其发射极输出后很大。复合管 I_{CEO} 很大,对其工作的稳定性十分不利。在使用复合管的时候,为了减小 I_{CEO},有时会在第二个管子的基极接一个电阻 R,用来减小 I_{CEO} 的不良影响,提高复合管的性能,该电阻称为泄漏电阻,如图 4.3.8 所示。其中,R 的作用是:接入分流电阻 R 后,使 T_1 输出的部分 I_{CEO} 经 R 分流到地,减小了流入 T_2 基极的电流,达到减小复合管 I_{CEO} 的目的。当然,R 对 T_1 输出信号也同样存在分流衰减作用。

2. 采用复合管的功率放大电路

图 4.3.9 所示是采用复合管的功率放大电路。其中,T_1、T_3 构成 NPN 型复合管,T_2、T_4 构成 PNP 型复合管。注意,这里 T_4 没有用 PNP 管,是因为对于大功率三极管(复合管中的输出管)来说,NPN 管和 PNP 管很难做到完全对称,而同类型的三极管(如 NPN 管与 NPN 管或 PNP 管与 PNP 管)之间,在集成电路制造中更容易使两者的特性对称。因此,在集成电路中,使用复合管时常采用如图 4.3.9 所示的电路形式,由于 T_2、T_4 不都是 PNP 管,所以又称这种功率放大电路为准互补对称功率放大电路。

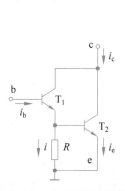

图 4.3.8 带有泄漏电阻的
复合管

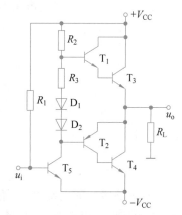

图 4.3.9 采用复合管的准互补对称
功率放大电路

4.3.4 单电源功率放大电路

以上介绍的甲乙类功率放大电路需使用正负两组电源,因此又称为双电源功率放大电路。双电源有时是不方便的,在无双电源的情况下,可以使用如图 4.3.10 所示的单电源功率放大电路。

图 4.3.10(a)是带 BJT 前置放大级的单电源功率放大电路,电阻 R_1、R_2 和 T_3 管组成 U_{BE} 扩大电路,起到克服交越失真的作用。电阻 R_3 和 R_4 接到 T_1 和 T_2 管的发射极,

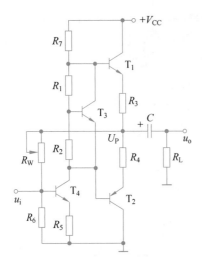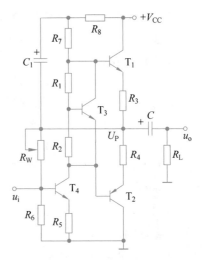

(a) 单电源功放电路　　　　(b) 带自举电路的单电源功放电路

图 4.3.10　带前置放大级的单电源功率放大电路

分别构成 T_1 管和 T_2 管的电流串联负反馈电路，一方面可以稳定复合管的输出电流，另一方面保证两个管子的电流不致太大。

在静态时，调节电位器 R_W 的大小，可以改变电路的静态工作点。例如，将电位器滑动头向下移动，就会使 T_4 管的基极电位 U_{B4} 升高，集电极电位 U_{C4} 降低，并使得 U_P 降低，反之亦然。这样，调节电位器 R_W 能够使 U_P 保持为 $V_{CC}/2$。输出端的电容 C 起到隔直通交的作用，静态时的输出电压为 0，电容 C 两端电压为 $V_{CC}/2$。

加入正弦输入信号 u_i 后，经前置放大级反相放大。在输入信号 u_i 的负半周，T_1 导通，T_2 截止，电流从正电源，经 T_1、R_3 和电容 C，流入负载电阻 R_L，输出信号是正弦波的正半周。在输入信号 u_i 的正半周，T_2 导通，T_1 截止，电流从负载电阻 R_L 流经电容 C、R_4 和 T_2 后流到地，输出信号是正弦波的负半周。在负半周工作时，电容 C 提供电流，起到了负电源的作用。由于时间常数 $R_L C$ 比信号的周期大得多，可以认为在动态时，电容 C 两端的电压几乎不变。

在如图 4.3.10(a) 所示的电路中，当输入信号 u_i 为正弦波的负半周时，信号经 T_4 反相后，送到 T_1 管的基极。由于电阻 R_7 上存在较大的压降，使得 T_1 管的基极电位无法上升到正电源电位，这样，输出电压向正方向变化的幅度受到较大的限制。为了解决这一问题，在电路中加上了隔离电阻 R_8 和自举电容 C_1，如图 4.3.10(b) 所示。在静态时，$U_P = V_{CC}/2$。电阻 R_8 比较小，其静态压降很小，可以认为自举电容 C_1 两端的电压也为 $V_{CC}/2$。当正弦信号加到 T_1 的基极时，输出电压必定向正方向大幅度上升，由于自举电容 C_1 很大，其两端的压降可以认为是不变的，因此，R_7 上端的交流电位也大幅度上升，这就是所谓的自举效应。在自举效应的作用下，输出电压幅值可以达到 $V_{CC}/2$，保证了最大输出功率。

单电源互补对称功率放大电路的功率计算可以使用乙类功率放大电路的计算公式。需要注意的是，公式中的电源电压应取 $V_{CC}/2$。

图 4.3.6、图 4.3.9 等电路使用了双电源,没有输出电容,习惯上称为 **OCL**(Output Capacitorless)电路;图 4.3.10 中的电路使用了单电源,有输出电容,没有输出变压器,习惯上称为 **OTL**(Output Transformerless)电路。下面介绍一种有输出变压器的功率放大电路。

4.3.5 变压器耦合推挽功率放大电路

由 2.7 节的内容可知,变压器可以通过改变初、次级匝数的方法起到阻抗变换的作用,可将实际负载 R_L 通过变压器转换为功率电路的最佳负载 R'_L,实现阻抗匹配。如图 4.3.11 所示,设变压器 Tr_2 的一次绕组匝数为 N_1,二次绕组匝数为 N_2,则等效负载 $R'_L = n^2 R_L$,其中 $n = N_1 / N_2$。

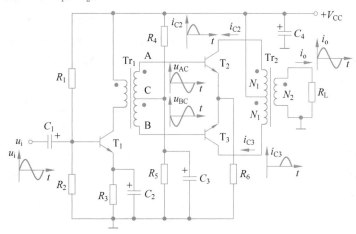

图 4.3.11 变压器耦合甲乙类功率放大电路

图 4.3.11 所示是变压器耦合甲乙类功率放大电路,T_1 构成前置放大级,T_2 和 T_3 构成推挽式输出级电路。输入信号 u_i 经耦合电容 C_1 加到 T_1 的基极,经放大后从集电极输出电流信号,这一电流信号流过 Tr_1 的一次绕组。Tr_1 是输入耦合变压器,其一次绕组是 T_1 集电极负载,通过变压器的耦合作用,Tr_1 二次绕组输出放大后的信号。

Tr_1 的二次绕组在 A 与 C 之间、B 与 C 之间获得大小相等、相位相反的两个信号,这两个信号分别加到 T_2 和 T_3 的基极输入回路中。当输入信号 u_i 为负半周时,T_2 管导通,T_3 管截止;而当 u_i 为正半周时,T_2 管截止,T_3 管导通。在输入信号的一个周期内,T_2、T_3 交替导通,在变压器 Tr_2 的一次侧交替得到大小相同、方向相反的电流 i_{C2} 与 i_{C3}。电阻 R_4 和 R_5 提供直流偏置,静态时使 T_2、T_3 两管处于微导通状态,所以该电路工作在甲乙类放大状态。变压器 Tr_2 的作用是阻抗匹配,传输并合成两个功率管输出的正、负半周波形为一个完整的正弦波。

图 4.3.11 所示电路的输出功率、电源提供的功率、效率、管耗的计算方法与乙类互补对称电路的计算方法相同,此处不再赘述。

虽然变压器耦合功率放大电路能实现阻抗匹配,但由于变压器体积大、效率低、频率特性差且不易集成的特点,故只有在有大功率需求的场合才使用这种电路。

4.3.6　桥式推挽功率放大电路

在前面介绍的 OCL 和 OTL 功率放大电路中,任何一个时刻,只有一个功率管工作,最大输出电压的幅度只能达到整个电源电压的一半,例如,在 OCL 电路中,用两个电源 $+V_{CC}$ 和 $-V_{CC}$,最大输出电压只有一个电源电压的大小,这对电源的利用率是不高的。为了解决这一问题,可以采用两组对称的互补推挽电路提高电源的利用率,如图 4.3.12 所示。在该电路中,四个 BJT 如同四个桥臂,称为桥式推挽功率放大(Balanced Transformerless, BTL)电路。

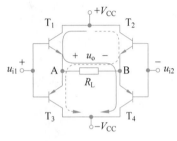

图 4.3.12　BTL 电路

BTL 电路是由两组相同的 OCL 或 OTL 电路组成的,为了简要说明其工作原理,图 4.3.12 中只画出了两对 BJT,而且两对管子的基极也都接在了一起。负载电阻 R_L 接在两对管子的输出端之间。当输入信号 $u_{i1} = u_{i2} = 0$ 时,由于四个 BJT 参数对称,A 和 B 点对地电压 $U_a = U_b = 0$,因此 $u_o = 0$。若两对管子的输入信号 u_{i1} 和 u_{i2} 相位相反,则每一时刻在每一桥臂上,只有上下相对的两个 BJT 导通,另外两个 BJT 截止。具体来说,若 u_{i1} 的极性为正,u_{i2} 的极性为负,则 T_1 和 T_4 管导通,T_2 和 T_3 管截止,电流流过的路径如图 4.3.12 中的实线所示,此时负载 R_L 上获得正半周信号;若 u_{i1} 的极性为负,u_{i2} 的极性为正,则 T_1 和 T_4 管截止,T_2 和 T_3 管导通,电流将会流过 T_2、R_L 和 T_3,如图 4.3.12 中的虚线所示,此时负载 R_L 上获得负半周信号。

由上述分析可知,加上相位相反的输入信号 u_{i1} 和 u_{i2},BTL 电路总是有两个 BJT 导通,如果忽略两个管子的饱和压降,则负载电阻 R_L 两端的最大输出电压增大了一倍,最大输出功率是 OCL 电路最大输出功率的四倍,因此,BTL 电路提高了电源的利用率。目前,BTL 电路在音响设备及一些大功率输出的场合使用较为普遍。

本节介绍了 OCL、OTL、变压器耦合推挽式功率放大电路、BTL 电路,它们各有优缺点,使用时可根据需要合理选择。目前集成功放多为 OCL 和 OTL 电路,若这两种功放不能满足负载的功率要求,则考虑采用分立元件的 OCL、OTL 等功率放大电路。

4.4　集成功率放大器

随着微电子技术的不断发展,集成功率放大器的品种和型号越来越多,形成了模拟集成电路的一个重要分支。集成功放被广泛应用于专业电子产品和设备中,常用的低频集成功放有 LM386、LM4860、TDA2003 等。下面以 LM386、TDA2003 为例,分析其电路结构、参数与应用方法。

1. LM386

LM386 是美国国家半导体公司生产的音频功率放大器,具有自身功耗低、电压增益可调、电源范围大、外接元件少和总谐波失真小等优点,主要应用于低电压消费类产品,例如录音机和收音机。它的输入电压范围为 4～12V,静态功耗低(在 6V 电源电压下,它的静态功耗仅为 24mW),这一特点使得 LM386 特别适用于电池供电的便携式电子设备。

LM386 的外形和引脚图如图 4.4.1 所示。LM386 组成的电路电压增益可在 20～200 范围任意选取,电压增益表达式为

$$A_u = \frac{2R_7}{R_5 + R_6}$$

式中,$R_5 = 150\Omega$,$R_6 = 1.35\text{k}\Omega$,$R_7 = 15\text{k}\Omega$,它们都是 LM386 的内部电阻。当 1 脚和 8 脚开路时,将 R_5、R_6、R_7 的值代入上述表达式可得电压增益为 20,此时使用元件最少,如图 4.4.2 所示;若在 1 脚和 8 脚之间外接电容 C_3,可将 R_6 短路,此时的电压增益为 200,如图 4.4.3 所示;若在 1 脚和 8 脚之间增加外接电阻 R_2 和电容 C_3,则 R_6 与外接电阻 R_2 并联,选择 R_2 的阻值便可将电压增益调为 20～200 的任意值,如图 4.4.4 所示。例如,当 $R_2 = 1.2\text{k}\Omega$ 时,电路的电压增益 $A_u = 50$。

图 4.4.1 LM386 的外形和引脚图

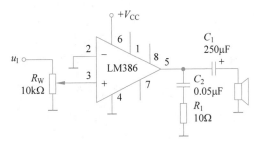

图 4.4.2 放大器增益 $A_u = 20$(元件最少)

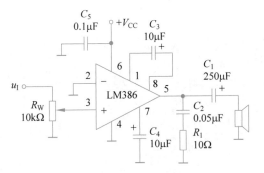

图 4.4.3 放大器增益 $A_u = 200$

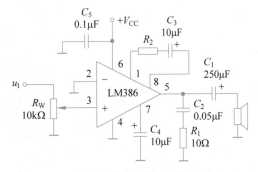

图 4.4.4 通过外接电阻和电容调节增益 A_u

2. TDA2003

TDA2003 集成功率放大器的特点是电流输出能力强,谐波失真和交越失真小,各引脚都有交、直流短路保护,使用安全,可以用于汽车音响等电路。图 4.4.5 是它的外形和引脚图,表 4.4.1 是它的引脚说明。

表 4.4.1　TDA2003 引脚说明

引脚编号	符号	端子名称
1	+IN	同相输入端
2	−IN	反向输入端
3	GND	地
4	OUT	输出
5	V_{CC}	电源

图 4.4.5　TDA2003 的外形和
引脚图

TDA2003 集成功率放大器的电源电压范围为 $8\sim18\mathrm{V}$；其静态输出电压的典型值为 $6.9\mathrm{V}$；在输出信号失真度为 10% 时，典型输出功率为 $6\mathrm{W}(f=1\mathrm{kHz},R_L=8\Omega)$。当输出功率等于 $1\mathrm{W}$ 且负载 $R_L=4\Omega$ 时，频带宽度为 $40\sim15000\mathrm{Hz}$，而闭环增益约为 $40\mathrm{dB}$，芯片效率为 $65\%\sim69\%$（与输出功率与负载大小有关）。

图 4.4.6 是 TDA2003 集成功率放大器的典型应用电路与推荐的元器件参数。其中，C_1 为输入耦合电容，C_2 与外接电阻 R_1、R_2 构成交流负反馈，用于改善放大器的音质，C_3 和 C_4 是电源滤波电容，C_5 是输出耦合电容，推荐值为 $1000\mu\mathrm{F}$，如果低于推荐值，那么下限截止频率会升高；R_3 和 C_6 的作用是提高频率的稳定性；电阻 R_X 和电容 C_X 决定电路的上限截止频率，其推荐值由 $R_X=20R_2$ 与 $C_X\approx\dfrac{1}{2\pi B\cdot R_1}$ 两个关系式确定，其中，B 是带宽；电阻 R_1 用来设置增益，其推荐值由关系式 $R_1=(A_u-1)R_2$ 决定。

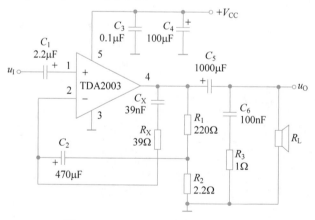

图 4.4.6　TDA2003 的典型应用电路

小结

（1）功率放大电路是在大信号工作，通常采用图解法进行分析。研究的重点是在允许一定的失真范围内，尽可能提高输出功率和效率。

（2）根据管子在一个周期内导通时间的不同，放大电路可以分为甲类、乙类和甲乙类。乙类互补对称功率放大电路主要优点是效率高,但有交越失真。

(3)甲乙类互补对称功率放大电路可以有效改善失真,通常可以采用二极管或 U_{BE} 扩大电路进行偏置,其分析计算方法与乙类互补对称电路相同。

(4)在计算单电源甲乙类互补对称功率放大电路(OTL)的性能指标时,可以利用双电源乙类互补对称功率放大电路的公式,但要用 $V_{CC}/2$ 代替原公式中的 V_{CC}。

(5)在选择功率管时,管子的参数必须保证极限参数的要求,并留有一定的裕量。

(6)变压器耦合功率放大电路能实现阻抗匹配,但由于变压器体积大、效率低、频率特性差且不易集成的缺点,故只在需要大功率输出时才使用。

(7)集成功率放大器具有体积小、效率高及电压增益可调等优点,在现代电子技术产品中得到广泛应用。

习题

4.1 选择填空。

(1)功率放大电路与电压放大电路的区别是_____。

　　A. 前者比后者电源电压高

　　B. 前者比后者电压放大倍数大

　　C. 前者比后者效率高

　　D. 在电源电压相同的情况下,前者比后者最大不失真输出电压大

(2)功放电路的效率主要与_____有关。

　　A. 电源供给的直流功率　　　B. 电路输出最大功率　　　C. 电路的工作状态

(3)交越失真是一种_____失真。

　　A. 截止失真　　　　　　　　B. 饱和失真　　　　　　　　C. 非线性失真

4.2 题图 4.2 所示为一种甲类功放,设三极管的各极限参数足够大,电流放大系数 $\beta=30$,$U_{BE}=0.7V$,饱和压降 $U_{CES}=1V$,输入为正弦信号。

(1)求电路的最大不失真输出功率 P_{om},此时 R_b 应调整到什么数值?

(2)求此时电路的效率 η。

4.3 互补对称功放电路如题图 4.3 所示,试求:

(1)忽略三极管的饱和压降 U_{CES} 时的最大不失真输出功率 P_{om}。

(2)饱和压降 $|U_{CES}|=1V$ 时的最大不失真输出功率 P_{om}。

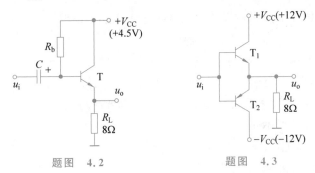

题图 4.2　　　　　　　　　　　题图 4.3

4.4 功放电路如题图 4.3 所示,设输入为正弦信号,$R_L = 8\Omega$,要求最大输出功率 $P_{om} = 9W$,忽略三极管的饱和压降 U_{CES},试求:

(1) 正、负电源 V_{CC} 的最小值。

(2) 输出功率最大($P_{om} = 9W$)时,电源供给的功率 P_E。

4.5 互补对称功放电路如题图 4.5 所示,设三极管 T_1、T_2 的饱和压降 $|U_{CES}| = 2V$,试求:

(1) 当 T_3 管的输出信号有效值 $U_{o3} = 10V$ 时,求电路的输出功率、管耗、直流电源供给的功率和效率。

(2) 该电路不失真的最大输出功率和所需的 U_{o3} 是多少?

(3) 说明二极管 D_1、D_2 在电路中的作用。

4.6 功放电路如题图 4.5 所示,若要求在 16Ω 负载上输出 $8W$ 的功率,试确定该电路这时的输出效率 η。

4.7 对于题图 4.7 所示的功放电路,试回答下列问题:

(1) 该电路属于哪种功放电路?

(2) 该电路的工作状态如何? 如果输出信号出现交越失真,应调整哪个元件?

(3) 设 $\pm V_{CC} = \pm 15V$,$R_4 = R_6 = 220\Omega$,$R_5 = R_7 = 0.5\Omega$,$R_L = 8\Omega$,计算出电路的最大不失真输出功率 P_{om}。

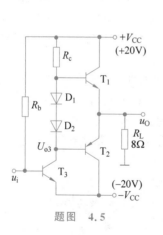

题图 4.5

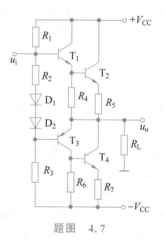

题图 4.7

4.8 在如题图 4.8 所示的单电源互补对称电路中,设 $V_{CC} = 20V$,$R_L = 8\Omega$,T_1、T_2 的饱和压降 $|U_{CES}| = 1V$,试回答下列问题:

(1) 静态时,电容 C_2 两端的电压应是多少?

(2) 动态时,若出现交越失真,应调整哪个元件? 如何调整?

(3) 计算出电路的最大不失真输出功率 P_{om} 和效率 η。

4.9 如题图 4.9 所示是一种功放电路,试回答:

(1) T_1、T_2、T_3 的作用和工作状态是怎样的?

(2) 静态时 R_L 上的电流值是多少?

（3）D_1、D_2 的作用是什么？若一只极性接反，会出现什么问题？

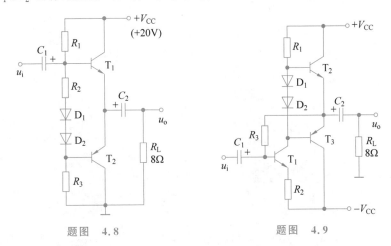

题图　4.8　　　　　　　　　　题图　4.9

4.10　集成运放作前置级的功放电路如题图 4.10 所示，设 $\pm V_{CC} = \pm 15\text{V}$，$T_1$、$T_2$ 的饱和压降 $|U_{CES}| = 1\text{V}$，$R_L = 8\Omega$，集成运放的最大不失真输出电压幅值 $U_{OA} = \pm 15\text{V}$。

（1）计算电路的最大不失真输出功率 P_{om} 和效率 η。

（2）若 u_i 的有效值 $U_i = 100\text{mV}$，$R_1 = 1\text{k}\Omega$，$R_f = 49\text{k}\Omega$，利用负反馈的知识求得电压放大倍数为 50，计算电路的输出功率。

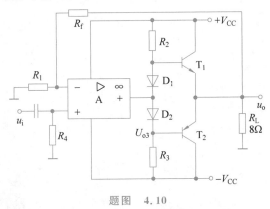

题图　4.10

第 5 章

集成运算放大器

内容提要：

集成运算放大器是模拟电路中应用十分广泛的一类器件。本章首先介绍集成运算放大器的基本概念，引出"零点漂移"问题，进而介绍差动放大电路，然后探讨集成运算放大器中的单元电路，尤其是电流源的应用，在此基础上介绍集成运算放大器的工作原理及使用方法、主要参数和不同类型，最后简单讨论了集成运放的电路模型、电压传输特性和理想运放模型。

学习目标：

1. 理解"零点漂移"产生的原因和克服"零点漂移"的方法。
2. 掌握不同差动放大电路的工作原理和指标计算方法。
3. 理解集成运放中各单元电路的作用和工作原理。
4. 了解集成运放的主要参数及其使用方法。
5. 掌握理想运放的指标和模型。

重点内容：

1. 差动放大电路的工作原理和指标计算。
2. 电流源在集成运放中的应用。
3. 理想运放模型。

5.1 概述

前面几章讨论的那些由电阻、电容、二极管、BJT、场效应管等元器件组成的电路，称为分立元件电路。20 世纪 60 年代，用半导体制造工艺把整个电路中的元器件制作在一块半导体硅片上，构成具有特定功能的电子电路，称为集成电路。集成电路可分为模拟集成电路和数字集成电路。模拟集成电路的种类很多，有集成运算放大器、集成功率放大器、集成模拟乘法器、集成锁相环、集成稳压器等。集成运算放大器是最重要、用途最广的一种模拟集成电路。实际上，集成运算放大器是一种高增益的直接耦合的多级放大电路。在早期的模拟计算机中广泛使用这种器件来完成诸如比例、求和、积分、微分、对数、反对数、乘法等运算，因而得名运算放大器，简称运放。虽然现在的运放已经超出了运算的应用范畴，但习惯上仍称为运算放大器。

5.1.1 集成电路的特点

集成电路要将大量的元器件集成在同一片硅片上，其生产工艺及其他各个方面对元器件的要求均比分立元件高得多。与分立元件电路相比，集成电路中的元器件具有以下特点：

(1) 元器件参数一致性好。由于元器件在相同的工艺条件下制成在同一硅片上，虽然元器件参数具有分散性，但同一硅片上的元器件参数具有良好的一致性和同向偏差，容易制成两个特性相同的管子或两个阻值相等的电阻。

(2) 用有源器件代替无源器件。集成电路中的电阻是使用半导体材料的体电阻制成的,因而很难制造大的电阻。在需要使用几百千欧姆以上的大电阻时,往往使用有源负载电路。

(3) 采用复合结构的电路。由于复合结构电路的性能较佳,因而在集成电路中多采用复合管、共集-共基等组合电路。

(4) 级间采用直接耦合方式。集成电路中的电容是用 PN 结的结电容做的,只能制作几十皮法以下的小电容,因此,在集成电路内部,各级放大电路之间都采用直接耦合方式。如果需要使用大电容,那么只能采用外接方式。

(5) 集成电路中不能制造电感,如果需要也只能采用外接方式。

5.1.2 直接耦合放大电路的零点漂移

集成运放是直接耦合的多级放大电路,在 2.7 节中对直接耦合的特点做了说明,这里主要讨论直接耦合放大电路的零点漂移问题。

当直接耦合放大电路的输入信号为零而输出端不为零时,有缓慢变化的电压产生,即输出电压偏离零点而上下波动,如图 5.1.1 所示,这种现象就称为零点漂移,简称零漂。

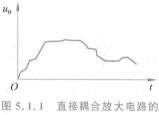

图 5.1.1 直接耦合放大电路的零点漂移

在直接耦合放大电路中,零点漂移往往是由于温度变化引起的,温度变化会使 BJT 的 U_{BE}、β、I_{CEO} 发生变化,从而引起放大器静态工作点的变化。当第一级放大电路的静态工作点受温度影响发生微小而又缓慢的变化时,这种变化量会被后面的电路逐级放大,最终在输出端产生较大的电压漂移,因而零点漂移也叫温漂。当这种漂移电压大到一定程度时,就无法与正常放大的信号加以区别,使得放大电路不能正常工作。

为了克服零点漂移,可以采用多种方法。例如,在第 2 章介绍的使用温度补偿技术和直流负反馈技术稳定静态工作点。再比如,在集成运放中,输入级通常采用差动放大电路来克服零点漂移,这也是诸多方法中最有效的一种方法。

5.1.3 集成运放的基本结构

集成运放的内部电路尽管有很多不同,但从总体结构来看,有着许多共同之处,其内部基本结构示意图如图 5.1.2 所示。

图 5.1.2 集成运放的内部基本结构示意图

从图 5.1.2 中可以看出,集成运放通常由输入级、中间级、输出级和偏置电路四部分组成。

输入级需具有较高的输入电阻和抑制干扰与零点漂移的能力，一般采用高性能的差动放大电路。

中间级的主要任务是实现电压放大，要具有很高的电压增益，因而常采用共射放大电路或共源放大电路，并选用复合管作放大管，使用电流源作有源负载以提高放大能力。

输出级应具有较强的带负载能力，需具有较小的输出电阻和较大的动态输出范围，一般采用甲乙类互补对称功率放大电路，并增加必要的过流保护、过压保护等电路，来提高运放的可靠性。

偏置电路主要为以上各级电路提供必要的直流偏置电流，并使整个运放的静态工作点稳定且功耗较小，大多是由各种电流源组成。

下面将逐一介绍构成集成运放的单元电路，首先从输入级开始探讨差动放大电路的工作原理及其应用。

5.2 差动放大电路

差动放大电路也称为差分放大电路，是将放大电路两个输入端信号之差作为输入信号。所谓"差动"，是指只有当两个输入端信号有差别时输出电压才有变动。下面详细讨论差动放大电路的工作原理和主要参数的计算方法。

5.2.1 差动放大电路的工作原理

图 5.2.1 是一个典型差动放大电路。其中，T_1 管和 T_2 管参数对称，即 $U_{BE1}=U_{BE2}=U_{BE}$，$\beta_1=\beta_2=\beta$，$I_{CEO1}=I_{CEO2}=I_{CEO}$。电路两边参数完全对称，即 $R_{b1}=R_{b2}=R_b$，$R_{c1}=R_{c2}=R_c$。两管的发射极连在一起，并接同一个发射极电阻 R_e。由于 R_e 接负电源 $-V_{EE}$，像是拖着一个长尾巴，因此该电路又称为长尾式差动放大电路。

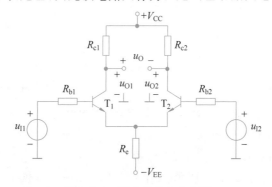

图 5.2.1 基本差动放大电路

1. 差模输入信号和共模输入信号

从图 5.2.1 中可以看到，差动放大电路有两个输入端，两个输入信号分别表示为 u_{I1} 和 u_{I2}；有两个输出端，若输出信号分别表示为 u_{O1} 和 u_{O2}，则 $u_O=u_{O1}-u_{O2}$。

在实际应用中，两个输入信号之差是有用信号，称为差模输入信号（Difference-mode signal），即

动画

$$u_{Id} = u_{I1} - u_{I2} \tag{5.1.1}$$

两个输入信号的平均值称为共模输入信号(Common-mode signal),即

$$u_{Ic} = \frac{1}{2}(u_{I1} + u_{I2}) \tag{5.1.2}$$

这样,用 u_{Id} 和 u_{Ic} 来表示 u_{I1} 和 u_{I2},可得

$$u_{I1} = u_{Ic} + \frac{1}{2}u_{Id} \tag{5.1.3}$$

$$u_{I2} = u_{Ic} - \frac{1}{2}u_{Id} \tag{5.1.4}$$

由式(5.1.3)和式(5.1.4)可见,输入信号包括差模信号和共模信号两种类型,差模信号是差动放大电路两个输入端所加的大小相等、极性相反的信号;共模信号是差动放大电路两个输入端所加的相同的输入信号,即大小相等、极性相同。

2. 电路的静态分析

在静态时,$u_{I1} = u_{I2} = 0$,由于电路两边完全对称,因此 T_1 和 T_2 的静态工作点相同,下面只讨论 T_1 管的静态工作点计算。

对 T_1 管的输入回路列 KVL 方程得

$$V_{EE} - U_{BE} = I_{B1}R_b + 2I_{E1}R_e \tag{5.1.5}$$

由式(5.1.5)可求出 I_{B1} 或 I_{E1},从而求出静态工作点。通常情况下,R_b 的阻值很小(很多情况下 R_b 为信号源内阻),并且 $I_{B1} \ll I_{E1}$,所以 R_b 上的电压可以忽略不计,由此可知 $U_{B1} = U_{B2} = U_B \approx 0\text{V}$,$U_E \approx -U_{BE}$,从而求得

$$I_{E1} = I_{E2} = I_E = \frac{V_{EE} - U_{BE}}{2R_e}$$

$$I_{C1} = I_{C2} = I_C \approx I_E$$

$$I_{B1} = I_{B2} = I_B = \frac{I_E}{1+\beta}$$

$$U_{CE1} = U_{CE2} = U_{CE} = V_{CC} - I_C R_c + U_{BE}$$

对于 T_1 和 T_2 的集电极电位有 $U_{C1} = U_{C2} = U_C = V_{CC} - I_C R_c$,可知输出电压为

$$u_O = U_{C1} - U_{C2} = 0 \tag{5.1.6}$$

3. 电路的动态分析

1)差动放大电路对差模信号的放大作用

差动放大电路如图 5.2.2(a)所示。当在输入端加一个差模信号 Δu_{Id} 时,由于电路参数的对称性,Δu_{Id} 经分压后,加在 T_1 管的输入信号是 $\Delta u_{Id}/2$,加在 T_2 管的输入信号是 $-\Delta u_{Id}/2$,即 $\Delta u_{I1} = -\Delta u_{I2} = \Delta u_{Id}/2$。

T_1 管在 $\Delta u_{Id}/2$ 的作用下,发射极电流产生了一个正的增量($+\Delta i_{E1}$);T_2 管在 $-\Delta u_{Id}/2$ 的作用下,发射极电流产生了一个负的增量($-\Delta i_{E2}$)。由于这两个增量的大小相等、极性相反,互相抵消,因此,流过电阻 R_e 的电流保持不变,电阻 R_e 两端的电压也保持不变。所以,对差模信号而言,R_e 不起作用,相当于交流短路。由于负载电阻 R_L 中点

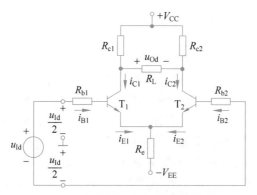

(a) 差动放大电路加差模电压信号

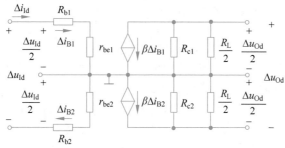

(b) 等效电路

图 5.2.2　差动放大电路的动态分析

的电位在差模信号下也保持不变,相当于接"地",故可将 R_L 分为两个相等的部分。因此,可以画出差模信号作用下的等效电路,如图 5.2.2(b)所示。需要注意的是,在图 5.2.2(b)中,由电路参数对称以及静态电流相同很容易可以推出,$\Delta i_{B1} = \Delta i_{B2} = \Delta i_B$,$r_{be1} = r_{be2} = r_{be}$。

由图 5.2.2(b)可知,因为电路两边完全对称,又有 $\Delta u_{I1} = -\Delta u_{I2}$,所以两管输出电压 Δu_{Od1}、Δu_{Od2} 也是大小相等、方向相反,即 $\Delta u_{Od1} = -\Delta u_{Od2}$,故 $\Delta u_{Od} = \Delta u_{Od1} - \Delta u_{Od2} = 2\Delta u_{Od1}$。在图 5.2.2(b)中,$\Delta u_{I1} = \Delta i_B(R_b + r_{be})$,$\Delta u_{Od1} = -\beta \Delta i_B\left(R_c // \dfrac{R_L}{2}\right)$,因此可求得差模电压放大倍数为

$$A_{ud} = \frac{\Delta u_{Od}}{\Delta u_{Id}} = \frac{2\Delta u_{Od1}}{2\Delta u_{I1}} = \frac{\Delta u_{Od1}}{\Delta u_{I1}} = -\frac{\beta\left(R_c // \dfrac{R_L}{2}\right)}{R_b + r_{be}} \tag{5.1.7}$$

通过分析,可以看出差动放大电路使用了两倍的元器件,只得到了相当于单管共射放大电路的放大倍数。这实质上是通过牺牲一个管子的放大倍数,换得了良好的温度漂移特性。

从图 5.2.2(b)可以看出,电路的差模输入电阻为

$$R_i = \frac{\Delta u_{Id}}{\Delta i_{Id}} = 2(R_b + r_{be}) \tag{5.1.8}$$

电路的输出电阻为

$$R_{\text{o}} = 2R_{\text{c}} \tag{5.1.9}$$

2）差动放大电路对共模信号的抑制作用

在实际应用中，差模信号是需要被放大的有用信号，而伴随着有用信号同时会有加到放大电路输入端的干扰信号，或者是零点漂移折算到输入端的等效信号，这些信号是需要剔除的共模信号，为了便于分析，看作是给差动放大电路加共模输入信号。当差动放大电路输入端所加的信号为共模输入信号时，即 $\Delta u_{\text{I1}} = \Delta u_{\text{I2}} = \Delta u_{\text{Ic}}$。由于电路的对称特性，$T_1$ 和 T_2 管的基极电流和集电极电流的变化量也相等，即 $\Delta i_{\text{B1}} = \Delta i_{\text{B2}}$，$\Delta i_{\text{C1}} = \Delta i_{\text{C2}}$，因此两管的集电极电位产生了相等的增量，即 $\Delta u_{\text{Oc1}} = \Delta u_{\text{Oc2}}$，因而共模输出电压 $\Delta u_{\text{Oc}} = \Delta u_{\text{Oc1}} - \Delta u_{\text{Oc2}} = 0\text{V}$，从而求得共模电压放大倍数为

$$A_{\text{uc}} = \frac{\Delta u_{\text{Oc}}}{\Delta u_{\text{Ic}}} = 0 \tag{5.1.10}$$

如前所述，温度的变化会使直接耦合放大电路产生严重的零点漂移。对于差动放大电路来说，温度变化对电路左右两边的影响是相同的，可以看成是加了一对共模输入信号，如果电路是完全对称的，那么共模电压放大倍数 A_{uc} 为 0，其共模输出电压 $\Delta u_{\text{Oc}} = 0$。也就是说，利用电路的对称特性克服了温度对其产生的不利影响，抑制了零点漂移。当然，这是一种理想情况。实际上电路两边的参数不可能做到绝对对称，共模电压放大倍数 A_{uc} 也不可能为 0，因此共模输出信号也不可能为 0。如果电路不是完全对称的，由于发射极电阻 R_{e} 的负反馈作用（参见 2.4 节），也能够减小集电极电位的漂移，即单端输出时的零点漂移也非常小。因此，可以说差动放大电路是利用电路的对称性和发射极电阻 R_{e} 的负反馈抑制了零点漂移。由于集成电路中相邻元器件的特性一致性很好，因而集成运放中的差动放大电路比较接近理想情况下的对称状态，所以，A_{uc} 的数值一般很小，共模输出电压 Δu_{Oc} 也很小。对于某些外界干扰信号，如果它们对差动放大电路两边的影响相同，则可以看成是一种共模输入信号，差动放大电路对这些信号也有很强的抑制作用。

3）共模抑制比

差模电压放大倍数 A_{ud} 反映了差动放大电路放大有用信号的能力，当然希望它大一些；共模电压放大倍数 A_{uc} 反映了抑制共模信号的能力，其值越小越好。为了全面衡量差动放大电路性能的好坏，定义共模抑制比 K_{CMR} 为

$$K_{\text{CMR}} = \left| \frac{A_{\text{ud}}}{A_{\text{uc}}} \right| \tag{5.1.11}$$

K_{CMR} 的值也可以用对数形式表示为

$$K_{\text{CMR}} = 20\lg \left| \frac{A_{\text{ud}}}{A_{\text{uc}}} \right| \tag{5.1.12}$$

由定义可知，K_{CMR} 的值越大，表明差动放大电路的性能越好。在电路理想对称的情况下，由于 $A_{\text{uc}} = 0$，因此 $K_{\text{CMR}} = \infty$。

5.2.2　差动放大电路的四种接法

差动放大电路有两个输入端和两个输出端。当信号从两个输入端送入时，称为双端

输入方式;如果信号从一个输入端送入,另一个输入端接地,则称为单端输入方式。如果输出信号从两个 BJT 的集电极之间取出,则称为双端输出方式;如果信号从一个 BJT 的集电极对地之间输出,则称为单端输出方式。前面所讲电路为双端输入、双端输出方式,A_{ud}、A_{uc} 和 K_{CMR} 均是这种方式下的参数。下面介绍其他三种方式电路的原理与参数计算。

1. 双端输入、单端输出方式

图 5.2.3 为双端输入、单端输出方式的差动放大电路,与图 5.2.1 所示的双端输入、双端输出方式相比,不同之处在于只使用一个输出端,即从 T_1 的集电极对地之间输出。

1) 电路的静态分析

从图 5.2.3 中可以看出,电路的输出回路不再对称,因此,两管的静态工作点也不再完全相同。对于 T_1 管的集电极,使用戴维南定理可以求得等效直流电源 $V'_{CC} = \dfrac{R_L}{R_c + R_L} V_{CC}$ 和等效电阻 $R'_c = R_c /\!/ R_L$,从而画出电路的直流通路,如图 5.2.4 所示。

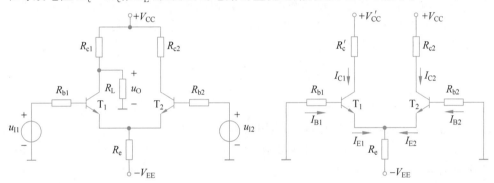

图 5.2.3　双端输入、单端输出方式的差动放大电路　　图 5.2.4　图 5.2.3 所示电路的直流通路

由图 5.2.4 可知,由于电路的输入回路是对称的,因此基极电流和集电极电流是相等的,仍然可以用前面的方法求得,即

$$I_{E1} = I_{E2} = I_E = \frac{V_{EE} - U_{BE}}{2R_e}$$

$$I_{C1} = I_{C2} = I_C \approx I_E$$

$$I_{B1} = I_{B2} = I_B = \frac{I_E}{1 + \beta}$$

可分别求出 U_{CE1}、U_{CE2},即

$$U_{CE1} = V'_{CC} - I_C R'_c + U_{BE}$$

$$U_{CE2} = V_{CC} - I_C R_c + U_{BE}$$

2) 电路的动态分析

(1) 加入差模输入信号。

根据图 5.2.3 可画出加入差模信号的等效电路,如图 5.2.5 所示。当加入差模输入信号时,输入回路的参数与双端输出的电路参数相同,负载电阻仅从 T_1 管的集电极对地

输出,与双端输出相比,差模放大倍数必然会减小。由图 5.2.5 可知,$\Delta u_{\mathrm{Id}} = 2\Delta i_{\mathrm{B}}(R_{\mathrm{b}} + r_{\mathrm{be}})$,$\Delta u_{\mathrm{Od}} = \Delta u_{\mathrm{Od1}} = -\beta \Delta i_{\mathrm{B}}(R_{\mathrm{c}} /\!/ R_{\mathrm{L}})$,因此可求得差模放大倍数为

$$A_{\mathrm{ud}} = \frac{\Delta u_{\mathrm{Od}}}{\Delta u_{\mathrm{Id}}} = -\frac{1}{2}\frac{\beta(R_{\mathrm{c}} /\!/ R_{\mathrm{L}})}{R_{\mathrm{b}} + r_{\mathrm{be}}} \tag{5.1.13}$$

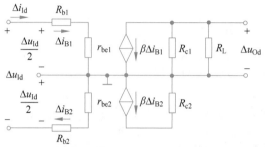

图 5.2.5   图 5.2.3 所示电路加差模信号的等效电路

由此可见,输出电压由 T_1 管的集电极取出,差模电压放大倍数为负值,即输入和输出反相。如果输出电压从 T_2 管的集电极取出,输入信号不变,则 $\Delta u_{\mathrm{Od}} = \Delta u_{\mathrm{Od2}} = -\Delta u_{\mathrm{Od1}}$,因此差模电压放大倍数为

$$A_{\mathrm{ud}} = \frac{\Delta u_{\mathrm{Od}}}{\Delta u_{\mathrm{Id}}} = \frac{1}{2}\frac{\beta(R_{\mathrm{c}} /\!/ R_{\mathrm{L}})}{R_{\mathrm{b}} + r_{\mathrm{be}}} \tag{5.1.14}$$

A_{ud} 为正值,即输入和输出同相。

由于电路的输入回路没有变化,输入电阻没有变化,即

$$R_{\mathrm{i}} = 2(R_{\mathrm{b}} + r_{\mathrm{be}}) \tag{5.1.15}$$

电路的输出电阻为

$$R_{\mathrm{o}} = R_{\mathrm{c}} \tag{5.1.16}$$

(2) 加入共模输入信号。

图 5.2.6(a)是双端输入、单端输出工作方式下加入共模输入信号的差动放大电路。若在 T_1 和 T_2 管的输入端加共模信号 Δu_{Ic},则产生了相同的发射极电流变化量,即 $\Delta i_{\mathrm{E1}} = \Delta i_{\mathrm{E2}} = \Delta i_{\mathrm{E}}$,流过 R_{e} 的发射极电流变化量为 $2\Delta i_{\mathrm{E}}$,发射极电位的变化量为 $2\Delta i_{\mathrm{E}} R_{\mathrm{e}}$,或者可以说,对每个 BJT 而言,相当于发射极电阻变成了 $2R_{\mathrm{e}}$,图 5.2.6(b)给出了与输出电压相关的 T_1 管的等效电路。根据等效电路,可以求得共模放大倍数为

$$A_{\mathrm{uc}} = \frac{\Delta u_{\mathrm{Oc}}}{\Delta u_{\mathrm{Ic}}} = -\frac{\beta(R_{\mathrm{c}} /\!/ R_{\mathrm{L}})}{R_{\mathrm{b}} + r_{\mathrm{be}} + 2(1+\beta)R_{\mathrm{e}}} \tag{5.1.17}$$

从式(5.1.17)可以看出,由于 $2(1+\beta)R_{\mathrm{e}}$ 很大,即 A_{uc} 很小,因此单端输出时的温漂也很小。

(3) 共模抑制比。

由式(5.1.13)和式(5.1.17)可求得共模抑制比为

$$K_{\mathrm{CMR}} = \left| \frac{A_{\mathrm{ud}}}{A_{\mathrm{uc}}} \right| = \frac{R_{\mathrm{b}} + r_{\mathrm{be}} + 2(1+\beta)R_{\mathrm{e}}}{2(R_{\mathrm{b}} + r_{\mathrm{be}})} \tag{5.1.18}$$

由式(5.1.17)和式(5.1.18)可以看出,发射极电阻 R_{e} 越大,则 A_{uc} 越小,K_{CMR} 越

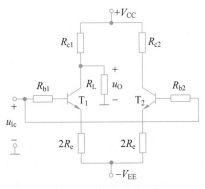

(a) 差动放大电路加共模输入信号

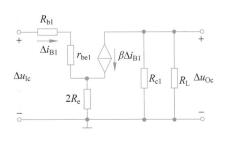

(b) 等效电路

图 5.2.6　图 5.2.3 所示电路加共模信号的等效电路

大,电路的性能也就越好。因此,增大发射极电阻 R_e 可以提高共模抑制能力,改善电路性能,但由于受到静态电流和电源电压的限制,R_e 也不可能取得太大。

2. 单端输入、双端输出方式

在实际工作中,经常需要使差动放大电路采用单端输入方式,即从一个输入端送入输入信号,而另一个输入端接地。图 5.2.7 所示电路就是单端输入、双端输出的差动放大电路。

在静态时,图 5.2.7 和图 5.2.1 的电路相同,其分析方法和静态工作点的计算结果都是一样的,此处不再赘述。

在动态时,单端输入方式可以看成双端输入方式的一种特殊情况,可以将输入信号进行等效变换。在加信号的输入端,将输入信号 Δu_I 等效为两个极性相同、电压值为 $\Delta u_I/2$ 的信号源串联;在另一接地输入端,输入信号则等效为两个极性相反、电压值为 $\Delta u_I/2$ 的信号源串联,如图 5.2.8 所示。可以看出,同双端输入时一样,两个输入端的差模信号仍为 $\pm\Delta u_I/2$,但同时输入了 $\Delta u_I/2$ 的共模信号。因此,在共模放大倍数不为零时,输出端不仅有差模输出电压,还有共模输出电压,即输出电压为

$$\Delta u_O = \Delta u_{Od} + \Delta u_{Oc} = A_{ud}\Delta u_I + A_{uc}\frac{\Delta u_I}{2} \tag{5.1.19}$$

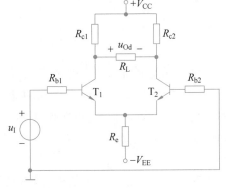

图 5.2.7　单端输入、双端输出差动放大电路

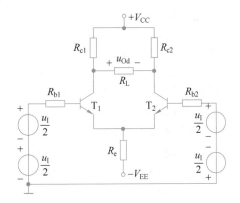

图 5.2.8　图 5.2.7 所示电路的等效电路

在电路理想对称的情况下,由于 $A_{uc}=0$,因此 $\Delta u_O=A_{ud}\Delta u_I$,此时 $K_{CMR}=\infty$。

由以上分析可知,单端输入、双端输出方式与双端输入、双端输出方式完全一样, A_{ud}、R_i、R_o 的计算方法也完全相同,在此不再详述。

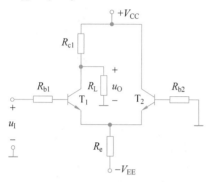

图 5.2.9 单端输入、单端输出差动放大电路

3. 单端输入、单端输出方式

图 5.2.9 所示电路为单端输入、单端输出方式的差动放大电路。由于可以等效为双端输入、单端输出方式,该电路的静态分析和动态分析与图 5.2.3 所示的双端输入、单端输出方式的差动放大电路分析方法相同,主要参数的计算结果也是相等的,在此不再重复说明。需要指出的是,对于单端输出方式,由于不影响电路性能参数,常将不输出信号的 BJT 的集电极电阻省掉,例如,图 5.2.9 所示电路省去了 T_2 的集电极电阻。

综上,对于四种接法电路的动态参数,归纳总结如下:

(1)差模电压放大倍数 A_{ud} 仅与输出方式有关,与输入方式无关。双端输出时,

$$A_{ud}=-\frac{\beta\left(R_c//\dfrac{R_L}{2}\right)}{R_b+r_{be}}$$;单端输出时,$A_{ud}=\pm\frac{1}{2}\frac{\beta(R_c//R_L)}{R_b+r_{be}}$。需要注意的是,单端输出时,

从不同的 BJT 集电极输出,放大倍数的符号不同。

(2)共模电压放大倍数 A_{uc} 也仅与输出方式有关。双端输出时,$A_{uc}=0$;单端输出

时,$A_{uc}=-\dfrac{\beta(R_c//R_L)}{R_b+r_{be}+2(1+\beta)R_e}$。

(3)差模输入电阻 R_i 都是相等的,$R_i=2(R_b+r_{be})$。

(4)输出电阻 R_o 与输出方式有关,双端输出时,$R_o=2R_c$;单端输出时,$R_o=R_c$。

(5)共模抑制比 K_{CMR} 仅与输出方式有关。双端输出时,K_{CMR} 等于无穷大(理想差

动放大电路);单端输出时,$K_{CMR}=\dfrac{R_b+r_{be}+2(1+\beta)R_e}{2(R_b+r_{be})}\approx\dfrac{(1+\beta)R_e}{R_b+r_{be}}$。

5.2.3 差动放大电路的改进

通过前面的分析可以看出,增大发射极电阻 R_e 可以提高电路的共模抑制能力,尤其是对应单端输出方式的差动放大电路。但是,R_e 的增大是有限度的。如果 R_e 增大得太多,电源电压不变,则静态电流 I_C、I_B 太小,会影响电路的正常工作;如果要保持 I_C、I_B 不变,则电源电压就很高。因而希望用一种直流电阻不大、但交流电阻很大的电路来代替 R_e 以解决以上问题,具有这样特点的电路就是恒流源。

图 5.2.10(a)是一种带有恒流源的差动放大电路。根据第 2 章介绍的内容,三极管 T_3 管和电阻 R_1、R_2、R_3 组成了电流源,它的直流电阻很小而交流电阻很大。电路中,电

流 $I_{C3} \approx i_{C1} + i_{C2}$，由于 I_{C3} 保持不变，$i_{C1} = i_{C2} = \dfrac{I_{C3}}{2}$ 也为恒定值。在静态时，合理选择 R_1、R_2、R_3 的阻值以及 T_3 的参数，使差动放大电路有合适的静态工作点；在动态时，恒流源的交流等效电阻代替了原来的 R_e，由于恒流源的交流电阻很大，因此这种带恒流源的差动放大电路具有更高的共模抑制比。电流源的具体电路有很多种，常用恒流源符号取代电路，如图 5.2.10(b) 所示。

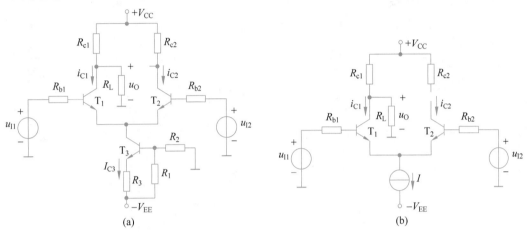

图 5.2.10　带恒流源的差动放大电路

【例 5.2.1】　差动放大电路及其参数如图 5.2.11 所示，T_1 管和 T_2 管的特性一致，$r_{bb'} = 200\,\Omega$，$\beta = 50$，$U_{BE} = 0.7\text{V}$，$R_{b1} = R_{b2} = R_b = 1\text{k}\Omega$，$R_{c1} = R_{c2} = R_c = 5.1\text{k}\Omega$，$R_e = 5.1\text{k}\Omega$，$R_W = 100\,\Omega$，$R_L = 100\text{k}\Omega$，总的差模输入信号 $u_{Id} = 50\text{mV}$，共模干扰信号 $u_{Ic} = 1\text{V}$，试求：

（1）T_1 管和 T_2 管的静态工作点。

（2）输出电压信号 Δu_O 和共模抑制比 K_{CMR}。

（3）差模输入电阻 R_i 和输出电阻 R_o。

解：图 5.2.11 中 R_W 是调零电位器，如果电路完全对称，那么 R_W 可以不要，实际上电路两边

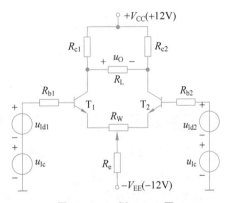

图 5.2.11　例 5.2.1 图

参数不可能完全对称，因此，需要利用 R_W 调整静态工作点，使输入电压信号为零时输出电压也为零。为了便于计算，在计算电路各项指标时，一般设 R_W 的滑动端在中间位置。

（1）由 T_1 管的输入回路可得

$$V_{EE} - U_{BE} = I_{B1} \left[R_b + (1+\beta)\frac{R_W}{2} + 2(1+\beta)R_e \right]$$

因 $R_b + (1+\beta)\dfrac{R_W}{2}$ 远小于 $2(1+\beta)R_e$，故

$$V_{EE} - U_{BE} \approx 2(1 + \beta) R_e I_{B1}$$

因电路两边完全对称,所以可求得

$$I_{B1} = I_{B2} = I_B \approx 21.7 (\mu A)$$

$$I_{C1} = I_{C2} = I_C = \beta I_B \approx 1.1 (mA)$$

$$U_{CE1} = U_{CE2} = U_{CE} = V_{CC} - I_C R_c + U_{BE} \approx 7.1 (V)$$

(2) 根据题意可得

$$I_{E1} = I_{E2} = I_E \approx I_C = 1.1 (mA)$$

$$r_{be} = r_{bb'} + (1 + \beta) \frac{26}{I_E} \approx 1.4 (k\Omega)$$

$$A_{ud} = \frac{\Delta u_{Od}}{\Delta u_{Id}} = - \frac{\beta \left(R_c \mathbin{/\mkern-5mu/} \dfrac{R_L}{2} \right)}{R_b + r_{be} + (1 + \beta) \dfrac{R_W}{2}} \approx -46.7$$

$$A_{uc} = \frac{\Delta u_{Oc}}{\Delta u_{Ic}} = 0$$

$$\Delta u_O = A_{ud} \Delta u_{Id} + A_{uc} \Delta u_{Ic} \approx -2.34 (V)$$

$$K_{CMR} = \left| \frac{A_{ud}}{A_{uc}} \right| = \infty$$

(3) 差模输入电阻和输出电阻分别为

$$R_i = 2 \left[R_b + r_{be} + (1 + \beta) \frac{R_W}{2} \right] = 9.9 (k\Omega)$$

$$R_o = 2 R_c = 10.2 (k\Omega)$$

5.3 集成运放中的单元电路

多年来,集成运算放大器一直向着高精度、高速度和多功能的方向发展。早期的运放全部由 BJT 构成,以后又出现了 MOS 集成运放,以及双极型工艺和 MOS 工艺相结合的集成运放。随着半导体生产工艺水平的提高,品种繁多、性能优异的运放大量推出。本节主要讨论集成运放内部的单元电路。因中间级的放大电路已经在第 2 章及第 3 章详细讨论过,故本节不再赘述。

5.3.1 电流源电路

电流源电路在集成运放和其他模拟电路中起到相当重要的作用。它一方面可以为各级电路提供合适的静态电流,另一方面可以作为放大电路的有源负载,提高放大电路的放大能力。

1. 镜像电流源

镜像电流源电路如图 5.3.1 所示,T_1 和 T_2 是具有完全相同特性的两个管子,即

$U_{BE1} = U_{BE2} = U_{BE}$，$\beta_1 = \beta_2 = \beta$，两管的基极接在一起并与 T_1 管的集电极相连，集电结零偏置，保证 T_1 管工作在放大状态，而不会进入饱和状态，故 $I_{C1} = \beta I_{B1}$。同时，两管的发射极都接地，因此，两管基极与发射极之间的电压相等，从而基极电流和集电极电流也相等，即 $I_{B1} = I_{B2} = I_B$，$I_{C1} = I_{C2} = I_C = \beta I_B$。

从图 5.3.1 中可以看出，流过 R 的基准电流为

$$I_R = \frac{V_{CC} - U_{BE}}{R} \tag{5.2.1}$$

$$I_R = I_C + 2I_B = I_C \left(1 + \frac{2}{\beta}\right) \tag{5.2.2}$$

所以

$$I_C = \frac{\beta}{\beta + 2} I_R \tag{5.2.3}$$

当 $\beta \gg 2$ 时，有

$$I_{C2} = I_C \approx I_R \tag{5.2.4}$$

这说明，镜像电流源的输出电流 I_{C2} 与基准电流 I_R 相等，如同"镜子"一样，因而称为镜像电流源，其大小仅仅取决于 V_{CC} 和 R。

在上述镜像电流源电路中，当 $\beta \gg 2$ 时式(5.2.4)才成立，即忽略了基极电流对 I_{C1} 的影响，若 β 不足够大，例如，若 $\beta = 10$，则根据式(5.2.3)可求得 $I_{C2} \approx 0.833 I_R$，与式(5.2.4)相差比较大，为了减少基极电流的影响，提高输出电流的精度，可以对图 5.3.1 所示电路进行改进。

图 5.3.2 是通过增加射极输出器对镜像电流源进行改进的，T_1、T_2 和 T_3 是具有完全相同特性的管子，$\beta_1 = \beta_2 = \beta_3 = \beta$，利用 T_3 管的电流放大作用，减小了基极电流对基准电流 I_R 的分流。

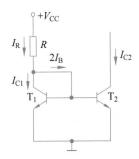

图 5.3.1　镜像电流源

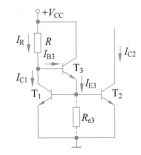

图 5.3.2　加射极输出器的镜像电流源

由于 $I_{B1} = I_{B2} = I_B$，因此输出电流为

$$I_{C2} = I_{C1} = I_R - I_{B3} = I_R - \frac{I_{E3}}{1 + \beta} = I_R - \frac{2I_B}{1 + \beta} = I_R - \frac{2I_{C2}}{\beta(1 + \beta)} \tag{5.2.5}$$

由式(5.2.5)求得

$$I_{C2} = \frac{I_R}{1 + \dfrac{2}{\beta(1 + \beta)}} = \frac{I_R}{1 + \dfrac{2}{\beta^2 + \beta}} \approx I_R \tag{5.2.6}$$

从式(5.2.6)中可以看出,由于 $\beta^2+\beta\gg2$,因此可以大大提高输出电流的精度。若 $\beta=10$,则可求得 $I_{C2}\approx0.982I_R$,与 I_R 相差很小。如图 5.3.2 中虚线标注部分所示,在实际电路中,有时加一电阻 R_{e3} 来增大 T_3 管的工作电流,从而增大 β,使输出电流的精度更高。

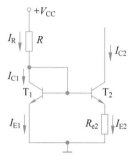

图 5.3.3　微电流源

2. 微电流源

在模拟集成电路中,器件的工作电流很小,往往在微安级以下。如果使用镜像电流源,则要求电阻 R 达到几百千欧以上,如此大的电阻在集成电路中是很难做到的。如果在图 5.3.1 中 T_2 管的发射极接一个几千欧的电阻,就能够得到产生这种微电流的电流源,称之为微电流源,电路如图 5.3.3 所示。

对 BJT 来说,发射极电流

$$I_E\approx I_{ES}e^{\frac{U_{BE}}{U_T}}\tag{5.2.7}$$

其中,I_{ES} 为流过发射结的反向饱和电流,由式(5.2.7)可知,$U_{BE1}=U_T\ln\dfrac{I_{E1}}{I_{ES1}}$,$U_{BE2}=U_T\ln\dfrac{I_{E2}}{I_{ES2}}$。因为 T_1 和 T_2 两管对称,可以认为 $I_{ES1}=I_{ES2}$,所以可求得

$$\Delta U_{BE}=U_{BE1}-U_{BE2}=U_T\ln\frac{I_{E1}}{I_{E2}}\tag{5.2.8}$$

电路中 $I_R\approx I_{E1}$,$I_{C2}\approx I_{E2}$,因此可得

$$R_{e2}=\frac{\Delta U_{BE}}{I_{E2}}=\frac{U_T}{I_{C2}}\ln\frac{I_R}{I_{C2}}\tag{5.2.9}$$

根据 I_R 和 I_{C2} 的值,由式(5.2.9)可以计算出 R_{e2},由此可见,电阻 R_{e2} 与电流比值的对数成比例,因此就能够使用小阻值的电阻得到很小的电流。例如,已知 $I_R=0.72\text{mA}$,$R_{e2}=3\text{k}\Omega$,则可使用试探法求得 $I_{C2}\approx28\mu\text{A}$。

另外,由于

$$I_R=\frac{V_{CC}-U_{BE}}{R}\approx\frac{V_{CC}}{R}\tag{5.2.10}$$

所以式(5.2.9)还可写成

$$I_{C2}=\frac{U_T}{R_{e2}}\ln\frac{V_{CC}}{I_{C2}R}\tag{5.2.11}$$

可以看出,微电流的输出电流 I_{C2} 受电源电压 V_{CC} 的变化影响很小。

3. 多支路比例电流源

在实际应用中,有时需要两个或两个以上电流值相差较大,但又有一定比例关系的电流源。在镜像电流源的基础上,给 BJT 增加发射极电阻,在满足一定条件时,集电极输出电流与基准电流 I_R 呈一定的比例关系,从而得到比例电流源。在此基础上稍加扩展,就可以构成多支路比例电流源,如图 5.3.4 所示。

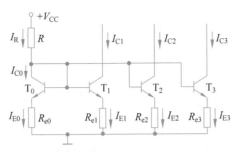

图 5.3.4　多支路比例电流源

在图 5.3.4 中，T_0、T_1 管和电阻 R、R_{e0}、R_{e1} 构成了比例电流源。由 KVL 定律可得

$$I_{E0}R_{e0} + U_{BE0} = I_{E1}R_{e1} + U_{BE1} \tag{5.2.12}$$

当 BJT 的 β 足够大时，$I_{E0} \approx I_{C0} \approx I_R$，$I_{E1} \approx I_{C1}$，$U_{BE0} = U_{BE1}$，因此可求得

$$I_{C1} \approx \frac{R_{e0}}{R_{e1}} I_R \tag{5.2.13}$$

从式 (5.2.13) 可以看出，比例电流源的输出电流 I_{C1} 与参考电流 I_R 呈线性关系，其比例系数由两个电阻的比值确定。以此类推，可求得其他支路上与 I_R 成比例的电流 I_{C2} 和 I_{C3}，$I_{C2} \approx \dfrac{R_{e0}}{R_{e2}} I_R$，$I_{C3} \approx \dfrac{R_{e0}}{R_{e3}} I_R$。只要选择合适的电阻，就可以得到所需的电流。

除了使用 BJT 构成多支路比例电流源外，还可以使用多发射极三极管。

图 5.3.5 所示电路为多发射极三极管构成的多支路比例电流源，T 为横向 PNP 管。集电极电流之比等于集电区面积之比，可通过设计不同的集电区面积实现不同的多路电流输出。设各集电区面积分别为 S_0、S_1、S_2，则 $\dfrac{I_{C1}}{I_{C0}} = \dfrac{S_1}{S_0}$，$\dfrac{I_{C2}}{I_{C0}} = \dfrac{S_2}{S_0}$，因此可得

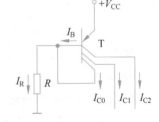

图 5.3.5　多发射极 **BJT** 多支路比例电流源

$$I_{C1} = \frac{S_1}{S_0} I_{C0}, \quad I_{C2} = \frac{S_2}{S_0} I_{C0} \tag{5.2.14}$$

在电路中，$I_{C0} \approx I_R = \dfrac{V_{CC} - U_{BE}}{R} \approx \dfrac{V_{CC}}{R}$，故式 (5.2.14) 可写为

$$I_{C1} = \frac{S_1}{S_0} \frac{V_{CC}}{R}, \quad I_{C2} = \frac{S_2}{S_0} \frac{V_{CC}}{R} \tag{5.2.15}$$

除了前面介绍的由 BJT 构成的电流源，还可以采用 MOS 管构成电流源。例如，图 5.3.6(a) 所示电路是由增强型 NMOS 管构成的镜像电流源，图 5.3.6(b) 所示电路是由增强型 NMOS 管构成的多支路比例电流源。

在图 5.3.6(a) 中，如果 T_0 和 T_1 是对称的，则有

$$I_{D1} = I_R = \frac{V_{DD} - U_{GS}}{R} \tag{5.2.16}$$

即构成了 MOS 管镜像电流源。对于 NMOS 管，有

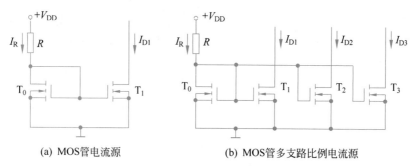

(a) MOS管电流源   (b) MOS管多支路比例电流源

图 5.3.6　由 MOS 管构成的多支路比例电流源

$$I_D = \frac{\mu C_0}{2} \frac{W}{L} (U_{GS} - U_T)^2 \tag{5.2.17}$$

式中,μ 为多数载流子的迁移率,C_0 为单位面积的栅极电容,L 为沟道长度,W 为沟道宽度,U_{GS} 为 NMOS 管栅源间电压,U_T 为 NMOS 管的开启电压。

如果 T_0 和 T_1 参数不对称,则在 U_{GS} 和 U_T 相同的条件下,有

$$\frac{I_{D1}}{I_{D0}} = \frac{\dfrac{W_1}{L_1}}{\dfrac{W_0}{L_0}} = \frac{S_1}{S_0} \tag{5.2.18}$$

其中,$S_1 = \dfrac{W_1}{L_1}$,$S_0 = \dfrac{W_0}{L_0}$,分别为 T_0 和 T_1 的导电沟道宽长比。由此可见,I_{D1} 与 I_{D0} 成比例关系,改变管子导电沟道的宽长比 S_1 和 S_0,很容易就得到了不同输出的比例电流源。在这个电路的基础上稍加扩展,就可以构成 MOS 多支路比例电流源,如图 5.3.6(b)所示,此处不再赘述。

4. 电流源作有源负载

1) 有源负载共射放大电路

由第 2 章的讨论可知,在共射放大电路中,电压放大倍数与 R_L' 成正比,$R_L' = R_c // R_L$。由于 R_L 是负载电阻,其大小是确定的,因此可以通过增大 R_c 来提高电压放大倍数。在集成运放中,为了获得更大的等效电阻 R_c,常用电流源电路作为有源负载取代

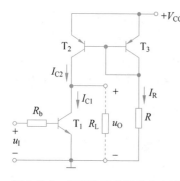

图 5.3.7　有源负载共射放大电路

R_c,这样既可以获得合适的静态电流,动态时又可以获得很大的等效电阻 R_c。

图 5.3.7 所示为有源负载共射放大电路,T_1 组成共射放大电路,T_2 与 T_3 构成镜像电流源,T_2 是 T_1 的有源负载。

在静态时,电流源基准电流为

$$I_R = \frac{V_{CC} - U_{BE}}{R} \approx \frac{V_{CC}}{R}$$

空载时 T_1 的静态集电极电流为

$$I_{C1} = I_{C2} = I_{C3} \approx I_R$$

因此对于直流偏置电路，T_2 与 T_3 构成的镜像电流源给 T_1 提供合适的静态电流 I_{C1}。在图 5.3.7 中，输入电压 u_I 中应含有直流分量，为 T_1 提供静态基极电流 I_{B1}，I_{B1} 应等于 $\dfrac{I_{C1}}{\beta_1}$，与电流源提供的 I_{C2} 不产生冲突。需要指出的是，带负载 R_L 时，由于 R_L 的分流作用，I_{C1} 将有所减小。

在动态时，由于电流源的等效电阻非常大，R_L 远小于它，因此，如图 5.3.7 所示电路的电压放大倍数为

$$A_u \approx -\frac{\beta_1 R_L}{R_b + r_{be1}} \tag{5.2.19}$$

2）有源负载差动放大电路

利用电流源作有源负载的放大电路可以得到很高的单级电压增益。在集成运放中，差动放大电路也常接入有源负载，它不仅提高了电压增益，还具有其他功能。

图 5.3.8 所示为有源负载差动放大电路，T_1、T_2 和电流源 I_{EE} 构成差动放大电路，T_3 和 T_4 管组成的镜像电流源作为 T_1、T_2 的有源负载，负载电阻 R_L 实际上是下一级的输入电阻。

在静态时，有

$$I_{C1} = I_{C2} = I_{C3} = I_{C4} = I_{EE}/2$$

当输入差模信号 Δu_{Id} 时，T_1 管在 $\Delta u_{Id}/2$ 的作用下，基极电流的变化量为 Δi_{B1}，T_2 管在 $-\Delta u_{Id}/2$ 的作用下，基极电流的变化量为 Δi_{B2}，且 $\Delta i_{B1} = -\Delta i_{B2}$。因此，$T_1$ 和 T_2 的集电极电流变化量 $\Delta i_{C1} =$

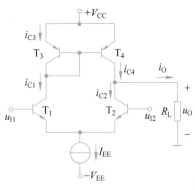

图 5.3.8 有源负载差动放大电路

$-\Delta i_{C2}$，而 $\Delta i_{C3} = \Delta i_{C1}$。由于 T_3 和 T_4 的镜像关系，因而 $\Delta i_{C4} = \Delta i_{C3} = \Delta i_{C1}$。所以，$\Delta i_O = \Delta i_{C4} - \Delta i_{C2} = \Delta i_{C1} - (-\Delta i_{C1}) = 2\Delta i_{C1}$。由此可见，在负载电阻 R_L 上的电流变化量为 $2\Delta i_{C1}$。换句话说，R_L 得到的电流变化量是 5.2 节所述单端输出方式的差动放大电路的两倍，恰好是双端输出电路的电流变化量。这就表明图 5.3.8 中的有源负载差动放大电路可以把原来的双端输出电路转换成单端输出电路，其增益同双端输出电路相当。又因为 R_L 远小于电流源的等效电阻，所以电路的电压放大倍数为

$$A_u \approx -\frac{\beta R_L}{r_{be}} \tag{5.2.20}$$

式中，$\beta = \beta_1 = \beta_2$，$r_{be} = r_{be1} = r_{be2}$。

在图 5.3.8 中，T_1 和 T_2 的集电极电位仅比电源电压 V_{CC} 低一个管压降，可以获得较高的共模输入电压范围。差动放大电路的正向共模输入电压要受差动放大管的饱和限制，两管的集电极电位高，就可以使电路的正向共模输入电压接近电源电压。

在集成运放中，一般只有输入级和中间级两级放大，电压增益要求达到 10 万倍以上。因此，在这个两级放大电路中，一般都采用有源负载。级数减少了，对于提高运放的

稳定性、简化校正补偿电路都是有利的。

5.3.2　差动输入级电路

集成运放的性能与输入级有很重要的关系,因此运放输入级都是采用高性能的差动放大电路。除了前面介绍的电路,这里介绍几种在集成运放中常见的差动放大电路。

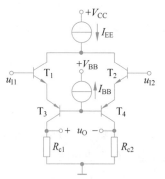

图 5.3.9　共集-共基复合差动放大级

1. 共集-共基差动放大电路

图 5.3.9 所示为共集-共基复合差动放大级,T_1、T_2 管为高增益的 NPN 管,T_3 和 T_4 为横向 PNP 管。

电流源 I_{BB} 为 T_3 和 T_4 提供基极电流。这种电路为共集输入方式,可以获得较高的输入电阻;T_3 和 T_4 组成的共基极放大电路,与共射极放大电路的放大能力相当,但输出与输入极性相同。横向 PNP 管的耐压高,可承受几十伏的反向电压,因而可承受高的共模和差模输入电压,提高了最大差模输入电压范围。在实际应用中,用电流源作为有源负载代替 R_{c1} 和 R_{c2} 可以进一步提高电路的放大能力。

2. MOS 管差动放大电路

图 5.3.10、图 5.3.11 所示是由 MOS 管组成的差动放大电路,具有很高的输入电阻。

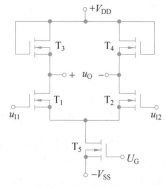

图 5.3.10　MOS 管差动放大电路

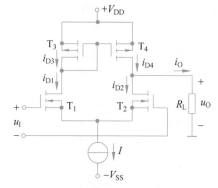

图 5.3.11　MOS 管有源负载差动放大电路

图 5.3.10 所示电路是全部由增强型 NMOS 管组成的。T_1、T_2 管是起放大作用的差动对管。T_5 是差动放大电路使用的电流源,其栅极接一固定电位 U_G。T_3 和 T_4 管分别作 T_1 和 T_2 管的有源负载,这时,它们的漏极和源极分别连接在一起,T_3 和 T_4 管工作在线性放大的饱和区。在这个区域内,FET 具有很好的恒流特性,可以作为电流源,为 T_1、T_2 管提供恒定的漏极电流。差动放大电路接上有源负载,可以得到较大的电压放大倍数。

图 5.3.11 所示电路是在 T_1、T_2 管构成差动放大电路的基础上,使用 P 沟道增强型 MOS 管 T_3 和 T_4 构成镜像电流源作为有源负载。该电路与前面由 BJT 构成的有源负

载差动放大电路相似,其分析方法也与之相同。需要指出的是,使用镜像电流源作有源负载,该单端输出电路可以获得与双端输出时相同的放大能力。

5.3.3 输出级电路

集成运放输出级的输入电阻应该比较高,以减小对电压放大级输出信号的影响;输出电阻应该比较小,以便能向负载提供足够大的输出信号,提高带负载能力;其输出功率不能太小,输出效率也应该比较高。

在运放中,输出级一般采用甲乙类互补对称功率放大电路,图 5.3.12 就是其中一种电路,该电路的原理与分析方法在第 4 章已详细介绍过,在此不再讨论。

除了由 BJT 构成的互补型功率放大电路,由 P 沟道 MOS 管和 N 沟道 MOS 管也可以组成互补型共漏极功率放大电路,如图 5.3.13 所示,这种电路在由 MOS 管构成的集成运放中具有广泛的应用。在图 5.3.13 中,两 MOS 管的源极相连接在一起作为输出端,由于 MOS 管组成的共漏放大电路与 BJT 组成的共集放大电路相似,因此,该电路对应由射极输出器组成的互补对称功率放大电路,其电压增益、阻抗特性也与由 BJT 组成的甲乙类互补对称功率放大电路相同,故在此不再赘述。

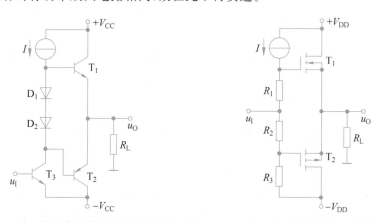

图 5.3.12 甲乙类互补对称功放电路 图 5.3.13 由 MOS 管组成的互补对称功放电路

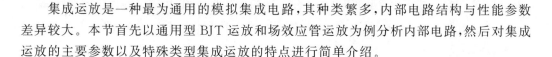
5.4 集成运放

集成运放是一种最为通用的模拟集成电路,其种类繁多,内部电路结构与性能参数差异较大。本节首先以通用型 BJT 运放和场效应管运放为例分析内部电路,然后对集成运放的主要参数以及特殊类型集成运放的特点进行简单介绍。

5.4.1 通用型集成运放

集成运放包括 BJT 运放、双极型-场效应管组合运放和全 MOS 运放。由于双极型工艺发展较早,非常成熟,在众多型号的运放系列中,BJT 运放占有很大比例,特别是通用型运放大多都是 BJT 运放。国产通用型集成运放 F007,与集成运放 μA741 的电路结构相同,是性价比较高的一种 BJT 集成运放,在实际中应用广泛。

F007 集成运放内部有 24 个 BJT、10 个电阻和 1 个电容,图 5.4.1 给出了其内部原理图。从图 5.4.1 中可以看出,整个电路分为偏置电路、输入级、中间级和输出级四个部分,下面分别介绍各部分的电路结构。

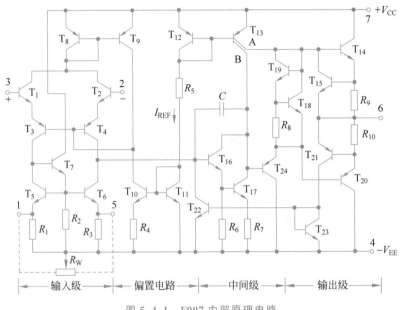

图 5.4.1　F007 内部原理电路

1. 偏置电路

在电路中,T_{12}、R_5 和 T_{11} 构成了主偏置电路,主偏置电路的基准电流为

$$I_{REF} = \frac{V_{CC} - (-V_{EE}) - U_{BE12} - U_{BE11}}{R_5}$$

其他偏置电流都与 I_{REF} 有关。T_{10}、T_{11} 和 R_4 组成微电流源,T_8 和 T_9 组成的镜像电流源为差动输入级提供偏置电流。T_{12} 和 T_{13} 构成多支路电流源。T_{13} 是多集电极三极管,构成多支路比例电流源,其集电极电流 I_{C13A} 和 I_{C13B} 的大小比例为 3∶1。I_{C13A} 一路为输出级提供偏置电流,I_{C13B} 一路作为中间级的有源负载。

2. 输入级

T_1、T_2 和 T_3、T_4 组成共集-共基复合差动输入电路。其中 T_1 和 T_2 作为射极输出器,输入电阻高。T_3 和 T_4 是横向 PNP 管,发射结反向击穿电压高,可使输入差模信号达到 30V 以上。

T_5、T_6、T_7 和 R_1、R_2、R_3 组成镜像电流源,作为差动输入级的有源负载,可以提高差动输入电路的增益。当有差模信号输入时,$\Delta i_{C3} = -\Delta i_{C4}$,$\Delta i_{C5} \approx \Delta i_{C3}$,$\Delta i_{C5} = \Delta i_{C6}$,因而 $\Delta i_{C6} \approx -\Delta i_{C4}$,所以 $\Delta i_{B16} = \Delta i_{C4} - \Delta i_{C6} \approx 2\Delta i_{C4}$,差动输出级的输出电流加倍,从而使输出电压放大倍数增大。由此可见,当输入差模信号时,单端输出方式的放大倍数近似等于双端输出时的放大倍数。当有共模信号输入时,$\Delta i_{C3} = \Delta i_{C4}$,$\Delta i_{C6} = \Delta i_{C5} \approx \Delta i_{C3}$,

所以 $\Delta i_{B16} = \Delta i_{C4} - \Delta i_{C6} \approx 0$，由此可见，共模信号对下一级基本没有影响，电流源电路提高了共模抑制比。

此外，输入级能够稳定静态工作点。例如，当某种原因导致输入级静态电流增大时，T_8 与 T_9 的集电极电流会增大，但 $I_{C10} = I_{C9} + I_{B3} + I_{B4}$，因 T_{10} 与 T_{11} 组成微电流源，故 I_{C10} 基本恒定，所以 I_{C9} 增大将使 I_{B3}、I_{B4} 减小，从而使输入级静态电流 I_{C1}、I_{C2}、I_{C3}、I_{C4} 减小，使它们保持基本不变。

3. 中间级

T_{16}、T_{17} 和 R_6、R_7 组成中间电压放大级，T_{16} 和 T_{17} 是复合管，其输入电阻很高，对前一级影响小。T_{13} 管作为这一级的集电极有源负载，这一级就可以达到 55dB 的增益。中间级同时包含一个约 30pF 的相位补偿电容 C，用于防止产生自激振荡。T_{24} 接成共集电路以减小对中间级的负载影响。

4. 输出级

T_{14} 和 T_{20} 组成互补对称输出极，T_{18}、T_{19} 和 R_8 为其提供静态偏置以克服交越失真。

T_{15} 和 R_9 保护 T_{14} 管，使其在正向电流过大时不致烧坏。T_{21}、T_{23}、T_{22} 和 R_{10} 保护 T_{20} 管在负向电流过大时不致烧坏。

在集成运放 F007 的 1 脚和 5 脚之间外加一个调零电位器，可使输入为零时，输出电压也为零，电路如图 5.4.2 所示。

在实际电路分析中，通常省略直流电源和调零电路部分，将运放简化为一个三端器件，其符号如图 5.4.3 所示。图 5.4.3(a) 是国家标准规定的符号，图 5.4.3(b) 是国际通用的符号，本书采用图 5.4.3(a) 所示的国标符号。可以看出，运放有两个输入端，即同相输入端 u_+ 和反相输入端 u_-，有一个输出端 u_O。同相输入端标有"+"号，表示在该端加输入信号时，输出端得到与它同相的信号；反相输入端标有"−"号，表示在该端加输入信号时，输出端得到与它反相的信号。

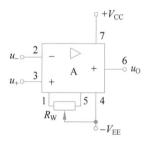

图 5.4.2　运放调零电路

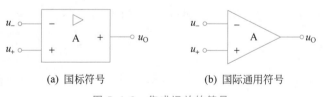

(a) 国标符号　　　　　　　　(b) 国际通用符号

图 5.4.3　集成运放的符号

5.4.2　场效应管集成运放

除了上面介绍的 BJT 集成运放外，还有数量不少的由 MOS 管构成的集成运放。

MC14573 内部电路如图 5.4.4 所示，与前面介绍的双极型晶体管集成运放相比，所用器件较少，电路相对简单，但其组成结构是相似的，分析方法也基本相同。由图 5.4.4

可知,MC14573 全部由增强型的 MOS 管构成。其中,偏置电路主要由 T_5、T_6、T_8 和电阻 R 组成,它们构成了多支路比例电流源,在已知 T_5 开启电压 U_T 的情况下,通过外接电阻 R 可以确定偏置电路的基准电流 I_{REF},进而得到 T_6 漏极和 T_8 源极的电流。其中 T_6 为 T_1、T_2 提供偏置电流,T_8 在为 T_7 提供偏置的同时作为 T_7 的有源负载。

MC14573 的放大电路只有两级。第一级为输入级,P 沟道 MOS 管 T_1、T_2 为放大管,组成共源差动放大电路,信号由 T_2 的漏极输出,因此输入级是一个双端输入单端输出的差动放大电路。N 沟道 MOS 管 T_3、T_4 构成电流源电路,作为差动放大电路的有源负载,从而使单端输出电路的电压增益近似等于双端输出时的情况,同时,第二级的输入为 T_7 的栅极,其输入电阻很大,所以第一级有较强的电压放大能力。第二级为输出级,以 N 沟道 MOS 管 T_7 为放大管构成共源放大电路,T_8 所构成的电流源电路作为有源负载,故也具有较强的放大能力。由于 T_8 构成的电流源的动态电阻很大,因此,电路的输出电阻很大,带负载能力较弱,因此 MC14573 是为高阻抗负载而设计的,适用于以场效应管为负载的场合。另外,电容 C 起相位补偿的作用。

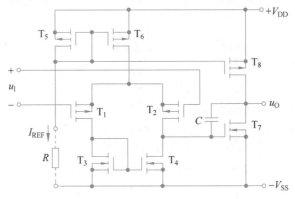

图 5.4.4　MC14573 的内部电路图

基于场效应管的集成运放的特点是输入阻抗高(可达 $10^{10}\ \Omega$ 以上)、功耗小,可在低电压下工作,因此特别适合于需要高输入电阻、低功耗的测量电路。另外,从工艺上讲,同时制作 N 沟道和 P 沟道互补对管工艺(Complementary Metal-Oxide-Semiconductor,CMOS)实现容易,且占用芯片面积小、集成度高,因此 CMOS 技术广泛用于集成电路中。

5.4.3　集成运放的主要参数

为了能合理选择和正确使用集成运放,就必须正确理解集成运放的各种参数的含义,下面介绍一些常用的主要参数。

1. 直流参数

1) 输入失调电压 U_{IO}

对于一个理想的集成运放,当输入端为零时,输出电压也应该为零。但实际上它的差动输入级很难做到完全对称,因此使得输入端为零时输出电压不为零。因此,为了使集成运放的输出电压为零,在两输入端之间加一补偿电压,称之为输入失调电压。U_{IO} 反映了集成运放输入级的对称程度,其值越小,说明电路参数对称性越好。一般运放的 U_{IO} 为毫伏数量级,对于高精度、低漂移的集成运放,其值为微伏数量级。

2) 输入失调电压的温漂 $\dfrac{dU_{IO}}{dT}$

输入失调电压 U_{IO} 并不是固定不变的值。当温度发生变化时,它也随之改变。输入失调电压的温漂是指在一定的温度变化范围内,输入失调电压的变化量与温度变化量之比。一般运放的 $\dfrac{dU_{IO}}{dT}$ 为 $(10\sim20)\mu V/℃$,对于高精度、低漂移运放,其值在 $1\mu V/℃$ 以下。

3) 输入偏置电流 I_{IB}

当运放的输出电压为零时,两输入端偏置电流的平均值定义为输入偏置电流,即

$$I_{IB} = \frac{1}{2}(I_{IB1} + I_{IB2}) \tag{5.4.1}$$

式中,I_{IB1} 和 I_{IB2} 分别为两输入端的偏置电流。I_{IB} 越小,信号源内阻对集成运放的静态工作点的影响越小。而通常 I_{IB} 越小,往往 I_{IO} 也越小。因此,I_{IB} 应该尽量小一些。一般运放的 I_{IB} 为 $10nA\sim1\mu A$,对于高精度、低漂移运放,其值为皮安数量级。

4) 输入失调电流 I_{IO}

当运放输出电压为零时,两输入端偏置电流之差称为输入失调电流,即

$$I_{IO} = | I_{IB1} - I_{IB2} | \tag{5.4.2}$$

产生输入失调电流的主要原因是输入级差动对管的 β 不相等。I_{IO} 越小越好,典型值为几十纳安左右,对于高精度、低漂移运放,其值为皮安数量级。

5) 输入失调电流的温漂 $\dfrac{dI_{IO}}{dT}$

$\dfrac{dI_{IO}}{dT}$ 与 $\dfrac{dU_{IO}}{dT}$ 的含义类似。它是 I_{IO} 的温度系数,典型值为 $1nA/℃$ 数量级,对于高精度、低漂移运放,其值为 $1pA/℃$ 数量级。

2. 差模特性参数

1) 开环差模电压放大倍数 A_{od}

运放在没有外加反馈情况下的差模电压放大倍数称为开环差模电压放大倍数。A_{od} 的大小常用对数形式表示为 $20lg|A_{od}|(dB)$,一般运放的 A_{od} 为 $100\sim120dB$,高增益运放可达 $140dB$。

2) 差模输入电阻 r_{id}

运放加差模输入信号时的输入电阻称为差模输入电阻。r_{id} 越大,对信号源的影响越小。双极型管输入级 r_{id} 为 $10^5\sim10^6\Omega$,场效应管输入级可达 $10^9\Omega$。

3) 最大差模输入电压 U_{Idmax}

运放两输入端之间所能承受的最大差模输入电压,主要受输入级差动对管反向击穿电压的限制。U_{Idmax} 一般为几伏至几十伏。F007 的输入级采用了横向 PNP 管,$U_{Idmax} = \pm30V$。

3. 共模特性参数

1) 共模抑制比 K_{CMR}

运放共模抑制比 K_{CMR} 的定义与差动放大电路相同。其典型值在 80dB 以上,性能好的高达 180dB。

2) 最大共模输入电压 U_{Icmax}

当运放的共模输入电压大到一定程度时,会使输出级进入饱和或截止状态,共模抑制特性显著下降。一般定义 K_{CMR} 下降 6dB 时的共模输入电压为最大共模输入电压 U_{Icmax}。F007 的 $U_{Icmax} = \pm 13V$。

4. 其他动态参数

1) 开环带宽(−3dB 带宽)f_H

集成运放是一种高增益的直接耦合的多级放大电路,不但可以放大交流信号,也可以放大直流信号,故其下限截止频率 $f_L = 0$,它的上限截止频率 f_H 就是其开环带宽。f_H 是 $20\lg|A_{od}|$ 下降 3dB(即 A_{od} 下降到约 0.707 倍)时的信号频率。

2) 单位增益带宽 f_c

使 A_{od} 下降到 0dB(即 $A_{od} = 1$)时的信号频率,称为单位增益带宽 f_c,与 BJT 的特征频率 f_T 相类似。

3) 转换速率 S_R

转换速率 S_R 是指运放在额定负载及输入阶跃大信号时,输出电压变化的最大速率,即

$$S_R = \left| \frac{du_O}{dt} \right|_{max} \tag{5.4.3}$$

S_R 也称为压摆率,反映了运放对于高速变化的输入信号的响应程度,常用单位是 $(V/\mu s)$。当输入信号变化率的绝对值小于 S_R 时,运放输出才有可能按线性规律变化。

若在运放的输入端加一正弦交流信号 $u_i = U_{im}\sin(\omega t)$,输出电压 $u_o = U_{om}\sin(\omega t)$,则输出电压的最大变化速率为

$$\left| \frac{du_O}{dt} \right|_{t=0} = U_{om}\omega\cos(\omega t)\mid_{t=0} = 2\pi f U_{om} \tag{5.4.4}$$

为了使输出电压波形不因转换速率的限制而产生失真,要求 S_R 必须满足

$$S_R \geqslant 2\pi f U_{om} \tag{5.4.5}$$

以 F007 为例,$S_R = 0.5V/\mu s$,当 $U_{om} = 10V$ 时,它的最大不失真频率约为 8kHz。

5.4.4 特殊类型的集成运放

反映集成运放性能的好坏有几十个指标参数。由于制造工艺和性价比等方面的原因,一种运放要想在各种指标上都达到很高的性能是不容易的,也是不必要的。通用型运放各种参数指标都不算太高,但比较均衡,适用于量大面广、没有特殊要求的场合。特殊类型的集成运放,在某一个或几个参数上有很高的性能,而其他参数一般。用户可以从特殊类型集成运放的系列中进行选择,以满足某些方面的特殊要求。下面简要介绍几

种特殊类型的集成运放。

1. 高输入阻抗型

在测量电路中,由于许多传感器的输出电阻很大或输出电流很小,要求放大器具有很高的输入阻抗。这种类型的集成运放差模输入电阻往往大于 $10^9\Omega$,输入偏置电流通常为皮安数量级。

这种类型的集成运放,输入级经常采用结型场效应管 JFET 与 BJT 相结合构成差动输入级,称为 BiFET,或采用超 β 管与 BJT 结合的电路,构成差动输入级。典型产品有 5G28、F3140、ICH8500A、LF356、CA3130、AD515、LF0052 等。

2. 高精度、低漂移型

在高精度模拟信号处理、高精度信号测量领域中,信号一般为毫伏或微伏数量级,要求集成运放具有很低的漂移量和很高的精度。一般 $\dfrac{dU_{IO}}{dT}<2\mu V/℃$,$\dfrac{dI_{IO}}{dT}<200pA/℃$,$K_{CMR}\geqslant110dB$。

高精度、低漂移型运放的主要精度指标在很大程度上取决于差动输入级。这一级大多选用匹配特性优良的差动对管,还采用热匹配设计和低温度系数的精密电阻。在工艺上采用精密的光刻和离子注入工艺,尽可能地提高对管的匹配性。典型产品有 LH0044、AD707、OP-77、OPA177 等。

另外,有的运放采用了调制型的斩波稳零技术,以得到更低的漂移特性。典型产品有 ICL7650、AD508、OP-27 等。

3. 高速型

通用型集成运放的转换速度较低,如 $\mu A741$,其转换速率为 $0.5V/\mu s$,单位增益带宽为 $10Hz$ 左右,这种集成运放不能适应信号高速变化的要求。高速运放一般要求转换速率 S_R 大于几十伏/微秒,单位增益带宽大于 $10MHz$,主要应用在高速数据采集系统、高速 A/D 和 D/A 转换器、高速锁相环及视频放大系统中,性能优良的高速运放转换速率可达到几千伏/微秒。高速型运放的典型产品有 $\mu A715$、AD845、AD9618、SL541 等。

4. 低功耗型

低功耗型运放一般应用在对电源功率有严格限制的场合,如便携式仪器、遥测遥感、生物医学和外层空间使用的设备等,要求其功耗为微瓦数量级,电流在几十微安以下,电源电压在几伏以下。典型产品有 CA3078、$\mu PC253$、ICL7641 等。

5. 大功率型

随着半导体工艺的不断发展,集成运放的输出功率范围也在不断扩大。一般大功率型集成运放的电源电压为正负几十伏,输出电流几十安培,输出功率为几十瓦。典型产品有 LH0021、HA2645、LM143 等。

除了上述特殊性能指标的运放,还有为了适应单电源供电的要求而专门设计的单电源运放。典型产品有 LM158/258/358、LM124/224/324、LM2902 等。

5.5 集成运放的模型

集成运放内部的电路结构比较复杂,在分析由运放构成的各种应用电路时,如果直接对运放内部电路及整个应用电路进行分析,是不够简明方便的。一般首先要根据运放的特点建立运放模型,然后在模型的基础上进一步对应用电路进行分析。

5.5.1 集成运放的低频等效电路

集成运放作为一个器件出现在电子电路中,与 BJT、场效应管等器件相似,也可根据电路分析的需要建立其等效电路。在低频情况下,如果仅研究差模信号的放大问题,不考虑偏置电流 I_{IB}、失调电压 U_{IO}、失调电流 I_{IO}、温漂和共模放大倍数的影响,差模输入信号 $u_I = u_+ - u_-$,则运放的输入端口可用差模输入电阻 r_{id} 等效,输出端口可用差模输出电压 $u_O = A_{od}u_I$、输出电阻 r_o 等效,如图 5.5.1 所示。

5.5.2 集成运放的电压传输特性

集成运放的输出电压 u_O 与输入电压 u_I 之间的关系曲线称为电压传输特性。集成运放的电压传输特性如图 5.5.2 所示。

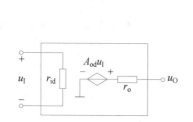

图 5.5.1 集成运放的低频等效电路

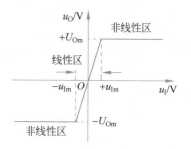

图 5.5.2 集成运放的电压传输特性

从图 5.5.2 可以看出,当 u_I 为小信号,其大小为 $-u_{Im} \sim +u_{Im}$ 时,输出与输入呈线性关系,这时运放工作在线性区域,有

$$u_O = A_{od}u_I = A_{od}(u_+ - u_-) \qquad (5.5.1)$$

当 u_I 超过上述范围时,运放输出级达到饱和,输出分别为正向和负向的最大值 $+U_{Om}$ 和 $-U_{Om}$,这时运放工作在非线性区域。

$-u_{Im}$ 与 $+u_{Im}$ 以及 $+U_{Om}$ 与 $-U_{Om}$ 的大小同运放的开环差模电压放大倍数 A_{od}、电源电压以及运放输出级管子的饱和压降有关。举例来说,如果 $A_{od} = 10^5$,电源电压为 $\pm 12V$,输出级管子的饱和压降等于 $2V$。那么,输出电压最大值约为 $\pm 10V$,因此,当 u_I 在 $\pm 0.1mV$ 范围内时,运放工作在线性状态,若超出这个范围,运放就进入了非线性状态了。

5.5.3 理想集成运放模型

集成运放可以构成形式多样、种类繁多的应用电路。在这些应用电路中,有相当一部分电路对精度的要求并不高。集成运放本身的参数误差与外电路的电压、电流相比很小,对于一般的工程计算来说是可以忽略不计的。这样,就可以进一步简化电路分析,把集成运放的参数理想化,建立起理想集成运放的模型。

1. 理想集成运放的参数特征

理想集成运放具有理想化的技术性能指标,主要参数指标如下:

(1) 开环差模电压放大倍数 $A_{od} \to \infty$。

(2) 差模输入电阻 $r_{id} \to \infty$。

(3) 共模抑制比 $K_{CMR} \to \infty$。

(4) 输出电阻 $r_o \to 0$。

(5) 开环带宽 $f_H \to \infty$。

(6) 输入失调电压、输入失调电流及其温漂均为零。

由于理想集成运放的开环差模电压放大倍数为无穷大,所以标注放大倍数时用"∞"表示,图 5.5.3 所示为理想集成运放的符号。本书后续章节的有关电路分析中,均将集成运放作为理想运放来考虑。

2. 运放的线性工作区

图 5.5.4 所示为理想集成运放的电压传输特性。集成运放工作在线性状态时,可以推出以下两条结论。

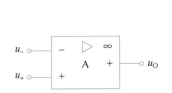

图 5.5.3 理想集成运放的符号

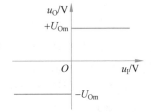

图 5.5.4 理想集成运放的电压传输特性

视频

(1) 运放两输入端之间的电压为零。

由于运放的输出电压为有限值,而理想运放的 $A_{od} \to \infty$,因而两输入端之间的电压

$$u_I = u_+ - u_- \to 0 \tag{5.5.2}$$

或

$$u_+ = u_- \tag{5.5.3}$$

从式(5.5.3)可以看到,运放两输入端好像短路一样,但并不是真正短路,只是表面上其电性能等效为短路,因而称为"虚短"。实际集成运放的 $A_{od} \neq \infty$,故 u_+ 和 u_- 不可能完全相等,但只要 A_{od} 足够大,运放差模输入电压 u_I 就很小,一般可以忽略不计。运放输入端的线性区域非常小,当开环工作时,是不可能工作在线性状态的,因此,也就不能使用"虚短"进行分析。只有在运放引入负反馈后,保证运放工作在线性放大状态,才能够谈到"虚短"。

（2）运放两输入端的输入电流为零。

由于运放的输入电阻 $r_{id} \to \infty$，因而流入两个输入端的电流为零，即

$$i_+ = i_- = 0 \tag{5.5.4}$$

式中，i_+ 和 i_- 分别为运放同相端和反相端的电流。从式(5.5.4)可以看到，运放输入端好像是断路，但并不是真正断路，称为"虚断"。

需要指出的是，"虚短"和"虚断"是理想集成运放工作在线性状态的重要性质，也是后续章节分析由理想集成运放构成的线性电路的重要依据。由于集成运放的开环差模放大倍数通常很大，为了使运放能够稳定地工作在线性状态，必须引入深度负反馈，以减小加在运放输入端的净输入信号。运放的线性应用将在第6章和第7章介绍。

3. 运放的非线性工作区

集成运放工作在非线性状态时，不再满足式(5.5.1)给出的线性关系，其工作状态有以下两个特点。

（1）输出电压或者达到 $+U_{Om}$，或者达到 $-U_{Om}$，两者必居其一。两个输入端的电压也不相等，如果 $u_+ > u_-$，则输出为 $+U_{Om}$；如果 $u_+ < u_-$，则输出为 $-U_{Om}$。

（2）由于运放的输入电阻 $r_{id} \to \infty$，即使运放输出端处于饱和状态，它的两个输入端的实际电流非常小，也完全可以忽略不计，因而输入端依然满足"虚断"特性。

以上两个特点是分析运放工作在非线性电路的主要依据。电压比较器中的运放属于非线性应用，具体将在第8章讨论。

小结

（1）集成运算放大器是一个高增益的直接耦合的多级放大电路。对于直接耦合的多级放大电路，一个严重的问题是零点漂移，差动放大电路可以有效地解决这一问题。差动放大电路主要利用电路的对称性克服零点漂移，它对差模信号有较大的放大能力，对共模信号有较强的抑制能力。

（2）差动放大电路既能放大直流信号又能放大交流信号，按照输入和输出方式不同分为四种基本电路，它们都可以等效为两个对称的共射放大电路，利用半边等效电路来计算静态工作点和动态性能指标。

（3）电流源是集成运放中的基本单元电路，其特点是直流电阻小、交流电阻大，不仅能够给放大电路提供稳定的直流偏置，而且可作为放大电路的有源负载。常用的电流源有镜像电流源、微电流源和多支路比例电流源。

（4）集成运放通常输入级采用差动放大电路，中间级采用共射放大电路，输出级采用互补对称射极或源极输出电路，使用电流源电路为各级电路提供偏置电流，并作为放大电路的有源负载。

（5）集成运放的主要类型是 BJT 集成运放、FET 集成运放以及由这两种工艺结合而得到的集成运放。集成运放的参数多达几十个，正确掌握主要参数的物理含义，才能在使用中恰当地选择元器件。

（6）集成运放是模拟集成电路的典型组件。在实际的电路分析中，通常把集成运放

当作理想运放来处理,理想运放工作在线性区时有虚短和虚断的重要特性,工作在非线性区时输出只有两种可能:$+U_{Om}$ 或 $-U_{Om}$,输入端依然满足虚断特性。

习题

5.1 选择填空。

(1) 放大电路产生零点漂移的主要原因是_____。

    A. BJT 噪声太大

    B. 放大倍数太大

    C. 环境温度变化引起 BJT 参数的变化

(2) 直接耦合放大电路的级数越多放大倍数越大,零点漂移现象就越_____。

    A. 严重   B. 轻弱   C. 与放大倍数无关

(3) 集成运放使用差动放大电路作为输入级的主要目的是_____。

    A. 稳定放大倍数   B. 克服温漂   C. 提高输入电阻

5.2 差动放大电路如题图 5.2 所示。

(1) 若 $|A_{ud}|=100$,$|A_{uc}|=0$,$u_{I1}=10\text{mV}$,$u_{I2}=5\text{mV}$,则 $|u_O|$ 为多大?

(2) 若 $A_{ud}=-20$,$A_{uc}=-0.2$,$u_{I1}=0.49\text{V}$,$u_{I2}=0.51\text{V}$,则 u_O 为多大?

5.3 差动放大电路如题图 5.3 所示。R_W 起到调电路两边对称程度的作用。已知:$V_{CC}=V_{EE}=12\text{V}$,$R_{b1}=R_{b2}=R_b=10\text{k}\Omega$,$R_{c1}=R_{c2}=R_c=10\text{k}\Omega$,$R_e=10\text{k}\Omega$,$R_W=200\Omega$,滑动头位于其中点,$U_{BE1}=U_{BE2}=0.7\text{V}$,$\beta_1=\beta_2=50$,$r_{be1}=r_{be2}=2.5\text{k}\Omega$。

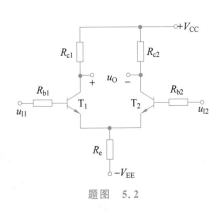

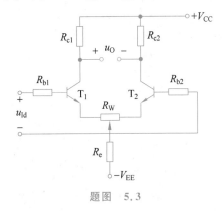

题图 5.2   题图 5.3

(1) 估算电路的静态工作点 I_{B1Q}、I_{C1Q} 和 U_{CE1Q};

(2) 求电路的 A_{ud} 和 A_{uc};

(3) 计算电路的差模输入电阻 R_i 和输出电阻 R_o。

5.4 带恒流源的差动放大电路如题图 5.4 所示。$V_{CC}=V_{EE}=12\text{V}$,$R_{b1}=R_{b2}=R_b=1\text{k}\Omega$,$R_{c1}=R_{c2}=R_c=5\text{k}\Omega$,$R_W=100\Omega$,滑动头位于其中间,$R_e=3.6\text{k}\Omega$,$R=3\text{k}\Omega$,$\beta_1=\beta_2=50$,$R_L=10\text{k}\Omega$,$r_{be1}=r_{be2}=1.5\text{k}\Omega$,$U_{BE1}=U_{BE2}=0.7\text{V}$,$U_Z=8\text{V}$。

(1) 估算电路静态工作点的 I_{C1Q}、U_{C1Q}、I_{C2Q} 和 U_{C2Q};

（2）计算差模放大倍数 A_{ud}；

（3）计算差模输入电阻 R_i 和输出电阻 R_o。

5.5 电路如题图 5.5 所示。T_1 和 T_2 参数一致且 β 足够大。

（1）T_1、T_2 和电阻 R_1 组成什么电路，起什么作用？

（2）写出 I_{C2} 的表达式。

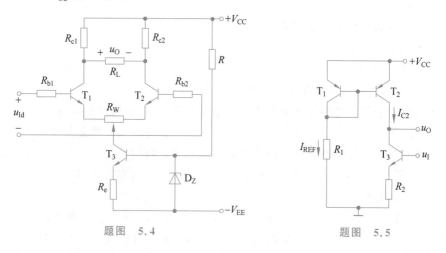

题图 5.4   题图 5.5

5.6 多路电流源如题图 5.6 所示。设各管子的 β 值很大且相等。$V_{CC}=10\mathrm{V}$，$U_{BE1}=0.7\mathrm{V}$，$U_T=26\mathrm{mV}$，I_{C2} 和 I_{C3} 的电流如图中所示，电阻 $R=9.3\mathrm{k}\Omega$，试求电阻 R_{e2} 和 R_{e3} 的数值。

5.7 有源负载差动放大电路如题图 5.7 所示，T_1、T_2 管和 T_3、T_4 管的特性分别相同，求电路的差模电压放大倍数 A_{ud}。

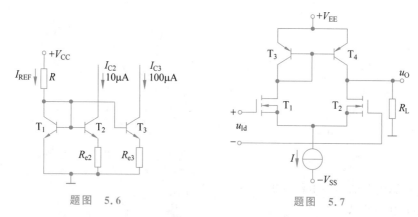

题图 5.6   题图 5.7

5.8 某运放输出级的简化电路如题图 5.8 所示。

（1）电阻 R_1、R_2 和 T_3 组成什么电路？起到什么作用？

（2）电流源 I 在电路中起什么作用？

5.9 电路如题图 5.9 所示，所有晶体管均为硅管，β 均为 60，$r_{bb'}=100\Omega$，$|U_{BE}|=0.7\mathrm{V}$，稳压管的稳定电压 U_Z 为 3.7V，当 $u_1=0$ 时，$u_O=0$，试求：

（1）静态时 T_1 管和 T_2 管的发射极电流和 R_{c2} 的值；

（2）电路的电压放大倍数 A_u、输入电阻 R_i 和输出电阻 R_o。

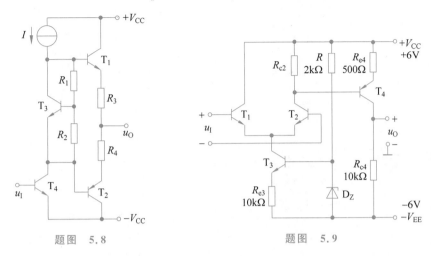

题图 **5.8**　　　　　　　　题图 **5.9**

5.10　某集成电路内部简化电路如题图5.10所示。

（1）T_1 和 T_2 管构成差动放大电路，为什么 T_2 管的集电极未接电阻？

（2）R_4、T_3 和电流源 I 组成了什么电路？电流源 I 起什么作用？

（3）D_1、D_2 和 T_4、T_5 组成了什么电路？D_1 和 D_2 起什么作用？

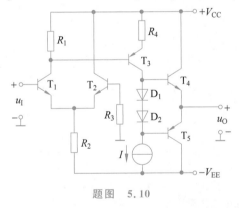

题图 **5.10**

第章

反馈放大电路

内容提要：

电子电路中的反馈有多种类型,常用的负反馈电路有四种类型：电压串联负反馈、电压并联负反馈、电流串联负反馈和电流并联负反馈。本章首先介绍反馈的基本概念,讨论电路反馈类型的判断方法,然后归纳出反馈的一般表达式,在此基础上深入分析负反馈对放大电路性能的影响,探讨深度负反馈放大电路的性能指标计算,最后介绍负反馈放大电路产生自激振荡的条件和常用的消除自激振荡的措施。

学习目标：

1. 掌握反馈放大电路的反馈类型判断方法。
2. 掌握反馈放大电路的一般方框图及一般表达式。
3. 理解引入负反馈后对放大电路性能的影响。
4. 掌握深度负反馈条件下的放大电路性能指标的估算方法。
5. 了解负反馈放大电路产生自激振荡的条件及消除振荡的措施。

重点内容：

1. 放大电路中反馈类型的判断方法。
2. 负反馈对放大电路性能的改善以及如何正确引入反馈。
3. 深度负反馈条件下的电路性能指标的估算。

6.1 反馈的基本概念与反馈类型的判断

反馈是一种普遍的现象,广泛存在于自然界和工程技术领域中。人们经常有意识地应用反馈的理论与方法去实现自己的目的。在电子线路中,具有反馈功能的电路是很多的。反馈应用于放大电路,构成了所谓的反馈放大电路。放大电路引入反馈后,可以从多方面改善放大电路的性能,并得到很好的效果。因此,负反馈放大电路得到了广泛的应用。

本章讨论的不是一般意义上的反馈,而是专门讨论电子线路中反馈的概念及其基本理论。

6.1.1 反馈的基本概念

1. 认识"反馈"

反馈是指在电子线路中,把输出量(电压或电流)的全部或者一部分,以某种方式返送回输入回路,与输入量(电压或电流)进行比较,并对电路产生影响的过程。

按照各部分电路功能不同,可将反馈放大电路分为基本放大电路和反馈网络两部分,图 6.1.1 是反馈放大电路的示意方框图。其中,$\dot{X}_\mathrm{i}$ 是整个反馈电路的输入信号(输入量),$\dot{X}_\mathrm{o}$ 是电路的输出信号(输出量)。基本放大电路是断开了与反馈网络的联系,但仍会考虑反馈网络负载影响的放大电路,放大倍数用 $\dot{A}$ 表示,其输入信号称为净输入信号,用 $\dot{X}_\mathrm{d}$ 表示,故 $\dot{A}=\dot{X}_\mathrm{o}/\dot{X}_\mathrm{d}$。反馈网络将输出信号 $\dot{X}_\mathrm{o}$ 返送到输入回路,其输出称为反馈信号(反馈量),通常用 $\dot{F}$ 表示返送到输入回路的信号与输出信号之比,称为反馈系数,即 $\dot{F}=\dot{X}_{\mathrm{f}}/\dot{X}_{\mathrm{o}}$。$\oplus$ 环节是比较环节,输入量 $\dot{X}_{\mathrm{i}}$ 和反馈量 $\dot{X}_{\mathrm{f}}$ 在比较环节进行比较后,产生净输入信号 $\dot{X}_{\mathrm{d}}$,加到基本放大电路的输入端。$\dot{X}_{\mathrm{i}}$、$\dot{X}_{\mathrm{o}}$、$\dot{X}_{\mathrm{f}}$、$\dot{X}_{\mathrm{d}}$ 可分别为电压或电流信号。

例如,在第 2 章所讲述的稳定静态工作点的共射放大电路中,如图 6.1.2 所示,静态时的 U_{B} 为输入信号,I_{C} 为输出信号,利用 $I_{\mathrm{E}}(I_{\mathrm{E}}\approx I_{\mathrm{C}})$ 在发射极电阻 R_{e} 产生的压降返送到输入回路,U_{E} 为反馈信号,$U_{\mathrm{BE}}(U_{\mathrm{B}}-U_{\mathrm{E}})$ 为净输入信号。

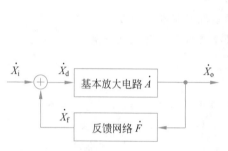 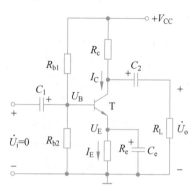

图 6.1.1　反馈放大电路的示意方框图　　　　图 6.1.2　共射放大电路

2. 开环状态与闭环状态

在电子线路中,如果信号是从电路的输入端顺序传到输出端,则称为信号的正向传输。如果信号从输出端传向输入端,则称为信号的反向传输。反馈信号是反向传输信号。在电路中,如果信号只有正向传输,没有反向传输,则称为开环状态,如图 6.1.3 所示电路为开环状态。如果既有正向传输,又有反向传输,则称为闭环状态。例如,在如图 6.1.4 所示的电路中,既有正向传输,又有反向传输,电路处于闭环状态。

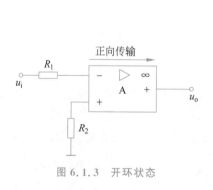 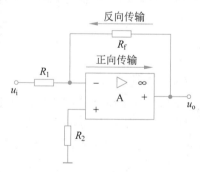

图 6.1.3　开环状态　　　　　　　　　图 6.1.4　闭环状态

3. 本级反馈与级间反馈

在电子线路中,反馈放大电路往往是由多级放大电路组成的。如果反馈只存在于某一级放大电路中,则称为本级反馈。如果反馈存在于两级或两级以上的放大电路中,称为级间反馈。例如,在图 6.1.5 所示两级放大电路中,R_{e1}、R_{e2} 引入本级反馈,只影响本级电路的性能;R_f 引入级间反馈,影响整个电路的性能。本章重点研究级间反馈。

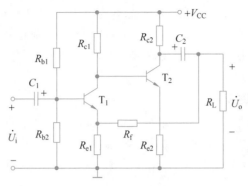

图 6.1.5 本级反馈与级间反馈

6.1.2 反馈类型及其判断方法

1. 直流反馈与交流反馈

视频

如果反馈只对直流量起作用,则称为直流反馈。直流反馈影响电路的直流工作状态,例如,如图 6.1.6 所示电路中的 R_e,存在于直流通路中,引入直流反馈,可以稳定静态工作点。如果反馈只对交流量起作用,则称为交流反馈。交流反馈影响电路的交流工作性能,如放大倍数、输入电阻、输出电阻和带宽等。如果反馈对交流量和直流量都起作用,则称为交直流反馈。交直流反馈会同时影响电路的交流和直流工作状况。例如,在如图 6.1.6 所示电路的 R_e 两端接入电容 C_e,则只存在直流反馈而无交流反馈,故对交流

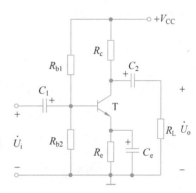

图 6.1.6 共射放大电路

性能指标没有影响;若 R_e 两端去掉电容 C_e,R_e 也存在于交流通路中,则存在交直流反馈,因此不仅能够稳定静态工作点,而且会影响交流性能指标的大小。由此可见,判断直流反馈与交流反馈时,要特别注意电容具有“隔直通交”这一特性。通常,反馈通路中如果存在隔直电容,则是交流反馈;若反馈通路中没有隔直电容,而存在旁路电容,则是直流反馈;如果不存在电容,则是交直流反馈。

2. 负反馈与正反馈

在图 6.1.1 中,输入信号 $\dot{X}_i$ 与反馈网络送回的反馈信号 $\dot{X}_f$ 要进行比较,产生加到基本放大电路输入端的净输入信号 $\dot{X}_d$。按照比较的结果,或者说按照反馈信号的极性,可以分为负反馈和正反馈两种。引入反馈信号 $\dot{X}_f$ 后,使净输入信号 $\dot{X}_d$ 减小,则反馈信号极性为负,称为负反馈;引入反馈信号 $\dot{X}_f$ 后,使净输入信号 $\dot{X}_d$ 增大,则反馈信号极性为正,称为正反馈。

负反馈可以从许多方面改善放大电路的性能,正反馈却会使放大电路性能变差,有时还会使负反馈放大电路产生自激,无法工作。判断是正反馈还是负反馈,可以采用<u>瞬时极性法</u>。其具体方法如下:首先假设输入信号在某一时刻对地的极性,一般为正(用"+"表示),然后按照信号正向传输的方向逐级向后推断,确定输出信号的极性;再由输出端通过反馈网络返回输入回路,确定反馈信号的极性;最后依照正负反馈极性的定义做出判断。

3. 串联反馈和并联反馈

对于反馈放大电路来说,按照基本放大电路和反馈网络在输入端的连接方式,可以分为串联反馈和并联反馈两种,如图 6.1.7 所示。

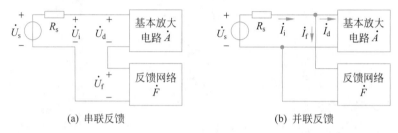

(a) 串联反馈   (b) 并联反馈

图 6.1.7　反馈放大电路的两种输入连接方式

在图 6.1.7(a)中,基本放大电路和反馈网络相互串联,输入量 $\dot{U}_i$、反馈量 $\dot{U}_f$ 和净输入量 $\dot{U}_d$ 构成一个回路。输入量 $\dot{U}_i$,反馈量 $\dot{U}_f$ 在电路输入回路进行电压比较,产生净输入电压 $\dot{U}_d$。因此,在输入回路中,串联反馈的各个量是以电压的形式进行比较的。

在图 6.1.7(b)中,基本放大电路和反馈网络相互并联,输入量 $\dot{I}_i$ 和净输入量 $\dot{I}_d$、反馈量 $\dot{I}_f$ 连在输入端的同一个节点上,输入量 $\dot{I}_i$ 和反馈量 $\dot{I}_f$ 在输入节点上进行电流比较,产生净输入电流 $\dot{I}_d$。因此,在输入回路中,并联反馈的各个量是以电流的形式进行比较的。

因此,采用输入端观察法,可以很容易地判别到底是串联反馈还是并联反馈。如果反馈元件与输入信号连在同一节点上,那么必然进行电流比较,就是并联反馈;如果反馈元件与输入信号连在两个不同的节点上,那么必然进行电压比较,就是串联反馈。

4. 电压反馈与电流反馈

反馈放大电路按照输出量的采样方式,可以分为电压反馈和电流反馈两种,如图 6.1.8 所示。

在如图 6.1.8(a)所示的电路中,输出电压 $\dot{U}_o$ 通过反馈网络产生反馈量,反馈量正比于输出电压 $\dot{U}_o$,称为<u>电压反馈</u>。在如图 6.1.8(b)所示的电路中,输出电流 $\dot{I}_o$ 流过反馈网络,产生反馈量,反馈量正比于输出电流 $\dot{I}_o$,因此称为<u>电流反馈</u>。

对于输出采样方式的判别,可以采用输出短路法。假设输出端交流短路($R_L=0$),则 $\dot{U}_o=0$。如果反馈信号也变为 0,则反馈量正比于输出电压 $\dot{U}_o$,是电压反馈。若反馈信号

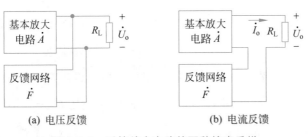

(a) 电压反馈　　　　　　　(b) 电流反馈

图 6.1.8　反馈放大电路的两种输出采样

不为 0，则为电流反馈。注意，输出端短路时，是将 R_L 短路，不一定是输出端对地短路。

6.2　负反馈放大电路的四种类型

负反馈能够使输出维持稳定，在放大电路中得到广泛应用，而正反馈使放大电路的性能变差，放大电路中一般不采用正反馈。对于负反馈放大电路而言，不同的输入连接方式和输出采样方式相互组合，可以得到四种基本类型：电压串联负反馈、电压并联负反馈、电流串联负反馈和电流并联负反馈，下面结合具体电路逐一详细介绍。

6.2.1　电压串联负反馈

图 6.2.1(a)所示是由分立元件构成的反馈电路。首先判断该电路有无反馈。从图 6.2.1(a)中可以看出，信号 $\dot{U}_i$ 由三极管的基极输入，经 R_f 将输出信号 $\dot{U}_o$ 返送到三极管的发射极，所以该电路存在反馈。

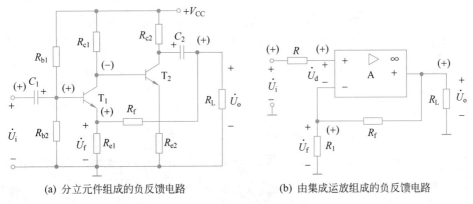

(a) 分立元件组成的负反馈电路　　　　　　(b) 由集成运放组成的负反馈电路

图 6.2.1　电压串联负反馈

其次，采用瞬时极性法判断该反馈是正反馈还是负反馈。如图 6.2.1(a)所示，假设输入信号 $\dot{U}_i$ 对地的瞬时极性为正，图中用（＋）符号表示，经 T_1 管组成的共射放大电路反相后加到 T_2 管的基极，又经 T_2 管组成的共射放大电路反相，故 $\dot{U}_o$ 与 $\dot{U}_i$ 是同相的，即 $\dot{U}_o$ 的瞬时极性为正，再经 R_f 将输出信号 $\dot{U}_o$ 返送到三极管的发射极，因此，反馈电压 $\dot{U}_f$ 的瞬时极性与 $\dot{U}_i$ 相同，使净输入量 $\dot{U}_{be}$ 减小，所以是负反馈。

下面判断该电路是哪一种负反馈。反馈电压 $\dot{U}_{\mathrm{f}}$ 与输入电压 $\dot{U}_{\mathrm{i}}$ 串联作用于基本放大电路的输入端,输入电压 $\dot{U}_{\mathrm{i}}$ 和反馈电压 $\dot{U}_{\mathrm{f}}$ 在输入回路中进行比较,三极管的净输入电压 $\dot{U}_{\mathrm{be}} = \dot{U}_{\mathrm{i}} - \dot{U}_{\mathrm{f}}$,因而是串联反馈。通常,采用输出短路法判断是电压反馈还是电流反馈,在图6.2.1(a)中,若输出短路,使 $\dot{U}_{\mathrm{o}} = 0$,这时反馈电压 $\dot{U}_{\mathrm{f}} = 0$,反馈作用消失,因此,这是电压反馈,同时,反馈电压 $\dot{U}_{\mathrm{f}} = \dot{U}_{\mathrm{o}} \dfrac{R_{\mathrm{e1}}}{R_{\mathrm{e1}} + R_{\mathrm{f}}}$,正比于输出电压 $\dot{U}_{\mathrm{o}}$,也可以看出该电路引入的是电压反馈。综合上面的判断结果,图6.2.1(a)所示电路的反馈类型是电压串联负反馈。

图6.2.1(b)所示是由运放构成的反馈电路。在电路中,基本放大电路由集成运放构成,R_{f} 是连接电路输入端与输出端的反馈元件,R_{f} 和 R_1 组成反馈网络。首先判断该电路有无反馈。在电路中,输入信号 $\dot{U}_{\mathrm{i}}$ 经过电阻 R 加到运放的同相端,运放的反相端通过电阻 R_1 接地,运放的输出端与反相端之间跨接了反馈电阻 R_{f},将输出信号 $\dot{U}_{\mathrm{o}}$ 返送到输入回路,故该电路存在反馈。

下面采用瞬时极性法判断该反馈是正反馈还是负反馈。假设输入信号 $\dot{U}_{\mathrm{i}}$ 对地的瞬时极性为正,图中用"(+)"符号表示,则输出信号 $\dot{U}_{\mathrm{o}}$ 也为正,反馈信号 $\dot{U}_{\mathrm{f}}$ 的极性同样为正,在输入回路中有 $\dot{U}_{\mathrm{d}} = \dot{U}_{\mathrm{i}} - \dot{U}_{\mathrm{f}}$,故引入反馈后使净输入信号 $\dot{U}_{\mathrm{d}}$ 减小了,所以是负反馈。

再来判断该电路是哪一种负反馈。在电路中,反馈电压 $\dot{U}_{\mathrm{f}}$ 与输入电压 $\dot{U}_{\mathrm{i}}$ 串联作用于运放的两个输入端,输入电压 $\dot{U}_{\mathrm{i}}$ 和反馈电压 $\dot{U}_{\mathrm{f}}$ 在输入回路中进行比较,$\dot{U}_{\mathrm{d}} = \dot{U}_{\mathrm{i}} - \dot{U}_{\mathrm{f}}$,因而该电路引入的是串联反馈。在图6.2.1(b)中,采用输出短路法,若输出短路,使 $\dot{U}_{\mathrm{o}} = 0$,这时反馈电压 $\dot{U}_{\mathrm{f}} = 0$,反馈作用消失,因此这是一个电压反馈,同时,反馈电压 $\dot{U}_{\mathrm{f}} = \dot{U}_{\mathrm{o}} \dfrac{R_1}{R_1 + R_{\mathrm{f}}}$,正比于 $\dot{U}_{\mathrm{o}}$,也可以判断该电路引入的是电压反馈。综上可知,图6.2.1(b)所示电路的反馈类型是电压串联负反馈。

电压负反馈的特点是稳定输出电压。在图6.2.1(a)中,当外加输入电压 $\dot{U}_{\mathrm{i}}$ 一定时,若由于某种原因(负载波动或温度变化使 β 变化等)导致 $\dot{U}_{\mathrm{o}}$ 发生变化,例如,R_{L} 增大使输出电压 $\dot{U}_{\mathrm{o}}$ 增大,则反馈电压 $\dot{U}_{\mathrm{f}}$ 也增大,结果使净输入电压 $\dot{U}_{\mathrm{be}}$ 减小,从而使 $\dot{U}_{\mathrm{o}}$ 减小,这个调节过程使得 $\dot{U}_{\mathrm{o}}$ 保持基本不变。

同理,在图6.2.1(b)中,集成运放的输出信号 $\dot{U}_{\mathrm{o}}$ 通过反馈网络送回输入端,$\dot{U}_{\mathrm{f}}$ 与 $\dot{U}_{\mathrm{i}}$ 进行比较,极性相同,抵消掉很大一部分,真正送到运放输入端的净输入信号为 $\dot{U}_{\mathrm{d}} = \dot{U}_{\mathrm{i}} - \dot{U}_{\mathrm{f}}$。输出量 $\dot{U}_{\mathrm{o}}$ 的变化,会引起反馈量 $\dot{U}_{\mathrm{f}}$ 与之相同极性的变化,使得净输入信号 $\dot{U}_{\mathrm{d}}$ 发生相反极性的变化,从而导致了输出量 $\dot{U}_{\mathrm{o}}$ 也发生相反极性的变化。这一系列变化是

一个自动进行的反馈调节过程,它可以使输出电压 $\dot{U}_\text{o}$ 保持基本不变。

电压负反馈能够稳定输出电压,从另一个角度考虑,当输入电压一定时,负载变化而输出电压稳定,也就意味着电路的输出电阻减小。

对于电压串联负反馈,根据图 6.2.1 可以定义这种负反馈放大电路的放大倍数为

$$\dot{A}_\text{uu} = \frac{\dot{U}_\text{o}}{\dot{U}_\text{d}} \tag{6.2.1}$$

$\dot{A}_\text{uu}$ 称为电压放大倍数,定义反馈系数为

$$\dot{F}_\text{uu} = \frac{\dot{U}_\text{f}}{\dot{U}_\text{o}} \tag{6.2.2}$$

$\dot{F}_\text{uu}$ 称为电压反馈系数。$\dot{A}_\text{uu}$ 和 $\dot{F}_\text{uu}$ 均没有量纲。

6.2.2 电压并联负反馈

电路如图 6.2.2(a)所示,首先判断有无反馈。可以看出,电阻 R_f 从输出端(集电极)连接到输入端(基极),使输出信号反馈到输入回路,所以,该电路存在反馈。

下面判断该反馈是正反馈还是负反馈。假设输入信号 $\dot{U}_\text{i}$ 对地的瞬时极性为正,则输出信号 $\dot{U}_\text{o}$ 对地的瞬时极性为负,可以看出,$\dot{I}_\text{i}$、$\dot{I}_\text{f}$ 和 $\dot{I}_\text{b}$ 的瞬时方向与图 6.2.2(a)中标出的参考方向一致,输入端有 $\dot{I}_\text{b} = \dot{I}_\text{i} - \dot{I}_\text{f}$,故引入反馈的结果使净输入信号 $\dot{I}_\text{b}$ 减小了,所以是负反馈。

在电路中,反馈电流 $\dot{I}_\text{f}$ 与输入电流 $\dot{I}_\text{i}$ 并联作用于基本放大电路的输入端,$\dot{I}_\text{i}$ 与 $\dot{I}_\text{f}$ 进行比较,$\dot{I}_\text{b} = \dot{I}_\text{i} - \dot{I}_\text{f}$,因此该电路引入的是并联反馈。输出端的反馈方式可用输出短路法来判断。当 R_L 短路时,$\dot{U}_\text{o} = 0$,这时没有输出电压返送到输入回路,因此反馈作用消失,表明该反馈是电压反馈。另外,反馈电流 $\dot{I}_\text{f} = \dfrac{\dot{U}_\text{i} - \dot{U}_\text{o}}{R_\text{f}}$,且 $\dot{U}_\text{i} \ll \dot{U}_\text{o}$,故 $\dot{I}_\text{f} \approx -\dfrac{\dot{U}_\text{o}}{R_\text{f}}$,由此也可以看出反馈量取决于输出电压 $\dot{U}_\text{o}$,且转换为反馈电流 $\dot{I}_\text{f}$,该反馈是电压反馈,判断结果与输出短路法相同。所以该电路的反馈类型是电压并联负反馈。

图 6.2.2(b)是运放构成的电压并联负反馈放大电路。在电路中,输入信号 $\dot{U}_\text{i}$ 经过电阻 R_1 加到运放的反相端,运放的同相端经电阻 R_2 接地。运放的输出端与反相端之间跨接了电阻 R_f。

首先判断该电路是否存在反馈。可以看出,R_f 是反馈元件,它将输出电压返送到输入回路,故电路存在反馈。

同样采用瞬时极性法判断该反馈是正反馈还是负反馈。设 $\dot{U}_\text{i}$ 对地的瞬时极性为正,则 $\dot{U}_\text{o}$ 对地的瞬时极性为负,可以看出,$\dot{I}_\text{i}$、$\dot{I}_\text{f}$ 和 $\dot{I}_\text{d}$ 的瞬时方向与图 6.2.2(b)中标出

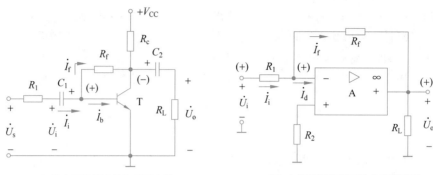

(a) 分立元件组成的负反馈电路   (b) 由集成运放组成的负反馈电路

图 6.2.2　电压并联负反馈

的参考方向一致,则在运放的反相端有 $\dot{I}_d = \dot{I}_i - \dot{I}_f$,故引入反馈的结果使净输入信号 $\dot{I}_d$ 减小了,所以是负反馈。

在电路中,反馈信号与输入信号并联作用于运放的输入端,因此该反馈是并联反馈。

在第 5 章中提到,在负反馈条件下,运放具有"虚短"特性,运放的两个输入端的净输入电压为零。在电路中,运放的同相端电位为零,所以,反相端的电位也为零。但是,由于反相端并没有真正接地,因此称为"虚地"。这样,可以求出反馈电流为

$$\dot{I}_f = \frac{\dot{U}_- - \dot{U}_o}{R_f} = -\frac{\dot{U}_o}{R_f}$$

由上式可以看出,反馈电流 $\dot{I}_f$ 正比于输出电压 $\dot{U}_o$,可以判断,这个电路是电压反馈,采用输出短路法也可以获得相同的判断结果。

综上所述,图 6.2.2(b)所示电路的反馈类型是电压并联负反馈。

下面再来分析电压负反馈稳定输出电压的过程。在如图 6.2.2(a)所示的电路中,假设输入电流 $\dot{I}_i$ 一定时,若增大 R_L,则输出电压 $\dot{U}_o$ 将增大,$\dot{I}_f$ 也将增大,从而使净输入电流 $\dot{I}_b (\dot{I}_i - \dot{I}_f)$ 减小,$\dot{I}_c$ 也减小,所以 $\dot{U}_o$ 减小,这个调节过程使输出电压稳定。需要指出的是,电路的输入回路中串接了一个电阻 R_1,它对于并联反馈来说是必不可少的。如果没有电阻 R_1,则 $\dot{U}_s = \dot{U}_i$,这时净输入电流为

$$\dot{I}_b = \frac{\dot{U}_s}{r_{be}}$$

上式说明,净输入电流的大小取决于输入电压,与反馈电流 $\dot{I}_f$ 无关,也就是没有反馈作用了。因此,在采用并联反馈时,总要有一个较大的电阻 R_1 串联于输入回路,使输入端近似为一个电流源 $\left(\dot{I}_i \approx \dfrac{\dot{U}_s}{R_1}\right)$,这样,净输入电流受反馈电流的影响更加明显,从而提高反馈效果。

在如图 6.2.2(b)所示的电路中,净输入电流 $\dot{I}_d$ 经过运放放大后,产生输出电压 $\dot{U}_o$,

经 R_f 转换为反馈电流 $\dot{I}_f$。在电路输入端,$\dot{I}_i$、$\dot{I}_f$ 比较,$\dot{I}_d = \dot{I}_i - \dot{I}_f$。若输出电压 $\dot{U}_o$ 变化,必然会使 $\dot{I}_f$ 产生相同极性的变化,导致 $\dot{I}_d$ 产生相反极性的变化,从而 $\dot{U}_o$ 也发生相反极性的变化,最终起到稳定输出电压的作用。

对于电压并联负反馈,根据图 6.2.2 可以定义这种负反馈放大电路的放大倍数为

$$\dot{A}_{ui} = \frac{\dot{U}_o}{\dot{I}_d} \tag{6.2.3}$$

$\dot{A}_{ui}$ 称为互阻放大倍数,其量纲是电阻的量纲。定义反馈系数为

$$\dot{F}_{iu} = \frac{\dot{I}_f}{\dot{U}_o} \tag{6.2.4}$$

$\dot{F}_{iu}$ 称为互导反馈系数,其量纲是电导的量纲。

6.2.3 电流并联负反馈

图 6.2.3(a)是由分立元件构成的电流并联负反馈放大电路。其中,R_f 将输出回路与输入回路连接起来,构成了反馈。用瞬时极性法判断反馈极性,假设 $\dot{U}_i$ 对地的瞬时极性为正,则 T_2 的发射极为负,可以看出,$\dot{I}_i$、$\dot{I}_f$ 和 $\dot{I}_b$ 的瞬时方向与图 6.2.3(a)中标出的参考方向一致,输入端有 $\dot{I}_b = \dot{I}_i - \dot{I}_f$,故引入反馈的结果使净输入信号 $\dot{I}_b$ 减小了,所以是负反馈。反馈信号与输入信号并联作用于同一输入端,$\dot{I}_i$ 与 $\dot{I}_f$ 进行比较,因此电路引入的是并联反馈。采样电流 $\dot{I}_{e2} \approx \dot{I}_{c2}$,反馈电流 $\dot{I}_f$ 与输出端三极管 T_2 的集电极电流 $\dot{I}_{c2}$ 成比例,因此电路引入的是电流反馈。若用输出短路法,当 R_L 短路时,$\dot{U}_o = 0$,这时依然有反馈电流存在,也表明该反馈是电流反馈,判断结果相同。可见,图 6.2.3(a)所示电路的反馈类型是电流并联负反馈。

需要指出的是,在由分立元件三极管组成的电流负反馈电路中,反馈信号来源于输出级的集电极电流,通常定义电路的输出电流为输出级的集电极电流。例如,图 6.2.3(a)所示电路的输出电流 $\dot{I}_o = \dot{I}_{c2}$。

图 6.2.3(b)是由运放构成的电流并联负反馈放大电路。在电路中,R_f 是连接输入回路和输出回路的反馈元件,因此电路存在反馈。用瞬时极性法判断反馈极性,设信号输入端,即运放反相端的瞬时极性为正,则输出端的瞬时极性为负,可以看出,$\dot{I}_i$、$\dot{I}_f$ 和 $\dot{I}_d$ 的瞬时方向与图 6.2.3(b)中标出的参考方向是一致的,可以得到 $\dot{I}_d = \dot{I}_i - \dot{I}_f$,表明该反馈是负反馈。经 R_f 的反馈信号与输入信号都连接到运放的反相输入端,输入电流 $\dot{I}_i$、反馈电流 $\dot{I}_f$ 并联作用于运放同一输入端,因此该反馈是并联反馈。如果运用输出短路法判断输出的采样类型,那么将 R_L 短路时,会发现 $\dot{I}_f$ 依然存在,因此是电流反馈。由

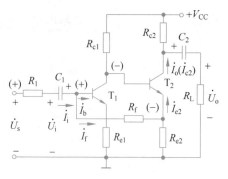 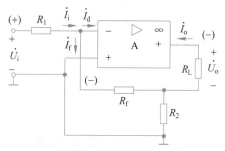

(a) 分立元件组成的负反馈电路　　　　　(b) 由集成运放组成的负反馈电路

图 6.2.3　电流并联负反馈

于运放输入端存在"虚短",因而反馈电流 $\dot{I}_f = \dfrac{R_2}{R_2 + R_f}\dot{I}_o$,正比于输出电流 $\dot{I}_o$,这也说明该电路引入的是电流反馈。综上所述,图 6.2.3(b)所示电路的反馈类型是电流并联负反馈。

电流负反馈的特点是稳定输出电流。在图 6.2.3(a)中,当输入电流 $\dot{I}_i$ 一定时,若由于某种原因使得输出电流 $\dot{I}_{c2}$ 减小,则 $\dot{I}_f$ 也将减小,而净输入电流 $\dot{I}_b$ 增大,从而使 $\dot{I}_{c2}$ 增大,可见,这个反馈调节过程使输出电流 $\dot{I}_{c2}$ 保持基本稳定。

同理,在图 6.2.3(b)中,集成运放对净输入信号 $\dot{I}_d$ 放大,得到输出电流 $\dot{I}_o$,通过反馈网络得到反馈电流 $\dot{I}_f$,$\dot{I}_d = \dot{I}_i - \dot{I}_f$。输出量 $\dot{I}_o$ 的变化会引起反馈量 $\dot{I}_f$ 产生与之相同极性的变化,也会使 $\dot{I}_d$ 产生相反极性的变化,从而导致输出量 $\dot{I}_o$ 产生相反极性的变化。这个反馈调节过程自动进行,维持输出量 $\dot{I}_o$ 保持基本不变。

电流负反馈能够稳定输出电流,从另一个角度考虑,当输入信号一定时,负载变化而输出电流稳定,也就意味着电路的输出电阻增大。

对于电流并联负反馈,根据图 6.2.3 可以定义这种负反馈放大电路的放大倍数为

$$\dot{A}_{ii} = \frac{\dot{I}_o}{\dot{I}_d} \qquad\qquad (6.2.5)$$

$\dot{A}_{ii}$ 称为电流放大倍数。定义反馈系数为

$$\dot{F}_{ii} = \frac{\dot{I}_f}{\dot{I}_o} \qquad\qquad (6.2.6)$$

$\dot{F}_{ii}$ 称为电流反馈系数。$\dot{A}_{ii}$ 和 $\dot{F}_{ii}$ 都是电流之比,没有量纲。

6.2.4　电流串联负反馈

前面已经介绍过的共射放大电路,是一个典型的电流串联负反馈放大电路,如图 6.2.4(a)所示。其中,R_e 将输出电流 $\dot{I}_c$ 反馈到输入回路,转换为反馈电压 $\dot{U}_f$,若输

入信号 $\dot{U}_i$ 对地的瞬时极性为正,则 $\dot{U}_f$ 的瞬时极性也为正,使净输入信号 $\dot{U}_{be}$ 减小,故该反馈是负反馈。在电路中,$\dot{U}_i$ 与 $\dot{U}_f$ 串联作用于输入回路,$\dot{U}_{be}=\dot{U}_i-\dot{U}_f$,因此电路引入的是串联反馈。由 $\dot{U}_f=\dot{I}_c R_e$ 可知该反馈是电流反馈,同样也可以用输出短路法判断出相同的结果。所以,图 6.2.4(a)所示电路的反馈类型是电流串联负反馈。

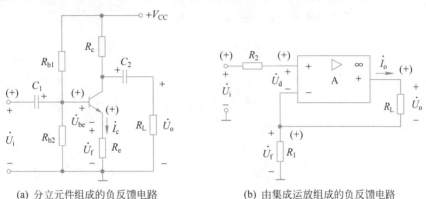

(a) 分立元件组成的负反馈电路　　　　(b) 由集成运放组成的负反馈电路

图 6.2.4　电流串联负反馈

图 6.2.4(b)是由运放组成的电流串联负反馈放大电路。在电路中,输入信号加到运放的同相端,运放的反相端通过电阻 R_1 接地。负载电阻 R_L 一端接运放的输出端,另一端加到运放的反相端,电阻 R_1 将输入回路与输出回路连接起来。采用瞬时极性法判断这个电路是正反馈还是负反馈。设 $\dot{U}_i$ 对地的瞬时极性为正,则输出电压 $\dot{U}_o$ 的瞬时极性为正,那么反馈量 $\dot{U}_f$ 的瞬时极性也为正,可见引入反馈后使净输入电压 $\dot{U}_d$ 减小了,故该反馈为负反馈。$\dot{U}_i$ 与 $\dot{U}_f$ 串联作用于输入端,在输入回路中对 $\dot{U}_i$ 和 $\dot{U}_f$ 进行比较,有 $\dot{U}_d=\dot{U}_i-\dot{U}_f$,因此该反馈为串联反馈。集成运放对输入信号进行放大,得到输出电流 $\dot{I}_o$,$\dot{I}_o$ 流过电阻 R_1,产生反馈电压 $\dot{U}_f$,$\dot{U}_f=\dot{I}_o R_1$,故该反馈是电流反馈。如采用输出短路法,则将 R_L 短路时,$\dot{I}_o$ 电流和反馈电压 $\dot{U}_f$ 仍存在,也可以看出该反馈是电流反馈。所以,图 6.2.4(b)所示电路的反馈类型是电流串联负反馈。

电流负反馈能够稳定输出电流。在图 6.2.4(a)中,当输入电压 $\dot{U}_i$ 一定时,若由于某种原因使得输出电流 $\dot{I}_c$ 减小,则 $\dot{U}_f$ 也将减小,而净输入电压 $\dot{U}_{be}$ 增大,从而使 $\dot{I}_c$ 增大,可见,电流负反馈调整的结果使输出电流保持基本稳定。同理,图 6.2.4(b)所示电路能够稳定输出电流,其分析过程与前相同,此处不再赘述。

对于电流串联负反馈,根据图 6.2.4 可以定义这种负反馈放大电路的放大倍数为

$$\dot{A}_{iu}=\frac{\dot{I}_o}{\dot{U}_d} \tag{6.2.7}$$

$\dot{A}_{iu}$ 称为**互导放大倍数**,其量纲是电导的量纲。定义反馈系数为

$$\dot{F}_{ui} = \frac{\dot{U}_f}{\dot{I}_o} \tag{6.2.8}$$

$\dot{F}_{ui}$ 称为互阻反馈系数,其量纲是电阻的量纲。

6.3 负反馈放大电路的表示

6.3.1 负反馈放大电路的一般表达式

由基本放大电路 $\dot{A}$ 和反馈放大电路 $\dot{F}$ 组成闭合回路,称为反馈环路。本章研究的主要是具有一个反馈环路的负反馈放大电路,称为单环放大电路。上述四种负反馈放大电路的方框图可以抽象为如图 6.3.1 所示的一般形式。

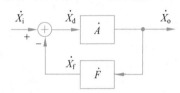

图 6.3.1 负反馈放大电路方框图的一般形式

在图 6.3.1 中,$\dot{X}_i$、$\dot{X}_o$、$\dot{X}_f$、$\dot{X}_d$ 分别为输入信号、输出信号、反馈信号和净输入信号,箭头表示信号的传递的方向,输入信号只通过基本放大电路到达输出端,而不通过反馈网络,反馈信号只通过反馈网络到达输入端,而不通过基本放大电路。$\oplus$ 表示输入信号 $\dot{X}_i$ 和反馈信号 $\dot{X}_f$ 在此叠加,"$+$"和"$-$"表示它们之间有如下关系

$$\dot{X}_d = \dot{X}_i - \dot{X}_f \tag{6.3.1}$$

从图 6.3.1 可以看出,电路的开环放大倍数也就是基本放大电路的放大倍数,即

$$\dot{A} = \frac{\dot{X}_o}{\dot{X}_d} \tag{6.3.2}$$

反馈系数为

$$\dot{F} = \frac{\dot{X}_f}{\dot{X}_o} \tag{6.3.3}$$

电路的闭环放大倍数

$$\dot{A}_f = \frac{\dot{X}_o}{\dot{X}_i} \tag{6.3.4}$$

由式(6.3.2)和式(6.3.3)可得

$$\dot{A}\dot{F} = \frac{\dot{X}_f}{\dot{X}_d} \tag{6.3.5}$$

$\dot{A}\dot{F}$ 称为环路放大倍数。由式(6.3.1)和式(6.3.5)可知,$\dot{A}\dot{F} > 0$。

对于四种负反馈放大电路,$\dot{A}$、$\dot{F}$ 和 $\dot{A}_f$ 所表示的物理意义是不同的,量纲也是不同的,但是 $\dot{A}\dot{F}$ 总是无量纲的,为了便于比较分析,总结如表 6.3.1 所示。

表 6.3.1 四种负反馈放大电路的比较

反馈组态	$\dot{X}_i\dot{X}_f\dot{X}_d$	$\dot{X}_o$	$\dot{A}$	$\dot{F}$	$\dot{A}_f$	功　能
电压串联	$\dot{U}_i\dot{U}_f\dot{U}_d$	$\dot{U}_o$	$\dot{A}_{uu}=\dfrac{\dot{U}_o}{\dot{U}_d}$	$\dot{F}_{uu}=\dfrac{\dot{U}_f}{\dot{U}_o}$	$\dot{A}_{uuf}=\dfrac{\dot{U}_o}{\dot{U}_i}$	$\dot{U}_i$ 控制 $\dot{U}_o$ 电压放大
电压并联	$\dot{I}_i\dot{I}_f\dot{I}_d$	$\dot{U}_o$	$\dot{A}_{ui}=\dfrac{\dot{U}_o}{\dot{I}_d}$	$\dot{F}_{iu}=\dfrac{\dot{I}_f}{\dot{U}_o}$	$\dot{A}_{uif}=\dfrac{\dot{U}_o}{\dot{I}_i}$	$\dot{I}_i$ 控制 $\dot{U}_o$ 电流转换成电压
电流并联	$\dot{I}_i\dot{I}_f\dot{I}_d$	$\dot{I}_o$	$\dot{A}_{ii}=\dfrac{\dot{I}_o}{\dot{I}_d}$	$\dot{F}_{ii}=\dfrac{\dot{I}_f}{\dot{I}_o}$	$\dot{A}_{iif}=\dfrac{\dot{I}_o}{\dot{I}_i}$	$\dot{I}_i$ 控制 $\dot{I}_o$ 电流放大
电流串联	$\dot{U}_i\dot{U}_f\dot{U}_d$	$\dot{I}_o$	$\dot{A}_{iu}=\dfrac{\dot{I}_o}{\dot{U}_d}$	$\dot{F}_{ui}=\dfrac{\dot{U}_f}{\dot{I}_o}$	$\dot{A}_{iuf}=\dfrac{\dot{I}_o}{\dot{U}_i}$	$\dot{U}_i$ 控制 $\dot{I}_o$ 电压转换成电流

由式(6.3.1)~式(6.3.4)可以推导出负反馈放大电路的闭环放大倍数表达式为

$$\dot{A}_f=\frac{\dot{X}_o}{\dot{X}_i}=\frac{\dot{A}}{1+\dot{A}\dot{F}} \tag{6.3.6}$$

式(6.3.6)是负反馈放大电路闭环放大倍数的一般表达式。可以看出,因为 $\dot{A}\dot{F}>0$,所以引入负反馈后,闭环放大倍数 $\dot{A}_f$ 小于开环放大倍数 $\dot{A}$,$\dot{A}_f$ 是 $\dot{A}$ 的 $\dfrac{1}{1+\dot{A}\dot{F}}$ 倍。$1+\dot{A}\dot{F}$ 对负反馈放大电路的性能有很大影响,定义 $|1+\dot{A}\dot{F}|$ 为**反馈深度**。在中频段,$\dot{A}$ 和 $\dot{F}$ 均为实数,因此闭环放大倍数可以写为 $A_f=\dfrac{A}{1+AF}$,反馈深度可以写为 $1+AF$。

6.3.2　关于反馈深度的讨论

引入负反馈后,反馈深度 $|1+\dot{A}\dot{F}|$ 的大小,对负反馈放大电路的性能影响很大。

(1) 当 $|1+\dot{A}\dot{F}|>1$ 时,$|\dot{A}_f|<|\dot{A}|$,闭环放大倍数下降,电路引入的是负反馈。

(2) 当 $|1+\dot{A}\dot{F}|\gg1$ 时,$\dot{A}_f=\dfrac{\dot{A}}{1+\dot{A}\dot{F}}\approx\dfrac{1}{\dot{F}}$ 是**深度负反馈**。从这个表达式看,$\dot{A}_f$ 与 $\dot{A}$ 似乎无关,但这个表达式成立的前提是 $\dot{A}\dot{F}$ 的值很大,其中主要是 $\dot{A}$ 很大,大多数负反馈放大电路都满足深度负反馈的条件。

(3) 当 $|1+\dot{A}\dot{F}|<1$ 时,$|\dot{A}_f|>|\dot{A}|$,电路引入的是正反馈。正反馈虽然使放大倍数提高了,但稳定性很差,所以很少单独采用。

(4) 当 $|1+\dot{A}\dot{F}|=0$ 时,$|\dot{A}_f|\to\infty$。从物理概念上说,放大倍数不可能无穷大。这时对应的物理现象是,电路虽然没有输入信号 $\dot{X}_i$,但由于存在干扰和噪声,所以经放大后

仍然有输出信号 $\dot{X}_{\mathrm{o}}$，这种现象称为自激振荡。放大电路一旦出现了自激振荡，自激振荡信号和放大后输出的信号叠加在一起，无法分辨，放大电路就不能正常工作了，这种现象是必须设法避免的。

6.4 负反馈对放大电路性能的影响

从 6.3 节的介绍中可知，引入负反馈之后，闭环放大倍数小于开环放大倍数。实际上，负反馈放大电路正是以放大倍数的下降为代价换得了其他方面性能的改善。

6.4.1 提高放大倍数的稳定性

在放大电路中，当环境温度、电源电压、电路元器件参数发生变化时，都会引起放大倍数的波动，这种现象对于放大电路的工作是不利的。引入了负反馈后，就可以稳定输出电压或输出电流，也就是放大倍数比较稳定。尤其是在深度负反馈条件下，只考虑幅值大小时有 $A_{\mathrm{f}}=\dfrac{A}{1+AF}\approx\dfrac{1}{F}$，由于 A_{f} 只与 F 有关，因而 A_{f} 更加稳定。

为了进一步说明放大倍数稳定的程度，还可以对这一问题进行定量讨论。在中频范围内负反馈放大电路的一般表达式为

$$A_{\mathrm{f}}=\frac{A}{1+AF}$$

上式对 A 求导，则有

$$\frac{\mathrm{d}A_{\mathrm{f}}}{\mathrm{d}A}=\frac{1}{(1+AF)^2}$$

即

$$\mathrm{d}A_{\mathrm{f}}=\frac{\mathrm{d}A}{(1+AF)^2}$$

上式两边同时除以 A_{f}，则

$$\frac{\mathrm{d}A_{\mathrm{f}}}{A_{\mathrm{f}}}=\frac{1}{1+AF}\cdot\frac{\mathrm{d}A}{A} \tag{6.4.1}$$

上式表明，引入负反馈后，闭环放大倍数 A_{f} 的相对变化量只相当于开环放大倍数相对变化量的 $\dfrac{1}{1+AF}$，因而 A_{f} 很稳定。

还应指出，不同类型的负反馈组态，放大倍数稳定性的含义是不同的。电压串联负反馈稳定闭环电压放大倍数，即稳定输出电压。电流并联负反馈稳定闭环电流放大倍数，即能稳定输出电流，而输出电压却不一定能够稳定。

6.4.2 改善放大电路的非线性失真

由于组成放大电路的半导体器件均具有非线性特性，例如，BJT 的输入特性是非线性的，在输入信号较大时，将引起基极电流波形的失真，从而使放大电路输出的波形也产

生失真,如图 6.4.1(a)所示。其中,假设放大电路的输出信号和输入信号同相,引入反馈后,由于反馈网络是线性网络(通常由电阻组成),不会引起失真,故引入反馈后的输出信号与反馈信号也同相,如图 6.4.1(b)所示。

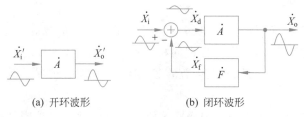

(a) 开环波形   (b) 闭环波形

图 6.4.1　负反馈改善非线性失真

在如图 6.4.1(a)所示的开环情况下,若输入信号为正弦波时输出信号产生非线性失真,其正半周幅值大于负半周幅值,则闭环情况下的反馈信号必然产生同样的失真。由于净输入信号等于输入信号与反馈信号之差,因而其正半周幅值小于负半周幅值,经过放大电路非线性的校正,使得输出信号正负半周趋于对称,近似为正弦波,即改善了输出波形的非线性失真,波形如图 6.4.1(b)所示。

上述分析说明负反馈大大减小非线性失真的程度。当然,这种减小非线性失真的程度也与反馈深度有关,下面进行定量分析。

对于发生非线性失真的输出波形可以使用傅里叶级数分解的方法展开,分解成基波和各次谐波 $2f,3f,\cdots,nf$ 等高次谐波分量。失真程度可以用非线性失真系数 D 来衡量,正如式(2.1.11)所定义的,即

$$D = \sqrt{\left(\frac{U_{o2}}{U_{o1}}\right)^2 + \left(\frac{U_{o3}}{U_{o1}}\right)^2 + \cdots}$$

为了便于理解,这里均用电压幅值的有效值来表示。设基本放大电路的输出电压(开环)为

$$U_o = A_u U_i + e_d$$

式中,U_i 是放大电路的输入电压,A_u 是电压放大倍数,e_d 表示由非线性失真产生的谐波成分。电路中引入电压负反馈后,F_u 为其反馈系数,则输出电压为

$$U_{of} = \frac{A_u U_i}{1 + A_u F_u} + \frac{e_d}{1 + A_u F_u}$$

可见,在输出电压中,线性放大的部分和非线性失真的部分都减小了。为了使有用的输出信号大小不变,可以将信号源的输入信号幅度提高为原来的 $1 + A_u F_u$ 倍,这样,就可以保证输出量的基波成分与开环时相同,新的输出电压为

$$U'_{of} = \frac{A_u U_i(1 + A_u F_u)}{1 + A_u F_u} + \frac{e_d}{1 + A_u F_u} = A_u U_i + \frac{e_d}{1 + A_u F_u} \qquad (6.4.2)$$

由此可见,在输出信号基波不变的情况下,负反馈放大电路输出信号的非线性失真是其开环时的 $\frac{1}{1 + A_u F_u}$。但这是有条件的,必须把输入信号 U_i 提高$(1 + A_u F_u)$倍,且 U_i本身不存在非线性失真。另外,以上分析是把基本放大电路看作失真很小的线性电路来

讨论的,如果基本放大电路本身的非线性失真很严重,那么即使加了负反馈也难以改善波形的失真状况。

6.4.3 扩展放大电路的通频带

前面已经介绍过,负反馈放大电路可以提高闭环放大倍数的稳定性。因此,当信号频率变化引起放大倍数变化时,负反馈同样可以起到稳定作用,使放大倍数基本保持不变。这样,当频率变化时,闭环放大倍数的变化减小,也就是扩展了通频带。下面定量分析这一问题。

设无反馈时,基本放大电路在中频段的放大倍数为 A_m,其上限频率为 f_H,高频时的放大倍数为

$$\dot{A}_\mathrm{H} = \frac{A_\mathrm{m}}{1 + \mathrm{j}\dfrac{f}{f_\mathrm{H}}} \tag{6.4.3}$$

引入负反馈后

$$\dot{A}_\mathrm{Hf} = \frac{\dot{A}_\mathrm{H}}{1 + \dot{A}_\mathrm{H}\dot{F}} = \frac{\dfrac{A_\mathrm{m}}{1 + \mathrm{j}f/f_\mathrm{H}}}{1 + \dfrac{A_\mathrm{m}}{1 + \mathrm{j}f/f_\mathrm{H}}\dot{F}}$$

$$= \frac{A_\mathrm{m}}{1 + A_\mathrm{m}\dot{F} + \mathrm{j}f/f_\mathrm{H}} = \frac{\dfrac{A_\mathrm{m}}{1 + A_\mathrm{m}\dot{F}}}{1 + \mathrm{j}\dfrac{f}{(1 + A_\mathrm{m}\dot{F})f_\mathrm{H}}} = \frac{A_\mathrm{mf}}{1 + \mathrm{j}\dfrac{f}{f_\mathrm{Hf}}} \tag{6.4.4}$$

这里 $f_\mathrm{Hf} = (1 + A_\mathrm{m}\dot{F})f_\mathrm{H}$。$f_\mathrm{Hf}$ 是负反馈放大电路的上限频率。可以看出,负反馈使放大电路的上限频率提高了 $(1 + A_\mathrm{m}\dot{F})$ 倍。

同理,可以推出

$$f_\mathrm{Lf} = \frac{f_\mathrm{L}}{1 + A_\mathrm{m}\dot{F}} \tag{6.4.5}$$

式中,f_Lf 是负反馈放大电路的下限频率,f_L 是基本放大电路的下限频率。负反馈使放大电路的下限频率降低为原来的 $1/(1 + A_\mathrm{m}\dot{F})$。

由上述分析可知,负反馈放大电路的上限截止频率提高到开环时的 $(1 + A_\mathrm{m}\dot{F})$ 倍,下限截止频率降低到开环时的 $1/(1 + A_\mathrm{m}\dot{F})$,从而扩展了通频带。由于通常 $f_\mathrm{Lf} \ll f_\mathrm{Hf}$,因此,负反馈放大电路的通频带 $f_\mathrm{BW} = f_\mathrm{Hf} - f_\mathrm{Lf} \approx f_\mathrm{Hf}$,故通频带近似扩展了 $(1 + A_\mathrm{m}\dot{F})$ 倍。一般地,放大电路的增益带宽积为常数。如果没有更换器件,只是引入负反馈使通频带扩展了 $(1 + A_\mathrm{m}\dot{F})$ 倍,其放大倍数则要下降为原来的 $1/(1 + A_\mathrm{m}\dot{F})$。

6.4.4 负反馈对输入电阻和输出电阻的影响

引入负反馈后,由于在输入回路中反馈信号接入方式的不同和在输出回路中稳定信号的不同,必然使负反馈放大电路的输入电阻和输出电阻有不同的改变。据此,同样可以使用负反馈来改变输入电阻和输出电阻来满足电路对这两个指标的要求。下面分别讨论负反馈对输入电阻和输出电阻的影响。

1. 负反馈对输入电阻的影响

负反馈对输入电阻的影响取决于反馈信号在输入端的接入方式。

1) 串联负反馈使输入电阻增大

在如图 6.4.2(a)所示的串联负反馈放大电路的输入回路中,由输入电阻的定义可知,基本放大电路的输入电阻 $R_i = \dot{U}_d / \dot{I}_i$,而负反馈放大电路的输入电阻为

$$R_{if} = \frac{\dot{U}_i}{\dot{I}_i} = \frac{\dot{U}_d + \dot{U}_f}{\dot{I}_i} = \frac{\dot{U}_d + \dot{A}\dot{F}\dot{U}_d}{\dot{I}_i} = (1 + \dot{A}\dot{F})\frac{\dot{U}_d}{\dot{I}_i}$$

所以,在中频段有

$$R_{if} = (1 + AF)R_i \tag{6.4.6}$$

可见,引入串联负反馈后,输入电阻将增大为原来的$(1+AF)$倍。

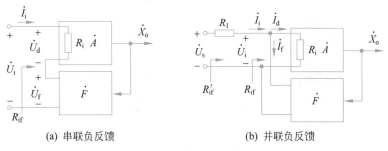

(a) 串联负反馈   (b) 并联负反馈

图 6.4.2 负反馈对输入电阻的影响

2) 并联负反馈使输入电阻减小

在如图 6.4.2(b)所示的并联负反馈放大电路的输入回路中,基本放大电路的输入电阻 $R_i = \dot{U}_i / \dot{I}_d$,而负反馈放大电路的输入电阻为

$$R_{if} = \frac{\dot{U}_i}{\dot{I}_i} = \frac{\dot{U}_i}{\dot{I}_d + \dot{I}_f} = \frac{\dot{U}_i}{\dot{I}_d + \dot{A}\dot{F}\dot{I}_d} = \frac{1}{1 + \dot{A}\dot{F}} \cdot \frac{\dot{U}_i}{\dot{I}_i}$$

所以,在中频段有

$$R_{if} = \frac{1}{1 + AF} \cdot R_i \tag{6.4.7}$$

可见,引入并联负反馈后,输入电阻将减小为原来的$\dfrac{1}{1+AF}$。

若考虑电阻 R_1,则整个电路的输入电阻为

$$R'_{if} = R_1 + \frac{1}{1+AF}R_i \qquad\qquad (6.4.8)$$

2. 对输出电阻的影响

负反馈对输出电阻的影响取决于反馈网络在输出端的连接方式。

1）电压负反馈使输出电阻减小

电压负反馈能够稳定输出电压,即在负载变化时能够使输出电压保持不变,这就近似为内阻很小的恒压源,因而输出电阻很小。

定量分析输出电阻的方框图如图 6.4.3(a)所示,从电路的输出端看,反馈网络与基本放大电路是并联的,R_o 是基本放大电路的输出电阻,$\dot{A}_o$ 是输出端开路时$(R_L = \infty)$的开环放大倍数。因为在基本放大电路中已经考虑了反馈网络对放大电路输出端的负载效应,所以不能重复考虑反馈网络的影响,因而不考虑反馈网络对电流 $\dot{I}$ 的分流作用。由图 6.4.3(a)可得

$$\dot{U} = \dot{I}R_o + \dot{A}_o\dot{X}_d = \dot{I}R_o - \dot{A}_o\dot{F}\dot{U}$$

从而可得

$$R_{of} = \frac{\dot{U}}{\dot{I}} = \frac{R_o}{1+\dot{A}_o\dot{F}}$$

在中频带,有

$$R_{of} = \frac{R_o}{1+A_oF} \qquad\qquad (6.4.9)$$

可见,加入反馈网络后,不管是串联还是并联,电压负反馈使输出电阻减小到开环时的 $\frac{1}{1+A_oF}$。

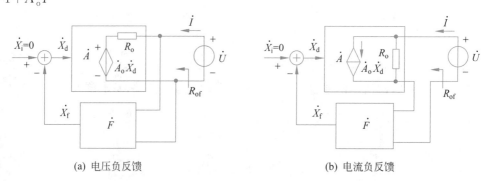

(a) 电压负反馈　　　　　　　　　　　(b) 电流负反馈

图 6.4.3　负反馈对输出电阻的影响

2）电流负反馈使输出电阻增大

电流负反馈可以使放大电路的输出电流稳定,即在负载变化时能够使输出电流保持不变,这就近似于内阻很大的恒流源,因而输出电阻很大。

如图 6.4.3(b)所示,从电路的输出端看,反馈网络与基本放大电路是串联的,R_o 是

基本放大电路的输出电阻.$\dot{A}_\text{o}$是输出端短路时($R_\text{L}=0$)的开环放大倍数。因为在基本放大电路中已经考虑了反馈网络对放大电路输出端的负载效应,所以可认为电流$\dot{I}$在反馈网络上的压降为零。由图 6.4.3(b)可得

$$\dot{I}=\dot{U}/R_\text{o}+\dot{A}_\text{o}\dot{X}_\text{d}=\dot{U}/R_\text{o}-\dot{A}_\text{o}\dot{F}\dot{I}$$

从而可得

$$R_\text{of}=\frac{\dot{U}}{\dot{I}}=(1+\dot{A}_\text{o}\dot{F})R_\text{o}$$

在中频带,有

$$R_\text{of}=(1+A_\text{o}F)R_\text{o} \tag{6.4.10}$$

可见,加入反馈网络后,不管是串联还是并联,电流负反馈使输出电阻增大到开环时的$(1+A_\text{o}F)$倍。

在理想情况下,即$(1+AF)$趋于无穷大时,电压负反馈放大电路的输出电阻趋于 0,电流负反馈放大电路的输出电阻趋于无穷大。

负反馈对输入电阻、输出电阻的影响,如表 6.4.1 所示,深度负反馈条件下的数值如括号内所示。

表 6.4.1　负反馈放大电路的输入电阻、输出电阻

反馈类型	电压串联	电压并联	电流串联	电流并联
输入电阻	增大(∞)	减小(0)	增大(∞)	减小(0)
输出电阻	减小(0)	减小(0)	增大(∞)	增大(∞)

必须指出,负反馈对输入电阻和输出电阻的影响,只限于影响反馈环内的电阻,如果反馈环外还有电阻,那么还要考虑这些电阻对电路输入、输出电阻的影响。

6.4.5　放大电路中引入负反馈的原则

负反馈对电路性能有显著的影响,故可以在电路设计中有意识地引入负反馈,改善电路的性能。引入负反馈时,一般应注意以下原则:

(1)需要稳定静态工作点时,应该引入直流负反馈;需要稳定交流量时,应该引入交流负反馈;需要同时稳定直流和交流量时,应该引入交直流负反馈。同时引入交直流反馈时,应注意协调它们之间的关系。

(2)如果需要稳定输出电压或提高带负载能力,那么应该引入电压负反馈。

(3)如果需要稳定输出电流,那么应该引入电流负反馈。

(4)如果希望放大电路从信号源中索取的电流小,那么应该增大电路的输入电阻,引入串联负反馈。

(5)如果希望减小电路的输入电阻,那么应该引入并联负反馈。

(6)当信号源内阻较小时,可看成电压源。引入串联负反馈,可增大电路的输入电阻,提高负反馈的效果。

（7）当信号源内阻较大时，可看成电流源。引入并联负反馈，可减小电路的输入电阻，提高负反馈的效果。

6.5 负反馈放大电路的近似估算

负反馈放大电路形式多种多样，而且电路中存在着反馈环节，这给电路的分析计算造成了一定的困难。对于负反馈放大电路，存在几种常用的分析方法，如深度负反馈估算法、直接电路分析法、方框图法等。

直接电路分析法就是根据电路的结构，直接画出等效电路，通过列电压电流方程的方法，对电路进行分析求解，在第2章中稳定静态工作点的共射极放大电路就是这样处理的。很明显，这种方法适用于结构较为简单的电路，复杂电路就不太适用了。

方框图分析法是首先把反馈放大电路分成基本放大电路和反馈网络两部分，再计算基本放大电路的放大倍数、输入电阻、输出电阻等指标。最后应用$(1+\dot{A}\dot{F})$倍的关系，求出负反馈闭环放大电路的相应性能指标。这种方法物理概念清晰、计算规范、结果准确。但分析过程较为烦琐，不够简明实用。

在实际应用中，放大电路的放大倍数一般比较大，因此大多数负反馈放大电路都满足$|1+\dot{A}\dot{F}|\gg1$的条件，是深度负反馈放大电路。所以，通常都用深度负反馈放大电路的估算法来进行分析和计算。这种分析方法物理概念清晰、简单明了，具有很强的实用价值，本节将重点介绍这种分析方法。

6.5.1 估算的依据

在工程计算中，一般来说，当$|1+\dot{A}\dot{F}|\geqslant10$时，就可以认为满足深度负反馈的条件，从而可得闭环放大倍数为

$$\dot{A}_\mathrm{f}=\frac{\dot{A}}{1+\dot{A}\dot{F}}\approx\frac{1}{\dot{F}} \tag{6.5.1}$$

即放大电路的闭环放大倍数等于反馈系数的倒数。

另外，在负反馈放大电路中，有

$$\dot{X}_\mathrm{i}=\dot{X}_\mathrm{d}+\dot{X}_\mathrm{f}=(1+\dot{A}\dot{F})\dot{X}_\mathrm{d}$$

当满足深度负反馈条件时，上式可写成

$$\dot{X}_\mathrm{i}\approx\dot{X}_\mathrm{f} \tag{6.5.2}$$

式（6.5.1）和式（6.5.2）反映了负反馈放大电路中输入量$\dot{X}_\mathrm{i}$、输出量$\dot{X}_\mathrm{o}$、反馈量$\dot{X}_\mathrm{f}$和净输入量$\dot{X}_\mathrm{d}$之间的关系，是进行深度负反馈放大电路估算时的基本依据。对于由分立元件组成的深度负反馈放大电路，放大倍数可以依据式（6.5.1）来估算。对于由运放构成的深度负反馈电路，放大倍数可以主要使用式（6.5.2）进行推导估算，其实，式（6.5.2）刚好就是运放"虚短"和"虚断"概念的准确表达。当然，在实际分析过程中，这两个公式

経常配合使用。

对于输入电阻和输出电阻的估算,采用方框图法虽然能够准确计算,但计算过程过于烦琐,实用价值不大。采用深度负反馈估算法,虽然难以得到准确的值,但方法简便,所得结果有一定的实用价值。因此,这种方法得到了广泛的应用。

6.5.2 深度负反馈放大电路的近似估算

对于四种类型的深度负反馈放大电路,下面分别举例探讨分立元件电路和运放电路的指标计算方法,这些电路都满足 $|1+\dot{A}\dot{F}|\gg 1$ 的条件,不再一一说明。另外,在进行分析计算时,首先应采用前面介绍的方法,判断该电路的反馈类型,其方法参见 6.2 节中相应的介绍,此处不再赘述。

对于由分立元件组成的负反馈放大电路,电压放大倍数主要利用式(6.5.1)分析,计算的步骤是:

(1) 先求反馈系数 $\dot{F}$;

(2) 再求闭环放大倍数 $\dot{A}_f$;

(3) 最后计算闭环电压放大倍数。

对于由运放组成的负反馈放大电路,电压放大倍数主要利用式(6.5.2)分析。串联负反馈电路中,有 $\dot{U}_i=\dot{U}_f$,并联负反馈电路中有 $\dot{I}_i=\dot{I}_f$。当然,式(6.5.1)和式(6.5.2)也可以交叉使用。

1. 电压串联负反馈

由分立元件组成的反馈放大电路如图 6.5.1(a)所示。在电路中,反馈电压为

$$\dot{U}_f=\dot{U}_o\frac{R_{e1}}{R_{e1}+R_f}$$

故可求得反馈系数为

$$\dot{F}_{uu}=\frac{\dot{U}_f}{\dot{U}_o}=\frac{R_{e1}}{R_{e1}+R_f} \tag{6.5.3}$$

从而求得闭环电压放大倍数为

$$\dot{A}_{uf}=\frac{\dot{U}_o}{\dot{U}_i}\approx\frac{1}{\dot{F}_{uu}}=\frac{R_{e1}+R_f}{R_{e1}} \tag{6.5.4}$$

在计算输入电阻时,为了使其物理概念清晰,将输入电阻分为两部分:从输入信号 $\dot{U}_i$ 向后看的电阻称为 R_{if},从基极电阻 R_{b1} 向后看的电阻称为 R'_{if}。根据 6.4.4 节的讨论,串联负反馈可提高输入电阻,对于深度负反馈,可以认为

$$R'_{if}\approx\infty \tag{6.5.5}$$

基极电阻 R_{b1} 没有包括在反馈环之内,所以电路的输入电阻为

$$R_{if}=R_{b1}\mathbin{/\mkern-5mu/}R'_{if}\approx R_{b1} \tag{6.5.6}$$

又知电压负反馈减小输出电阻,深度负反馈下可以认为

$$R_{\text{of}} \approx 0 \qquad\qquad (6.5.7)$$

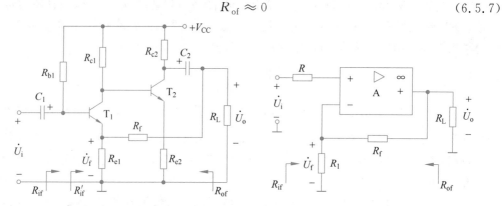

(a) 由分立元件组成的负反馈电路   (b) 由运放组成的负反馈电路

图 6.5.1   电压串联负反馈

由运放组成的电压串联负反馈电路如图 6.5.1(b)所示。根据运放"虚短"、"虚断"的概念,有 $\dot{U}_{\text{i}} \approx \dot{U}_{\text{f}}$,因此可得

$$\dot{A}_{\text{uf}} = \frac{\dot{U}_{\text{o}}}{\dot{U}_{\text{i}}} \approx \frac{\dot{U}_{\text{o}}}{\dot{U}_{\text{f}}} = \frac{\dot{U}_{\text{o}}}{\dot{U}_{\text{o}} \dfrac{R_1}{R_1 + R_{\text{f}}}} = 1 + \frac{R_{\text{f}}}{R_1} \qquad\qquad (6.5.8)$$

在电路分析中,最终求解的结果一般是闭环电压放大倍数 $\dot{A}_{\text{uf}}$。对于电压串联负反馈电路来说,其闭环放大倍数就是闭环电压放大倍数,不需另作转换。对于其他三种类型的负反馈放大电路,求出闭环放大倍数后,还要再进行相应的转换计算,最终求出闭环电压放大倍数。

电路的输入电阻为

$$R_{\text{if}} \approx \infty \qquad\qquad (6.5.9)$$

输出电阻为

$$R_{\text{of}} \approx 0 \qquad\qquad (6.5.10)$$

2. 电压并联负反馈

由分立元件组成的电压并联负反馈电路如图 6.5.2(a)所示。由 6.4.4 节可知,并联负反馈的闭环输入电阻 R_{if}' 很小,因而电流 $\dot{I}_{\text{i}}$ 流过 R_{if}' 产生的交流电压 $\dot{U}_{\text{i}}$ 也很小,可以近似认为是 0。因此,反馈电流为

$$\dot{I}_{\text{f}} = \frac{\dot{U}_{\text{i}} - \dot{U}_{\text{o}}}{R_{\text{f}}} \approx -\frac{\dot{U}_{\text{o}}}{R_{\text{f}}}$$

故反馈系数为

$$\dot{F}_{\text{iu}} = \frac{\dot{I}_{\text{f}}}{\dot{U}_{\text{o}}} = -\frac{1}{R_{\text{f}}} \qquad\qquad (6.5.11)$$

闭环放大倍数为

$$\dot{A}_{\mathrm{uif}} = \frac{\dot{U}_{\mathrm{o}}}{\dot{I}_{\mathrm{i}}} \approx \frac{1}{\dot{F}_{\mathrm{iu}}} = -R_{\mathrm{f}} \tag{6.5.12}$$

闭环电压放大倍数为

$$\dot{A}_{\mathrm{usf}} = \frac{\dot{U}_{\mathrm{o}}}{\dot{U}_{\mathrm{s}}} = \frac{\dot{U}_{\mathrm{o}}}{\dot{I}_{\mathrm{i}}(R_1 + R'_{\mathrm{if}})}$$

由于并联负反馈的输入电阻 R'_{if} 很小，深度负反馈下可近似为 0，即 $R'_{\mathrm{if}} \approx 0$，所以有

$$\dot{A}_{\mathrm{usf}} = \frac{\dot{U}_{\mathrm{o}}}{\dot{I}_{\mathrm{i}} R_1} = -\frac{R_{\mathrm{f}}}{R_1} \tag{6.5.13}$$

电路的输入电阻为

$$R_{\mathrm{if}} = R_1 + R'_{\mathrm{if}} \approx R_1 \tag{6.5.14}$$

电路的输出电阻为

$$R_{\mathrm{of}} \approx 0 \tag{6.5.15}$$

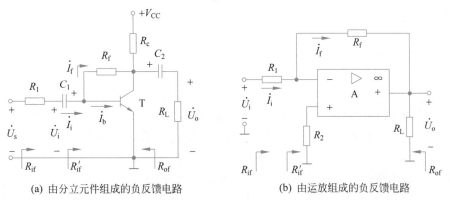

(a) 由分立元件组成的负反馈电路   (b) 由运放组成的负反馈电路

图 6.5.2 电压并联负反馈

由运放组成的电压并联负反馈放大电路如图 6.5.2(b)所示。对运放而言，由"虚短"和"虚断"的概念可得

$$\dot{I}_{\mathrm{i}} = \dot{I}_{\mathrm{f}}$$

$$\dot{U}_{+} = \dot{U}_{-} = 0$$

由上式可知，运放反相输入端为"虚地"。因此，闭环电压放大倍数为

$$\dot{A}_{\mathrm{uf}} = \frac{\dot{U}_{\mathrm{o}}}{\dot{U}_{\mathrm{i}}} = \frac{-\dot{I}_{\mathrm{f}} R_{\mathrm{f}}}{\dot{I}_{\mathrm{i}} R_1} = -\frac{R_{\mathrm{f}}}{R_1} \tag{6.5.16}$$

电路的输入电阻为

$$R'_{\mathrm{if}} \approx 0 \tag{6.5.17}$$

$$R_{\mathrm{if}} = R_1 + R'_{\mathrm{if}} \approx R_1 \tag{6.5.18}$$

电路的输出电阻为

$$R_{of} \approx 0 \qquad (6.5.19)$$

3. 电流并联负反馈

由分立元件组成的电流并联负反馈放大电路如图 6.5.3(a)所示。由前面的分析可知,并联负反馈的闭环输入电阻 R_{if}' 很小,因而电流 $\dot{I}_i$ 流过 R_{if}' 产生的交流电压 $\dot{U}_i$ 也很小,可以近似认为是 0。因此有

$$\dot{I}_f \approx \dot{I}_o \frac{R_{e2}}{R_{e2} + R_f}$$

故反馈系数为

$$\dot{F}_{ii} = \frac{\dot{I}_f}{\dot{I}_o} = \frac{R_{e2}}{R_{e2} + R_f} \qquad (6.5.20)$$

闭环放大倍数为

$$\dot{A}_{iif} = \frac{\dot{I}_o}{\dot{I}_f} \approx \frac{1}{\dot{F}_{ii}} = \frac{R_{e2} + R_f}{R_{e2}} \qquad (6.5.21)$$

闭环电压放大倍数为

$$\dot{A}_{usf} = \frac{\dot{U}_o}{\dot{U}_s} = \frac{\dot{I}_o R_L'}{\dot{I}_i (R_1 + R_{if}')} \approx \frac{R_{e2} + R_f}{R_{e2}} \frac{R_L'}{R_1} \qquad (6.5.22)$$

式中,$R_L' = R_{c2} /\!/ R_L$。

由前面的分析可知,并联负反馈使输入电阻减小,深度负反馈下可近似为 0,即 $R_{if}' \approx 0$。电阻 R_1 没有包括在反馈环之内,且 $R_{if}' \ll R_1$,因此电路的输入电阻为

$$R_{if} = R_1 + R_{if}' \approx R_1 \qquad (6.5.23)$$

在计算输出电阻时,为了使其物理概念清晰,也将输出电阻分为两部分;从负载电阻 R_L 向前看的电阻称为 R_{of},从集电极电阻 R_{c2} 向前看的电阻称为 R_{of}'。根据 6.5.1 节的讨论,并联负反馈提高了输出电阻 R_{of}',深度负反馈时可以认为

$$R_{of}' \approx \infty \qquad (6.5.24)$$

集电极电阻 R_{c2} 没有包括在反馈环之内,所以输出电阻为

$$R_{of} = R_{c2} /\!/ R_{of}' \approx R_{c2} \qquad (6.5.25)$$

由运放组成的电流并联负反馈放大电路如图 6.5.3(b)所示。由"虚短"的概念可知

$$\dot{U}_+ = \dot{U}_- = 0$$

又有

$$\dot{I}_i = \dot{I}_f$$

而

$$\dot{I}_f = \frac{R_2}{R_2 + R_f} \dot{I}_o$$

电路的闭环电压放大倍数为

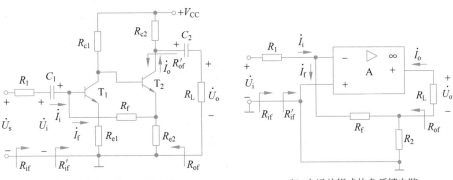

(a) 由分立元件组成的负反馈电路　　　　　　(b) 由运放组成的负反馈电路

图 6.5.3　电流并联负反馈

$$A_{uf} = \frac{\dot{U}_o}{\dot{U}_i} = \frac{-\dot{I}_o R_L}{\dot{I}_i R_1} = \frac{-\dot{I}_o R_L}{\dot{I}_o \dfrac{R_2}{R_2 + R_f} R_1} = -\left(1 + \frac{R_f}{R_2}\right) \frac{R_L}{R_1} \qquad (6.5.26)$$

电路的输入电阻为

$$R'_{if} \approx 0 \qquad (6.5.27)$$

$$R_{if} = R_1 + R'_{if} \approx R_1 \qquad (6.5.28)$$

输出电阻为

$$R_{of} \approx \infty \qquad (6.5.29)$$

4. 电流串联负反馈

由分立元件组成的电流串联负反馈放大电路如图 6.5.4(a)所示。在电路中,有

$$\dot{U}_f = \dot{I}_o R_e$$

故反馈系数为

$$\dot{F}_{ui} = \frac{\dot{U}_f}{\dot{I}_o} = R_e \qquad (6.5.30)$$

闭环放大倍数为

$$\dot{A}_{iuf} = \frac{\dot{I}_o}{\dot{U}_i} \approx \frac{1}{\dot{F}_{ui}} = \frac{1}{R_e} \qquad (6.5.31)$$

闭环电压放大倍数为

$$\dot{A}_{uf} = \frac{\dot{U}_o}{\dot{U}_i} = \frac{-\dot{I}_o(R_c /\!/ R_L)}{\dot{U}_i} = -\frac{(R_c /\!/ R_L)}{R_e} \qquad (6.5.32)$$

由第 2 章的内容可知,该电路的电压放大倍数可以准确求得

$$\dot{A}_u = \frac{\dot{U}_o}{\dot{U}_i} = -\frac{\beta(R_c /\!/ R_L)}{r_{be} + (1+\beta)R_e}$$

式中,$r_{be} \ll (1+\beta)R_e$,β 与 $1+\beta$ 非常接近。因此,上式与式(6.5.32)的结果是近似相

等的。

　　输入电阻为

$$R'_{if} \approx \infty \tag{6.5.33}$$

$$R_{if} = R_{b1} /\!/ R_{b2} /\!/ R'_{if} \approx R_{b1} /\!/ R_{b2} \tag{6.5.34}$$

输出电阻为

$$R'_{of} \approx \infty \tag{6.5.35}$$

$$R_{of} = R'_{of} /\!/ R_c = R_c \tag{6.5.36}$$

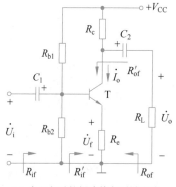
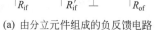
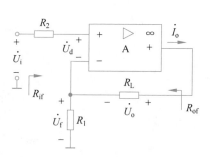

(a) 由分立元件组成的负反馈电路　　　　(b) 由运放组成的负反馈电路

图 6.5.4　电流串联负反馈

　　由运放组成的电流串联负反馈放大电路如图 6.5.4(b)所示。在电路中,由"虚短"的概念可知

$$\dot{U}_i = \dot{U}_+ = \dot{U}_- = \dot{U}_f$$

闭环电压放大倍数为

$$\dot{A}_{uf} = \frac{\dot{U}_o}{\dot{U}_i} = \frac{\dot{U}_o}{\dot{U}_f} = \frac{\dot{I}_o R_L}{\dot{I}_o R_1} = \frac{R_L}{R_1} \tag{6.5.37}$$

输入电阻为

$$R_{if} \approx \infty \tag{6.5.38}$$

输出电阻为

$$R_{of} \approx \infty \tag{6.5.39}$$

6.6　负反馈放大电路的自激振荡及消除方法

　　在 6.3 节中已经知道,负反馈能够改善放大电路的性能,而且反馈深度$|1+\dot{A}\dot{F}|$越大,效果越好。在实际应用中,当反馈深度大到一定程度时,在没有外加输入信号的情况下,放大电路的输出端仍有一定频率的输出信号,而有输入信号时又不能放大正常输入的信号,这种现象称为放大电路的自激振荡。显然,放大电路若产生自激振荡,则无法稳定地正常工作。

6.6.1 负反馈放大电路产生自激振荡的条件

1. 负反馈放大电路产生自激振荡的原因

在负反馈放大电路中,为了提高放大电路的性能,需要把输出信号反馈回输入端,与输入信号进行比较。输入信号 $\dot{X}_i$ 与反馈信号 $\dot{X}_f$ 是相减的关系,这样才能保证通过负反馈来提高放大电路的性能。在中频范围内,电路中的耦合电容、旁路电容、BJT 的极间电容、线路板上的分布电容的影响统统忽略不计。放大电路的输入信号 $\dot{X}_i$、输出信号 $\dot{X}_o$ 和反馈信号 $\dot{X}_f$ 之间,不是相位相同,就是相位相反,不存在其他情况。

但当信号频率超出了中频范围,特别是信号频率超过了上限频率时,放大电路中的电容就不能再简单地看成交流短路或开路,而是要作为一个电抗元件起作用,产生附加的相位差。如果附加相位差达到 $180°$,那么原来的负反馈就变成了正反馈。放大电路的净输入信号 $\dot{X}_d = \dot{X}_i + \dot{X}_f$,$\dot{X}_d$ 的幅值将大于 $\dot{X}_i$ 幅值。放大电路在正反馈的作用下,多次循环放大,输出信号幅度越来越大,最后输出一个稳定的自激振荡信号。在这种情况下,即使输入信号 $\dot{X}_i = 0$,自激振荡信号仍然存在,这就是负反馈放大电路产生自激振荡的根本原因。

2. 负反馈放大电路产生自激振荡的条件

对于负反馈放大电路来说,其净输入信号 $\dot{X}_d = \dot{X}_i - \dot{X}_f$,当产生自激振荡时,$\dot{X}_i = 0$,仍有输出信号,这时有

$$\dot{X}_d = 0 - \dot{X}_f = -\dot{A}\dot{F}\dot{X}_d$$

由上式即可推出负反馈放大电路产生自激振荡的条件为

$$\dot{A}\dot{F} = -1 \tag{6.6.1}$$

式中,$\dot{A}\dot{F}$ 称为负反馈放大电路的环路增益。在整个频率范围内讨论时,它是一个复变量,将其分解为幅值条件和相位条件两部分,即

$$|\dot{A}\dot{F}| = 1 \tag{6.6.2}$$

$$\Delta\varphi_A + \Delta\varphi_F = (2n+1) \times 180° \tag{6.6.3}$$

式中,n 为整数。以上两式分别称为负反馈放大电路产生自激振荡的幅值条件和相位条件。

式(6.6.1)~式(6.6.3)的物理含义是:当附加相位差 $\Delta\varphi_A + \Delta\varphi_F = 180°$ 时,如果 $\dot{X}_d$ 经基本放大电路 $\dot{A}$ 放大,再经反馈网络 $\dot{F}$ 衰减,$\dot{X}_f$ 与 $\dot{X}_d$ 的幅度相等,那么即使 $\dot{X}_i = 0$,放大电路输出端仍有固定幅度的信号输出,即产生了自激振荡。当附加相位差为 $180°$ 时,$|\dot{A}\dot{F}| > 1$,说明经过环路放大后,$\dot{X}_f$ 的幅度大于 $\dot{X}_d$,这时输出端有一个幅度增大的输出信号,经过若干个回合的反复放大后,受器件非线性限制,最后也有一个幅度很大的信号输出,这同样产生了自激振荡。

反馈网络大多是由阻容元件构成的,在高频情况下,电容可以看成交流短路,其附加相位差 $\Delta\varphi_F = 0°$。这时产生自激振荡的附加相位差主要是基本放大电路造成的,也就是说,$\Delta\varphi_A = 180°$。基本放大电路高频时的附加相位差是由 BJT 的极间电容引起的。一个 BJT 包含一个极间电容,可以出现最多达 90° 的附加相位差,所以,不会出现自激振荡。两个 BJT 有两个极间电容,最多可以产生 180° 的附加相位差,但这时其放大倍数趋向于 0,不满足自激振荡的幅值条件,所以说两级放大电路也不会产生自激振荡。三级放大电路有三个 BJT,很容易产生 180° 的附加相位差,造成自激振荡。因而三级或三级以上放大电路构成负反馈时,特别容易产生自激振荡。

6.6.2 负反馈放大电路的稳定性

1. 稳定判据及稳定裕度

由式(6.6.2)和式(6.6.3)可知,负反馈放大电路一旦产生了自激振荡,势必满足自激振荡的幅值条件和相位条件。因此,在对负反馈放大电路的稳定性进行考察时,就以这两个公式为判据,分别从幅值和相位两个方面进行判定。

一是在 $|\dot{A}\dot{F}| = 1$ 时,考察 $\Delta\varphi_A + \Delta\varphi_F$ 的大小。如果 $|\Delta\varphi_A + \Delta\varphi_F| < 180°$,则放大电路是稳定的。如果 $|\Delta\varphi_A + \Delta\varphi_F| \geqslant 180°$,则放大电路不稳定。为了切实保证放大电路的稳定性,工程上规定,要留有 45° 以上的余量,称为相位裕度 φ_m,即 $\varphi_m \geqslant 45°$。也就是说,在进行负反馈放大电路设计时,就要保证 $|\dot{A}\dot{F}| = 1$,即 $20\lg|\dot{A}\dot{F}| = 0$dB 时,$|\Delta\varphi_A + \Delta\varphi_F| \leqslant 135°$。

二是在 $\Delta\varphi_A + \Delta\varphi_F = 180°$ 时,考察 $|\dot{A}\dot{F}|$ 的大小。如果 $20\lg|\dot{A}\dot{F}| < 0$dB,则放大电路稳定;否则,放大电路不稳定。同样,为了切实保证放大电路的稳定性,工程上也规定要留有 -10dB 的余量,称为幅值裕度 G_m,即 $G_m \leqslant -10$dB。也就是说,在 $\Delta\varphi_A + \Delta\varphi_F = 180°$ 时,必须保证 $20\lg|\dot{A}\dot{F}| \leqslant -10$dB。

相位裕度 φ_m 和幅值裕度 G_m 的说明如图 6.6.1 所示,两者合起来称为稳定裕度。在图 6.6.1 中,先在幅频特性上找到幅度条件临界值 $|\dot{A}\dot{F}| = 1$ 时($20\lg|\dot{A}\dot{F}| = 0$dB)的幅度临界频率 f_0,然后通过相频特性判断 $|\Delta\varphi_A + \Delta\varphi_F|$ 在 f_0 处的值是否等于或超过相位条件的临界值,若 $|\Delta\varphi_A + \Delta\varphi_F| \geqslant 180°$,则放大电路不稳定;同理,先在相频特性上找到相位条件临界值 $|\Delta\varphi_A + \Delta\varphi_F| = 180°$ 时的相位临界频率 f_c,然后在幅频特性的 f_c 处,判断 $|\dot{A}\dot{F}|$(或 $20\lg|\dot{A}\dot{F}|$)的值是否等于或超过幅度条件临界值,若 $|\dot{A}\dot{F}| \geqslant 1$,即 $20\lg|\dot{A}\dot{F}| \geqslant 0$,则放大电路不稳定。

在进行放大电路的性能设计时,必须要满足稳定裕度的要求。只有这样,才能保证放大电路在复杂多变的条件下,仍然能够可靠地正常工作。

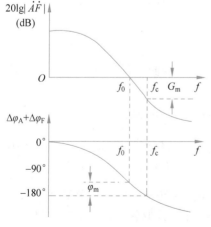

图 6.6.1 负反馈放大电路的稳定性判断

2. 负反馈放大电路的稳定性分析

下面结合具体的例子,说明如何根据稳定判据对放大电路进行稳定性分析。

设一基本放大电路的放大倍数为

$$\dot{A}_u = \frac{-10^4}{\left(1+\mathrm{j}\dfrac{f}{5\times10^5}\right)\left(1+\mathrm{j}\dfrac{f}{5\times10^6}\right)\left(1+\mathrm{j}\dfrac{f}{5\times10^7}\right)}$$

反馈系数 $\dot{F}=0.1$,三个极点频率为 $f_{p1}=5\times10^5\,\mathrm{Hz}$,$f_{p2}=5\times10^6\,\mathrm{Hz}$,$f_{p3}=5\times10^7\,\mathrm{Hz}$,其中,$f_{p1}=5\times10^5\,\mathrm{Hz}$ 最低,它决定了整个基本放大电路的上限频率,称为主极点频率。画出基本放大电路的频率响应的波特图如图 6.6.2 所示。

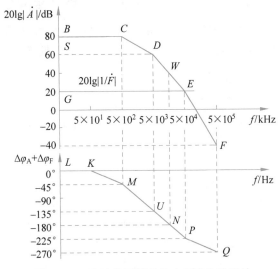

图 6.6.2 用波特图判定放大电路的稳定性

当频率小于 $f_{p1}=5\times10^5\,\mathrm{Hz}$ 时,幅频特性为一条水平直线;在 f_{p1} 与 f_{p2} 之间,为一条斜率是 $-20\mathrm{dB}/$十倍频程的直线;在 f_{p2} 与 f_{p3} 之间,直线斜率为 $-40\mathrm{dB}/$十倍频程;超过 f_{p3} 以后,直线斜率变为 $-60\mathrm{dB}/$十倍频程。

闭环放大电路的环路增益为

$$20\lg\mid\dot{A}_u\dot{F}\mid=20\lg\mid\dot{A}_u\mid-20\lg\mid1/\dot{F}\mid \tag{6.6.4}$$

$20\lg\mid\dot{A}_u\mid$ 为基本放大电路的幅频响应曲线。反馈网络是由阻容元件构成的。高频时,$20\lg\mid1/\dot{F}\mid$ 是值为 20dB 的一条水平直线,也在图 6.6.2 中画出。这两条曲线的差就是环路增益 $20\lg\mid\dot{A}_u\dot{F}\mid$。$20\lg\mid\dot{A}_u\mid$ 和 $20\lg\mid1/\dot{F}\mid$ 两条曲线相交于 E 点,在这一点上,$20\lg\mid\dot{A}_u\dot{F}\mid=0$,即 $\mid\dot{A}_u\dot{F}\mid=1$。从图 6.6.2 中可以看出,与 E 点相对应的 P 点附加相位移为 $-225°$,因此,放大电路是不稳定的,将会产生自激振荡。从相频特性上看,在 N 点处附加相位移为 $-180°$,与之相对应的 $20\lg\mid\dot{A}_u\dot{F}\mid=40\mathrm{dB}-20\mathrm{dB}=20\mathrm{dB}$,$\mid\dot{A}_u\dot{F}\mid>1$,这样来看,放大电路也是不稳定的。

如果将反馈系数 $\dot{F}$ 改为 0.001,则 $20\lg|1/\dot{F}|$ 就是值为 60dB 的一条水平直线,它与幅频特性相交于 D 点。这一点对应的附加相位移为 $-135°$,因此可以判断放大电路是稳定的,且 $\varphi_m = 45°$。再从相频特性上看,与附加相位移为 $-180°$ 的 N 点相对应,$20\lg|\dot{A}_u\dot{F}| = 40\text{dB} - 60\text{dB} = -20\text{dB}$,$|\dot{A}_u\dot{F}| < 1$,因此,放大电路也是稳定的,且 $G_m = -20\text{dB}$。

6.6.3 自激振荡的消除方法

从前面的分析可以看出,反馈系数 $\dot{F}$ 的大小对负反馈放大电路的稳定性影响很大。反馈系数 $\dot{F}$ 越小,稳定性越好,越不易产生自激振荡。因此,从稳定性的角度出发,希望反馈系数小一些。但从 6.4 节中还知道,负反馈可以改善放大电路的性能,反馈系数 $\dot{F}$ 越大,改善的效果越好。从改善放大电路的性能来看,希望反馈系数大一些。这两者对反馈系数 $\dot{F}$ 的要求是互相矛盾的。为了保证放大电路既有足够的稳定裕度,又有较大的反馈系数 $\dot{F}$,可以采用频率补偿的方法,消除自激振荡。

从图 6.6.2 中可以看出,基本放大电路的幅频特性曲线,在第一、二个极点频率之间,是斜率为 $-20\text{dB}/$十倍频程的直线,最大附加相位差为 $-135°$。如果 $20\lg|1/\dot{F}|$ 与 $20\lg|\dot{A}_u|$ 两条曲线相交在这一段上,交点处 $|\dot{A}_u\dot{F}| = 1$,$\Delta\varphi_A + \Delta\varphi_F$ 不超过 $-135°$,那么放大电路是稳定的,而且有足够的相位裕度。如果交点出现在第二个极点频率的右边,则对放大电路来说,或是幅值裕度不够,或是相位裕度不够,容易引起自激振荡。

因此,消除自激振荡的指导思想是,降低第一个极点的频率,拉大它与第二个极点频率之间的距离,使基本放大电路的幅频特性提前开始下降,确保 $20\lg|\dot{A}_u|$ 和 $20\lg|1/\dot{F}|$ 曲线的交点出现在第一、二极点频率之间,具体方法有以下两种。

1. 电容补偿法

仍然以前面介绍的三级基本放大电路为例,电路的结构如图 6.6.3 所示(不考虑 C_p 和 C'_p),每一级中产生频率转折的等效电路用阻容网络画出。该电路的开环增益、幅频特性和相频特性已在前面画出。f_{p1} 是主极点频率。反馈系数 $\dot{F} = 0.1$,已知该放大电路是不稳定的。

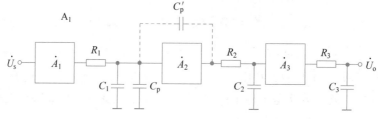

图 6.6.3　三级放大电路的电容补偿

为了对它进行频率补偿,在产生主极点的电容 C_1 旁边并联电容 C_p,这样使 f_{p1} 发生了改变,令 $f_{p1} = \dfrac{1}{2\pi R(C_1+C_p)} = 5\times10^2\,\mathrm{Hz}$,$f_{p2}$、$f_{p3}$ 不变,再画出补偿后的幅频特性和相频特性,如图 6.6.4 所示。

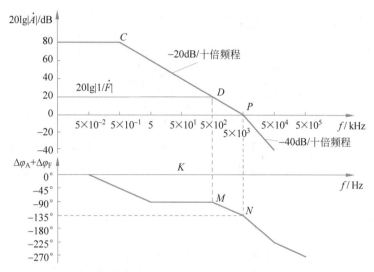

图 6.6.4 电容补偿的三级负反馈放大电路波特图

图 6.6.4 中,$20\lg|1/\dot{F}|$ 的直线与补偿后的幅频特性相交于 D 点,相应的 M 点的附加相位移为 $-90°$,因而放大电路是稳定的。在第二个极点 f_{p2} 处,幅频特性已经下降为零,而相应的附加相移只有 $-135°$。负反馈放大电路当然不会自激了。

在实际应用中,C_p 的值往往比较大。为了使用小电容来得到相同的补偿效果,可以将电容 C_p' 跨接在 A_2 的输入端和输出端之间,代替 C_p。按照密勒定理,有 $(1+|\dot{A}_2|)C_p' = C_p$,这样就可以减小补偿电容的值。

应该指出,电容补偿法并没有改变 f_{p2} 的值,为了拉大主极点 f_{p1} 与 f_{p2} 的间距,必然要使 f_{p1} 比原来大大减小,这样就大幅降低了放大电路的带宽。

2. 阻容补偿法

阻容补偿法的原理如图 6.6.5 所示。

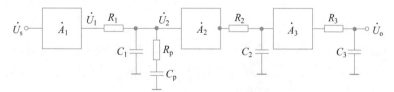

图 6.6.5 三级放大电路的阻容补偿

仍考虑前面的三级放大电路,在主极点电容 C_1 旁插入 R_p 和 C_p 构成的阻容支路。一般地,$R_1 \gg R_p$,$C_p \gg C_1$,可以忽略 C_1 的作用,所以有

$$\frac{\dot{U}_2}{\dot{U}_1} = \frac{R_p + \dfrac{1}{j\omega C_p}}{R_1 + R_p + \dfrac{1}{j\omega C_p}} = \frac{1 + j2\pi f R_p C_p}{1 + j2\pi f (R_1 + R_p) C_p} = \frac{1 + j\dfrac{f}{f_z}}{1 + j\dfrac{f}{f_p}}$$

式中，$f_p = \dfrac{1}{2\pi(R_1 + R_p)C_p} \approx \dfrac{1}{2\pi R_1 C_p}$，$f_z = \dfrac{1}{2\pi R_p C_p}$。引入 R_p 和 C_p 校正网络后，原放大电路的频率特性变为

$$\dot{A}_u = \frac{-10^4 \left(1 + j\dfrac{f}{f_z}\right)}{\left(1 + j\dfrac{f}{f_p}\right)\left(1 + j\dfrac{f}{5 \times 10^6}\right)\left(1 + j\dfrac{f}{5 \times 10^7}\right)}$$

式中，主极点 $(1 + jf/5 \times 10^5)$ 已被 $(1 + jf/f_p)$ 所代替，主极点频率 f_{p1} 变为 f_p。由于 $C_p \gg C_1$，所以 $f_p < 5 \times 10^5\,\mathrm{Hz}$。如果令 $f_p = 5 \times 10^4\,\mathrm{Hz}$，$f_z = 5 \times 10^6\,\mathrm{Hz}$，则上式变为

$$\dot{A}_u = \frac{-10^4}{\left(1 + j\dfrac{f}{5 \times 10^4}\right)\left(1 + j\dfrac{f}{5 \times 10^7}\right)}$$

补偿后，极点的数量由三个减为两个。放大电路校正后是稳定的。由于这种补偿方法消掉了 f_{p2}，就可使 f_p 较高，因而，补偿后的频带比电容补偿法要宽。

电容补偿法和阻容补偿法均属于滞后补偿的一种，另外还有其他超前补偿方法，可参阅有关文献。在实际进行频率补偿时，由于元件的分散性较大，所以往往要经过多次反复调试，才能得到较好的补偿效果。

小结

（1）如果反馈信号削弱了输入信号的作用，则构成了负反馈；反之，构成正反馈。电子电路中的负反馈有四种不同的反馈类型：电压串联负反馈、电压并联负反馈、电流串联负反馈和电流并联负反馈。可以通过观察法、瞬时极性法和输出短路法等方法判断电路的反馈组态。

（2）负反馈电路的四种不同组态可以统一用方框图加以表示，其闭环放大倍数的表达式为 $\dot{A}_f = \dfrac{\dot{A}}{1 + \dot{A}\dot{F}}$。

（3）负反馈以减小放大倍数为代价，换来了其他性能的改善。负反馈可以从多个方面改善放大电路的性能，包括提高放大倍数的稳定性、减小非线性失真、抑制噪声、扩展频带、改变输入电阻和输出电阻的大小等。

（4）对于深度负反馈放大电路的分析，最常用的是近似估算法。这种方法的指导思想是利用 $\dot{A}_f \approx \dfrac{1}{\dot{F}}$ 或 $\dot{X}_i \approx \dot{X}_f$ 的特点，求得电路的闭环放大倍数 $\dot{A}_f$，并进一步求出其他指标。

（5）负反馈电路的反馈深度如果过大,将有可能产生自激振荡,可以采用频率补偿技术消除自激振荡。

习题

6.1 选择填空。

（1）放大电路中,为了稳定静态工作点,可以引入_____；如果要稳定放大倍数,应引入_____；希望扩展频带,可以引入_____；如果增大输入电阻,应引入_____；如果降低输出电阻,应引入_____。

    A. 交流负反馈   B. 串联负反馈   C. 并联负反馈   D. 电压负反馈

    E. 电流负反馈   F. 直流负反馈

（2）当信号源内阻很大而又希望取得较强的反馈的作用时,应引入_____；如果希望减少信号源提供的电流,应引入_____；如果负载变化时希望稳定输出电压,应引入_____；如果负载变化时,希望输出电流稳定,应引入_____。

    A. 电压负反馈   B. 电流负反馈   C. 串联负反馈   D. 并联负反馈

6.2 对于如题图 6.2 所示的电路,请判定反馈类型。如果是负反馈,指出哪些能够提高输入电阻？哪些能够降低输出电阻？哪些能够稳定输出电压？哪些能够稳定输出电流？

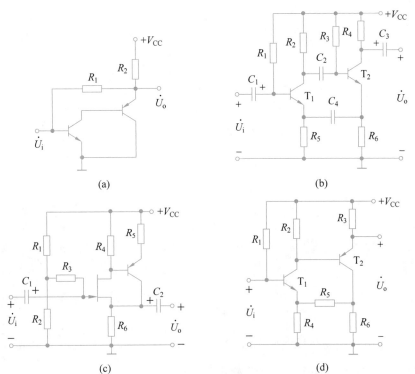

题图 **6.2**

6.3　判断下列说法是否正确(请在括号里画√或×)。

(1) 电压负反馈可以稳定输出电压,流过负载电阻的电流也必然稳定。因此,电压负反馈和电流负反馈都可以稳定输出电流。(　　)

(2) 在负反馈放大器中,基本放大器的放大倍数越大,闭环放大倍数就越稳定。(　　)

(3) 负反馈不但能够减小反馈环路外部的干扰信号,而且能够减小反馈环路内部产生的噪声信号。(　　)

(4) 负反馈可以展宽频带。所以只要反馈足够深,就可以用低频管代替高频管来放大高频信号。(　　)

6.4　一个电压串联负反馈放大器,在开环工作时,输入信号 8mV,输出信号为 1.2V。闭环工作时,输入信号增大为 30mV,输出信号为 1.5V。试求电路的反馈深度和反馈系数。

6.5　由运放组成的反馈电路如题图 6.5 所示。试判断电路的反馈类型。如果是负反馈,请指出对电路输入电阻和输出电阻以及输出电压和输出电流的影响。

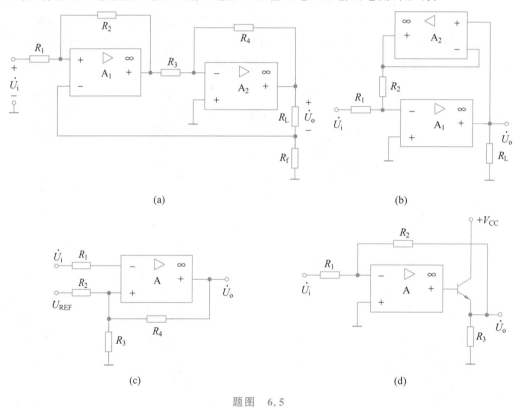

题图　6.5

6.6　一个电压串联负反馈放大器,$\dot{A}_u = 10^3$,$\dot{F}_u = 0.01$,求闭环放大倍数 $\dot{A}_{uf}$。如果 $|\dot{A}_u|$ 下降了 20%,那么此时的闭环放大倍数是多少?

6.7　反馈放大电路如题图 6.7 所示。已知 $V_{CC} = 12V$,$R_1 = 30k\Omega$,$R_2 = 20k\Omega$,$R_3 = 360\Omega$,$R_4 = 3k\Omega$,$R_5 = 1k\Omega$,$R_6 = 20k\Omega$,$R_7 = 1k\Omega$。

（1）指出电路中存在的反馈的类型；

（2）计算反馈系数；

（3）计算闭环电压放大倍数 $\dot{A}_{uf} = \dfrac{\dot{U}_o}{\dot{U}_i}$；

（4）计算输入电阻 R_{if} 和输出电阻 R_{of}。

6.8　负反馈放大电路如题图 6.8 所示。

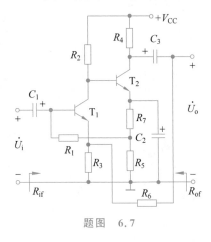

题图　6.7

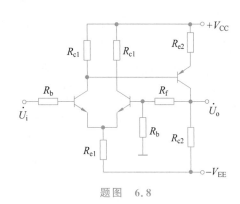

题图　6.8

（1）电阻 R_f 引入了什么类型的反馈？

（2）试求电路的闭环电压放大倍数 $\dot{A}_{uf} = \dfrac{\dot{U}_o}{\dot{U}_i}$。

6.9　负反馈放大电路如题图 6.9 所示。已知 $V_{CC} = 12V$，$R_1 = 10k\Omega$，$R_2 = 100k\Omega$，$R_{e1} = 110\Omega$，$R_{c1} = 12k\Omega$，$R_{c2} = 1k\Omega$，$R_{e2} = 110\Omega$，C_1、C_2 和 C_e 足够大。

（1）判断电路的反馈类型；

（2）试求电路的闭环电压放大倍数 $\dot{A}_{uf} = \dfrac{\dot{U}_o}{\dot{U}_i}$；

（3）计算电路的输入电阻 R_{if}。

6.10　电路如题图 6.10 所示。

（1）判断电路的反馈类型；

（2）试求电路的闭环电压放大倍数 $\dot{A}_{uf} = \dfrac{\dot{U}_o}{\dot{U}_i}$；

（3）计算电路的输入电阻 R_{if}。

6.11　多级放大电路如题图 6.11 所示。如果希望稳定输出电压,应如何引入反馈？

写出电压放大倍数的表达式 $\dot{A}_{us} = \dfrac{\dot{U}_o}{\dot{U}_s}$；估算输入电阻 R_{if}' 和 R_{if}。

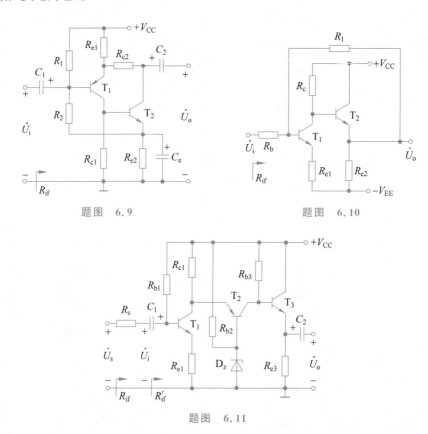

题图 6.9 题图 6.10

题图 6.11

6.12　运放组成的反馈电路如题图 6.12 所示。电路满足深负反馈的条件,试判断

电路的反馈类型;计算电路的闭环电压放大倍数 $\dot{A}_{uf}=\dfrac{\dot{U}_o}{\dot{U}_i}$。

6.13　负反馈电路如题图 6.13 所示。

(1) 判断电路的反馈类型。

(2) 计算其闭环电压放大倍数 $\dot{A}_{uf}=\dfrac{\dot{U}_o}{\dot{U}_i}$。

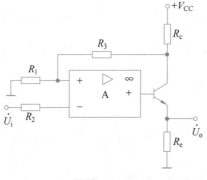

题图 6.12

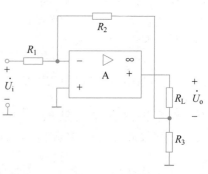

题图 6.13

（3）估算输入电阻 R_{if} 和输出电阻 R_{of}。

6.14　运放构成的反馈电路如题图 6.14 所示。$R_1 = 20\text{k}\Omega, R_2 = 60\text{k}\Omega, R_L = 10\text{k}\Omega$。试估算电路的闭环电压放大倍数 $\dot{A}_{uf} = \dfrac{\dot{U}_o}{\dot{U}_i}$ 和输入电阻 R_{if}。

6.15　差动放大器和运放组成的电路如题图 6.15 所示。请找出电路中的反馈元件；电路采用了什么类型的反馈？估算电路的闭环电压放大倍数 $\dot{A}_{uf} = \dfrac{\dot{U}_o}{\dot{U}_i}$。

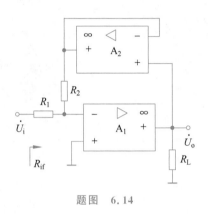

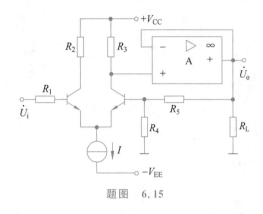

题图　6.14　　　　　　　　　　　　　　题图　6.15

第 7 章

信号运算与处理电路

内容提要：

集成运放最早应用于模拟信号的运算，可以实现信号加、减、乘、除、积分、微分、对数、反对数等运算，后来被广泛应用于信号处理及其他方面电路。本章主要介绍集成运放在信号的运算和处理方面的典型电路、原理和分析方法及其应用。首先从最基本的比例电路开始入手，进而讨论加法、减法、积分、微分等运算电路，然后介绍对数和反对数运算电路，再进一步介绍模拟乘法器的原理及其应用电路，最后探讨有源滤波器的工作原理。

学习目标：

1．熟悉运放的两个工作区域（线性区和非线性区），掌握运放线性应用和非线性应用的特点。

2．理解"虚短"和"虚断"的概念，熟练运用"虚短"和"虚断"的条件分析各种工作在线性区域的运放电路。

3．掌握集成运算放大器组成的比例、加法、减法、积分、微分运算电路的构成及运算关系。

4．理解集成运放组成的对数、反对数电路的构成及运算关系。

5．了解集成模拟乘法器的特性和工作原理，掌握其应用电路。

6．掌握一阶有源滤波器的结构、传递函数、滤波特性；了解二阶有源滤波器的结构、传递函数、滤波特性。

重点内容：

1．集成运放"虚短"和"虚断"的应用。

2．基本运算电路的构成及运算关系分析。

3．集成模拟乘法器的应用电路分析。

4．有源滤波器的结构、传递函数、滤波特性等。

随着微电子技术的不断发展，集成运放的种类和数量越来越多，功能越来越强，价格越来越低，它的应用已遍及电子技术的各个领域，特别是在模拟信号的处理和变换方面已经占据了主导地位。本章主要介绍集成运放在信号运算与处理方面的一些应用。在分析各种电路时，将集成运放视为理想器件。

7.1 比例电路

所谓比例电路，就是将输入信号按比例进行放大的电路，即放大器。第 2 章中介绍的放大器都是由分立元件构成的，这里介绍由运放构成的比例放大器。在第 6 章中，从反馈的角度讨论了反相比例电路（电压并联负反馈）和同相比例电路（电压串联负反馈），这两种电路是最基本的运算电路，这里重点讨论它们的比例放大功能。

7.1.1 集成运放的两个工作区域

由于运放的开环电压放大倍数很大，所以只有当其两个输入端的电压之差非常小时,才能保证运放工作在线性放大区域内。否则,输出电压的幅度就将超过运放的线性输出电压范围,使运放工作在正负饱和区域。这时的输出电压,或者达到正的饱和值,或者达到负的饱和值,两者必居其一。

集成运放的开环电压放大倍数在几万甚至几十万以上。如果运放工作在开环状态,任何微小的电压波动都足以使其输出达到正负饱和状态。因此,为了保证集成运放工作在线性放大状态,必须在运放电路中引入负反馈,负反馈减小了整个运放电路的放大倍数,而比较大的开环电压放大倍数又保证了负反馈电路的反馈性能,这样才能使运放工作在线性放大区内。如果运放电路中没有负反馈,也就是说,运放工作在开环状态或者电路中存在正反馈,那么运放就只能工作在非线性区域,而不可能处于线性放大状态。

当运放电路中有负反馈,运放工作在线性放大状态时,对运放电路的分析,可以采用第 5 章中介绍的"虚短"和"虚断"的方法。这时,运放以外电路中的电压和电流要比运放输入端的电压和电流大得多。运用理想运放模型和"虚短"和"虚断"的方法对电路进行分析是非常简便实用的。

如果运放电路中没有负反馈,那么当运放工作在非线性状态时,"虚短"的概念不再成立,"虚断"的概念仍然是成立的。在这种状态下,如果运放同相端的电位高于反相端的电位,运放输出电压将达到正的饱和值;反之,如果运放反相端的电位高于同相端的电位,那么运放输出电压将达到负的饱和值。

本章主要讨论运放工作在线性放大区域的情况。非线性区域的工作情况,将在第 8 章讨论。

7.1.2 反相比例电路

图 7.1.1 为反相比例电路,也称为反相放大器。在电路中,输入信号 u_1 通过电阻 R_1 加到运放的反相端,反馈电阻 R_f 跨接在运放的反相端和输出端之间,这个电路是第 6 章介绍的电压并联负反馈电路。

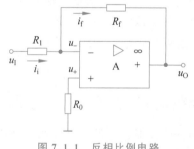

图 7.1.1 反相比例电路

在实际电路中,为了消除运放输入偏置电流在电阻上形成的静态输入电压而产生的误差,在同相输入端和地之间应接入一个平衡电阻。平衡电阻是根据静态时运放两个输入端对地的外部直流等效电阻相等来计算的。因此,对于图 7.1.1 所示的反相比例电路,平衡电阻 $R_0 = R_1 / / R_f$。

在这个电路中,利用"虚短"和"虚断"的方法来分析电路,可以得出

$$u_- = u_+ = 0$$

这里,u_- 和 u_+ 分别是运放同相端和反相端的电位。运放的反相端为"虚地",又根据"虚断"的概念可知流入运放反相端的电流为零,因而有

$$i_i = \frac{u_1}{R_1} = i_f = \frac{0 - u_O}{R_f}$$

所以

$$A_u = \frac{u_O}{u_1} = -\frac{R_f}{R_1} \tag{7.1.1}$$

式(7.1.1)中的 A_u 是比例电路的比例系数,即电路的闭环电压放大倍数,它与运放本身的开环电压放大倍数 A_{od} 无关,仅取决于 R_f 与 R_1 的比值;式中的负号表示输入电压与输出电压反相。在这个电路中,运放的反相端和同相端电位都为 0,没有共模信号加到两个输入端,因而这种电路抑制共模信号的能力较强,这是反相放大器广泛应用的主要原因。

理想运放的输出电阻为 0,作为实际运放来说,输出电阻一般为几十欧姆。构成电压负反馈后,输出电阻进一步减小,因而可以认为,电路的输出电阻 R_o 近似为零。

电路的输入电阻

$$R_i = \frac{u_1}{i_1} = R_1 \tag{7.1.2}$$

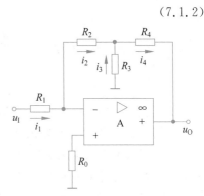

图 7.1.2 采用 T 形反馈网络的反相比例电路

反馈电阻 R_f 的阻值不能太大,通常限制在十几兆欧以下。阻值过大时,流过反馈电阻的电流太小,如果和运放的输入偏置电流相近的话,将引入较大的误差。同时,电阻太大,也容易受到外界的干扰。这样,当反相放大器的比例系数较大时,R_1 就可能选得较小,以至于电路的输入电阻不够大,这是反相比例电路的一个缺点。

当比例系数较大时,为了避免反馈电阻 R_f 的阻值太大,可以采用 T 形反馈网络,其电路如图 7.1.2 所示。在电路中,运放的反相端是"虚地",所以有

$$i_2 = i_1 = \frac{u_1}{R_1}$$

对于电阻 R_2 和 R_3 来说,可得 $i_2 R_2 = i_3 R_3$。因此,可以求出

$$i_3 = \frac{R_2}{R_3} i_2 = \frac{R_2}{R_3} \frac{u_1}{R_1}$$

这样,电路的输出电压为

$$u_O = -i_2 R_2 - (i_2 + i_3) R_4 = -i_2 (R_2 + R_4) - i_3 R_4 = -\frac{R_2 + R_4}{R_1} u_I - \frac{R_2 R_4}{R_3 R_1} u_I$$

所以,电路的电压放大倍数为

$$A_u = \frac{u_O}{u_I} = -\frac{R_2 + R_4}{R_1}\left(1 + \frac{R_2 /\!/ R_4}{R_3}\right) \tag{7.1.3}$$

从反馈的角度看,这个电路是电压并联负反馈。因而,电路的输入阻抗也不是很高。通常,电阻 R_3 选得较小,电路能够得到较大的电压放大倍数。另外,为了减小误差,运放同相端的平衡电阻 $R_0 = R_1 /\!/ (R_2 + R_3 /\!/ R_4)$。

7.1.3 同相比例电路

图 7.1.3 是同相比例电路,也称为同相放大器。在电路中,输入信号通过电阻 R_0 加到运放的同相端,运放反相端到地接电阻 R_1,反馈电阻 R_f 跨接在反相端与输出端之间。R_0 作为平衡电阻,大小为 $R_0 = R_1 /\!/ R_f$。这个电路是第 6 章介绍的电压串联负反馈电路。

由"虚短"和"虚断"的概念可得

$$u_- = u_+ = u_I$$

$$i_f = i_1 = \frac{u_I}{R_1}$$

故可求得输出电压为

$$u_O = i_f(R_1 + R_f) = \frac{u_I}{R_1}(R_1 + R_f)$$

因而,电路的电压放大倍数为

$$A_u = \frac{u_O}{u_I} = 1 + \frac{R_f}{R_1} \tag{7.1.4}$$

与反相放大器一样,同相放大器的闭环电压放大倍数也与运放的开环电压放大倍数 A_{od} 无关。输入信号 u_I 和输出信号 u_O 的相位相同。

由于运放本身的输入电阻 R_{id} 很大,采用串联负反馈又提高了输入电阻,所以电路的输入电阻可认为趋于无穷大,这是同相放大器被广泛使用的主要原因。与反相放大器一样,电路的输出电阻也趋于 0。

在电路中,$u_- = u_+ = u_I$,因而有共模输入信号加到电路的两个输入端,要依靠运放本身的共模抑制能力克服其影响,因此,需要选用共模抑制比较高的运放。

在电路中,如果使电路中的 R_f 为零,R_1 趋于无穷大,则可得到特殊的同相放大器,如图 7.1.4 所示。可以看出

$$u_O = u_- = u_+ = u_I$$

所以,其电压放大倍数为

$$A_u = \frac{u_O}{u_I} = 1 \tag{7.1.5}$$

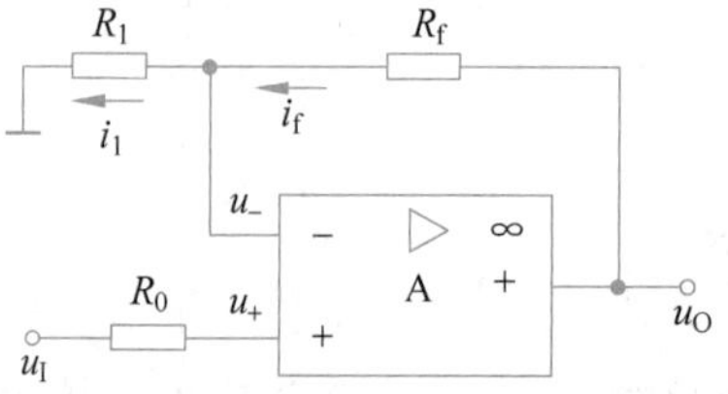

图 7.1.3 同相比例电路 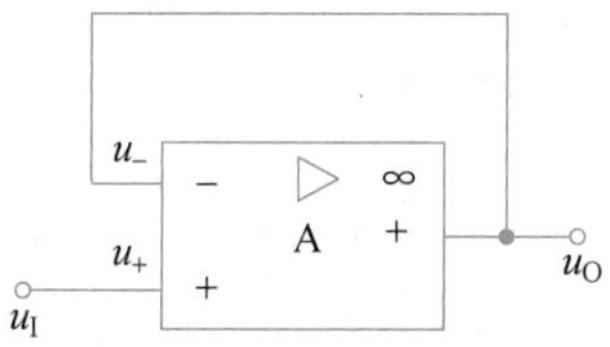　　　　图 7.1.4 电压跟随器

图 7.1.4 所示电路称为电压跟随器。与 BJT 构成的射极跟随器和 FET 构成的源极

跟随器相比,其跟随效果更好,u_I 和 u_O 非常接近,通常只有毫伏数量级的差别。

7.2 基本运算电路

运算放大器最初是用来构成模拟计算机的基本器件,可以用它完成多种数学运算,因此被称为运算放大器。下面介绍几种基本运算电路。

7.2.1 加法运算电路

1. 反相加法器

图 7.2.1 所示为一反相加法器。在该电路中,有三路信号从运放的反相端输入。根据"虚短"的概念,$u_+ = u_- = 0$,即运放的反相输入端是"虚地",从而可求得

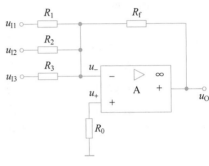

图 7.2.1　反相加法器

$$\frac{u_{I1}}{R_1} + \frac{u_{I2}}{R_2} + \frac{u_{I3}}{R_3} = -\frac{u_O}{R_f}$$

所以,输出电压为

$$u_O = -\left(\frac{R_f}{R_1}u_{I1} + \frac{R_f}{R_2}u_{I2} + \frac{R_f}{R_3}u_{I3}\right) \quad (7.2.1)$$

一般取 $R_1 = R_2 = R_3 = R$,式(7.2.1)化为

$$u_O = -\frac{R_f}{R}(u_{I1} + u_{I2} + u_{I3}) \tag{7.2.2}$$

在图 7.2.1 中,电阻 R_0 是平衡电阻,其值为

$$R_0 = R_1 \ // \ R_2 \ // \ R_3 \ // \ R_f$$

由上式可见,输出电压与运放本身的参数无关,仅与输入电压之和成比例。负号表示输入信号与输出信号反相。如果要求实现同相加法运算,那么可以在输出端后面再加一级放大倍数为 -1 的反相放大器。这个电路不仅可以进行数值计算,还可以完成多个输入信号的叠加。

该电路的突出优点是没有共模输入电压,且各路输入电流之间相互独立,互不影响。如果要调节某一路信号的输入电阻,并不会影响其他输入电压与输出电压的关系。还可以根据需要增加输入信号的路数。因而,这种电路的设计和调试都是很方便的。

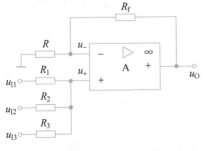

图 7.2.2　同相加法器

2. 同相加法器

同相加法器电路如图 7.2.2 所示。在该电路中,有三路信号从运放的同相端输入,根据"虚短"的概念,有

$$u_+ = u_- = \frac{R}{R + R_f}u_O \tag{7.2.3}$$

根据"虚断"的概念,流入运放同相端的电流为 0,因而有

$$\frac{u_{I1} - u_+}{R_1} + \frac{u_{I2} - u_+}{R_2} + \frac{u_{I3} - u_+}{R_3} = 0$$

则

$$u_+ = \left(\frac{u_{I1}}{R_1} + \frac{u_{I2}}{R_2} + \frac{u_{I3}}{R_3}\right) R_\Sigma \qquad (7.2.4)$$

式中,$R_\Sigma = R_1 /\!/ R_2 /\!/ R_3$。可以求出

$$u_O = \left(1 + \frac{R_f}{R}\right)\left(\frac{u_{I1}}{R_1} + \frac{u_{I2}}{R_2} + \frac{u_{I3}}{R_3}\right) R_\Sigma \qquad (7.2.5)$$

按照运放两个输入端电阻平衡的原则,应使 $R_\Sigma = R_f /\!/ R$,则式(7.2.5)变换为

$$u_O = \left(\frac{u_{I1}}{R_1} + \frac{u_{I2}}{R_2} + \frac{u_{I3}}{R_3}\right) R_f \qquad (7.2.6)$$

式(7.2.5)和式(7.2.6)表明,该电路的输出电压与输入电压之和成比例,而且两者的极性相同,故称为同相加法器。但是,在这个电路中,R_Σ 与所有的电阻都有关系,电路的设计和调试都较烦琐,对这些电阻的精度要求也高。此外,运放的两个输入端存在较高的共模输入电压,这些都是它的缺点。

7.2.2 减法运算电路

1. 单运放减法运算电路

运放反相端的输入信号与其输出信号极性相反,同相端的输入信号与其输出信号极性相同。因此,可以在运放的两个输入端同时输入信号,采用差动输入方式,从而组成单运放减法运算电路,如图 7.2.3 所示,该电路称为差动减法电路。在这个电路中,根据"虚短"和"虚断"的概念,可以写出下列方程

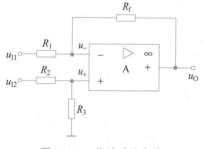

图 7.2.3 差动减法电路

$$\frac{u_{I1} - u_-}{R_1} = \frac{u_- - u_O}{R_f} \qquad (7.2.7)$$

$$\frac{u_{I2} - u_+}{R_2} = \frac{u_+}{R_3} \qquad (7.2.8)$$

$$u_+ = u_- \qquad (7.2.9)$$

上述三式联立求解可得

$$u_O = \frac{R_1 + R_f}{R_1} \frac{R_3}{R_2 + R_3} u_{I2} - \frac{R_f}{R_1} u_{I1}$$

$$(7.2.10)$$

一般取 $R_1 = R_2$,$R_3 = R_f$,则有

$$u_O = \frac{R_f}{R_1}(u_{I2} - u_{I1}) \qquad (7.2.11)$$

即输出电压 u_O 与输入电压之差 $(u_{I2} - u_{I1})$ 成比例,因此这个电路又称为差分比例运算电路。

在这个电路中,运放两个输入端的电位不为零,存在共模输入电压,因此,应选用共

模抑制比较大的运放,对于四个电阻配对的精度要求也较高。

【例 7.2.1】 一个运算电路如图 7.2.4 所示,$R_1=15\text{k}\Omega,R_2=10\text{k}\Omega,R_3=30\text{k}\Omega,R_4=7.5\text{k}\Omega,$$R_5=30\text{k}\Omega,R_\text{f}=30\text{k}\Omega,$试求输出电压 u_O。

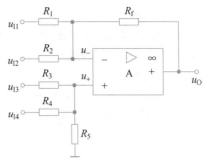

图 7.2.4 例 7.2.1 的电路

解:这个电路是反相加法器和同相加法器相结合的电路,可以采用多种方法求解。

解法 1:在分析运放构成的电路时,最基本的方法是采用运放"虚短"和"虚断"的概念进行分析。一般地,可以根据反相端和同相端的电压电流关系,分别列出方程,在该电路中,有

$$u_+=u_{\text{I}3}\frac{R_4 /\!/ R_5}{R_3+R_4 /\!/ R_5}+u_{\text{I}4}\frac{R_3 /\!/ R_5}{R_4+R_3 /\!/ R_5}$$

$$\frac{u_{\text{I}1}-u_-}{R_1}+\frac{u_{\text{I}2}-u_-}{R_2}=\frac{u_--u_\text{O}}{R_\text{f}}$$

$$u_+=u_-$$

上述方程联立可求得 $u_\text{O}=4u_{\text{I}4}+u_{\text{I}3}-3u_{\text{I}2}-2u_{\text{I}1}$。

解法 2:对于运放电路,如果有多个输入信号,则可以采用叠加原理进行分析。首先分别考虑每个输入信号对输出信号产生的影响,然后把它们叠加起来。

在本题中,可以先考虑反相端两个输入信号的作用,而使同相端的两个输入信号为零,这样,电路构成了反相加法器,输出电压为

$$u'_\text{O}=-\left(\frac{R_\text{f}}{R_1}u_{\text{I}1}+\frac{R_\text{f}}{R_2}u_{\text{I}2}\right)$$

然后使反相输入信号为零,只考虑同相输入信号的作用,可得

$$u''_\text{O}=\left(u_{\text{I}3}\frac{R_4 /\!/ R_5}{R_3+R_4 /\!/ R_5}+u_{\text{I}4}\frac{R_3 /\!/ R_5}{R_4+R_3 /\!/ R_5}\right)\left(1+\frac{R_\text{f}}{R_1 /\!/ R_2}\right)$$

假设运放同相端外电路的等效电阻 $R_\text{p}=R_3 /\!/ R_4 /\!/ R_5$,反相端外电路的等效电阻 $R_\text{n}=R_1 /\!/ R_2 /\!/ R_\text{f}$,则上式可写为

$$u''_\text{O}=\frac{R_\text{p}R_\text{f}}{R_\text{n}}\left(\frac{u_{\text{I}3}}{R_3}+\frac{u_{\text{I}4}}{R_4}\right)$$

同时考虑全部输入信号的作用时,输出电压为

$$u_\text{O}=u'_\text{O}+u''_\text{O}=\frac{R_\text{p}R_\text{f}}{R_\text{n}}\left(\frac{u_{\text{I}3}}{R_3}+\frac{u_{\text{I}4}}{R_4}\right)-\left(\frac{R_\text{f}}{R_1}u_{\text{I}1}+\frac{R_\text{f}}{R_2}u_{\text{I}2}\right)$$

通常总是有 $R_\text{p}=R_\text{n}$,因此可得

$$u_\text{O}=R_\text{f}\left(\frac{u_{\text{I}3}}{R_3}+\frac{u_{\text{I}4}}{R_4}-\frac{u_{\text{I}1}}{R_1}-\frac{u_{\text{I}2}}{R_2}\right)$$

代入电阻数值,求得

$$u_\text{O}=4u_{\text{I}4}+u_{\text{I}3}-3u_{\text{I}2}-2u_{\text{I}1}$$

2. 双运放减法运算电路

单运放的减法运算电路调整不方便,而且对运放精度要求也较高。为此,可采用前面的比例电路和加法运算电路,组成两级减法运算电路,即双运放减法运算电路。由于理想集成运放输出电阻近似为 0,所以多级集成运放相连时,后级对前级的影响可以忽略,计算十分方便。

图 7.2.5 所示是使用两级运放组成的减法电路:第一级是反相比例电路,输出 $u_{O1} = -u_{I2}$;第二级是反相加法运算电路。若取 $R_1 = R_2$,则可求得

$$u_O = \frac{R_f}{R_1}(u_{I2} - u_{I1}) \tag{7.2.12}$$

可见,该电路实现的功能与图 7.2.3 所示差动减法电路的功能相同。

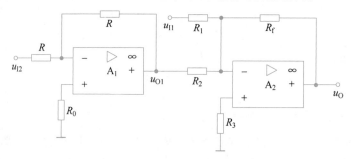

图 7.2.5 双运放减法运算电路

【例 7.2.2】 由运放组成的运算电路如图 7.2.6 所示,已知 $R_1 = R_2 = R_3 = R_4$,试求输出电压 u_O 的表达式。

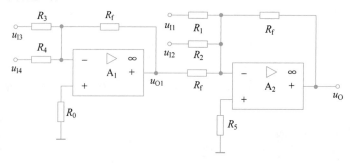

图 7.2.6 双运放减法运算电路

解:电路分析可知,运放构成的两级电路均为反相加法运算电路,故可得

$$u_{O1} = -\left(\frac{R_f}{R_3}u_{I3} + \frac{R_f}{R_4}u_{I4}\right)$$

$$u_O = -\left(\frac{R_f}{R_1}u_{I1} + \frac{R_f}{R_2}u_{I2} + \frac{R_f}{R_f}u_{O1}\right)$$

上述两式联立求得

$$u_O = \frac{R_f}{R_1}(u_{I3} + u_{I4} - u_{I1} - u_{I2})$$

由于双运放减法运算电路的每一级电路均存在"虚地",共模输入信号均为零,所以对集成运放共模抑制比要求低,且电阻计算十分方便,电路调整容易,因此,在实际中得到了广泛的应用。

【例 7.2.3】 图 7.2.7 所示是由运放组成的仪表放大器,它是在差动减法电路的基础上进一步改进而设计的高精度放大电路,试求该电路的放大倍数表达式。

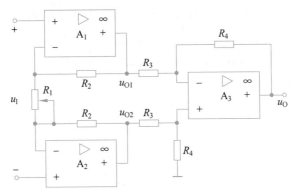

图 7.2.7 仪表放大器

解:该电路是由三个运放构成的两级放大电路:A_1 和 A_2 都是同相放大器,构成第一级,具有输入阻抗高、共模抑制能力强等优点;A_3 是一个差动减法电路,构成第二级。

对于第一级,由"虚短"和"虚断"的概念可得

$$u_{O1} - u_{O2} = \frac{u_I}{R_1}(R_1 + 2R_2) = u_I\left(1 + \frac{2R_2}{R_1}\right)$$

对于第二级,由差动减法电路求得

$$u_O = -\frac{R_4}{R_3}(u_{O1} - u_{O2}) = -\left(1 + \frac{2R_2}{R_1}\right)\frac{R_4}{R_3}u_I$$

从而求得整个电路的电压放大倍数为

$$A_u = \frac{u_O}{u_I} = -\left(1 + \frac{2R_2}{R_1}\right)\frac{R_4}{R_3}$$

由上式可以看出,只要改变电阻 R_1 的大小,就可以方便地调节电路增益。为了保证测量精度,要求三个运放的精度要足够高,而且电阻 R_2、R_3 和 R_4 的配对精度也要高。电阻 R_1 一般外接,用来调节增益。如果使用一组模拟开关,分别切换几个电阻作 R_1 使用,则构成了所谓的程控放大器。

在工业生产中,经常要对温度、压力、流量、速度、位移等各种物理量进行检测。这些信号往往是传感器输出的微弱差动信号,传感器输出电阻较大,现场干扰信号严重。因此,需要使用一种输入阻抗大、共模抑制能力强、差模放大倍数大、增益调节方便的放大电路。通过上述分析可知,仪表放大器能够满足这些性能要求。目前,多个厂家都推出了集成仪表放大器,将元器件全部集成在一个芯片内部,采取高精度的工艺措施,保证了芯片的测量精度,例如,INA128、INA2128、AD521、AD522 等。

7.2.3 积分和微分运算电路

由于电容器的电压和电流之间呈积分或微分关系,所以将电容与运放组合可以构成积分或微分运算电路。

1. 积分电路

图 7.2.8(a)所示为反相积分电路。在电路中,运放的同相端经平衡电阻 R_1 接地,反相端经电阻 R 接输入电压 u_1,电容 C 是反馈元件。根据"虚短"和"虚断"的概念可知,运放的反相端是"虚地",流入运放反相端的电流近似为零。因此,流过电阻 R 的电流与流过电容 C 的电流相等。故可得

$$i = \frac{u_1}{R} = i_C$$

对于电容,其两端电压为

$$u_C = \frac{1}{C}\int i_C \mathrm{d}t = \frac{1}{C}\int \frac{u_1}{R}\mathrm{d}t = -u_O$$

从而求得

$$u_O = -\frac{1}{RC}\int u_1 \mathrm{d}t \qquad (7.2.13)$$

上式表明,输出电压和输入电压之间是一种积分关系。

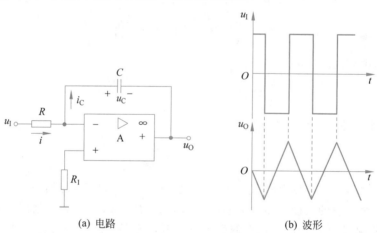

(a) 电路　　　　　　　　(b) 波形

图 7.2.8　积分电路

如果再考虑积分时间和初始值,将上式改为定积分表达式,则有

$$u_O = -\frac{1}{RC}\int_{t_0}^{t} u_1 \mathrm{d}t + u_C \big|_{t_0} \qquad (7.2.14)$$

式中,t_0 和 t 是积分的开始时间和结束时间。$u_C \big|_{t_0}$ 是在 t_0 时刻电容两端的初始电压。使用这个公式可以具体计算积分电路各个时刻的输出电压值。

假设电容 C 的初始电压为 0,若输入信号是一个直流电压 U_I,则输出电压为

$$u_{\mathrm{O}} = -\frac{U_1}{RC}t \qquad (7.2.15)$$

可见,输出电压 u_{O} 是一个随时间线性变化的信号,输出电压的极性与输入电压相反,其最大积分输出电压的幅度受运放的最大输出电压幅度限制。

若输入信号是矩形波电压,选择合适的积分时间常数,保证输出电压不会超过运放的最大输出电压,则输出电压 u_{O} 经过积分后,变为三角波电压,如图 7.2.8(b)所示。在矩形波的高电平期间,电路向负方向积分;在矩形波的低电平期间,电路向正方向积分。

若输入信号是正弦波电压,当 $u_1 = \sin(\omega t)$ 时,经过积分后,输出电压

$$u_{\mathrm{O}} = -\frac{1}{RC}\int \sin(\omega t)\mathrm{d}t = \frac{1}{\omega RC}\cos(\omega t) \qquad (7.2.16)$$

从式(7.2.16)可以看出,输入信号是正弦信号,输出信号是余弦信号,它们的波形相同,但其相位相差 $90°$。经过积分后,余弦信号的幅度变为 $\frac{1}{\omega RC}$,幅度大为衰减,而且频率越高,衰减越大。通常,电路的干扰信号中高频分量成分很多,这些信号通过积分电路时,将产生很大的衰减。因此,积分电路具有较强的抗干扰能力。

2. 微分电路

图 7.2.9(a)所示是一个基本的微分电路。与积分电路相比,电阻 R 和电容 C 的位置对调了一下。这里,运放的反相端是"虚地"。对电容 C 来说,有

$$i_{\mathrm{C}} = C\frac{\mathrm{d}u_1}{\mathrm{d}t} = i \qquad (7.2.17)$$

式中,i_{C} 是流过电容的电流,i 是流过反馈电阻 R 的电流,u_1 是输入电压,同时也是电容两端的电压。因此,输出电压为

$$u_{\mathrm{O}} = -iR = -RC\frac{\mathrm{d}u_1}{\mathrm{d}t} \qquad (7.2.18)$$

可见,输出电压 u_{O} 和输入电压 u_1 之间是微分的关系。

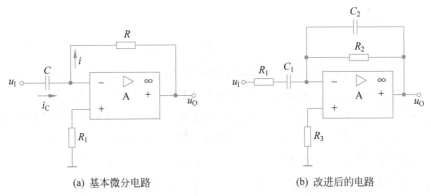

(a) 基本微分电路   (b) 改进后的电路

图 7.2.9 微分电路

在这个电路中,$\frac{\mathrm{d}u_1}{\mathrm{d}t}$ 是输入信号的变化量,微分电路对其变化量非常敏感,所以特别

容易受到干扰。出于同样的原因,当输入信号发生突变时,输出信号也会突然大幅度跳变而超过运放的最大输出电压,使电路无法正常工作。另外,微分电路的 RC 环节将会产生滞后相移,这个附加的滞后相位差与运放内部产生的附加的滞后相位差一起,容易引起自激振荡。因此,这种电路使用很少。实用的微分电路往往要在输入端加上一个小电阻,反馈支路要并联一个小电容,如图 7.2.9(b)所示。其中,R_1 起到限流作用,R_2 和 C_2 并联起相位补偿作用。

微分电路应用较为广泛,除了完成微分运算外,还可以进行波形变换。自动控制领域中的 PID 调节器是其典型应用之一。

7.3 对数和反对数运算电路

对数和反对数是一种非线性的数学关系,无法利用一般的线性元器件得到。第 1 章曾讲到,半导体 PN 结的电流与电压之间呈一种指数关系,可以用它和运放相结合,构成对数和反对数(指数)运算电路,并进而实现乘除法运算。

7.3.1 对数运算电路

1. 利用二极管的对数运算电路

将二极管接入反馈支路,构成的对数运算电路如图 7.3.1 所示,运放的反相端通过电阻 R 接输入信号,运放的反相端是"虚地"。对于二极管来说,流过它的电流与其两端的电压之间符合对数关系,有

$$i_d = I_S(e^{u_d/U_T} - 1) \approx I_S e^{u_d/U_T}$$

式中,i_d 是流过二极管的电流,u_d 是二极管两端的电压。根据"虚地"和"虚断"的概念,流过电阻 R 的电流与流过二极管 D 的电流相等,即 $i = i_d$,所以有

$$\frac{u_I}{R} = I_S e^{u_d/U_T}$$

从而可得输出电压为

$$u_O = -u_d = -U_T \ln \frac{u_I}{I_S R} \tag{7.3.1}$$

可见,电路的输出电压和输入电压之间是一种对数关系。但是也应指出,这个电路存在一些问题。一是电路的输出电压范围很小,只有一个二极管的管压降;二是受温度影响很大;三是二极管的特性本身就与对数关系有一定误差,忽略了"-1"和内阻,在信号很小和很大时误差都较大,仅在一定的范围内,接近对数关系。

2. 利用 BJT 的对数运算电路

视频

若将 BJT 接入反馈支路代替二极管,则构成的对数运算电路如图 7.3.2 所示,BJT 的集电极为"虚地",基极接地,故 $u_{CB} \approx 0$,$u_{BE} > 0$,集电极电流和发射极电压之间的关系为

$$i_C \approx i_E = I_S(e^{u_{BE}/U_T} - 1) \approx I_S e^{u_{BE}/U_T}$$

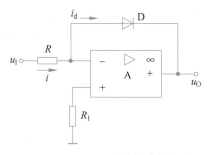

图 7.3.1 利用二极管的对数电路

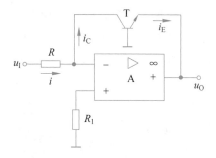

图 7.3.2 利用 BJT 的对数电路

根据"虚短"和"虚断"的概念,可知 $i = i_C$,故

$$\frac{u_I}{R} = I_S e^{u_{BE}/U_T}$$

又因为 $u_{BE} = -u_O$,从而可求得

$$u_O = -U_T \ln \frac{u_I}{I_S R} \tag{7.3.2}$$

式(7.3.2)表明,输出电压和输入电压之间是一种对数关系。需要指出的是,要保证电路处于负反馈,必须根据输入信号的极性选定 BJT 的类型。当 $u_I > 0$ 时,选用 NPN 型 BJT;当 $u_I < 0$ 时,应选用 PNP 型 BJT。

利用 BJT 的对数运算电路仍受温度的影响,而且在输入电压较小或较大的情况下误差会较大。在设计对数运算电路时,通常采用"对管"减小 I_S 的影响,用热敏电阻来补偿 U_T 的温度漂移。

7.3.2 反对数运算电路

1. 利用二极管的反对数运算电路

对于前面介绍的积分和微分运算电路,将反馈端和输入端的元器件对换,就相互实现了逆运算。受这种情况启发,将图 7.3.1 中的二极管 D 和电阻 R 对调一下,也可以实现其逆运算,构成指数运算电路,习惯上称为反对数运算电路,如图 7.3.3 所示。

对于二极管 D,有

$$i_d = I_S(e^{u_d/U_T} - 1) \approx I_S e^{u_d/U_T}$$

式中,i_d 是流过二极管的电流,u_d 是二极管两端的电压。流过反馈电阻 R 的电流与流过二极管 D 的电流相等,故

$$i = i_d = I_S e^{u_I/U_T}$$

因此可得

$$u_O = -iR = -I_S R e^{u_I/U_T} \tag{7.3.3}$$

上式表明,输出电压 u_O 与输入电压 u_I 之间是一种反对数关系。

这个电路同样是最基本的原理电路,也存在温度影响等问题,实用电路还要作较大的改进。

2. 利用 BJT 的反对数运算电路

同理,将图 7.3.2 中三极管 T 和电阻 R 对调一下,也可以实现其逆运算,构成反对数运算电路,如图 7.3.4 所示。

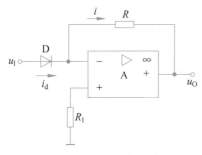 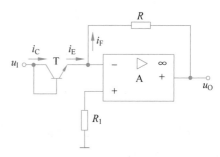

图 7.3.3　利用二极管的反对数电路　　图 7.3.4　利用 BJT 的反对数电路

根据"虚短"和"虚断"的概念,可得

$$u_{BE} = u_I$$

$$i_F = i_E \approx I_S e^{u_I/U_T}$$

$$u_O = -i_F R \approx -I_S R e^{u_I/U_T} \tag{7.3.4}$$

式(7.3.4)表明,输出电压与输入电压呈指数关系,即实现了反对数运算。反对数运算电路与对数运算电路相似,当 $u_1 > 0$ 时,选用 NPN 型 BJT;当 $u_1 < 0$ 时,应选用 PNP 型 BJT。

7.4　模拟乘法器

模拟乘法器是实现两个模拟量相乘运算的非线性电子器件。它不仅可以方便地实现乘法运算,还可以与运放结合实现除法运算、求根运算和求幂运算等,广泛应用于通信工程、测量设备、自动控制等领域的信号处理过程。按照输入信号要求的极性不同,模拟乘法器有单象限、两象限和四象限之分;按照电路结构不同,有对数乘法器、变跨导乘法器等不同类型。

7.4.1　对数乘法器

众所周知,通过对数和反对数运算,可以将乘法运算与加法运算相互转换。因此,可以用对数放大器、加器和反对数放大器构成乘法器电路。利用这三种运算电路实现的乘法器原理框图如图 7.4.1 所示,若将加法运算电路改为减法运算电路则可实现除法运算。在图 7.4.1 中,K 称为乘法器的比例因子。

图 7.4.1　对数乘法器原理框图

图 7.4.2 所示就是利用上述原理组成的乘法器电路。其中，A_1、R_1、T_1 和 A_2、R_2、T_2 分别构成了对数运算电路。A_3 和 R_3 构成了反相加法器，A_4、R_4 和 T_3 构成了反对数运算电路。三个 BJT 的发射极反向饱和电流 $I_{ES1} = I_{ES2} = I_{ES3} = I_{ES}$。

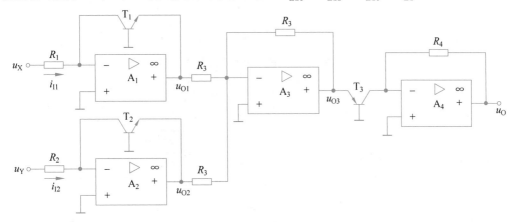

图 7.4.2　对数乘法器

对于 A_1 和 A_2 来说，可得输出电压分别为

$$u_{O1} = -U_T \ln \frac{u_X}{R_1 I_{ES}}$$

$$u_{O2} = -U_T \ln \frac{u_Y}{R_2 I_{ES}}$$

对于 A_3 来说，可得输出电压为

$$u_{O3} = -(u_{O1} + u_{O2}) = U_T \ln \frac{u_X}{R_1 I_{ES}} + U_T \ln \frac{u_Y}{R_2 I_{ES}} = U_T \ln \left(\frac{u_X}{R_1 I_{ES}} \cdot \frac{u_Y}{R_2 I_{ES}} \right)$$

所以，反对数电路的输出电压为

$$u_O = -I_{ES} R_4 e^{u_{O3}/U_T}$$

一般取 $R_1 = R_2 = R_3 = R_4 = R$，由上式可得

$$u_O = -\frac{1}{R I_{ES}} u_X u_Y \tag{7.4.1}$$

由式(7.4.1)可见，输出电压 u_O 与输入电压 u_X 和 u_Y 的乘积成比例，即电路实现了乘法运算。当然，输入电压 u_X 和 u_Y 都必须为正值，电路才能正常工作。因此，这是一种单象限乘法器。如果把 A_3 构成的反相加法器改为减法器，就可以实现除法运算。

由于对数运算电路要求输入电压只能为正或只能为负，所以它只能实现单象限乘法运算。若要实现多象限乘法运算，可采用变跨导式乘法器。下面讨论变跨导模拟乘法器的工作原理。

7.4.2　变跨导型模拟乘法器

变跨导模拟乘法器的电路简单、易于集成、易于使用、工作频率较高，因而使用得较为广泛。变跨导模拟乘法器的原理电路如图 7.4.3 所示。

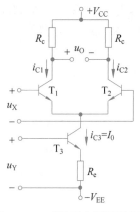

图 7.4.3　对数乘法器原理框图

这个电路实际上是一个带有电流源的差动放大器,只是电流源电流受外加输入电压控制。在电路中,T_1 和 T_2 管是对称的。BJT 发射极反向饱和电流 $I_{ES1} = I_{ES2} = I_{ES3}$。对 BJT 来说,有

$$i_C = I_{ES}(e^{u_{BE}/U_T} - 1) \approx I_{ES} e^{u_{BE}/U_T}$$

因此,T_3 管的集电极电流为

$$i_{C3} = i_{C1} + i_{C2} = I_{ES}(e^{u_{BE1}/U_T} + e^{u_{BE2}/U_T})$$

$$= I_{ES} e^{u_{BE2}/U_T}(e^{(u_{BE1} - u_{BE2})/U_T} + 1)$$

由于输入电压 $u_X = u_{BE1} - u_{BE2}$,因此有

$$i_{C3} = i_{C2}(e^{u_X/U_T} + 1) = I_0$$

从而求得两管的集电极电流为

$$i_{C2} = \frac{I_0}{e^{u_X/U_T} + 1} \tag{7.4.2}$$

$$i_{C1} = \frac{I_0}{e^{-u_X/U_T} + 1} \tag{7.4.3}$$

故两管的集电极电流之差为

$$i_{C1} - i_{C2} = I_0 \frac{e^{u_X/U_T} - 1}{e^{u_X/U_T} + 1} \tag{7.4.4}$$

将双曲正切函数的下列关系式

$$\text{th}x = \frac{e^x - e^{-x}}{e^x + e^{-x}} = \frac{e^{2x} - 1}{e^{2x} + 1}$$

代入式(7.4.4)可得

$$i_{C1} - i_{C2} = I_0 \text{th} \frac{u_X}{2U_T} \tag{7.4.5}$$

当 $x < 1$ 时,$\text{th}x \approx x$。所以,当 $|u_X| \ll 2U_T$ 时,有

$$i_{C1} - i_{C2} \approx I_0 \frac{u_X}{2U_T} \tag{7.4.6}$$

定义差动放大器的跨导为

$$g_m = \frac{i_{C1} - i_{C2}}{u_X} = \frac{I_0}{2U_T} \tag{7.4.7}$$

因此可得

$$u_O = -(i_{C1} - i_{C2})R_c = -g_m R_c u_X = -I_0 \frac{R_c u_X}{2U_T}$$

在由 T_3 和 R_3 构成的电流源中,电流表达式为

$$I_0 = \frac{u_Y - u_{BE3}}{R_e} \approx \frac{u_Y}{R_e}$$

由以上两式可求得

$$u_O = -\frac{R_c}{2U_T R_e} u_X u_Y = K u_X u_Y \tag{7.4.8}$$

式中,比例因子 $K = -\dfrac{R_c}{2U_T R_e}$。

通过以上讨论可以看出,电路的相乘作用是通过输入电压 u_Y 控制电流源电流 I_0,并进而控制 BJT 的跨导 g_m 实现的,所以称为变跨导模拟乘法器。变跨导模拟乘法器虽然可以完成模拟量相乘的作用,但是仍存在以下不足。

(1) 输入电压 u_Y 的作用是控制电流源电流 I_0。这个量只能是正值,不能为负值。另一输入电压 u_X 可正可负,因而只是一个两象限乘法器。

(2) 在前面的推导过程中,要求输入电压 $|u_X| \ll 2U_T$,这是差动放大器本身对输入信号的限制。所以,输入电压 u_X 的动态范围很小,只有几十毫伏。

(3) $K = -\dfrac{R_c}{2U_T R_e}$,其值与温度有关,温漂会给乘法器带来一定的误差。

为了解决以上问题,必须对电路进行改进。改进方法之一是采用双平衡模拟乘法器,也称为压控吉尔伯特乘法器。

7.4.3 双平衡模拟乘法器

图 7.4.4 所示是双平衡模拟乘法器的原理图。这个电路由六个 BJT 构成了三对差动放大电路。由 $T_1 \sim T_4$ 组成的差动放大电路,受输入信号 u_X 控制,其中 T_2 和 T_3 的集电极交叉连接。由 T_5 和 T_6 组成的差动放大电路,受输入信号 u_Y 控制。

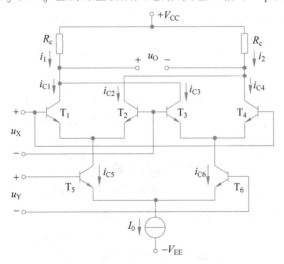

图 7.4.4 双平衡模拟乘法器

由图 7.4.4 可得

$$i_1 - i_2 = (i_{C1} + i_{C3}) - (i_{C2} + i_{C4}) = (i_{C1} - i_{C2}) - (i_{C4} - i_{C3})$$

由式(7.4.5)可得

$$i_{C1} - i_{C2} = i_{C5}\,\text{th}\,\frac{u_X}{2U_T}$$

$$i_{C4} - i_{C3} = i_{C6}\,\text{th}\,\frac{u_X}{2U_T}$$

$$i_{C5} - i_{C6} = I_0\,\text{th}\,\frac{u_Y}{2U_T}$$

因而,可以求得

$$i_1 - i_2 = I_0\,\text{th}\,\frac{u_X}{2U_T}\,\text{th}\,\frac{u_Y}{2U_T}$$

电路的输出电压为

$$u_O = -(i_1 - i_2)R_c = -I_0 R_c\,\text{th}\,\frac{u_X}{2U_T}\,\text{th}\,\frac{u_Y}{2U_T}$$

当 $|u_X| \ll 2U_T$,$|u_Y| \ll 2U_T$ 时,上式可以近似表示为

$$u_O = -I_0 R_c\,\frac{u_X}{2U_T}\,\frac{u_Y}{2U_T} = Ku_X u_Y \tag{7.4.9}$$

式中,比例因子 $K = -\dfrac{I_0 R_c}{4U_T^2}$。

在电路中,u_X 和 u_Y 都是可正可负的值,因此,该电路能够实现四象限乘法运算功能。但该电路仍未能解决 7.4.2 节提到的(2)、(3)两个不足,需要对其进一步改进,构成线性化可变跨导模拟乘法器,这样才能扩大输入信号范围,并且使 K 与温度无关。有关内容请参阅相关文献。

目前,单片集成模拟乘法器的种类很多,如 AD630、AD633 和 AD734 等,都具有很好的性能。

7.4.4　模拟乘法器的应用

集成模拟乘法器不仅可以实现模拟信号的乘法运算,还可以完成对模拟信号的变换处理。特别是在调制、解调等电路中得到了广泛应用。这里仅对它在信号运算方面的应用进行介绍。

图 7.4.5　模拟乘法器的
　　　　电路符号

1. 平方和立方电路

图 7.4.5 是模拟乘法器的电路符号。其中,输出电压 u_O 与输入电压 u_X 与 u_Y 的关系为

$$u_O = Ku_X u_Y \tag{7.4.10}$$

式中,K 为比例因子,其值与乘法器的电路参数有关,单位为 V^{-1},通常取 $K = 0.1V^{-1}$。

将输入信号 u_1 同时加到模拟乘法器的两个输入端,就构成一个最简单的平方电路,如图 7.4.6(a)所示。其中,输出电压为

$$u_O = K(u_1)^2 \tag{7.4.11}$$

如果输入信号为正弦信号,设 $u_1 = U_m \sin(\omega t)$,则输出电压为

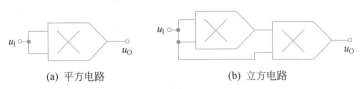

(a) 平方电路	(b) 立方电路

图 7.4.6　平方和立方电路

$$u_O = K\left[U_m \sin(\omega t)\right]^2 = \frac{KU_m^2}{2}\left[1 - \cos 2(\omega t)\right]$$

不考虑输出的直流电平 $\dfrac{KU_m^2}{2}$，可以得到二倍频的余弦信号 $\cos 2(\omega t)$。所以，平方电路可以实现正弦信号的二倍频。

使用两个模拟乘法器可以构成立方电路，如图 7.4.6(b)所示，其输出电压为

$$u_O = K^2(u_1)^3 \tag{7.4.12}$$

2. 除法运算电路

运放接成反相放大器，将乘法器放在反馈元件的位置，可以构成除法器电路，如图 7.4.7 所示，运放的反相端是"虚地"。由"虚短"和"虚断"的概念可得

$$\frac{u_{I1}}{R_1} = -\frac{u_{O1}}{R_2}$$

对于模拟乘法器，输出电压为

$$u_{O1} = Ku_O u_{I2}$$

因此可得输出电压为

$$u_O = -\frac{R_2}{KR_1}\frac{u_{I1}}{u_{I2}} \tag{7.4.13}$$

式(7.4.13)表明，这个电路实现了两个输入信号的除法运算。但是，应当指出，在这个电路中，输入电压 u_{I1} 可正可负，但要求 $u_{I2} > 0$。只有这样，才能保证运放工作于负反馈状态，否则信号的正反馈将导致运放工作于饱和状态，从而无法完成除法运算。可见，这个电路是二象限除法器。如果实际电路中的 u_{I2} 为负值，则可在模拟乘法器的后面加一级增益为 -1 的反相放大器。

3. 开平方运算电路

将图 7.4.7 的反馈支路中的乘法电路接成平方电路，整个电路就变成了开平方运算电路，如图 7.4.8 所示。其中，由"虚短"和"虚断"的概念可得

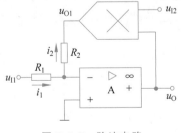

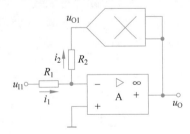

图 7.4.7　除法电路　　　　　图 7.4.8　开平方电路

$$\frac{u_1}{R_1} = -\frac{u_{O1}}{R_2}$$

又有

$$u_{O1} = K u_O^2$$

因此输出电压为

$$u_O = \sqrt{-\frac{R_2}{KR_1} u_1} \tag{7.4.14}$$

显然,乘法器的输出电压 u_{O1} 总是正值。因此,要求输入电压 u_1 必须是负值,才能保证电路中的负反馈关系,否则电路无法工作。

在运放的反馈支路中串入两个以上的模拟乘法器,就可以得到开高次方的运算电路。

7.5 有源滤波器

在电子电路中,放大器所要处理的信号常常是毫伏甚至微伏数量级的微弱信号。在这样的微弱信号中,不可避免地存在许多噪声和干扰信号。如果这些噪声和干扰信号的频率范围与有用信号相差较大,就可以使用一种能够对频率进行选择的电路,过滤掉噪声和干扰信号,保留有用信号,这就是滤波器所起的作用。所以,滤波器实质上是一种选频电路,它允许指定频段的信号通过,而对其余频段上的信号加以抑制,或使其急剧衰减。因此,模拟滤波器在通信、自动控制和电子测量等诸多领域有着广泛的应用。

在滤波器中,通常把信号能够通过的频率范围称为通频带或通带;反之,信号有很大衰减,或完全被抑制的频率范围称为阻带。通带和阻带之间的分界频率称为截止频率。按照通带和阻带的频率范围来分,一般将滤波器分为四个基本类型:低通滤波器(LPF)、高通滤波器(HPF)、带通滤波器(BPF)和带阻滤波器(BEF)。

理想的滤波器在通带内具有零衰减的幅频特性,而在阻带内具有无限大的幅度衰减,图 7.5.1 所示为各种理想滤波器的幅频特性。其中,低通滤波器保留了低频信号($f < f_c$)而使高频信号被滤掉;高通滤波器保留了高频信号($f > f_c$)而使低频信号被滤掉;带通滤波器允许某一频段的信号($f_1 < f < f_2$)通过,而使频段以外的信号被衰减;带阻滤波器滤掉某一频段的信号,而使频段以外的信号($f < f_1, f > f_2$)顺利通过。当然,这样的幅频特性在实际中是无法实现的,通常都是用一种高阶的函数去逼近它。一般地,滤波器传递函数的阶次越高,其幅频特性的边界越陡直,越接近于理想特性,但设计计算和电路结构也变得十分复杂。

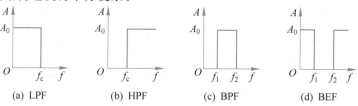

(a) LPF (b) HPF (c) BPF (d) BEF

图 7.5.1 各种理想滤波器的幅频特性

根据所采用的元器件不同,滤波器分为无源滤波器和有源滤波器两类。由电阻、电容和电感组成,不含有源器件,称为无源滤波器。由于电感元件体积大,较笨重,不易集成,会产生电磁干扰,因而较少采用,使用较多的是 RC 滤波器。第 3 章已经介绍了 RC 低通网络和 RC 高通网络,此处不再赘述。无源滤波器具有电路结构简单、使用方便、价格低廉等优点,但它对有用的信号成分也会有较大的衰减作用,本身不具备放大能力,而且带负载能力差,性能不够理想。

另一类是由电阻、电容和有源器件(如集成运放)组成,称为有源滤波器。由于采用了有源器件,所以不仅具有放大能力,提高了带负载能力,而且具有体积小、精度高、性能稳定、易于调试等优点。另外,由于运放具有高输入阻抗、低输出阻抗的特点,因此可以用低阶滤波器相连的方式构成高阶滤波器,且负载效应不明显。有源滤波器的限制主要是由运放固有特性决定的,一般不适用于高压、高频、大功率的场合,比较适用于低频的应用。

7.5.1 低通有源滤波器

1. 一阶低通有源滤波器

最基本的低通有源滤波器是一阶低通有源滤波器。这里所谓的"阶",是指滤波器传递函数的分母中 s 的最高方次,它与电路结构和滤波电容的个数有关。一阶低通有源滤波器分为同相滤波器和反相滤波器两种,分别如图 7.5.2(a)和图 7.5.2(b)所示。

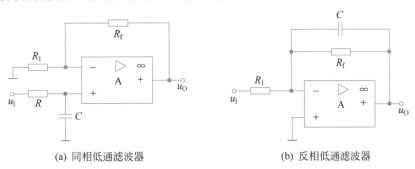

(a) 同相低通滤波器　　　　　(b) 反相低通滤波器

图 7.5.2　一阶低通有源滤波器

同相一阶低通有源滤波器由阻容元件 RC 构成的一阶低通网络和运放构成的同相放大器组成。输入信号经 RC 网络滤波,然后接到运放同相端放大。从电路中可以看出,运放两个输入端的电位为

$$u_+(s) = u_I(s) \frac{\frac{1}{sC}}{R + \frac{1}{sC}} = u_-(s) = u_O(s) \frac{R_1}{R_1 + R_f}$$

式中,$u_+(s)$ 和 $u_-(s)$ 以分别是运放同相端和反相端的电位。因此,有

$$A(s) = \frac{u_O(s)}{u_I(s)} = \frac{1 + \frac{R_f}{R_1}}{1 + sRC} = \frac{A_0}{1 + \frac{s}{\omega_H}} \tag{7.5.1}$$

式中，$\omega_H = 1/RC$，称为滤波器的截止角频率，其截止频率 $f_H = 1/2\pi RC$。同相放大器的低频电压增益为

$$A_0 = 1 + \frac{R_f}{R_1}$$

在反相一阶低通有源滤波器电路中，R_f、C 放到了反馈支路中。输入信号经电阻 R_1 接到运放的反相端。运放的反相端是"虚地"，电路的输入电流等于反馈电流。所以，有

$$\frac{u_I(s)}{R_1} = -\frac{u_O(s)}{Z_f(s)}$$

式中，$Z_f(s) = R_f // \dfrac{1}{sC}$。因此，电路的电压放大倍数为

$$A(s) = \frac{u_O(s)}{u_I(s)} = -\frac{R_f}{R_1}\frac{1}{1 + sR_fC} = \frac{A_0}{1 + \dfrac{s}{\omega_H}} \tag{7.5.2}$$

式中，$\omega_H = 1/R_fC$，称为滤波器的截止角频率，截止频率 $f_H = 1/2\pi R_fC$，$A_0 = -\dfrac{R_f}{R_1}$ 为反相放大器的低频电压放大倍数。

可以看出，一阶低通同相滤波器和反相滤波器的传递函数是相同的。在式(7.5.1)和式(7.5.2)中，用 $j\omega$ 代替 s，可得

$$A(j\omega) = \frac{u_O(j\omega)}{u_I(j\omega)} = \frac{A_0}{1 + j\dfrac{\omega}{\omega_H}} \tag{7.5.3}$$

因此，其幅频响应为

$$|A(j\omega)| = \frac{|A_0|}{\sqrt{1 + \left(\dfrac{f}{f_H}\right)^2}} \tag{7.5.4}$$

根据式(7.5.4)可画出这两种一阶低通有源滤波器的幅频特性，如图 7.5.3 所示。分析其幅频特性可知，当频率 $f < f_H$ 时，$A = A_0$，信号未被衰减。当 $f > f_H$ 时，幅频特性曲线以 -20dB/十倍频的斜率下降，信号得到了有效的衰减。但是，衰减速度较慢，滤波效果不够理想。为了进一步加快滤波衰减的速度，可以采用二阶或高阶的有源滤波器。

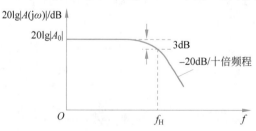

图 7.5.3　一阶低通有源滤波器的幅频特性

2. 二阶低通有源滤波器

图 7.5.4(a)所示为二阶低通有源滤波器。运放与电阻 R_1、R_f 构成了电压串联负反

馈电路。这部分电路可以看成是压控电压源,因此,这种滤波器称为压控电压源有源滤波器。在电路中,在运放的同相端接有两节 RC 网络,左边的电容 C 从输出端引入正反馈,以改善在其特征频率附近的幅频特性。

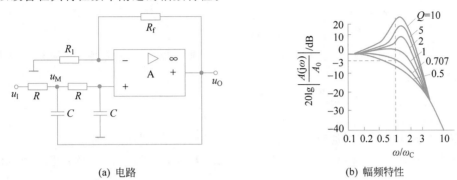

(a) 电路　　　　　　　　　(b) 幅频特性

图 7.5.4　二阶低通有源滤波器

从图 7.5.4(a)中可得

$$u_O(s) = A_0 u_+(s)$$

$$u_+(s) = \frac{u_M(s)}{1 + sRC}$$

$$\frac{u_I(s) - u_M(s)}{R} - [u_M(s) - u_O(s)]sC - \frac{u_M(s) - u_+(s)}{R} = 0$$

这里,$A_0 = 1 + \dfrac{R_f}{R_1}$,$u_+(s)$ 是运放同相端的电位。

以上方程联立,解方程组可求得电路的传递函数为

$$A(s) = \frac{u_O(s)}{u_I(s)} = \frac{A_0}{1 + (3 - A_0)sRC + (sRC)^2} \tag{7.5.5}$$

用 jω 代替式(7.5.5)中的 s,可得

$$A(j\omega) = \frac{A_0}{1 + (3 - A_0)j\omega RC - (\omega RC)^2} = \frac{A_0}{1 - \left(\dfrac{\omega}{\omega_C}\right)^2 + j\left(\dfrac{\omega}{\omega_C Q}\right)} \tag{7.5.6}$$

式中,$\omega_C = 1/RC$,称为滤波器的特征角频率,$Q = 1/(3 - A_0)$,称为等效品质因数。

其幅频特性为

$$20\lg\left|\frac{A(j\omega)}{A_0}\right| = 20\lg \frac{1}{\sqrt{\left[1 - \left(\dfrac{\omega}{\omega_C}\right)^2\right]^2 + \left(\dfrac{\omega}{\omega_C Q}\right)^2}} \tag{7.5.7}$$

根据式(7.5.7)可以画出相应的幅频特性曲线,如图 7.5.4(b)所示。

通过分析图 7.5.4(b)中的幅频特性曲线,可以看出:

当 $A_0 < 3$ 时,滤波器可以稳定地工作;当 $A_0 \geq 3$ 时,电路将会产生自激振荡。

当 $\omega \ll \omega_C$ 时,滤波器的幅频特性接近于 A_0;当 $\omega \gg \omega_C$ 时,幅频特性逐渐衰减为 0,这与一阶低通滤波器是一致的。

当 ω 与 ω_C 比较接近时,幅频特性可能会衰减,也可能会上升。这是由从输出端通过电容反馈的信号造成的。这里,Q 值的大小起到重要的作用。通过对不同 Q 值的比较可知,当 $Q=0.707$ 时,幅频特性曲线较为平坦;当 $Q>0.707$ 时,幅频特性曲线出现上升;Q 值越大,上升得越显著。

当 $Q=0.707$ 时,若 $\omega=\omega_C$,幅频特性的值为 -3dB。当 $\omega/\omega_C \geqslant 10$ 时,幅频特性是一条斜率为 -40dB 的直线。这说明,这种二阶低通滤波器的滤波效果比一阶低通滤波器好得多。

7.5.2 高通有源滤波器

高通有源滤波器与低通有源滤波器存在着对偶关系。将低通有源滤波器中电阻和电容的位置互换一下,即可得到高通有源滤波器,其幅频特性和传递函数也有类似的对偶关系。

图 7.5.5 所示为一阶高通有源滤波器,其幅频特性为

$$|A(j\omega)| = \left| \frac{u_O(j\omega)}{u_I(j\omega)} \right| = \frac{A_0}{\sqrt{1+\left(\dfrac{\omega_L}{\omega}\right)^2}} \tag{7.5.8}$$

式中,$\omega_L = 1/RC$,为滤波器的截止角频率;截止频率 $f_L = 1/2\pi RC$;$A_0 = 1+\dfrac{R_f}{R_1}$ 为同相放大器的低频电压增益。

图 7.5.6 所示为二阶高通有源滤波器,其对数幅频特性为

$$20\lg\left|\frac{A(j\omega)}{A_0}\right| = 20\lg \frac{1}{\sqrt{\left[\left(\dfrac{\omega_C}{\omega}\right)^2-1\right]^2+\left(\dfrac{\omega_C}{\omega Q}\right)^2}} \tag{7.5.9}$$

式中,$\omega_C = 1/RC$,为滤波器的特征角频率;$Q=1/(3-A_0)$,为等效品质因数。

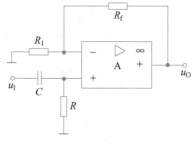

图 7.5.5　一阶高通有源滤波器

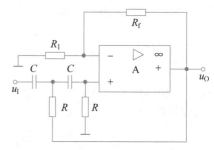

图 7.5.6　二阶高通有源滤波器

对于一阶和二阶高通有源滤波器,可以进行类似的滤波特性分析,图 7.5.7(a)、图 7.5.7(b)分别是它们的幅频特性,请读者自行分析。

7.5.3 带通有源滤波器

带通有源滤波器能够使一部分频段的信号通过,而对其余频段的信号加以抑制或衰

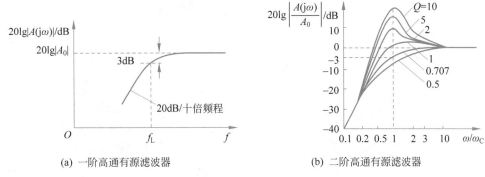

(a) 一阶高通有源滤波器　　　　(b) 二阶高通有源滤波器

图 7.5.7　高通有源滤波器的幅频特性

减。它常用于从许多不同频率的信号中提取所需频段的信号。带通有源滤波器可以用一个低通滤波器和一个高通滤波器串联而成,如图 7.5.8(a)所示。

在电路中,低通滤波器的截止频率 f_H 大于高通滤波器的截止频率 f_L。当信号通过低通滤波器时,低于 f_H 的信号被保留下来,高于 f_H 的信号得到很大的衰减;信号再通过高通滤波器时,低于 f_L 的信号被衰减,高于 f_L 的信号被保留下来。这样一来,频段在 f_L 和 f_H 之间的信号通过了滤波器,而其余的信号都被衰减了,从而实现了带通滤波。其幅频特性如图 7.5.8(b)所示。

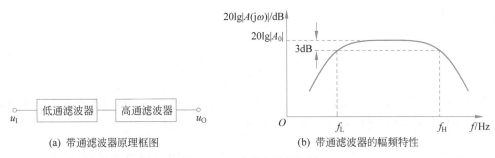

(a) 带通滤波器原理框图　　　　(b) 带通滤波器的幅频特性

图 7.5.8　带通有源滤波器

将一个 RC 低通滤波环节和一个 RC 高通滤波环节结合起来,在两个滤波环节之间,引入一个电阻 R,就构成了图 7.5.9(a)所示的二阶压控电压源带通滤波器。根据图 7.5.9(a)中的电路可列出相应的方程如下:

$$\frac{u_I(s) - u_1(s)}{R_2} = \frac{u_1(s)}{\dfrac{1}{sC_2}} + \frac{u_1(s)}{R_3 + \dfrac{1}{sC_1}} + \frac{u_1(s) - u_O(s)}{R}$$

$$u_O(s) = \left(1 + \frac{R_f}{R_1}\right) u_+(s)$$

$$u_+(s) = \frac{u_1(s) R_3}{R_3 + \dfrac{1}{sC_1}}$$

在上述三个方程中,$u_+(s)$ 为运算放大器同相端的电位。为了使滤波器的参数设计简

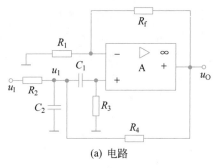

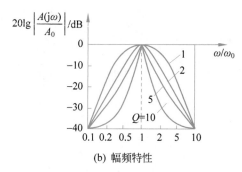

(a) 电路   (b) 幅频特性

图 7.5.9　带通滤波器

便,通常取 $R_2 = R_4 = R$, $R_3 = 2R$, $C_1 = C_2 = C$, 求解以上方程组,可得

$$A(s) = \frac{u_O(s)}{u_1(s)} = \frac{sRC}{1 + (3 - A_u)sRC + (sRC)^2} A_u \tag{7.5.10}$$

式中, $A_u = 1 + \dfrac{R_f}{R_1}$ 为同相放大器的增益,必须使 A_u 小于 3,电路才能稳定工作。

将式(7.5.10)中的 s 换成 $j\omega$,并设 $\omega_0 = \dfrac{1}{RC}$, $A_0 = \dfrac{A_u}{3 - A_u}$,电路的品质因数 $Q = \dfrac{1}{3 - A_u}$,可得

$$A(j\omega) = \frac{A_0}{1 + jQ\left(\dfrac{\omega}{\omega_0} - \dfrac{\omega_0}{\omega}\right)} \tag{7.5.11}$$

式中,当 $\omega = \omega_0$ 时, $A(j\omega)$ 的虚部为零,它的模最大,等于 A_0。 ω_0 称为带通滤波器的中心角频率或特征角频率,其中心频率或特征频率 $f_0 = 1/2\pi RC$。

如果令 $|A(j\omega)| = \dfrac{A_0}{\sqrt{2}}$,也就是 $\left|Q\left(\dfrac{\omega}{\omega_0} - \dfrac{\omega_0}{\omega}\right)\right| = 1$,则可以求出带通滤波器的两个 -3dB 带宽频率,即截止频率,可得

$$f_{p1} = \frac{f_0}{2}\left[\sqrt{(3 - A_u)^2 + 4} - (3 - A_u)\right] \tag{7.5.12}$$

$$f_{p2} = \frac{f_0}{2}\left[\sqrt{(3 - A_u)^2 + 4} + (3 - A_u)\right] \tag{7.5.13}$$

因此,带通滤波器的通带宽度为

$$f_{BW} = |f_{p1} - f_{p2}| = \left(2 - \frac{R_f}{R_1}\right)f_0 \tag{7.5.14}$$

可以看出,改变 $\dfrac{R_f}{R_1}$ 的值就可改变通带宽度,而不会影响中心频率。

根据式(7.5.11)可以画出带通滤波器的幅频特性曲线,如图 7.5.9(b)所示。当品质因数 Q 取不同的值时, Q 值越大,通带宽度越窄。也就是说,带通滤波器的选频特性越好。

7.5.4 带阻有源滤波器

带阻有源滤波器能够使一部分频段的信号受到抑制或衰减,而使其余频段的信号顺利通过,又称为陷波器。带阻有源滤波器可以用一个低通滤波器和一个高通滤波器并联而成,如图 7.5.10(a)所示。

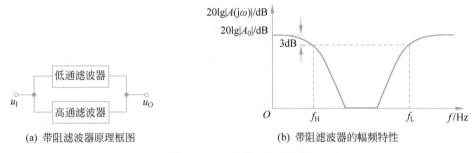

(a) 带阻滤波器原理框图   (b) 带阻滤波器的幅频特性

图 7.5.10 带阻有源滤波器

在电路中,低通滤波器的截止频率 ω_H 小于高通滤波器的截止频率 ω_L。当信号通过带通滤波器时,低于 ω_H 的信号由低通滤波器送到输出端;高于 ω_L 的信号通过高通滤波器,送到输出端。这样一来,频段在 ω_H 和 ω_L 之间的信号无法通过滤波器,而其余的信号都被送到输出端,从而实现了带阻滤波,其幅频特性如图 7.5.10(b)所示。

图 7.5.11(a)所示电路是根据以上原理构成的双 T 带阻滤波器。在电路中,运放和电阻 R_1、R_f 组成了同相放大器。R_2、R_3 和 C_3 组成了一个 T 形网络。C_1、C_2 和 R_4 组成了另一个 T 形网络,所以称为双 T 带阻滤波器。通常取 $R_2=R_3=R$,$R_4=\dfrac{1}{2}R$,$C_1=C_2=C$,$C_3=2C$。

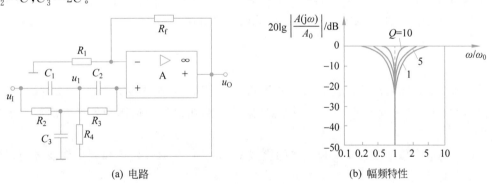

(a) 电路   (b) 幅频特性

图 7.5.11 带阻滤波器

可以写出下列方程:

$$\frac{u_1(s)-u_1(s)}{\frac{1}{sC}}=\frac{u_1(s)-u_O(s)}{\frac{R}{2}}+\frac{u_1(s)-u_+(s)}{\frac{1}{sC}}$$

$$\frac{u_1(s) - u_2(s)}{R} = \frac{u_2(s)}{\dfrac{1}{2sC}} + \frac{u_2(s) - u_+(s)}{R}$$

$$\frac{u_1(s) - u_+(s)}{\dfrac{1}{sC}} = \frac{u_+(s) - u_2(s)}{R}$$

$$u_O(s) = \left(1 + \frac{R_f}{R_1}\right) u_+(s)$$

在上面的方程中，$u_+(s)$ 为运算放大器同相端的电位。求解以上方程组，可得

$$A(s) = \frac{1 + (sRC)^2}{1 + 2(2 - A_0)sRC + (sRC)^2} A_0 \tag{7.5.15}$$

式中，$A_0 = 1 + \dfrac{R_f}{R_1}$ 为同相放大器的增益。

将式(7.5.15)中的 s 换成 $j\omega$，并设 $\omega_0 = \dfrac{1}{RC}$，电路的品质因数 $Q = \dfrac{1}{2(2 - A_0)}$，可得

$$A(j\omega) = \frac{A_0 \left[1 - \left(\dfrac{\omega}{\omega_0}\right)^2\right]}{1 - \left(\dfrac{\omega}{\omega_0}\right)^2 + j\dfrac{\omega}{\omega_0 Q}} \tag{7.5.16}$$

根据式(7.5.16)可以写出相应的对数幅频特性，并画出带阻有源滤波器的幅频特性曲线，如图 7.5.11(b)所示。

在式(7.5.16)中，当 $\omega = \omega_0$ 时，$|A(j\omega)|$ 最小，等于零。ω_0 称为带阻滤波器的中心角频率或特征角频率。其中心频率或特征频率 $f_0 = 1/2\pi RC$。仿照带通滤波器的方法，也可以求出带阻滤波器的截止频率和带宽，此处不再赘述。

小结

(1) 集成运放可以构成比例运算电路、加法运算电路、减法运算电路、积分电路、微分电路、对数和反对数运算电路等多种电路，这些电路在信号的运算和处理方面起着重要作用。

(2) 集成模拟乘法器是一种重要的模拟集成电路，在信号处理和频率变换方面得到了广泛的应用。

(3) 有源滤波器保留有用频段的信号，衰减无用频段的信号，可以抑制噪声和干扰信号，达到选频的目的。在实际使用时，应根据具体情况选择低通、高通、带通或带阻滤波器，并确定滤波器的具体形式。

习题

7.1 电路如题图 7.1 所示，试写出各输出电压 u_O 的值。

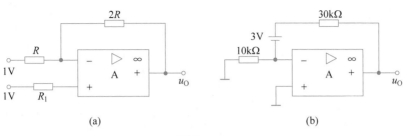

(a)   (b)

题图 7.1

7.2 对于如题图 7.2 所示的电路,试写出输出电压 u_O 与输入电流 i_1 和 i_2 之间的关系式。

7.3 电路如题图 7.3 所示,已知 $R_1=R_2=R_3=R_4=100\mathrm{k}\Omega,R_5=2\mathrm{k}\Omega$,试求电路的电压放大倍数 $A=\dfrac{u_O}{u_1}$,并确定电阻 R 的值。

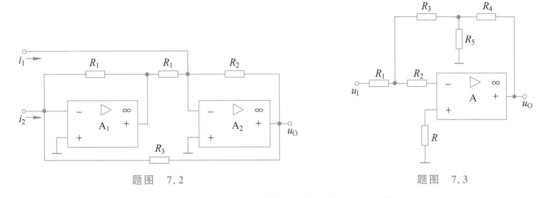 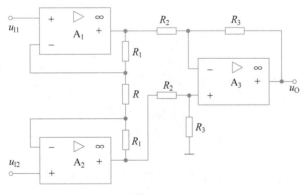

题图 7.2   题图 7.3

7.4 典型的三运放测量电路如题图 7.4 所示,试求输出电压 u_O 与输入电压 u_{I1}、u_{I2} 之间的关系。

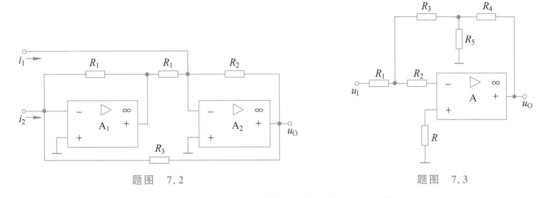

题图 7.4

7.5 在如题图 7.5(a)所示电路中,$R_1=10\mathrm{k}\Omega,R_2=51\mathrm{k}\Omega$,双向稳压管的稳压值 $U_Z=\pm12\mathrm{V}$,请说出该电路的功能。如果输入信号的波形如题图 7.5(b)所示,试画出输

出信号 u_O 的波形。

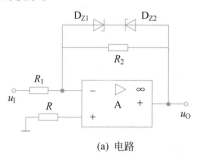 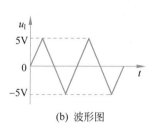

(a) 电路   (b) 波形图

题图 7.5

7.6 电路如题图 7.6 所示,已知 $R_1 = 50\text{k}\Omega$,$R_2 = 80\text{k}\Omega$,$R_3 = 60\text{k}\Omega$,$R_4 = 40\text{k}\Omega$,$R_5 = 100\text{k}\Omega$,试求:

(1) $A_1 = \dfrac{u_{O1}}{u_1}$ (2) $A = \dfrac{u_O}{u_1}$

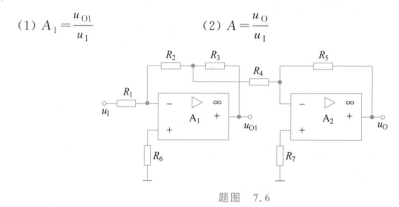

题图 7.6

7.7 单端输入、双端输出的运放放大电路如题图 7.7 所示,试写出输出电压 u_O 的表达式。

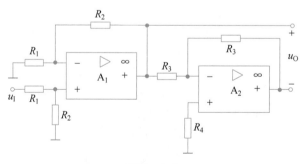

题图 7.7

7.8 运放放大电路如题图 7.8 所示,试求电路的输出电压 u_O。

7.9 运放组成的放大电路如题图 7.9 所示。

(1) 指出 A_1、A_2 和 A_3 各组成什么电路。

(2) 写出电压 u_{O1}、u_{O2} 和 u_O 的表达式。

7.10 运放组成的放大电路如题图 7.10 所示,已知输出电压 $u_O = 6u_{I3} - 3(u_{I1} +$

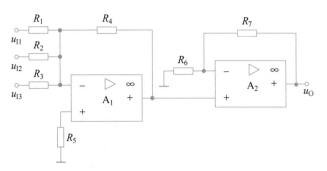

题图 7.8

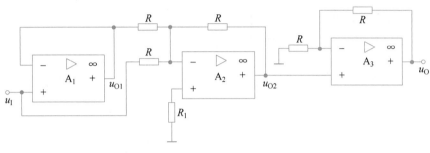

题图 7.9

u_{12}),$R_4=120\text{k}\Omega$,试确定电阻 R_1、R_2、R_3 和 R_5 的值。

7.11 运放组成的积分电路如题图 7.11 所示。$R=20\text{k}\Omega$,$C=10\mu\text{F}$。电容上的初始电压为零。如果输入电压 u_1 突加 1V 的直流电压,试求:

(1) 1s 后的输出电压值。

(2) 电压 u_O 变到 -8V 要用多少时间?

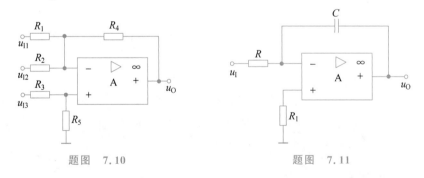

题图 7.10   题图 7.11

7.12 运放组成的积分电路如题图 7.12(a)所示,电容上的初始电压为零,输入电压 u_1 的波形如题图 7.12(b)所示,试画出输出电压 u_O 的波形。

7.13 运放组成的积分电路如题图 7.13 所示,电容上的初始电压为零。若运放 A、稳压管 D_Z 和二极管 D 均为理想器件,稳压管的稳压值 $U_Z=6\text{V}$,二极管的导通压降为零。时间 $t=0$ 时,开关 S 在 1 的位置。当 $t=2\text{s}$ 后,开关打到 2 的位置。试求:

(1) $t=2\text{s}$ 时,输出电压 u_O 的值。

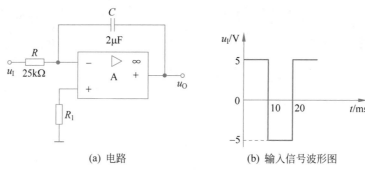

(a) 电路　　　　　(b) 输入信号波形图

题图　7.12

（2）输出电压 u_O 再次过零的时间。

（3）输出电压 u_O 达到稳压值的时间。

（4）画出输出电压 u_O 的波形。

7.14　运放组成的积分电路如题图 7.14 所示。若运放 A 为理想器件，试写出输出电压 u_O 的表达式。

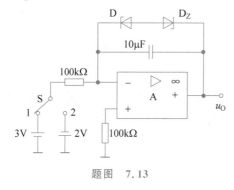

题图　7.13

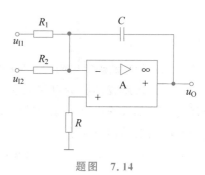

题图　7.14

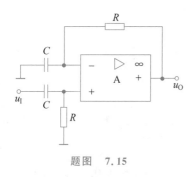

题图　7.15

7.15　运放组成的微分电路电路如题图 7.15 所示，试写出输出电压 u_O 的表达式。

7.16　比例积分电路如题图 7.16(a) 所示。$R = R_1 = 100\text{k}\Omega$，$R_2 = 50\text{k}\Omega$，$C = 0.5\mu\text{F}$，电容的初始电压为零。输入电压 u_1 的波形如题图 7.16(b) 所示。画出输出电压 u_O 的波形。

7.17　在如题图 7.17 所示的电路中，输入电压 $u_1 < 0$，PNP 型的 BJT 集电极电流 $i_C \approx I_S e^{-u_{BE}/U_T}$，试写出输出电压 u_O 的表达式。

7.18　运放和模拟乘法器组成的电路如题图 7.18 所示，乘法器的比例因子为 K，试写出输出电压 u_O 的表达式。

7.19　运放和模拟乘法器组成的电路如题图 7.19 所示，电容上的初始电压为零，乘法器的比例因子均为 K，试写出输出电压 u_O 的表达式。

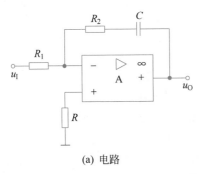
(a) 电路

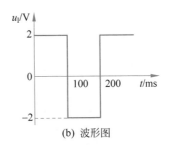
(b) 波形图

题图 7.16

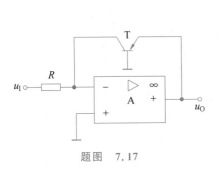

题图 7.17

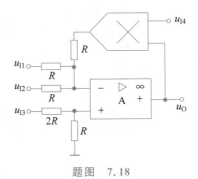

题图 7.18

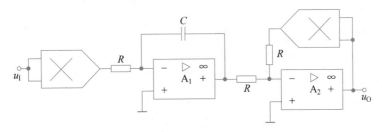

题图 7.19

7.20 试回答下列几种情况应选择哪种类型的滤波电路。

（1）有用信号的频率为 70Hz。

（2）有用信号的频率低于 300Hz。

（3）希望抑制 50Hz 的交流电源干扰。

（4）希望抑制 2kHz 以下的信号。

第8章

波形产生与变换电路

内容提要：

在测量、控制、通信等领域中，常常需要正弦波信号，在数字系统和自动控制系统中也常常需要方波、三角波、锯齿波等非正弦波信号。本章首先介绍正弦波振荡器的原理，在此基础上探讨三种类型正弦波振荡电路，然后介绍波形变换电路中常用的电压比较器，最后讨论了非正弦波信号产生电路。

学习目标：

1. 理解正弦波振荡电路的振荡条件、工作原理与分析方法。
2. 掌握各种正弦波振荡电路的电路结构、工作原理和参数计算方法。
3. 掌握电压比较器的工作原理、特性与使用方法。
4. 理解非正弦波信号产生电路的结构和原理。

重点内容：

1. 正弦波振荡电路组成和振荡条件。
2. 各种正弦波振荡电路的选频特性与参数计算。
3. 电压比较器的特性。

8.1 正弦波振荡器的基本原理

前面几章讨论了各种类型的放大电路，它们的作用都是将输入信号进行放大。从能量的观点看，这些放大电路是在输入信号的控制下，将直流电能转换成按照输入信号规律变化的交变电能，输出信号受输入信号的控制。在电子电路和系统中，经常还需要另外一种电路。它们不依靠外加输入信号控制，就能够自动将直流电能转换成周期性变化的交变电能，这类电路称为自激振荡电路或振荡电路。振荡电路通常都是作为周期性的信号源对电子电路或系统进行激励，如正弦波信号源、脉冲信号源、三角波信号源等。本章将讨论这些信号是如何产生的，以及相应电路的工作原理和电路结构。

8.1.1 产生正弦波自激振荡的条件

在第 6 章中已经讨论过，负反馈放大电路由于附加相移的影响，在满足一定的条件下将会产生自激振荡，对放大电路的正常工作来说这是不利的，应当避免。本节讨论的问题正是利用自激振荡原理组成正弦波产生电路，使电路在没有输入信号的情况下，也能输出正弦波。这种按自激振荡原理构成的信号产生电路，常称为振荡器。输出正弦波信号的振荡器称为正弦波振荡器，也称为正弦波信号发生器。第 6 章所讨论的放大电路中的自激振荡和正弦波振荡器中的自激振荡从物理本质上看是一致的。只不过一个对信号放大不利，应该避免；一个对产生正弦波振荡有利，应该加以利用。下面讨论正弦波振荡器的振荡条件。

图 8.1.1 是自激振荡原理方框图，其中 $\dot{A}$ 是放大电路的放大倍数，$\dot{F}$ 是正反馈网络的反馈系数。若给放大电路输入一个正弦波信号 $\dot{X}_{\mathrm{d}}$，则输出信号 $\dot{X}_{\circ} =$

图 8.1.1　自激振荡原理方框图

$\dot{A}\dot{X}_{\mathrm{d}}$，经反馈环节反馈回来的信号 $\dot{X}_{\mathrm{f}}=\dot{F}\dot{X}_{\mathrm{o}}=\dot{F}\dot{A}\dot{X}_{\mathrm{d}}$。

当产生自激振荡时，电路没有输入信号，仍有输出信号。也就是说，在 $\dot{X}_{\mathrm{i}}=0$ 时，反馈电压 $\dot{X}_{\mathrm{f}}$ 和净输入电压 $\dot{X}_{\mathrm{d}}$ 的幅度和相位都相等，即 $\dot{X}_{\mathrm{f}}$ 代替了 $\dot{X}_{\mathrm{d}}$，在输出端继续保持原有的输出 $\dot{X}_{\mathrm{o}}$，也就是自激振荡。因此，可得

$$\dot{X}_{\mathrm{f}}=\dot{F}\dot{A}\dot{X}_{\mathrm{d}}=\dot{X}_{\mathrm{d}}$$

由此可知，产生自激振荡的条件是

$$\dot{A}\dot{F}=1 \tag{8.1.1}$$

式中，$\dot{A}=A\angle\varphi_{\mathrm{A}}$，$\dot{F}=F\angle\varphi_{\mathrm{F}}$，因此可将式(8.1.1)写成幅值和相角的形式为

$$\dot{A}\dot{F}=AF\angle(\varphi_{\mathrm{A}}+\varphi_{\mathrm{F}})=1$$

于是自激振荡的条件可分别用幅值平衡条件和相位平衡条件表示为下列两式：

$$AF=1 \tag{8.1.2}$$

$$\varphi_{\mathrm{A}}+\varphi_{\mathrm{F}}=2n\pi \quad (n \text{ 为整数}) \tag{8.1.3}$$

式(8.1.2)表明，当正弦信号 $\dot{X}_{\mathrm{d}}$ 通过反馈回路后，反馈信号 $\dot{X}_{\mathrm{f}}$ 的幅值必须等于 $\dot{X}_{\mathrm{d}}$ 的幅值；式(8.1.3)表明，放大电路的相移与反馈网络的相移之和等于 $2n\pi$，即电路为正反馈。

对于正弦波振荡器来说，只可能在一个频率下满足相位平衡条件，这个频率就是振荡电路的振荡频率 f_0，这就要求在反馈回路中包含一个具有选频特性的网络，简称为选频网络。另一方面，幅值平衡条件是指振荡电路进入稳态后满足的条件，此时称为等幅振荡。若 $AF<1$，则振荡电路的输出越来越小，直至停振，称为减幅振荡；若 $AF>1$，则振荡电路的输出越来越大，称为增幅振荡。

8.1.2 正弦波振荡器的组成

前面讨论自激振荡的条件时，是假定先给放大电路加一个输入信号，但实际的振荡电路是没有外加激励信号的，那么，振荡的初始信号来自于哪里呢？振荡又是怎么建立起来的呢？

实际上，放大电路中一定存在噪声或干扰信号，例如，当振荡电路接通直流电源时，电路中就会产生电压或电流的瞬变过程，这些噪声或干扰信号包含有很宽的频率成分，其中必然包含振荡频率 f_0 的分量。经过选频网络后，只有 f_0 这一频率的分量满足相位平衡条件。此时若 $AF>1$，则电路开始增幅振荡，每经过一次反馈回路的循环，信号幅度便增大一次，输出电压逐渐增大，使得振荡建立起来。但信号的幅度不会无限地增大下去，当信号幅度增大到一定程度时，受电路中放大器件非线性的限制，输出波形会产生失真，经选频网络后，放大电路的输入也随之下降，失真有所改善，如此循环下去，振荡幅度便自动稳定下来，最后形成失真等幅振荡输出。从 $AF>1$ 到 $AF=1$，这是自激振荡建立的过程，该过程称为起振。因此，可以得到振荡电路的起振条件是

$$\begin{cases} AF > 1 \\ \varphi_A + \varphi_F = 2n\pi \ (n \text{ 为整数}) \end{cases}$$

上述过程是利用放大器件的非线性特性实现输出稳定,这种稳定幅度的方式称为**被动稳幅**。产生非线性失真显然是不好的,有时波形不够理想,因此,应避免放大器件进入非线性区工作。那么,如何使不断增大的振荡幅度能够自动稳定下来,而不至于引起非线性失真呢?解决办法是在反馈回路中设置专门的稳幅环节。也就是说,在刚开始工作时使 AF 大于 1,电路起振后,在放大器件没有进入非线性区之前,使 AF 随着振荡幅度的增大而自动减小,最后稳定在 AF 等于 1,这种稳定幅度的方式称为**主动稳幅**。

综上所述,一个完整的正弦波振荡器应由四部分组成,即放大电路、反馈网络、选频网络和稳幅环节。放大电路可以由 BJT、场效应管或集成运放等构成。选频网络可以是 RC 选频网络、LC 谐振回路或石英晶体;稳幅环节可以设置专门的稳幅电路,也可以利用放大器件的非线性特性起到稳幅作用;反馈网络可以是变压器分压电路,也可以是电感或电容分压电路,有时候反馈网络和选频网络也可以合二为一。

8.1.3 正弦波振荡电路的分析方法

1. 判定电路能否产生振荡

判断电路能否产生振荡可遵循以下流程:

(1)检查电路的基本组成,看电路中是否包括放大电路、反馈网络、选频网络和稳幅环节。

(2)检查放大电路的结构是否合理,静态偏置电路是否能保证放大电路正常工作。

(3)利用幅值平衡条件检查电路是否满足自激振荡条件。先判断电路是否能够起振,如果能够起振,是否会出现明显的非线性失真,是否具有稳幅环节,能够维持振荡。一般情况下,通过设置 A 的大小,幅值平衡条件很容易满足。在分析电路时往往较少考虑这个因素,重点检查电路是否满足相位平衡条件。

(4)用相位平衡条件判定电路能否振荡。一般采用瞬时极性法,针对反馈回路判别反馈的类型,如果是正反馈则满足相位条件,否则不满足相位条件。具体的判断步骤是:

① 确定放大电路和反馈网络两部分,断开反馈网络的输出端和放大电路的输入端的连线。

② 在断开点处给放大电路加一瞬时极性为正的输入信号,经放大电路和反馈回路逐级判定信号的瞬时极性,确定反馈信号的瞬时极性。

③ 根据反馈信号的瞬时极性或者计算 $\varphi_A + \varphi_F$ 是否等于 $2n\pi$(n 为整数),判断电路是否满足相位平衡条件。

2. 估算电路的振荡频率

针对不同的选频网络,电路的振荡频率有不同的分析方法和计算方法,下面结合选频网络及具体电路进行详细介绍。

8.2 RC 正弦波振荡电路

RC 正弦波振荡电路用以产生较低频率的正弦波信号,常用的 RC 正弦波振荡电路有桥式、移相式和双 T 式三种振荡电路。其中,RC 桥式正弦波振荡电路最为常用,又称为文氏电桥正弦波振荡电路。下面主要讨论 RC 桥式和 RC 移相式正弦波振荡电路。

8.2.1 RC 串并联网络的选频特性

图 8.2.1(a)是 RC 串并联选频网络。其中,R_1 和 C_1 串联的阻抗为 Z_1,R_2 和 C_2 并联的阻抗为 Z_2,$\dot{U}_o$ 和 $\dot{U}_f$ 分别是 RC 串并联网络的输入和输出信号。$\dot{U}_o$ 是来自放大电路的输出信号,$\dot{U}_f$ 作为放大电路的输入信号。由于存在两个电容,因此,选频网络的输出信号 $\dot{U}_f$ 必然与输入信号 $\dot{U}_o$ 的频率 f 有关。

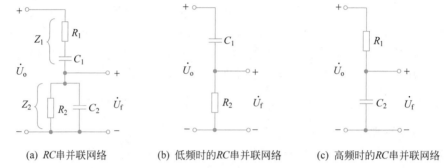

(a) RC 串并联网络　　(b) 低频时的RC串并联网络　　(c) 高频时的RC串并联网络

图 8.2.1　RC 桥式正弦波振荡电路的选频网络

假设 $\dot{U}_o$ 的频率 f 是连续变化的,当信号频率很低时,对于串联支路来说,有 $\dfrac{1}{\omega C_1} \gg R_1$,对于并联支路来说,有 $\dfrac{1}{\omega C_2} \gg R_2$,因此,$RC$ 串并联网络可简化为如图 8.2.1(b)所示。此时,$\dot{U}_f$ 超前 $\dot{U}_o$,当频率趋近于 0 时,相位超前趋近于 90°,且 $|\dot{U}_f|$ 趋近于 0。

当信号频率很高时,对于串联支路来说,有 $\dfrac{1}{\omega C_1} \ll R_1$,对于并联支路来说,有 $\dfrac{1}{\omega C_2} \ll R_2$,因此,$RC$ 串并联网络可简化为如图 8.2.1(c)所示。此时,$\dot{U}_f$ 滞后 $\dot{U}_o$,当频率趋近于无穷大时,相位滞后趋近于 $-90°$,且 $|\dot{U}_f|$ 趋近于 0。

由上述分析可知,当 RC 串并联网络输入信号 $\dot{U}_o$ 的频率 f 从低频到高频连续变化时,其输出信号 $\dot{U}_f$ 与输入信号 $\dot{U}_o$ 之间将产生一个从超前 90°到滞后 90°的连续变化信号。因此,对于 RC 串并联网络一定存在一个频率 f_0,使得 $\dot{U}_f$ 与 $\dot{U}_o$ 同相。

下面对 RC 串并联网络的频率响应进行定量分析,求出 RC 串并联网络的频率特性和 f_0。通常,选取 $R_1 = R_2 = R$,$C_1 = C_2 = C$。由电路基础知识可求得

$$Z_1 = R + \frac{1}{\mathrm{j}\omega C}$$

$$Z_2 = R \mathbin{/\mkern-5mu/} \frac{1}{\mathrm{j}\omega C} = \frac{R}{1 + \mathrm{j}\omega RC}$$

反馈网络的反馈系数 $\dot{F}$ 为

$$\dot{F} = \frac{\dot{U}_{\mathrm{f}}}{\dot{U}_{\mathrm{o}}} = \frac{Z_2}{Z_1 + Z_2} = \frac{\dfrac{R}{1 + \mathrm{j}\omega RC}}{R + \dfrac{1}{\mathrm{j}\omega C} + \dfrac{R}{1 + \mathrm{j}\omega RC}}$$

$$= \frac{1}{3 + \mathrm{j}\left(\omega RC - \dfrac{1}{\omega RC}\right)} \tag{8.2.1}$$

令 $\omega_0 = \dfrac{1}{RC}$，代入式(8.2.1)可得

$$\dot{F} = \frac{1}{3 + \mathrm{j}\left(\dfrac{\omega}{\omega_0} - \dfrac{\omega_0}{\omega}\right)} \tag{8.2.2}$$

由于 $\omega = 2\pi f, \omega_0 = 2\pi f_0$，故式(8.2.2)可转换为

$$\dot{F} = \frac{1}{3 + \mathrm{j}\left(\dfrac{f}{f_0} - \dfrac{f_0}{f}\right)} \tag{8.2.3}$$

由此可得 $\dot{F}$ 的幅频特性为

$$|\dot{F}| = \frac{1}{\sqrt{3^2 + \left(\dfrac{f}{f_0} - \dfrac{f_0}{f}\right)^2}} \tag{8.2.4}$$

$\dot{F}$ 的相频特性为

$$\varphi_{\mathrm{F}} = -\arctan \frac{\dfrac{f}{f_0} - \dfrac{f_0}{f}}{3} \tag{8.2.5}$$

根据式(8.2.4)和式(8.2.5)分别画出 RC 串并联网络的幅频特性和相频特性，如图 8.2.2 所示。从图 8.2.2 中可见，当给选频网络加入幅值一定而频率可调的输入电压时，在 $f = f_0 = \dfrac{1}{2\pi RC}$ 处，$|\dot{F}|$ 达到最大值，同时 $\dot{U}_{\mathrm{f}}$ 和 $\dot{U}_{\mathrm{o}}$ 同相，即

$$F = \frac{1}{3} \tag{8.2.6}$$

$$\varphi_{\mathrm{F}} = 0° \tag{8.2.7}$$

正是利用 RC 串并联网络这一选频特性，构成了 RC 桥式振荡电路。

8.2.2 RC 桥式振荡电路的工作原理

图 8.2.3 是由集成运放与 RC 串并联网络组成的 RC 桥式正弦波振荡电路，放大电路是由集成运放构成的同相比例放大电路，R_{f} 和 R_1 支路引入电压串联负反馈，放大倍数 $A_{\mathrm{f}} = 1 + \dfrac{R_{\mathrm{f}}}{R_1}$。$RC$ 串并联网络在电路中作为正反馈通道并同时具有选频作用。由

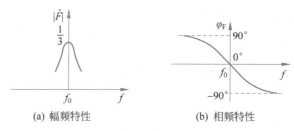

(a) 幅频特性　　　　　　　(b) 相频特性

图 8.2.2　RC 串并联选频网络的频率特性

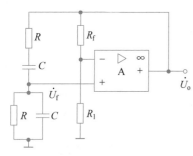

图 8.2.3　RC 桥式正弦波振荡电路

图 8.2.3 可见，串并联网络中的 RC 串联支路和 RC 并联支路以及负反馈支路中的 R_f 和 R_1 正好组成一个电桥的四个臂，因此，这种电路又称为文氏电桥振荡电路。

电路工作时，放大电路的输入信号 $\dot{U}_f$ 和输出信号 $\dot{U}_o$ 同相，即 $\varphi_A = 0°$；当振荡频率 $f = f_0 = \dfrac{1}{2\pi RC}$ 时，RC 串并联网络的输出信号 $\dot{U}_f$ 与输入信号 $\dot{U}_o$ 同相，即 $\varphi_F = 0°$，因此，$\varphi_A + \varphi_F = 0°$，满足自激振荡的相位平衡条件。当 $f = f_0 = \dfrac{1}{2\pi RC}$ 时，RC 串并联网络的反馈系数 $F = \dfrac{1}{3}$。为了保证满足起振条件，应使 $AF > 1$，即有

$$A = A_f = 1 + \frac{R_f}{R_1} > 3 \tag{8.2.8}$$

由式(8.2.8)可知，调节 R_f 和 R_1 的大小可以很容易实现起振。另外，放大电路存在电压串联负反馈，能够提高输入电阻，从而减小对选频网络 RC 并联的影响；同时使输出电阻减小，提高带负载能力。电路的振荡频率为

$$f_0 = \frac{1}{2\pi RC} \tag{8.2.9}$$

但是，这个电路并没有解决好振幅自动稳定的问题。为了使电路起振，必须满足 $A > 3$，即 $R_f > 2R_1$，电路增幅振荡，输出幅度不断增大，这时电路是不可能满足幅值平衡条件的。当输出幅度受运放最大输出幅度的限制不再增大时，即运放进入非线性区，电路才能满足幅值平衡条件，因而此时输出波形将会产生非线性失真。为了减小非线性失真，应使 A 尽可能接近 3，但这将使电路起振条件的裕度很小，当工作条件稍有变化时就可能不起振。如果在放大电路的负反馈网络中采用非线性元器件，则在输出信号较小时确保 A 足够大就能够使电路很容易起振，并且随着输出信号增大，A 能逐渐变小，在运放进入非线性区之前使电路满足幅值平衡条件，实现振荡幅度的自动稳定，这样就可以获得稳定而又不失真的正弦波信号。

图 8.2.4 是利用热敏电阻稳幅的 RC 桥式正弦波振荡电路。可以看出，调节负反馈网络中电位器 R_2 滑动头的位置，使负反馈支路上下两部分的电阻比值略大于 $2:1$。电

路刚开始工作时,输出信号幅度很小,流过热敏电阻 R_t 的电流很小,R_t 的阻值较大,A_f 大于 3,电路开始起振。R_t 是具有负温度系数的热敏电阻,随着输出幅度不断增大,流过 热敏电阻 R_t 的电流也随之增大,R_t 的阻值减小,A_f 不断接近 3 并最终满足正弦波振荡 的幅值平衡条件,输出信号的幅度稳定下来。根据元件参数,可计算电路的振荡频率为

$$f_0 = \frac{1}{2\pi RC} = \frac{1}{2\pi \times 10^4 \times 10^{-7}} \approx 159\,(\text{Hz})$$

图 8.2.5 是一种利用二极管稳幅的 RC 桥式正弦波振荡电路。在该电路中,反馈电 阻由 R_{f1} 和 R_{f2} 串联组成,同时在电阻 R_{f2} 上还并联了两个二极管 D_1 和 D_2。开始起振 时,放大电路的电压放大倍数 $\left(1 + \dfrac{R_{f1} + R_{f2}}{R_1}\right)$ 略大于 3。由于起振过程中电阻 R_{f2} 上的压 降较小,所以,两个二极管都不导通。当振荡信号足够大时,R_{f2} 上的压降也较大,两个二 极管导通。当振荡幅度较小时,流过二极管的电流较小,二极管的等效电阻较大。随着 振荡幅度增大,流过二极管的电流增大,二极管的等效电阻减小,电压放大倍数趋近于 3, 输出信号的幅度稳定下来,起振过程结束,电路输出稳定的正弦信号。

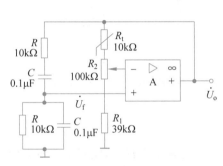

图 8.2.4　热敏电阻稳幅的正弦波振荡电路

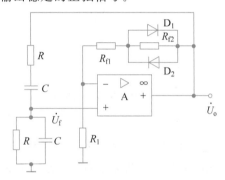

图 8.2.5　利用二极管稳幅的正弦波振荡电路

8.2.3　RC 移相式振荡电路

常见的 RC 振荡电路还有 RC 移相式振荡电路,如图 8.2.6 所示。这种电路由一个 反相放大电路和三级 RC 移相电路组成。放大电路输出信号与输入信号的相位差 $\varphi_A = 180°$,三级 RC 移相电路很容易产生 180° 的相移。这样就可满足正弦波振荡的相位平衡 条件。

图 8.2.6 中的电路是一种超前型移相式 RC 振荡电路。如果把移相网络中的电阻和 电容的位置对换一下,就成为滞后型移相式 RC 振荡电路。图 8.2.7 画出了超前型和滞 后型两种移相电路的阻容网络及其相频特性曲线。由于单级 RC 网络的最大相移不超 过 $\pm 90°$(当相移达到 $\pm 90°$ 时,其幅频特性曲线已下降为零),所以要达到 $\pm 180°$ 相移,至 少需要三级 RC 移相网络。

一般,为了计算方便,三级 RC 的电阻和电容参数都取相等。通过理论计算,可以求 出,当 $f = f_0 = \dfrac{1}{2\sqrt{6}\,\pi RC}$ 时,三级 RC 移相电路的总相移为 $\pm 180°$,此时 $\varphi_A + \varphi_F = 0°$,可

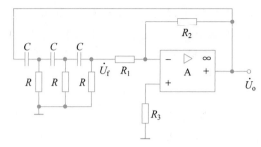

图 8.2.6　RC 移相式振荡电路

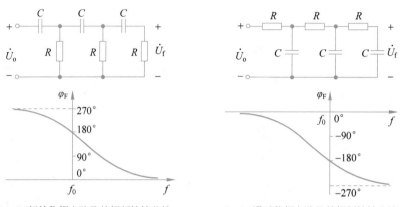

(a) RC超前移相电路及其相频特性曲线　　　　(b) RC滞后移相电路及其相频特性曲线

图 8.2.7　RC 移相电路及其相频特性曲线

以满足自激振荡所需的相位平衡条件。

　　RC 移相式振荡电路的优点是结构简单；缺点是选频作用较差，频率调节不方便，而且输出幅度不够稳定，输出波形较差。这种振荡电路一般用于振荡频率固定且频率稳定度要求不高的场合，其频率范围为几赫兹到几十千赫兹。

　　RC 振荡电路尽管结构不同，但它们都是依靠 RC 网络实现选频的，具有以下共同特点：

　　（1）RC 振荡电路结构简单，制作方便，经济可靠，而且利用双联电位器或双联电容很容易实现振荡频率调节。

　　（2）RC 正弦波振荡电路中的 RC 选频网络，选频特性较差，一般用于频率固定、且稳定性要求不高的场合。在电路工作中，应尽量使放大器件工作在线性区，故多采用负反馈的方法稳定幅值、改善输出波形。

　　（3）振荡电路的振荡频率都与 RC 的乘积成反比，如果需要的振荡频率较高，那么必然要求 R 和 C 的值较小，然而，当 R 减小一定程度时，电压负反馈放大电路的输出电阻将影响选频特性；当 C 减小到一定程度时，晶体管的极间电容及电路的分布电容将影响选频特性。此外，普通运放的频带较窄，也会限制振荡频率的提高。因此，RC 振荡电路的振荡频率较低，一般用来产生 1MHz 以下的信号。如果需要高频率的正弦波，常采用 LC 正弦波振荡电路。

8.3 LC 正弦波振荡电路

利用 LC 谐振回路具有的共振现象,把 LC 谐振回路作为选频网络并用于放大电路,通过正反馈环节形成自激振荡,从而产生正弦波,这就是 LC 正弦波振荡电路。LC 正弦波振荡电路的振荡频率与 L、C 乘积的平方根成反比,可以产生几百千赫兹至几百兆赫兹的正弦波信号。所以,LC 正弦波振荡电路适用于需要高频信号的场合。

LC 正弦波振荡电路是采用 LC 并联谐振回路作为选频网络,主要用于产生 1MHz 以上的高频信号。由于普通集成运放的频带较窄,所以,LC 正弦波振荡电路一般用分立元件组成,常采用具有宽频带特点的共基极放大电路。下面首先讨论 LC 并联谐振回路的选频特性。

8.3.1 LC 并联谐振回路的选频特性

图 8.3.1 所示是一个 LC 并联电路,R 表示电感和回路的总损耗电阻,其值一般很小,由电路知识可求得等效阻抗

$$Z = \frac{\dot{U}}{\dot{I}} = \frac{\dfrac{1}{j\omega C}(R + j\omega L)}{\dfrac{1}{j\omega C} + R + j\omega L} \qquad (8.3.1)$$

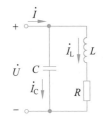

图 8.3.1 LC 并联谐振回路

式中,由于 $R \ll \omega L$,因此有

$$Z \approx \frac{\dfrac{1}{j\omega C}j\omega L}{\dfrac{1}{j\omega C} + R + j\omega L} = \frac{\dfrac{L}{C}}{R + j\left(\omega L - \dfrac{1}{\omega C}\right)} \qquad (8.3.2)$$

由式(8.3.2)可知,当虚部为零,即当 $\omega = \omega_0 = \dfrac{1}{\sqrt{LC}}$ 时,电压 $\dot{U}$ 与电流 $\dot{I}$ 同相,电路发生并联谐振,谐振频率为

$$f_0 = \frac{1}{2\pi\sqrt{LC}} \qquad (8.3.3)$$

谐振时,Z 呈纯电阻性质,且达到最大值,用 Z_0 表示,其表达式为

$$Z_0 = \frac{L}{RC} = Q\omega_0 L = \frac{Q}{\omega_0 C} = Q\sqrt{\frac{L}{C}} \qquad (8.3.4)$$

式中,

$$Q = \frac{\omega_0 L}{R} = \frac{1}{R\omega_0 C} = \frac{1}{R}\sqrt{\frac{L}{C}} \qquad (8.3.5)$$

Q 为谐振回路的品质因数,是 LC 电路的一项重要指标,一般谐振电路的 Q 值为几十到几百。谐振时,阻抗 Z_0 近似为感抗和容抗的 Q 倍。

根据式(8.3.2)可以画出不同 Q 值时 LC 并联电路阻抗的幅频特性和相频特性,如图 8.3.2 所示。可以看出,LC 并联回路具有良好的选频特性,Q 值越高,则幅频特性曲

线越尖锐,选频效果越好。

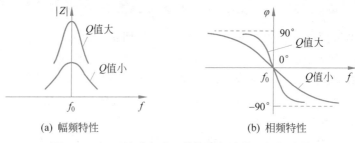

(a) 幅频特性 　　　　　(b) 相频特性

图 8.3.2　LC 并联电路阻抗的幅频特性和相频特性

　　如果将 LC 并联谐振回路作为共射放大电路的集电极负载,如图 8.3.3 所示,则该放大电路的电压放大倍数为

$$\dot{A}_{u}=-\frac{\beta Z}{r_{be}}$$

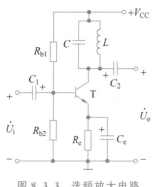

图 8.3.3　选频放大电路

　　放大倍数 $\dot{A}_{u}$ 的幅频特性与图 8.3.2 所示相似。当 $f=f_0$ 时,并联谐振回路的阻抗呈现出最大值,并且为纯电阻性,所以此时输出电压幅值最大,且无附加相移;而在其他频率信号时,集电极等效阻抗很小,输出电压幅度也很小,而且有附加相移。由于放大电路只对谐振频率 f_0 的信号有放大作用,所以这种电路称为选频放大电路。若在电路中引入正反馈,并使反馈信号取代输入信号,则电路就是 LC 正弦波振荡电路了。根据引入反馈方式的不同,LC 正弦波振荡电路分为变压器反馈式、电感三点式和电容三点式三种。

8.3.2　变压器反馈式 LC 振荡电路

　　图 8.3.4 是一种变压器反馈式 LC 振荡电路。它由放大电路、变压器反馈电路和选频网络三部分组成。放大电路接成共发射极组态,线圈 L_1 与电容 C 组成选频网络,变压器副边绕组是反馈网络,通过耦合电容 C_b 将信号反馈回 BJT 的基极。从图 8.3.4 中可以看出,静态时,可以设置合理的静态工作点使放大电路正常工作;振荡产生正弦波时,线圈 L_1 与电容 C 组成的选频网络工作在并联谐振状态,等效为一个电阻,即 BJT 的集电极负载电阻,放大电路实现了选频放大。

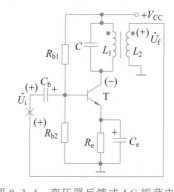

图 8.3.4　变压器反馈式 LC 振荡电路

　　下面采用瞬时极性法分析电路的相位平衡条件。假如从耦合电容 C_b 左侧断开,并从 BJT 基极加入瞬时极性为正的输入信号,则当输入信号的频率使 L_1C 选频网络谐振时,BJT 的集电极电压 $\dot{U}_c$ 相位反相,瞬时极性为负。根

据变压器绕组同名端的设置,反馈电压 $\dot{U}_f$ 与集电极电压 $\dot{U}_c$ 的相位相反,用(＋)表示,说明反馈信号 $\dot{U}_f$ 与从 BJT 基极所加输入信号的瞬时极性同相,构成正反馈,满足相位平衡条件。

满足相位平衡条件后,下面讨论起振与稳幅过程。为了满足起振条件 $AF>1$,一方面可以通过合理选择变压器一次和二次线圈的匝数比,获得较大的反馈电压 $\dot{U}_f$,从而得到一定的反馈系数 F;另一方面,可以通过合理选择 BJT 参数(电流放大系数 β、输入电阻 r_{be})、静态工作点,以及通过选择合适的 LC 并联谐振电路参数使谐振时的等效阻抗足够大,从而使放大倍数 A 足够大,这样就很容易做到 $AF>1$,从而满足自激振荡的起振条件。由此可见,当接通直流电源在集电极回路激起一个微小的电流变化时,则由于 LC 并联谐振电路的选频特性,其中频率等于 f_0 的分量可得到最大值,在变压器二次侧感应出反馈电压 $\dot{U}_f$,并满足相位平衡条件,再将之加到放大电路的输入端,形成了正反馈,从而建立起频率为 f_0 的增幅振荡。当振荡幅度增大到一定值时,晶体管进入非线性区后,放大倍数 A 下降,直至满足幅值平衡条件 $AF=1$,振荡稳定下来。可见,利用 BJT 的非线性特性,LC 振荡电路可以实现自动稳幅。

LC 振荡电路的振荡频率为

$$f_0 = \frac{1}{2\pi\sqrt{L'C}} \tag{8.3.6}$$

式中,L' 为变压器从一次侧看进去的等效电感。当品质因数 Q 比较大($Q\gg1$)时,振荡频率为

$$f_0 = \frac{1}{2\pi\sqrt{L_1 C}} \tag{8.3.7}$$

由于 LC 振荡电路的振荡频率很高,放大器件的带宽会影响振荡频率。考虑到共基极放大电路的特点是上限频率很高,因此,BJT 放大电路的组态也多用共基极接法,图 8.3.5 即为共基极接法的 LC 振荡电路。在该电路中,放大电路的输入信号从 BJT 的发射极加入,输出信号从集电极送出,基极为公共端。假如从耦合电容 C_e 处断开,并从 BJT 的发射极加入瞬时极性为正的信号,则当输入信号的频率使 $L_2 C$ 选频网络谐振时,BJT 的集电极电压 $\dot{U}_c$ 瞬时极性也为正,即 $\varphi_A=0°$。根据变压器绕组同名端的设置,副边绕组的抽头处 $\dot{U}_f$ 瞬时极性也为正,即

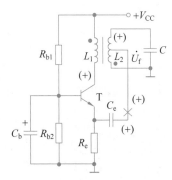

图 8.3.5 共基极接法的 LC 振荡电路

$\varphi_F=0°$,$\dot{U}_f$ 与所加输入信号的瞬时极性同相,构成正反馈,满足相位平衡条件,能够产生正弦波振荡。

8.3.3　三点式 *LC* 振荡电路

变压器反馈式 *LC* 振荡电路要使用变压器,其体积和重量都比较大,变压器铁芯易产生电磁干扰。而且,输出电压与反馈电压靠磁路耦合,如果耦合不紧密则损耗较大。所以,使用更多的 *LC* 振荡器是三点式 *LC* 振荡电路,其分为电感三点式 *LC* 振荡电路和电容三点式 *LC* 振荡电路两种。

1. 电感三点式 *LC* 振荡电路

图 8.3.6(a)所示是一种电感三点式 *LC* 振荡电路。其中,*LC* 并联回路的电感是一个电感线圈,中间有抽头,分为 L_1 和 L_2 两个线圈。从如图 8.3.6(b)所示的交流通路上看,电感线圈的三个端点分别与 BJT 的三个极相连,所以称为电感三点式 *LC* 振荡器。其中,$R_b = R_{b1}/\!/R_{b2}$。下面采用瞬时极性法分析该电路是否满足自激振荡的相位平衡条件。

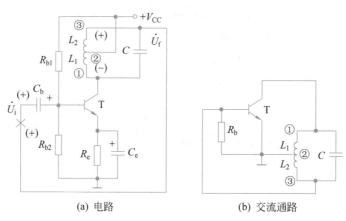

(a) 电路　　　　　　(b) 交流通路

图 8.3.6　共射极接法的电感三点式振荡电路

在图 8.3.6(a)中,在 C_b 处断开反馈回路,假设在放大电路的输入端加一瞬时极性为正的信号,则当输入信号的频率等于谐振频率 f_0 时,*LC* 并联谐振回路呈现纯阻性,因而放大电路的输出电压与输入电压反相,BJT 集电极电压 $\dot{U}_c$ 的瞬时极性为负,也就是 L_1

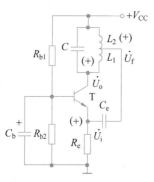

图 8.3.7　共基极接法的电感三点式
LC 振荡电路

的①端为负,②端为正。又因为 L_2 和 L_1 是同一线圈,其绕向一致,所以 L_2 的②端为负,③端为正,因此反馈电压 $\dot{U}_f$ 与集电极电压 $\dot{U}_c$ 的相位相反,瞬时极性为正,形成正反馈,满足相位平衡条件,电路可以产生正弦波振荡。

图 8.3.7 所示是共基极接法的电感三点式 *LC* 振荡电路。在电路中,放大电路接成共基极组态,$\varphi_A = 0°$。反馈线圈 L_2 是电感线圈的一段,通过它把反馈电压 $\dot{U}_f$ 送到放大电路的输入端,$\dot{U}_f$ 与集电极电压 $\dot{U}_o$ 同相,即 $\varphi_F = 0°$。因此,$\varphi_A + \varphi_F = 0°$,满足相位平衡条

件,电路也可以产生正弦波振荡。

在上述两个电路中,反馈电压的大小可通过改变抽头的位置来调整。当谐振回路的 Q 值比较大时,振荡频率基本上等于 LC 回路的谐振频率,考虑线圈 L_1 和 L_2 之间的互感 M,电感三点式振荡电路的振荡频率为

$$f_0 = \frac{1}{2\pi\sqrt{LC}} = \frac{1}{2\pi\sqrt{(L_1 + L_2 + 2M)C}} \tag{8.3.8}$$

电感三点式振荡电路的优点是:由于 L_1 和 L_2 两个线圈耦合紧密,因此电路很容易起振,并可以方便地改变电感线圈抽头位置来改善波形失真程度,另外,通常改变电容 C 可以很方便地调节振荡频率。其缺点是:由于电路反馈电压取自电感 L_2,而电感对高次谐波的阻抗较大,不能将高次谐波滤掉,因此,输出波形中含有较多的高次谐波分量,波形较差,且频率稳定度不高,常用在对波形要求不高的场合。这种电路一般用于产生几十兆赫兹的频率信号。

2. 电容三点式 LC 振荡电路

电容三点式 LC 振荡电路如图 8.3.8(a)所示,它的基本结构与电感三点式基本相同。从如图 8.3.8(b)所示的交流通路上看,BJT 的三个电极分别与电容 C_1 和 C_2 的三个端点相连,故称电容三点式 LC 振荡电路。下面采用瞬时极性法分析该电路是否满足自激振荡的相位平衡条件。

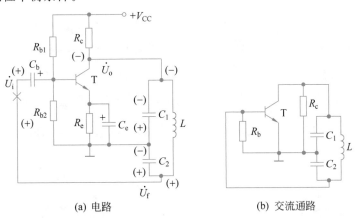

(a) 电路 (b) 交流通路

图 8.3.8 电容三点式 LC 振荡电路

在图 8.3.8(a)中,在 C_b 处断开反馈回路,假设在放大电路的输入端加一瞬时极性为正的信号,则当输入信号的频率等于谐振频率 f_0 时,LC 并联谐振回路呈现纯阻性,因而放大电路的输出电压与输入电压反相,BJT 集电极电压 $\dot{U}_c$ 的瞬时极性为负,也就是说,C_1 上两端电压为上(−)下(+),C_1 和 C_2 的公共端为零电位,C_2 上两端电压也为上(−)下(+)。因此反馈电压 $\dot{U}_f$ 与集电极电压 $\dot{U}_c$ 的相位相反,瞬时极性为正,形成正反馈,满足相位平衡条件,电路可以产生正弦波振荡。

在 LC 并联谐振回路中,电容 C 的大小由 C_1 和 C_2 的串联值决定。所以,电容三点式 LC 振荡电路的振荡频率为

$$f_0 = \frac{1}{2\pi\sqrt{LC}} = \frac{1}{2\pi\sqrt{L\dfrac{C_1 C_2}{C_1 + C_2}}} \tag{8.3.9}$$

由于 C_1 和 C_2 的容量可以选得较小,故振荡频率一般可达 100MHz。这种电路反馈电压取自电容 C_2 两端,而电容对高次谐波的阻抗较小,因此,反馈电压中的高次谐波分量很小,输出波形较好。但是,该电路调节振荡频率不太方便,通过改变电容的方法调节频率容易影响电路的起振条件,用改变电感的方式调节频率则比较困难。因此,为了便于调节频率,通常给电感 L 支路串联一个可变电容 C,如图 8.3.9 所示,此时的振荡频率为

$$f_0 = \frac{1}{2\pi\sqrt{LC}} = \frac{1}{2\pi\sqrt{L\dfrac{1}{\dfrac{1}{C} + \dfrac{1}{C_1} + \dfrac{1}{C_2}}}} \tag{8.3.10}$$

由式(8.3.10)可以看出,只要选择参数 $C_1 \gg C$,$C_2 \gg C$,则振荡频率可近似地化简为

$$f_0 = \frac{1}{2\pi\sqrt{LC}} \tag{8.3.11}$$

由式(8.3.11)可知,振荡频率 f_0 基本决定于电感 L 和电容 C,改变电容 C 即可调节振荡频率。

与电感三点式 LC 振荡电路一样,电容三点式 LC 振荡电路也可与共基放大电路配合使用,以提高振荡频率。图 8.3.10 所示为采用共基极放大电路的电容三点式振荡电路。其中,C_b 为旁路电容,对交流信号可视为短路。这时,由于放大电路输入信号 $\dot{U}_i$ 和输出信号 $\dot{U}_o$ 同相,$\dot{U}_o$ 经电容三点式网络,与从 C_1 上获得的反馈信号 $\dot{U}_f$ 同相,因此反馈信号 $\dot{U}_f$ 与输入信号 $\dot{U}_i$ 同相,电路满足相位平衡条件,可以产生正弦波振荡。

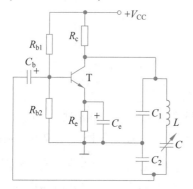

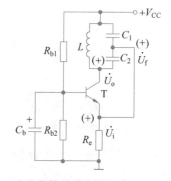

图 8.3.9 电容三点式改进电路 　　图 8.3.10 采用共基放大电路的电容三点式振荡电路

8.4 石英晶体振荡电路

在电子系统的实际运行中,不但要求信号源的输出幅度稳定,而且常常要求信号源

有稳定的振荡频率。频率的稳定度用振荡频率 f_0 附近的频率相对变化量来表示，即 $\Delta f/f_0$。$\Delta f/f_0$ 值越小，则频率稳定度越高。

由图 8.3.2 可知，Q 值越大，LC 并联电路的幅频特性曲线越尖锐，选频特性越好，频率的相对变化量越小，即频率稳定度越高。但一般的 LC 回路，Q 值最高可达到数百，其频率稳定度一般只能达到 10^{-4} 数量级，在要求频率稳定度较高的场合，往往满足不了需求。这时，可以采用石英晶体振荡电路。石英晶体振荡电路的突出特点是频率稳定性好，其频率稳定度可达 $10^{-10}\sim 10^{-11}$ 数量级。目前，石英晶体振荡电路已经得到了非常广泛的应用。

视频

8.4.1　石英晶体的基本特性

1. 石英晶体的压电效应

石英的化学成分是 SiO_2，是各向异性的结晶体。将石英晶体按不同方位角进行切割，可得到各种不同切型的晶体片，将切割成型的晶片两面涂上银层作为电极，焊接上引线，再装上外壳就构成了石英谐振器，其符号如图 8.4.1(a)所示。

石英晶体之所以能作为谐振器，是因为它具有压电效应。如果对晶片施加机械压力，则在其表面上会产生电荷，且电荷量与机械压力所产生的形变成正比；若外施张力，则电荷的极性相反，这种效应称为正压电效应。如果在晶片两个电极之间加上电场，则晶片将产生机械变形(延伸或压缩)，形变方向与外电场极性有关，形变大小与外加电场强度成正比，这种效应称为逆压电效应。

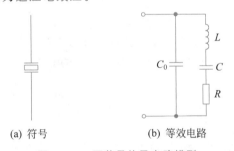

(a) 符号　　　　　　(b) 等效电路

图 8.4.1　石英晶体及电路模型

当在石英晶体两电极上加上交变电压时，石英晶体将产生机械振动，同时伴随着机械振动又会产生交变电场。这种机械振动的幅度一般较小，伴随产生的交变电场也较弱。但当外加交变电压的频率等于石英晶体的固有频率(它取决于晶体的几何尺寸和结构等)时，机械振动的幅度和伴随产生的交变电场的强度都将急剧增大，这种现象称为压电谐振。石英晶体谐振器就是基于这种压电谐振特性工作的。

2. 石英晶体的等效电路

石英晶体的等效电路如图 8.4.1(b)所示。其中，C_0 表示晶体不振动时两金属电极间的静电容，一般为几皮法至几十皮法；等效电感 L 用来模拟晶体机械振动的惯性，其值一般为 $10^{-3}\sim 10^2$ H；晶体的弹性用等效电容 C 来模拟，C 一般为 $10^{-4}\sim 10^{-1}$ pF，$C\ll C_0$；振动过程中的损耗用等效电阻 R 模拟，约为 100Ω。由于晶片的等效电感 L 很大,而等效电容 C 和等效电阻 R 比较小,因而品质因数 Q 值可高达上百万。因此,由石英晶体组成的振荡器具有很高的频率稳定度。

3. 石英晶体谐振频率

在如图 8.4.1(b)所示的等效电路中,损耗电阻 R 的值很小,可以忽略。当忽略 R 时,石英晶体等效的电抗 $\dot{X}$ 可以近似表示为

$$\dot{X} = \frac{\dfrac{1}{\mathrm{j}\omega C_0}\left(\mathrm{j}\omega L + \dfrac{1}{\mathrm{j}\omega C}\right)}{\dfrac{1}{\mathrm{j}\omega C_0} + \mathrm{j}\omega L + \dfrac{1}{\mathrm{j}\omega C}} = \frac{1 - \omega^2 LC}{\mathrm{j}\omega(C_0 + C - \omega^2 LCC_0)} \tag{8.4.1}$$

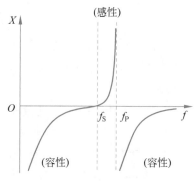

图 8.4.2 石英晶体的电抗频率响应曲线

根据式(8.4.1)可以画出石英晶体的电抗频率响应曲线,如图 8.4.2 所示。

当 L、C、R 支路发生串联谐振时,则 $X = 0$,即式(8.4.1)的分子为 0,可得

$$\omega_S = \frac{1}{\sqrt{LC}} \quad \text{或} \quad f_S = \frac{1}{2\pi\sqrt{LC}} \tag{8.4.2}$$

式中,f_S 称为石英晶体的串联谐振频率。从图 8.4.2 可以看出,当 $f = f_S$ 时,等效电路的电抗为零,实际上,L、C、R 支路发生串联谐振,呈电阻性,且阻值非常小。因 C_0 很小,其容抗很大,与很小的电阻并联,其作用可以忽略。

当频率 f 高于 f_S 时,L、C、R 支路呈感性,可与电容 C_0 发生并联谐振,从图 8.4.2 中可知,在等效电感最大时,即 $X = \infty$,则式(8.4.1)的分母为 0,可得

$$\omega_P = \frac{1}{\sqrt{L\dfrac{C_0 C}{C_0 + C}}} \quad \text{或} \quad f_P = \frac{1}{2\pi\sqrt{LC}}\sqrt{1 + \frac{C}{C_0}} = f_S\sqrt{1 + \frac{C}{C_0}} \tag{8.4.3}$$

式中,f_P 称为石英晶体的并联谐振频率。由于 $C \ll C_0$,因而 f_S 与 f_P 非常接近。由图 8.4.2 可见,当 $f_S < f < f_P$ 时,电路呈电感性,其余频率时呈电容性。在电感区内,曲线有很大的斜率,这将有利于稳定频率。电容区的电抗曲线变化缓慢,不利于稳频,因而晶体在振荡回路中通常作为电感使用。

8.4.2 石英晶体振荡电路

根据石英晶体在电路中的作用,石英晶体振荡电路分为两类:一类是并联型石英晶体振荡电路,将石英晶体作为电感组成振荡电路;另一类是串联型石英晶体振荡电路,利用石英晶体串联谐振时阻抗最小的特点组成振荡电路。

1. 并联型石英晶体振荡电路

石英晶体工作在 f_S 和 f_P 之间时,呈现电感性。利用这个特点,可以方便地构成电容三点式振荡电路。

图 8.4.3(a)是一并联型石英晶体振荡电路,其交流通路如图 8.4.3(b)所示。可以看出,此电路是电容三点式振荡电路。石英晶体必须工作在 f_S 和 f_P 之间,相当于一个很大的电感。此时电路的振荡频率为

$$f_0 = \frac{1}{2\pi\sqrt{L\dfrac{C(C_0+C')}{C+C_0+C'}}} \tag{8.4.4}$$

式中,$C' = \dfrac{C_1 C_2}{C_1+C_2}$,由于电容 $C \ll (C_0+C')$,所以电路振荡频率

$$f_0 \approx \frac{1}{2\pi\sqrt{LC}} = f_S \tag{8.4.5}$$

由式(8.4.5)可见,f_0 很接近石英晶体的固有频率 f_S,因此振荡频率的稳定度很高。

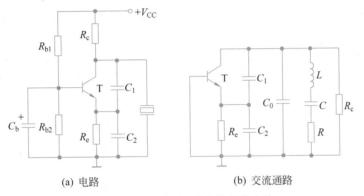

(a) 电路   (b) 交流通路

图 8.4.3 并联型石英晶体振荡电路

2. 串联型石英晶体振荡电路

图 8.4.4 所示为一串联型石英晶体振荡电路。第一级放大电路是共基组态,第二级放大电路是共集组态,石英晶体串联在正反馈回路中。当振荡频率等于晶体的串联谐振频率 f_S 时,石英晶体呈电阻性,而且阻抗最小,正反馈最强,相移为零,满足振荡的相位平衡条件,将会产生自激振荡。对于 f_S 以外的频率,石英晶体阻抗增大,且相移不为零,不满足振荡条件,电路不振荡。因此,石英晶体起到正反馈和选频的作用,其正弦波振荡频率为串联谐振频率 f_S。调

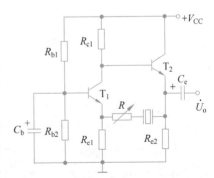

图 8.4.4 串联型石英晶体振荡电路

节电阻 R 可改变反馈信号的大小,以便达到幅值平衡条件,获得良好的正弦波。

8.5 电压比较器

电压比较器的功能是将输入信号与已知参考电压进行比较,并用输出电平的高、低来表示比较结果。它通常有两个输入端和一个输出端,一般情况下,一个输入端接固定

不变的参考电压,另一个是输入的电压信号,而输出用高电平和低电平两种状态描述。可见,电压比较器输入的是模拟信号,输出的则是数字性质的信号,因此常被用于模拟电路与数字电路的接口电路。电压比较器广泛应用于波形变换、自动控制和自动检测等方面。

集成运放具有很大的开环电压增益,当它工作在开环状态或正反馈状态时,其输出电压为正、负最大值,对应高、低电平。利用这一特点,可以构成电压比较器。常用的电压比较器有单门限比较器、迟滞比较器、窗口比较器等。

8.5.1 单门限比较器

如果比较器只有一个门限电压,则称为单门限比较器。

1. 过零比较器

图 8.5.1(a)所示的过零比较器是一种最简单的单门限比较器。被比较的模拟输入电压 u_I 由运放的反相输入端送入,运放的同相输入端接地,即参考电压 $U_{REF}=0$,因门限电平等于零,故称过零比较器。当 $u_I>0$ 时,运放输出为 $-U_{Om}$;当 $u_I<0$ 时,运放输出为 $+U_{Om}$。电路的电压传输特性如图 8.5.1(b)所示。这种比较器是一种反相过零比较器。

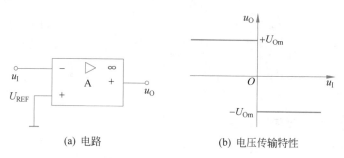

(a) 电路 (b) 电压传输特性

图 8.5.1　反相过零比较器

如图 8.5.2(a)所示,将运放的反相输入端接地,从同相输入端输入 u_I,则构成了同相过零比较器,其电压传输特性如图 8.5.2(b)所示。若过零比较器的输入信号是正弦波,则输出信号变换为方波,很容易就实现了从正弦波到方波的转换,如图 8.5.2(c)所示。

2. 单门限比较器

在过零比较器中,如果参考电压 U_{REF} 不等于零时,就构成了一般的单门限比较器,又称电平检测器。图 8.5.3(a)所示为一单门限比较器电路,参考电压 U_{REF} 从运放的同相输入端接入,输入电压 u_I 从反相端输入。

当 $u_I<U_{REF}$ 时,运放输出为 $+U_{Om}$;当 $u_I>U_{REF}$ 时,运放输出为 $-U_{Om}$。电路的电压传输特性如图 8.5.3(b)所示。上述电路为反相单门限比较器,同理,也可以将运放的反相端接参考电压 U_{REF},从同相端输入 u_I,即构成了同相单门限比较器,此处不再赘述。

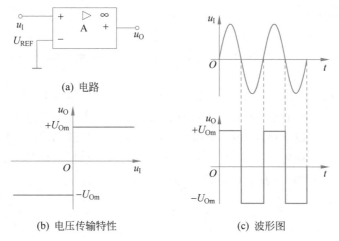

(a) 电路

(b) 电压传输特性　　　(c) 波形图

图 8.5.2　同相过零比较器

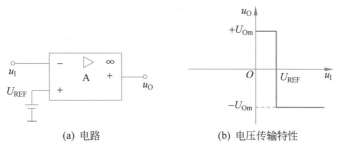

(a) 电路　　　　　　　(b) 电压传输特性

图 8.5.3　单门限比较器

3. 具有输出限幅的单门限比较器

前面所介绍比较器的输出电压大小由运放的正负最大输出电压决定,输出电压近似为正负电源电压。这样输出电平易受电源电压波动、运放饱和深度的影响,且输出电平不易改变。为了解决这些问题,可以在比较器中加入输出限幅电路。图 8.5.4(a)给出了一种在电路输出端加双向稳压管组成的输出限幅电路。

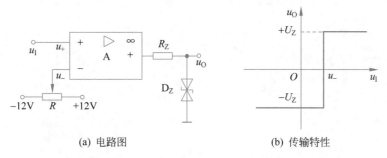

(a) 电路图　　　　　　　(b) 传输特性

图 8.5.4　利用双向稳压管限幅的比较器

在图 8.5.4(a)中,双向稳压管 D_Z 用于限幅,R_Z 为限流电阻。不管 D_Z 两端加的电压正负极性如何,总有一个二极管正向导通,另一个稳压管反向击穿。若二极管的导通

压降为 U_D,则输出电压 $u_O = \pm(U_Z + U_D)$。若 $U_Z \gg U_D$,则 U_D 可忽略,$u_O = \pm U_Z$。电位器的两端分别接到 $\pm 12V$ 电压上,其滑动端接到运放的反相端,从而可以得到可调的反相输入电压 u_-。u_- 的值既可为正,也可为负。图 8.5.4(b)为该电路的电压传输特性。

图 8.5.5(a)给出了另一种限幅电路。在电路中,假设稳压管 D_Z 截止,则集成运放必然工作在开环状态,输出电压为 $+U_{Om}$ 或 $-U_{Om}$;这样必然会导致稳压管击穿而工作在稳压状态,D_Z 构成负反馈通路,满足虚短,即 $u_+ = u_- = 0V$,R 为限流电阻,流过它的电流等于流过稳压管的电流,若忽略 U_D,则 $u_O = \pm U_Z$。由此可见,虽然图 8.5.5(a)中的电路引入了负反馈,但它仍然具有电压比较器的特征。图 8.5.5(b)为该电路的电压传输特性。

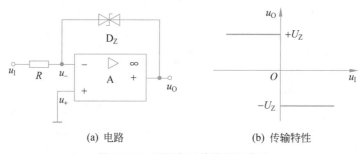

(a) 电路   (b) 传输特性

图 8.5.5 利用负反馈的限幅电路

8.5.2 迟滞比较器

单门限比较器具有电路简单、灵敏度高等优点,但其抗干扰能力差。在实际工作时,如果输入信号 u_I 在门限电平附近受到干扰信号影响时,则输出信号 u_O 将不断在高、低电平之间跳变,使比较器产生错误翻转,这在实际应用是不允许的。为了克服这一缺点,可采用抗干扰能力强的迟滞比较器。迟滞比较器又称施密特触发器。

1. 反相输入迟滞比较器

反相输入迟滞比较器电路如图 8.5.6(a)所示。

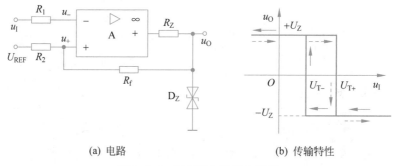

(a) 电路   (b) 传输特性

图 8.5.6 反相输入迟滞比较器

在图 8.5.6(a)中,输入信号 u_I 通过电阻 R_1 加到运放的反相输入端,而参考电压

U_{REF} 经 R_2 加到同相输入端,输出电压 u_O 经反馈电阻 R_f 引回到同相输入端,从而构成了正反馈。运放反相输入端电位等于 u_I,而同相输入端电位是由输出电压 u_O 和参考电压 U_{REF} 共同决定的。运放的输出端接一个由双向稳压管 D_Z 和限流电阻 R_Z 构成的双向限幅电路,其输出电压为 $\pm U_Z$。

这种比较器的特点是当输入信号 u_I 由小变大或由大变小时,门限电压不同。主要原因就在于同相输入端电位是由输出电压 u_O 和参考电压 U_{REF} 共同决定的。而 u_O 有两种可能的状态,即 $+U_Z$ 和 $-U_Z$。利用叠加原理可求得同相输入端的电位。

若 $u_O = +U_Z$,则同相输入端的电位为

$$U_{T+} = \frac{R_2}{R_2 + R_f}U_Z + \frac{R_f}{R_2 + R_f}U_{REF} \qquad (8.5.1)$$

U_{T+} 称为上门限电压。

若 $u_O = -U_Z$,则同相输入端的电位为

$$U_{T-} = -\frac{R_2}{R_2 + R_f}U_Z + \frac{R_f}{R_2 + R_f}U_{REF} \qquad (8.5.2)$$

U_{T-} 称为下门限电压。

上门限电压与下门限电压之差称为门限宽度或回差,用 ΔU_T 表示,由式(8.5.1)和式(8.5.2)可求得

$$\Delta U_T = U_{T+} - U_{T-} = \frac{2R_2}{R_2 + R_f}U_Z \qquad (8.5.3)$$

在输入电压 u_I 上升的过程中,如果初始输入信号 $u_I < U_{T-} < U_{T+}$,则输出电压 $u_O = +U_Z$,因而运放同相端的电位为 U_{T+}。输入电压 u_I 上升时,只要 $u_I < U_{T+}$,输出电压 u_O 就等于 $+U_Z$。当 u_I 上升到略大于 U_{T+} 时,输出电压 u_O 变为 $-U_Z$。与此同时,运放同相端的电位也变为 U_{T-} 了。输入电压 u_I 继续升高,输出电压 u_O 不再变化。图 8.5.6(b) 中虚线箭头表示了输入电压 u_I 上升的过程。

在输入电压 u_I 下降过程中,如果初始输入信号 $u_I > U_{T+}$,输出电压 $u_O = -U_Z$,则运放同相端的电位为 U_{T-}。当输入电压 u_I 下降时,只要 $u_I > U_{T-}$,输出电压 u_O 就等于 $-U_Z$。当 u_I 下降到略小于 U_{T-} 时,输出电压 u_O 变为 $+U_Z$。与此同时,运放同相端的电位也变为 U_{T+}。输入电压 u_I 继续下降,输出电压 u_O 不再变化。图 8.5.6(b) 中实线箭头表示了输入电压 u_I 下降的过程,从而得到该电路的电压传输特性。

【例 8.5.1】 已知电路如图 8.5.7(a)所示,已知 $R_2 = 10k\Omega$,$R_f = 20k\Omega$,稳压管的稳压值 $\pm U_Z = \pm 9V$,输入电压 u_I 的波形如图 8.5.7(b)所示,试完成:

(1) 画出比较器的电压传输特性;

(2) 画出输出电压 u_O 的波形。

解:(1) 图 8.5.7(a)中电路为反相输入迟滞比较器,由电路参数求得比较器的上门限电压和下门限电压为

$$U_{T+} = \frac{R_2}{R_2 + R_f}U_Z = 3(V)$$

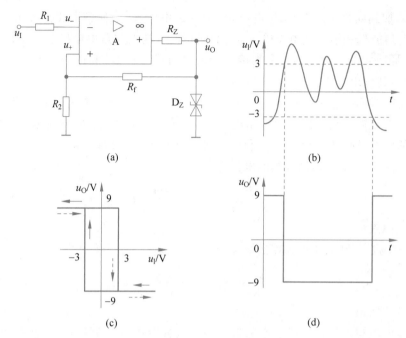

(a)

(b)

(c)

(d)

图 8.5.7　例 8.5.1 图

$$U_{T-}=-\frac{R_2}{R_2+R_f}U_Z=-3(\text{V})$$

因此,可画出比较器的电压传输特性如图 8.5.7(c)所示。

（2）输出电压 u_O 的波形如图 8.5.7(d)所示,其中,当输入电压 u_I 在 $-3\sim3\text{V}$ 变化时,u_O 保持不变,表现出一定的抗干扰能力。同时可以看出,回差电压越大,电路的抗干扰能力越强。

2. 同相输入迟滞比较器

同相输入迟滞比较器电路如图 8.5.8(a)所示。

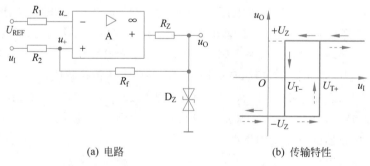

(a) 电路

(b) 传输特性

图 8.5.8　同相输入迟滞比较器

在图 8.5.8(a)中,同相输入迟滞比较器的参考电压 U_{REF} 由反相输入端加入,输入信号 u_I 由同相输入端加入,电阻 R_2 和 R_f 组成正反馈。根据参考电压 U_{REF}、电阻 R_2 和 R_f 以及 $\pm U_Z$ 的大小不同,得到的 U_{T+} 和 U_{T-} 的值也有所不同。

若 $u_O = -U_Z$，则同相输入端的电位为

$$u_+ = \frac{R_f}{R_2 + R_f} u_1 - \frac{R_2}{R_2 + R_f} U_Z \qquad (8.5.4)$$

当 $u_+ = U_{REF}$ 时，即

$$u_+ = \frac{R_f}{R_2 + R_f} u_1 - \frac{R_2}{R_2 + R_f} U_Z = U_{REF} \qquad (8.5.5)$$

求得此时 u_1 的值即为 U_{T+}，因此求得

$$U_{T+} = \frac{R_2}{R_f} U_Z + \frac{R_2 + R_f}{R_f} U_{REF} \qquad (8.5.6)$$

若 $u_O = +U_Z$，则同相输入端的电位为

$$u_+ = \frac{R_f}{R_2 + R_f} u_1 + \frac{R_2}{R_2 + R_f} U_Z \qquad (8.5.7)$$

当 $u_+ = U_{REF}$ 时，即

$$u_+ = \frac{R_f}{R_2 + R_f} u_1 + \frac{R_2}{R_2 + R_f} U_Z = U_{REF} \qquad (8.5.8)$$

求得此时 u_1 的值即为 U_{T-}，于是求得

$$U_{T-} = -\frac{R_2}{R_f} U_Z + \frac{R_2 + R_f}{R_f} U_{REF} \qquad (8.5.9)$$

同样，也可求出同相输入迟滞比较器的回差电压 ΔU_T。电路的电压传输特性如图 8.5.8(b)所示，图中虚线箭头和实线箭头分别表示出输入电压 u_1 的上升和下降过程。

【**例 8.5.2**】　已知电路如图 8.5.9(a)所示，已知 $R_2 = 10\text{k}\Omega$，$R_f = 20\text{k}\Omega$，稳压管的稳压值 $\pm U_Z = \pm 6\text{V}$，请画出比较器的电压传输特性。

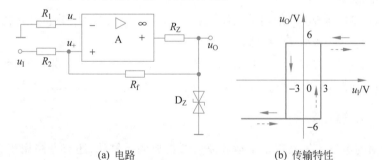

(a) 电路　　　　　　　　　(b) 传输特性

图 8.5.9　例 8.5.2 图

解：图 8.5.9(a)中电路为同相输入迟滞比较器，由电路参数可求得

$$U_{T+} = \frac{R_2}{R_f} U_Z = 3(\text{V})$$

$$U_{T-} = -\frac{R_2}{R_f} U_Z = -3(\text{V})$$

因此，可画出比较器的电压传输特性如图 8.5.9(b)所示。

迟滞比较器的主要特点是抗干扰能力强,在输入信号的上升和下降过程中,有两个不同的门限电压。当输入信号受干扰或噪声影响时,只要根据干扰或噪声大小适当调整两个门限电压 U_{T+} 和 U_{T-} 的值,就可以避免比较器的输出电压 u_O 在高、低电平之间来回跳变。

8.5.3 窗口比较器

在单门限比较器的基础上,可以将两个单门限比较器组合起来,构成窗口比较器,因为有两个门限电压,所以又称之为双门限比较器,这种电路常用来检测输入信号是否位于两个指定的门限(参考电平)之间。图 8.5.10(a)所示电路为一窗口比较器。其中,A_1 和 A_2 是两个单门限比较器,U_H 和 U_L 是它们的参考电压,且 $U_H > U_L$。当输入信号 u_I 在参考电压 U_L 和 U_H 之间时输出 u_O 为低电平,否则输出 u_O 为高电平。设 U_H、U_L 均大于零,则电路的电压传输特性如图 8.5.10(b)所示。

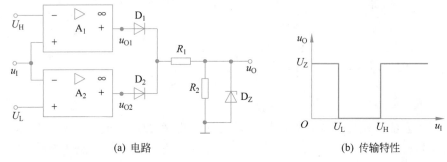

(a) 电路   (b) 传输特性

图 8.5.10 窗口比较器

电路工作原理如下:

当 $u_I < U_L$ 时,运放 A_1 的输出电压 $u_{O1} = -U_{Om}$,二极管 D_1 截止;运放 A_2 的输出电压 $u_{O2} = +U_{Om}$,二极管 D_2 导通,$u_O = U_Z$。

当 $U_L < u_I < U_H$ 时,$u_{O1} = -U_{Om}$,D_1 截止;$u_{O2} = -U_{Om}$,D_2 截止,$u_O = 0V$。

当 $u_I > U_H$ 时,$u_{O1} = +U_{Om}$,D_1 导通;$u_{O2} = -U_{Om}$,D_2 截止,$u_O = U_Z$。

8.5.4 集成电压比较器

以上介绍的电压比较器都是由运算放大器构成的。另外,还有专门用于完成电压比较功能的集成电压比较器。集成电压比较器的种类很多,下面介绍一种常用的集成电压比较器 LM339。

LM339 采用 DIP 封装,内部有四个独立的电压比较器,图 8.5.11 为器件引脚排列图。由于 LM339 使用灵活,应用广泛,所以,各大 IC 生产厂商竞相推出相似的比较器,如 IR2339、ANI339、SF339 等,它们的参数基本一致,可互换使用。

LM339 的主要特点是失调电压小,典型值为 2mV。它的电源电压范围宽,单电源电压为 2~36V,双电源电压为 ±1~±18V。每个比较器的输出端为集电极开路结构的 BJT,可以流入 20mA 的灌电流。

LM339 中的每个比较器都有两个输入端和一个输出端。当同相输入端电压高于反相输入端电压时,输出管截止,相当于输出端开路。当反相输入端电压高于同相输入端电压时,输出管饱和,相当于输出端接低电位。两个输入端电压差大于 10mV 就能确保输出从一种状态可靠地转换到另一种状态。

在使用时,集成电压比较器和运算放大器构成的比较器用法一样。一个输入端加一个固定电压作为参考电压,另一输入端加一个待比较的输入信号。输出端与正电源之间一般接一个上拉电阻,大小为 $3\sim15\mathrm{k}\Omega$。若需输出电压与比较器的电源电压不同,可通过上拉电阻接另一电源。

图 8.5.12 是使用 LM339 构成的单门限电压比较器。其中,比较器的负电源接地,正电源接 $+V_{\mathrm{CC1}}$,反相输入端接参考电压 U_{REF},同相输入端接输入信号 u_{I},输出端通过上拉电阻 R 接另一组电源 $+V_{\mathrm{CC2}}$。当 $u_{\mathrm{I}}>U_{\mathrm{REF}}$ 时,$u_{\mathrm{O}}=V_{\mathrm{CC2}}$,即输出为高电平;当 $u_{\mathrm{I}}<U_{\mathrm{REF}}$ 时,$u_{\mathrm{O}}\approx0\mathrm{V}$,即输出为低电平。

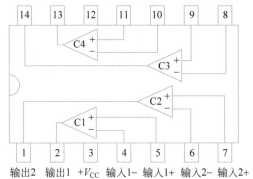

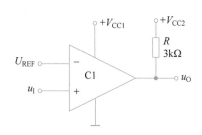

图 8.5.11 LM339 引脚排列图　　　图 8.5.12 使用 LM339 构成单门限比较器

8.6 非正弦波产生电路

在电子系统、自动控制系统等领域中,非正弦信号应用日益广泛,常用的有矩形波、三角波及锯齿波等。

8.6.1 方波发生器

1. 电路及其工作原理

图 8.6.1(a)是一种方波发生器电路,它实际上是由迟滞比较器加上 RC 环节构成的振荡电路。RC 环节除了反馈作用还有延迟作用,迟滞比较器通过 RC 充放电实现输出状态的自动转换。下面来分析该电路的工作原理。

如前所述,比较器的输出只有两个状态,即高电平 $+U_{\mathrm{Z}}$ 或低电平 $-U_{\mathrm{Z}}$。在接通电源的瞬间,电路中总是存在某些扰动,使得运放在正反馈的作用下立即输出 $+U_{\mathrm{Z}}$ 或 $-U_{\mathrm{Z}}$,且输出是随机的。设 $t=0$ 时刻,电容 C 的初始电压为 0,输出电压 $u_{\mathrm{O}}=+U_{\mathrm{Z}}$,则运放的同相端的电位即为迟滞比较器的上门限电压,由此求得

视频

$$U_{T+} = \frac{R_1}{R_1 + R_f} U_Z \tag{8.6.1}$$

在此期间($0 \sim t_1$),输出电压 u_O 将通过电阻 R 向电容 C 充电,使 u_C 按指数规律上升。当 u_C 上升到使运放反相端的电位略大于同相端的电位 U_{T+} 时,输出电压 u_O 发生翻转,由高电平 $+U_Z$ 跳变为低电平 $-U_Z$。与此同时,同相端的电位变为迟滞比较器的下门限电压,即

$$U_{T-} = -\frac{R_1}{R_1 + R_f} U_Z \tag{8.6.2}$$

在 $u_O = -U_Z$ 的作用下,电容 C 经 R 放电,u_C 下降。当 u_C 下降到使运放反相端的电位略低于同相端的电位 U_{T-} 时,比较器再次翻转,u_O 由 $-U_Z$ 跳变为 $+U_Z$($t = t_2$),同相端的电位又变为 U_{T+}。此后,电容又开始充电,如此往复循环,便形成振荡,在输出端得到一连串方波。u_O 和 u_C 的波形如图 8.6.1(b)所示。

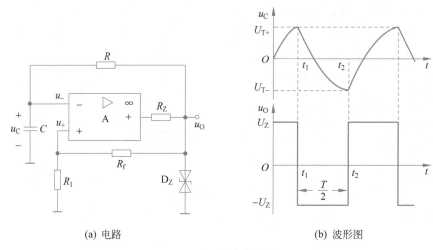

(a) 电路　　　　　　　　　　　　(b) 波形图

图 8.6.1　方波发生器

2. 主要参数计算

下面分析方波发生器电路的振荡周期 T 和频率 f。由电路的过渡过程方程可知,u_C 的变化规律为

$$u_C(t) = u_C(\infty) + [u_C(0_+) - u_C(\infty)] e^{-\frac{t}{\tau}} \tag{8.6.3}$$

式中,$u_C(0_+) = \dfrac{R_1}{R_1 + R_f} U_Z$,为选定起点 t_1 时刻的电容上的电压值;$u_C(\infty) = -U_Z$,为电容电压的最终稳态值;$\tau = RC$,为电容充、放电时间常数。当经过 $\dfrac{T}{2}$ 的时间后

$$u_C(t_2) = -U_Z + \left[\frac{R_1}{R_1 + R_f} U_Z + U_Z\right] e^{-\frac{T}{2RC}} = -\frac{R_1}{R_1 + R_f} U_Z \tag{8.6.4}$$

由此可得方波的周期为

$$T = 2RC\ln\left(1 + \frac{2R_1}{R_f}\right) \tag{8.6.5}$$

振荡频率为

$$f = \frac{1}{T} = \frac{1}{2RC\ln\left(1 + \dfrac{2R_1}{R_f}\right)} \tag{8.6.6}$$

由式(8.6.6)可知,振荡频率 f 与充、放电时间常数 RC 以及电阻 R_1、R_f 有关,而与稳压管的稳定电压 U_Z 无关。

如果使充、放电时间常数不相等,则电路的输出将是不对称的矩形波,图8.6.2(a)所示是一占空比可调的矩形波发生器。在图8.6.2(a)中,对电容充放电的电阻由二极管分成两路,并接入电位器 R_W 进行调节,故通过调节 R_W 的滑动端可以改变充、放电时间常数,从而调节输出波形的占空比。图8.6.2(b)所示是 R_W 的滑动端在中点以下某位置时的波形图,充电时间常数小于放电时间常数,请读者自行分析。

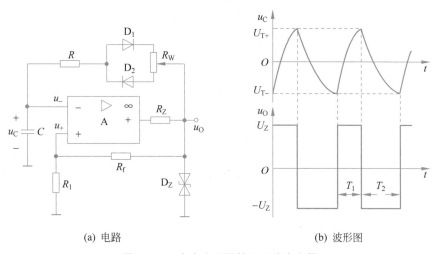

(a) 电路　　　　　　　　　　　(b) 波形图

图 8.6.2　占空比可调的矩形波发生器

【例8.6.1】　在如图8.6.2(a)所示的占空比可调的矩形波产生电路中,$C = 0.1\mu F$,$U_Z = 10V$,$R = 5k\Omega$,$R_1 = R_f = 20k\Omega$,$R_W = 50k\Omega$,试求输出电压 u_O 的周期 T 和占空比 q 的调节范围。

解:如图8.6.2(b)所示,输出电压 u_O 的周期为

$$T = T_1 + T_2 = (2R + R_W)C\ln\left(1 + \frac{2R_1}{R_f}\right)$$
$$= (2 \times 5 + 50) \times 10^3 \times 0.1 \times 10^{-6}\ln(1 + 2)$$
$$\approx 6.6\text{ms}$$

当 R_W 的滑动端在最上端时,T_1 的最大值为

$$T_{1\max} = (R + R_W)C\ln\left(1 + \frac{2R_1}{R_f}\right)$$

$$= (5 + 50) \times 10^3 \times 0.1 \times 10^{-6} \ln(1 + 2)$$

$$\approx 6.05 \text{ms}$$

故可求得占空比 q 的最大值为

$$q = \frac{T_{1\max}}{T} \times 100\% \approx 91.67\%$$

当 R_W 的滑动端在最下端时，T_1 的最小值为

$$T_{1\min} = RC \ln\left(1 + \frac{2R_1}{R_f}\right)$$

$$= 5 \times 10^3 \times 0.1 \times 10^{-6} \ln(1 + 2)$$

$$\approx 0.55 \text{ms}$$

故可求得占空比 q 的最小值为

$$q = \frac{T_{1\min}}{T} \times 100\% \approx 8.33\%$$

因此，占空比 q 的调节范围是$[8.33\%, 91.67\%]$。

8.6.2 三角波及锯齿波发生器

方波发生电路虽然也可在电容的两端输出近似的三角波，但三角波的线性度较差，原因是电容的充、放电电压按指数规律变化。在实际应用中，经常希望得到线性度较好的三角波，为此必须对电容器进行恒流充放电。图 8.6.3 就是为满足这一要求而设计的电路。其中，集成运放 A_1 构成同相输入的迟滞比较器，A_2 构成反相积分器，比较器的输出信号 u_{O1} 作为积分路的输入信号，积分器的输出信号 u_{O2} 又反馈到比较器的输入端，这样组成一个闭环。在第二级输入信号 u_{O1} 不变的情况下，积分电容 C 将恒流充电或放电。

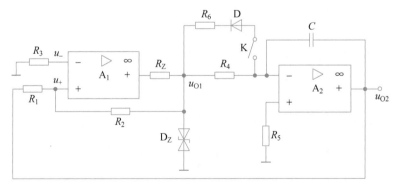

图 8.6.3 三角波发生器及锯齿波发生器

在图 8.6.3 中，由电阻 R_6、二极管 D 和开关 K 构成的支路用于产生锯齿波。现在首先认为开关 K 是打开的，这个支路不起作用。

电路进入稳定工作状态后,使用叠加原理可以求出运放 A_1 输出状态发生翻转时,同相输入端的电位为

$$u_+ = \frac{R_1}{R_1 + R_2} u_{O1} + \frac{R_2}{R_1 + R_2} u_{O2} \tag{8.6.7}$$

当 $u_{O1} = -U_Z$ 时,代入式(8.6.7),可求得使运放 A_1 输出状态发生翻转的电压为

$$u_{O2} = \frac{R_1}{R_2} U_Z = U_{T+}$$

当 $u_{O1} = U_Z$ 时,可求得使 A_1 输出发生翻转的电压为

$$u_{O2} = -\frac{R_1}{R_2} U_Z = U_{T-}$$

积分器 A_2 的输出电压为

$$u_{O2} = -\frac{1}{R_4 C} \int_0^t u_{O1} \, \mathrm{d}t + u_{O2}(0) \tag{8.6.8}$$

在电路正常工作时,设 $u_{O1} = U_Z$,积分器 A_2 对电压 U_Z 进行反向积分,u_{O2} 从 $\frac{R_1}{R_2} U_Z$ 开始线性下降。当 u_{O2} 略低于 $-\frac{R_1}{R_2} U_Z$ 时,u_{O1} 由 $+U_Z$ 跳变为 $-U_Z$,与此同时,积分器 A_2 对 $(-U_Z)$ 进行积分,使电压 u_{O2} 从 $-\frac{R_1}{R_2} U_Z$ 开始,线性上升。当升高到 $\frac{R_1}{R_2} U_Z$ 时,u_{O1} 从 $-U_Z$ 跳变为 $+U_Z$,积分器 A_2 又开始对电压 U_Z 进行积分。如此周而复始地变化,从而输出幅度为 $\pm \frac{R_1}{R_2} U_Z$ 的三角波,波形如图 8.6.4 所示,$T_1 = T_2$。

三角波发生器的振荡频率可通过积分器的输入/输出关系来确定。如图 8.6.4 所示,三角波从 0 上升到 $\frac{R_1}{R_2} U_Z$ 所需的时间是振荡周期的 $1/4$,此时 $u_{O1} = -U_Z$,因此有

$$\frac{R_1}{R_2} U_Z = -\frac{1}{R_4 C} \int_0^{T/4} u_{O1} \, \mathrm{d}t = \frac{T U_Z}{4 R_4 C} \tag{8.6.9}$$

由式(8.6.9)求得三角波发生器的振荡周期为

$$T = \frac{4 R_1 R_4 C}{R_2} \tag{8.6.10}$$

三角波发生器的振荡频率为

$$f = \frac{1}{T} = \frac{R_2}{4 R_1 R_4 C} \tag{8.6.11}$$

在图 8.6.3 中,如果开关 K 是闭合的,电阻 R_6、二极管 D 起作用。当比较器的输出 $u_{O1} = +U_Z$ 时,二极管 D 反偏,R_6 不起作用,积分时间常数为 $R_4 C$;当 u_{O1} 为 $-U_Z$ 时,二极管 D 正偏,R_6 起作用,积分时间常数近似为 $(R_4 /\!/ R_6) C$。这样,电容正、反向积分时间常数不一样,电路就会产生锯齿波,波形如图 8.6.5 所示,$T_1 \neq T_2$。

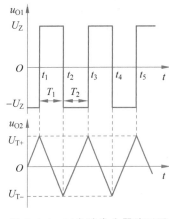

图 8.6.4　三角波发生器波形图

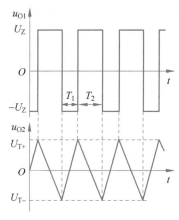

图 8.6.5　锯齿波发生器的波形

小结

（1）正弦波振荡电路由放大电路、反馈网络、选频网络和稳幅环节组成。产生振荡的幅值平衡条件是 $AF=1$，相位平衡条件是 $\varphi_A+\varphi_F=2n\pi$（$n$ 为整数）。判断电路是否产生振荡时，首先判断电路是否满足相位平衡条件，必要时再分析电路是否满足起振条件。

（2）正弦波振荡电路主要有 RC 振荡电路、LC 振荡电路和石英晶体振荡电路。RC 振荡电路主要用于中低频场合，又有桥式、移相式等不同结构类型；LC 振荡电路主要用于高频场合，有变压器反馈式、电感三点式、电容三点式等类型；石英晶体振荡电路是一种特殊类型的 LC 振荡电路，其特点是具有很高的频率稳定性。

（3）RC 桥式正弦波振荡电路的振荡频率是 $f_0=\dfrac{1}{2\pi RC}$；LC 振荡电路的振荡频率 $f_0=\dfrac{1}{2\pi\sqrt{LC}}$，$Q$ 值越大，电路的选频特性越好；石英晶体振荡电路有串联谐振频率 f_S 和并联谐振频率 f_P，且 $f_S\approx f_P$，在串联谐振时等效为电阻，并联谐振时等效为电感。

（4）比较器是一种能够比较两个模拟量大小的电路。由于集成运放的开环电压增益很高，所以，当集成运放工作在开环状态时，可以作为比较器使用。迟滞比较器具有回差特性，在信号处理电路中得到了广泛应用。

（5）在方波、锯齿波和三角波等非正弦波信号发生器中，运放一般工作在非线性状态，电路中没有选频网络。电路通常由积分器、反馈网络和比较器等环节组成，属于一种张弛振荡电路，在实际中也得到了广泛应用。

习题

8.1　试判断如题图 8.1 所示电路能否产生正弦波振荡，如果不能振荡，请加以改正，使其能够产生正弦波。

8.2　由两级放大电路构成的 RC 桥式振荡电路如题图 8.2 所示，已知 $R=15\text{k}\Omega$，

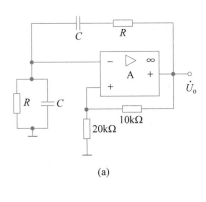

(a)

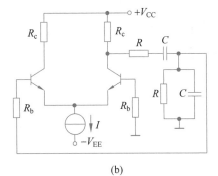

(b)

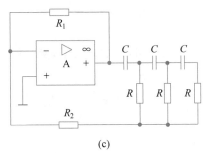

(c)

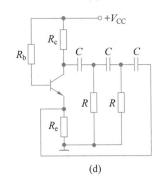

(d)

题图 8.1

$C=0.01\mu F, R_s=2k\Omega$。

（1）如果电路能够产生自激振荡，R_f 应取多大？

（2）电路的振荡频率是多少？

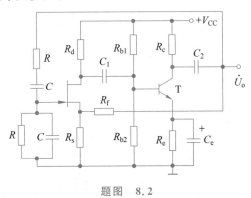

题图 8.2

8.3 由两级运放构成的电路如题图 8.3 所示。可以将由 A_1 组成的电路看成基本放大电路，把 A_2 组成的电路看成反馈网络。

（1）试求 $\dot{A}=\dfrac{\dot{U}_{o1}}{\dot{U}_o}$；

（2）试求 $\dot{F}=\dfrac{\dot{U}_o}{\dot{U}_{o1}}$；

（3）计算 $\dot{A}\dot{F}$，当满足什么条件时，电路可以满足正弦波振荡的幅值平衡条件和相位平衡条件？

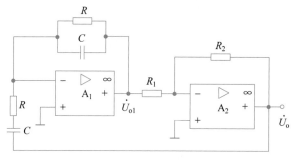

题图 8.3

8.4 判断如题图 8.4 所示电路能否振荡。如不能振荡，请加以改正，使其能够产生正弦振荡。

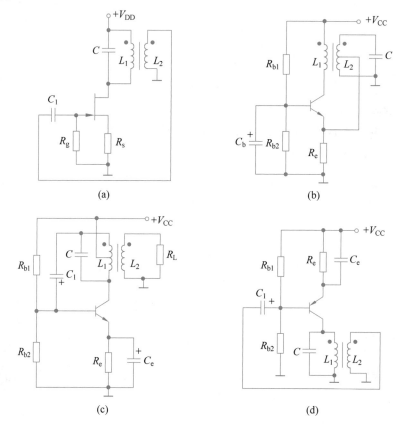

题图 8.4

8.5 变压器反馈式 LC 振荡器如题图 8.5 所示。

（1）标出变压器的同名端；

（2）已知 $L_2 = 4\mathrm{mH}, C_1 = 200\mathrm{pF}, C_2 = 10 \sim 30\mathrm{pF}$，试求电路的可调振荡频率范围。

8.6 已知如题图 8.6 所示的两个电路中 $L=0.4\text{mH}$，$C_1=C_2=25\text{pF}$。判断这两个电路能否产生正弦振荡，如能振荡，估计其振荡频率。

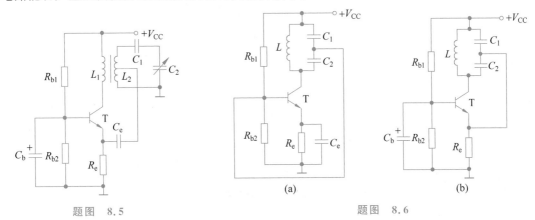

题图 8.5 题图 8.6

8.7 题图 8.7 所示是一种改进型的电容三点式振荡电路，C_b 很大，可视为交流短路。

（1）画出电路的交流通路；

（2）若 $C_3 \ll \dfrac{C_1 C_2}{C_1 + C_2}$ 时，写出振荡频率的近似表达式。

8.8 电路如题图 8.8 所示。

（1）简要说明该电路能够产生正弦振荡的理由；

（2）写出电路的振荡频率 f_0；

（3）当电阻 R_5 过大或过小时，将会出现什么现象？

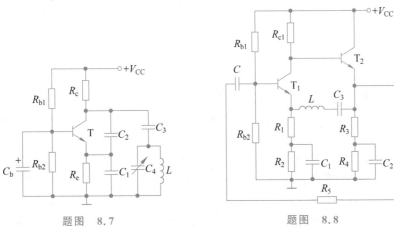

题图 8.7 题图 8.8

8.9 石英晶体振荡电路如题图 8.9 所示，电容 C_S 可以在小范围内微调晶体的谐振频率。

（1）试用相位平衡条件判定两个电路能否产生正弦振荡；

（2）如能振荡，晶体在电路中可以等效看成什么元件？

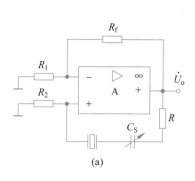

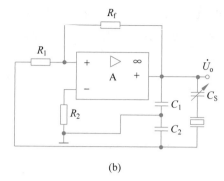

(a)   (b)

题图 8.9

8.10 场效应管和石英晶体组成的正弦振荡器如题图 8.10 所示,请画出正确的连线。在正弦振荡时,石英晶体可以等效为什么元件? 电路振荡频率 f_0 应在什么范围内?

8.11 电路如题图 8.11(a)所示,A_1 和 R、C 组成积分器,A_2 和 0.5V 的直流电压源组成比较器。$R=10\text{k}\Omega$,$C=0.1\mu\text{F}$。电容 C 的初始电压为 0,u_1 的幅度为 $\pm 2\text{V}$,波形如题图 8.11(b)所示。

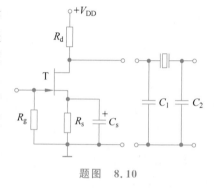

题图 8.10

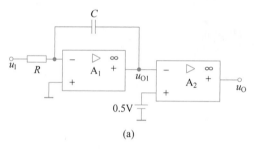

(a)   (b)

题图 8.11

(1) 当 $t=1\text{ms}$ 时,输出电压 u_{O1} 的值为多大?

(2) 如果 u_O 的最大电压幅值为 $\pm 12\text{V}$,画出电压 u_{O1} 和 u_O 的波形,并标出相应的数值。

8.12 一比较器电路如题图 8.12 所示,电阻 $R_1=R_2=1\text{k}\Omega$,稳压管的稳压值 U_Z 为 8V,其正向导通压降 U_D 为 0.7V。

(1) 计算电路输出电压发生翻转时的输入电压;

(2) 画出电路的电压传输特性。

8.13 画出题图 8.13 所示电路的电压传输特性。已知 $R_1=10\text{k}\Omega$,$R_2=20\text{k}\Omega$,$R_3=2\text{k}\Omega$,D_Z 的稳压值为 $\pm 6\text{V}$。

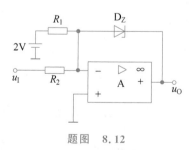

题图 8.12

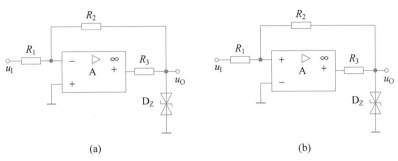

(a)　　　　　　　　　　　　(b)

题图 8.13

8.14　比较器电路如题图 8.14 所示。设稳压管 D_Z 的正向导通压降 $U_D = 0\text{V}$，其稳压值为 6V，$R_A = 6\text{k}\Omega$，$R_B = 4\text{k}\Omega$。

（1）画出电路的电压传输特性曲线；

（2）当调节 R_W，使 $\dfrac{R_A}{R_B}$ 的比值减小时，电压传输特性曲线有什么变化？

8.15　正负半周不对称的矩形波发生器的电路如题图 8.15 所示。若 D_Z 的稳压值为 $\pm U_Z$，写出输出信号高电平时间 T_1 和低电平时间 T_2 的表达式，计算周期 T（忽略 D_1 和 D_2 导通压降的影响）。

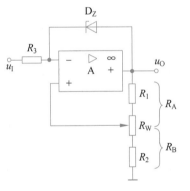　　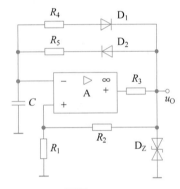

题图 8.14　　　　　　　　　题图 8.15

第 9 章

直流稳压电源

内容提要：

在前面介绍的电子电路及系统中,均需要稳定的直流电源供电,因此将实际应用中的交流电压转换为稳定的直流电压是非常重要的,也是模拟电子技术的核心内容之一。本章首先介绍直流稳压电源的组成,然后分别介绍各组成部分单元电路的结构与工作原理,重点讨论串联型稳压电路的工作原理与集成三端稳压器的应用,最后简要介绍了开关型稳压电路。

学习目标：

1. 理解直流稳压电源的组成和各部分的作用。
2. 掌握常用整流、滤波电路的工作原理与参数计算方法。
3. 理解串联型稳压电路的组成、工作原理,掌握参数计算方法。
4. 掌握集成三端稳压器的使用方法,能够设计简单的直流稳压电源。
5. 了解开关型稳压电路的结构及原理。

重点内容：

1. 常用整流、滤波电路的参数计算。
2. 串联型稳压电路的组成、工作原理、参数计算。
3. 集成三端稳压器的应用。

9.1 整流与滤波电路

大多数电子电路及系统,都需要直流电源供电。因此,需要将电力部门提供的50Hz、220V 的交流电转换为直流电。小功率直流电源一般由电源变压器、整流电路、滤波电路和稳压电路组成,其原理框图如图 9.1.1 所示。

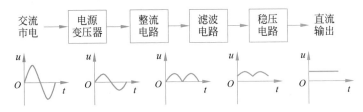

图 9.1.1 直流稳压电源框图

(1) 电源变压器：通常为降压变压器,在进行转换时,首先要使用变压器将 50Hz、220V 的交流电网电压变为几伏至几十伏的交流电压,副边电压的有效值取决于后面电路或电子设备的需要。

(2) 整流电路：利用电子元器件的单向导电性,将变压器副边交流电压变换为直流电压。但变换后的直流电压仍然含有较大的脉动成分,称为纹波。

(3) 滤波电路：通常由电容、电感储能元件组成,脉动的直流电压通过滤波电路后,纹波将会减小,得到比较平滑的直流电压。

(4) 稳压电路：使输出电压稳定,并克服电网波动及负载变化的影响。

9.1.1 单相整流电路

整流电路有单相整流和三相整流两种。三相整流用于大功率的场合,在电子电路中使用较少,这里主要介绍小功率单相整流电路。单相整流电路主要有单相半波整流、单相全波整流和单相桥式整流等。1.2.5节中介绍的二极管整流电路为单相半波整流。单相半波整流是将交流信号的正半周或负半周变换成单向脉动的直流信号,只有半波被利用,应用场合很少。单相全波整流将交流信号的正负半周都变成单向脉动的直流信号,下面进行详细分析。

1. 单相全波整流电路

单相全波整流电路由变压器 Tr、整流二极管 D_1、D_2 和负载电阻 R_L 组成。变压器 Tr 的副边绕组有一个中心抽头,如图 9.1.2 所示。

在正弦波的正半周,二极管 D_1 正向导通,D_2 反向截止,如图 9.1.2 中实线所示,电流 i_1 从变压器副边绕组的上端流出,经二极管 D_1,流过负载电阻 R_L,流回变压器副边绕组的中心抽头,输出电压 u_L 为正弦波的正半周;在正弦波的负半周,二极管 D_2 正向导通,D_1 反向截止,如图 9.1.2 中虚线所示,电流 i_2 从变压器副边绕组的下端流出,经二极管 D_2,流过负载电阻 R_L,流回变压器副边绕组的中心抽头,输出电压 u_L 也为正弦波的正半周。电流 i_1、i_2 和输出电压 u_L 的波形如图 9.1.3 所示。

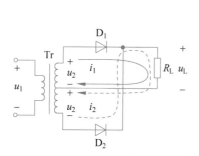

图 9.1.2　单相全波整流电路

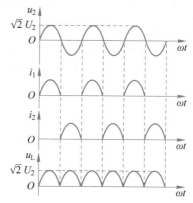

图 9.1.3　单相全波整流电路波形图

从图 9.1.3 中可以看出,输出信号 u_L 是一个全波脉动的直流信号。忽略二极管的正向导通压降和变压器内阻,在一个周期内,它的平均值为

$$U_L = \frac{1}{\pi}\int_0^{\pi}\sqrt{2}U_2\sin(\omega t)\mathrm{d}(\omega t) = \frac{2\sqrt{2}}{\pi}U_2 \approx 0.9U_2 \tag{9.1.1}$$

式中,U_2 是变压器副边电压 u_2 的有效值。负载电流 i_L 的平均值为

$$I_L = \frac{U_L}{R_L} = 0.9\frac{U_2}{R_L} \tag{9.1.2}$$

电流 i_1 和 i_2 分别在半个周期内流过二极管 D_1 和 D_2,故流过每个二极管的平均电流为

$$I_D = \frac{1}{2}I_L = 0.45\frac{U_2}{R_L} \qquad (9.1.3)$$

通过上述分析,当 D_1 导通时,D_2 截止;当 D_2 导通时,D_1 截止。截止时二极管承受的最大反向电压为

$$U_{RM} = 2\sqrt{2}U_2 \qquad (9.1.4)$$

通过比较输出电压波形可知,单相半波整流电路的输出电压平均值是单相全波整流电路的一半($0.45U_2$)。单相全波整流电路的优点是电源利用率高,但是对变压器和整流二极管要求较高。式(9.1.3)和式(9.1.4)是选择二极管的重要依据。

2. 单相桥式整流电路

单相桥式整流电路由变压器 Tr,整流二极管 D_1、D_2、D_3、D_4 和负载电阻 R_L 组成,是全波整流的另一种形式。四个整流二极管组成整流桥电路,如图 9.1.4(a)所示,图 9.1.4(b)是简化电路。

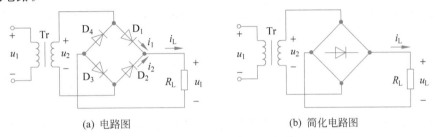

(a) 电路图　　　　　　　　　　(b) 简化电路图

图 9.1.4 单相桥式整流电路

如图 9.1.4(a)所示,在工作过程中,当输入信号为正弦波的正半周时,二极管 D_1、D_3 导通,D_2、D_4 截止。电流 i_1 由变压器副边绕组的上端经 D_1、负载电阻 R_L 和 D_3,流入变压器副边绕组的下端。电流 i_L 流过负载电阻 R_L 时,其方向是从上到下,输出电压 u_L 的极性是上正下负。

当输入信号为正弦波的负半周时,二极管 D_2、D_4 导通,D_1、D_3 截止。电流 i_2 由变压器副边绕组的下端经 D_2、负载电阻 R_L 和 D_4,流入变压器副边绕组的上端。电流 i_L 的方向也是从上到下,输出电压 u_L 的极性同样是上正下负。

由此可见,在负载电阻 R_L 上获得了具有单一极性的全波脉动直流信号,图 9.1.5 所示是单相桥式整流电路的波形图。

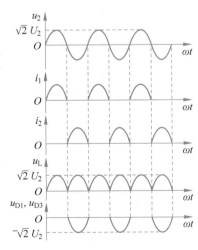

图 9.1.5 单相桥式整流电路的波形图

不难发现,单相桥式整流电路的输出电压平均值、负载电流平均值、流过每个二极管的电流平均值均与单相全波整流电路相同,可使用式(9.1.1)~式(9.1.3)计算。

由图 9.1.5 可以看出,二极管 D_2、D_4 导通时,D_1、D_3 截止。此时,D_1、D_3 承受的最大反向电压为

$$U_{RM} = \sqrt{2}U_2 \qquad (9.1.5)$$

综上分析可知,桥式整流电路变压器副边无需中

心抽头,但是多用了两个整流二极管;桥式整流电路中二极管承受的最大反向电压为 $\sqrt{2}U_2$,而全波整流电路中二极管承受的最大反向电压是其两倍。

除了上述电压、电流指标外,常用输出电压的脉动系数表征整流电路的性能,定量反映输出波形脉动的大小。脉动系数 S 定义为整流输出电压的基波峰值 U_{LAC1} 与输出电压平均值 U_L 之比,即

$$S = \frac{U_{LAC1}}{U_L} \tag{9.1.6}$$

将桥式整流电路的周期性输出电压波形采用傅里叶级数展开可得

$$u_L = \sqrt{2}U_2 \left[\frac{2}{\pi} - \frac{4}{3\pi}\cos(2\omega t) - \frac{4}{15\pi}\cos(4\omega t) - \cdots \right] \tag{9.1.7}$$

U_L 也就是上式中的直流分量,即 $U_L = \frac{2\sqrt{2}}{\pi}U_2$,与式(9.1.1)相同;$U_{LAC1}$ 是输出电压的基波峰值,即 $U_{LAC1} = \frac{4\sqrt{2}}{3\pi}U_2$。因此,桥式整流电路的输出电压脉动系数为

$$S = \frac{U_{LAC1}}{U_L} = \frac{\dfrac{4\sqrt{2}}{3\pi}U_2}{\dfrac{2\sqrt{2}}{\pi}U_2} \approx 0.67 \tag{9.1.8}$$

单相桥式整流电路的优点是输出电压大,纹波电压小,输出效率高,二极管承受的反向电压小,因此,这种电路得到了广泛的应用。目前,市场上已有多种型号的整流桥出售,可供选用。

3. 精密全波整流电路

在前面介绍的整流电路分析计算中,将二极管看成是理想二极管,忽略其管压降及等效电阻。在精度要求高的场合,二极管的死区电压和指数特性会严重影响转换精度。这时,可以利用运放的优良特性构成精密整流电路,将微弱的交流电压(过零处附近)准确转换成直流电压,从而克服上述缺点,提高转换精度。

图 9.1.6 是由运放和二极管、电阻构成的精密全波整流电路。对于图 9.1.6,首先分析虚线框中运放 A_1 组成的单元电路,当输入信号 $u_I > 0$ 时,二极管 D_1 反偏截止,由负反馈理论可知,$u_{O2} = -u_I$,此时二极管 D_2 导通,$u_{O1} = u_{O2} - 0.7V$;当输入信号的 $u_I < 0$ 时,二极管 D_1 导通,$u_{O1} = 0.7V$,此时二极管 D_2 反向截止,输出电压 $u_{O2} = 0V$,故

$$u_{O2} = \begin{cases} -u_I & u_I > 0 \\ 0 & u_I < 0 \end{cases}$$

再看运放 A_2 组成的反向加法运算电路,由电路可知

$$u_O = -(u_I + 2u_{O2})$$

所以,有

$$u_O = \begin{cases} u_I & u_I > 0 \\ -u_I & u_I < 0 \end{cases} \tag{9.1.9}$$

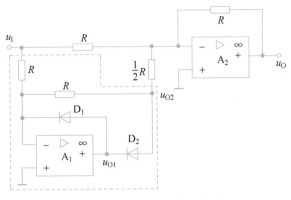

图 9.1.6 精密全波整流电路

从上述分析可以看出,电路的输出信号严格跟随输入信号变化,实现全波整流。需要说明的是,在 D_1 和 D_2 导通之前,运放处于开环状态,由于开环放大倍数比较大,因此,特别微小的净输入电压就会改变 D_1 和 D_2 的工作状态,从而达到精密整流的目的。

9.1.2 滤波电路

视频

经桥式整流后,输出电压中仍然含有较多的脉动成分,与理想的直流量还相差甚远。由式(9.1.8)也可看出,电路的电压脉动系数 S 依然较大。如果就用这个电压向电子电路供电,会引入严重的电源干扰,造成电路不能稳定工作。因此,必须在桥式整流电路之后加上滤波电路,使电压和电流的波形更加平滑。滤波电路有若干种,如电容滤波、电感滤波以及各种复式滤波电路,其中在电子电路中最常用的是电容滤波。

1. 电容滤波电路

图 9.1.7 所示是桥式整流、电容滤波、接电阻负载的电路。首先假设开关 K 是打开的,此时负载电阻 R_L 是开路的。忽略二极管导通时的压降,如果变压器副边的电压 u_2 大于电容上的电压 u_C,则二极管导通,对电容充电,u_C 上

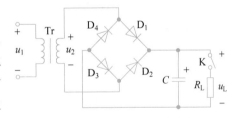

图 9.1.7 桥式整流电容滤波电路

升。如果电容电压 u_2 小于变压器副边电压 u_C,则二极管截止。由于电容 C 没有放电回路,电容电压 u_C 保持不变。变压器副边电压 u_2 的峰值为 $\sqrt{2}U_2$,因此,电容上的电压也是 $\sqrt{2}U_2$,波形如图 9.1.8(a)所示。

如果开关 K 是闭合的,则电路接入负载电阻 R_L。当变压器副边的电压 u_2 大于电容上的电压 u_C 时,二极管导通。电流从变压器副边流出,对电容充电,u_C 上升。充电回路的时间常数为 $(R_{INT}/\!/R_L)C$,其中,R_{INT} 是变压器和二极管的等效电阻,其阻值很小,只有欧姆数量级。

若变压器副边电压 u_2 小于电容上的电压 u_C,则二极管截止。电容 C 对负载电阻 R_L 放电,电容电压 u_C 下降。放电回路的时间常数为 $R_L C$。由于放电回路的时间常数

远大于充电回路的时间常数,因此,u_C(u_L)的脉动情况比没有电容时明显改善,其中的直流分量也有提高。

图 9.1.8(b)～(d)所示为桥式整流电容滤波电路接负载电阻时的工作波形。从图中可以看出,在理想情况下,忽略 R_{INT},输出电压波形如图 9.1.8(b)所示;如果考虑 R_{INT},则输出电压波形如图 9.1.8(c)所示,可见,输出电压 u_L 近似为一锯齿波。在波形的 bc 和 de 段,u_C 小于 u_2,电容充电;在波形的 ab 和 cd 段,u_C 大于 u_2,电容放电。图 9.1.8(d)是二极管导通时流过它的电流波形,由于 R_{INT} 很小,因此会有一个瞬时较大的冲击电流流过二极管。

通过以上分析可以看出,电容滤波电路有如下特点:

(1) 输出电压平均值 U_L 升高,输出电压中的纹波减小。这种变化的程度与放电时间常数 $R_L C$ 的大小有关,$R_L C$ 越大,U_L 越高,输出电压中的纹波越小。为了得到相对平滑的输出电压,工程上通常按经验公式计算,一般取放电时间常数为

$$\tau = R_L C \geqslant (3 \sim 5)\frac{T}{2} \tag{9.1.10}$$

式中,T 为电源交流电压的周期。

(2) 输出电压平均值 U_L 与负载电流平均值 I_L 之间的关系称为电容滤波电路的**外特性**或**输出特性**,特性曲线如图 9.1.9 所示。从图 9.1.9 中可以看出,当负载电流为零时(R_L 开路),U_L 等于电源电压的峰值 $\sqrt{2}U_2$;当电容 C 的大小一定时,输出电压随负载电流增大而减小;当负载电流一定时,输出电压随电容 C 的减小而减小;当电容 C 为零时,输出电压平均值 U_L 等于 $0.9U_2$。电容滤波电路的输出电压是一个近似为锯齿波的直流电压,很难准确计算其平均值,所以工程上常采用近似估算法,当满足式(9.1.10)时,输出电压平均值为

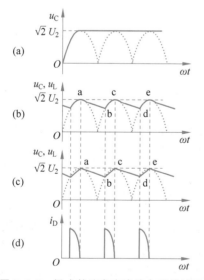

图 9.1.8 桥式整流电容滤波电路的波形

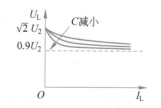

图 9.1.9 电容滤波电路的输出特性

$$U_{\mathrm{L}} = (1.1 \sim 1.2)U_2 \tag{9.1.11}$$

式(9.1.11)是估算电容滤波电路输出电压的常用公式,其系数大多取 1.2。

(3) 桥式整流电路接入电容滤波后,工作状况发生了变化。流过负载的电流平均值为

$$I_{\mathrm{L}} = \frac{U_{\mathrm{L}}}{R_{\mathrm{L}}} \approx 1.2 \frac{U_2}{R_{\mathrm{L}}} \tag{9.1.12}$$

流过二极管的电流平均值是负载电流平均值的一半,即

$$I_{\mathrm{D}} = \frac{U_{\mathrm{L}}}{2R_{\mathrm{L}}} \approx 0.6 \frac{U_2}{R_{\mathrm{L}}} \tag{9.1.13}$$

显然,与没有滤波电容时相比,流过二极管的平均电流增大了。然而,在一个周期内二极管导通的时间不再是半个周期,而是小于半个周期,所以,二极管导通时,就会有一个比较大的冲击电流,如图 9.1.8(d)所示。而且,放电时间常数越大,二极管的导通时间越短,冲击电流就越大,并可能导致二极管损坏,因此选择二极管时,其最大整流电流应留有一定的裕量。

综上所述,电容滤波电路的电路结构简单,输出电压平均值 U_{L} 较大,输出纹波小,但其带负载能力较差,因此,适合于对电源电压稳定性要求不高、输出电流较小的场合。

【例 9.1.1】　单相桥式整流电容滤波电路如图 9.1.7 所示(开关 K 闭合)。已知交流电源为 220V、50Hz,要求直流电压 $U_{\mathrm{L}} = 30$V,负载电阻 $R_{\mathrm{L}} = 600\Omega$,试求变压器副边电压 U_2 并选择整流二极管及滤波电容器。

解:(1) 计算变压器副边电压 U_2。

根据式(9.1.11),取 $U_{\mathrm{L}} = 1.2U_2$,求得

$$U_2 = \frac{U_{\mathrm{L}}}{1.2} = \frac{30}{1.2} = 25(\mathrm{V})$$

(2) 选择整流二极管。

流过二极管的平均电流为

$$I_{\mathrm{D}} = \frac{1}{2}I_{\mathrm{L}} = \frac{U_{\mathrm{L}}}{2R_{\mathrm{L}}} = \frac{30}{2 \times 600} = 25(\mathrm{mA})$$

二极管承受的最大反向电压为

$$U_{\mathrm{RM}} = \sqrt{2}U_2 \approx 35(\mathrm{V})$$

因此,可以选 2CZ51D 整流二极管(最大整流电流 $I_{\mathrm{F}} = 50$mA,最大反向工作电压 $U_{\mathrm{RM}} = 100$V)。

(3) 选择滤波电容器。

根据式(9.1.10),取 $R_{\mathrm{L}}C = 4 \times \dfrac{T}{2} = 0.04$s,从而求得

$$C = \frac{0.04}{R_{\mathrm{L}}} = \frac{0.04}{600} = 66.7(\mu\mathrm{F})$$

若考虑电网波动为 $\pm 10\%$,则电容器承受的最大电压为

$$U_{\mathrm{CM}} = \sqrt{2}U_2 \times 1.1 \approx 38.5(\mathrm{V})$$

故可选用标称值为 $68\mu\mathrm{F}/50\mathrm{V}$ 的电解电容器。

2. 电感滤波电路

当电路的负载电流较大时,可以使用电感滤波电路,如图 9.1.10 所示。在电路中,去掉了电容 C,增加了电感 L,电感 L 与负载电阻 R_L 是串联的。电感 L 本身具有抑制电流变化的特性,可以使负载电流保持稳定,并且输出特性下降比较缓慢。同时,它对直流分量的感抗很小,对高次谐波的感抗很大,可以减小负载电流中的纹波。

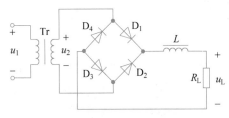

图 9.1.10 桥式整流电感滤波电路

由于电感 L 的反电动势阻碍电流变化,采用电感滤波后,延长了二极管的导通时间,因而电路的冲击电流减小,这对电路稳定工作是有利的。一般情况下,忽略电感 L 的直流电阻的压降,负载电阻 R_L 上的电压与纯电阻负载时相同,即 $U_L = 0.9U_2$。

电感滤波电路的缺点是需要使用带有铁芯的电感器,由于铁芯的存在,故其体积大、重量大,产生的电磁干扰大,一般适用于低电压、大电流的场合。

3. 其他滤波电路

对于单独使用电感滤波的电路,为了进一步减小负载电压中的纹波,电感后面可再接一电容而构成倒 L 型滤波电路,如图 9.1.11 所示。

在前面介绍的电容滤波电路中,较大的滤波电容会使通过二极管的冲击电流很大,可能损坏管子,而且电容滤波得到的输出电压往往含有一定的纹波。为了进一步减少负载电压或电流中的纹波成分,可采用如图 9.1.12 所示的 π 型滤波电路。图 9.1.12(a)是 RC-π 型滤波电路,C_1 滤波后仍然含有一定的交流分量(纹波),利用 R 和 C_2 组成的低通电路,使大部分交流分量降落在 R 两端,而 C_2 两端的交流分量较小,从而起到了滤波作用,而且 R 越大,滤波效果越好。但是,R 太大,将使 R 两端的直流压降增大,所以适用于负载电流较小的场合。如果负载电流较大时,可以用电感 L 代替电阻 R,从而组成了 LC-π 型滤波电路,如图 9.1.12(b)所示。由于电感 L 易于让直流通过,而对交流具有较大的电抗,所以可更有效地起到滤波作用。

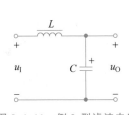

图 9.1.11 倒 L 型滤波电路

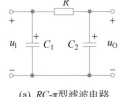

(a) RC-π型滤波电路

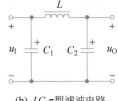

(b) LC-π型滤波电路

图 9.1.12 π 型滤波电路

视频

9.2 串联反馈型线性稳压电路

经过整流滤波以后的电压仍然含有较大的纹波成分,而且电路的输出电流也不够大,还需进一步稳压。常用的稳压电路有串联反馈型线性稳压电路、开关型稳压电路等。本节主要介绍串联反馈型线性稳压电路。

9.2.1 稳压电路的性能指标

稳压电路的主要技术参数有两类:一类是表征电路性能的参数,如输入电压、输出电压、输出电压调节范围、输出电流、最大输出电流等;另一类是表征电路质量的参数,包括稳压系数、输出电阻、温度系数和纹波电压等。这里主要介绍后一类参数。

1. 稳压系数 γ

稳压系数 γ 是指在输出电流 I_O 和温度 T 不变时,电路输出电压 U_O 相对变化量与输入电压 U_I 相对变化量之比,即

$$\gamma = \frac{\Delta U_O / U_O}{\Delta U_I / U_I}\bigg|_{\Delta I_O = 0,\,\Delta T = 0} \tag{9.2.1}$$

它的大小反映了电路对输入电压波动的抑制能力。显然, γ 越小,这种抑制能力就越强。

2. 输出电阻 R_O

输出电阻 R_O 是指在输入电压 U_I 和温度 T 不变时,输出电压的变化量 ΔU_O 与输出电流的变化量 ΔI_O 之比,即

$$R_O = \frac{\Delta U_O}{\Delta I_O}\bigg|_{\Delta U_I = 0,\,\Delta T = 0} \tag{9.2.2}$$

它表示电路对负载变化引起的输出电压波动的抑制能力。显然,输出电阻 R_O 越小,负载变化引起的输出电压的变化就越小。

3. 温度系数 S_T

温度系数 S_T 是指输入电压 U_I 和输出电流 I_O 不变时,输出电压的变化量与温度的变化量之比,即

$$S_T = \frac{\Delta U_O}{\Delta T}\bigg|_{\Delta U_I = 0,\,\Delta I_O = 0} \tag{9.2.3}$$

它反映由于温度变化引起的输出电压变化。显然, S_T 越小,输出电压受温度的影响越小。对于纹波电压大小的表征,可以用前面介绍的电压脉动系数 S 来表示。

9.2.2 串联反馈型线性稳压电路的工作原理

1. 基本调整管电路

在 1.2.6 节中讲到,使用稳压管可以实现稳压输出,其稳压电路结构简单,成本低,易于实现。但是,电路的输出电压不可调,输出电流受稳压电流的限制,带负载能力较差。对于如图 1.2.21 所示的稳压电路,输入电压 U_I 是经整流滤波后的电压,负载电流最大变化量等于稳压管的最大稳压电流与最小稳压电流之差($I_{Zmax} - I_{Zmin}$),因此,这种稳压电路只能用在输出电压固定和输出电流变化不大的场合。

为了扩大输出电流,提高带负载能力,最简单的方法是将稳压管稳压电路的输出电

流作为 BJT 的基极电流,而 BJT 的发射极电流作为负载电流,电路采用射极输出形式,如图 9.2.1(a)所示,常见画法如图 9.2.1(b)所示。其中,电路引入了电压负反馈,故能够稳定输出电压,其稳压原理如下:当电网电压波动引起输出电压 U_O 增大,或者因负载电阻增大引起 U_O 增大时,BJT 的发射极电位 U_E 升高,而稳压管两端电压基本不变,即 BJT 的基极电位 U_B 基本不变,故 BJT 的 $U_{BE}(U_{BE}=U_B-U_E)$ 减小,导致 $I_B(I_E)$ 减小,从而使 U_O 减小,因此可以保持 U_O 基本不变;反之,当输入电压 U_I 减小或负载电阻减小而引起 U_O 减小时,变化与上述过程相反。可见,BJT 的调节作用使 U_O 稳定,所以称 BJT 为调整管,称该电路为基本调整管电路。

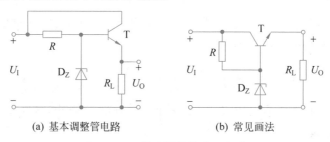

(a) 基本调整管电路　　　　　　(b) 常见画法

图 9.2.1　基本调整管稳压电路

由于稳压管稳压电路输出电流的最大变化量等于 $(I_{Zmax}-I_{Zmin})$,因而如图 9.2.1(a)所示电路负载电流的最大变化量为

$$\Delta I_{Omax}=(1+\beta)(I_{Zmax}-I_{Zmin}) \tag{9.2.4}$$

这也就大大提高了带负载能力。此时,电路的输出电压为 $U_O=U_Z-U_{BE}$。同时需要指出,要使调整管起到调整作用,必须使其工作在放大状态,因此其管压降应大于饱和压降 U_{CES},也就是说,电路应满足 $U_I \geqslant U_O+U_{CES}$。

因调整管与负载电阻串联,故称这类电路为串联型稳压电路。因调整管工作在线性区,故称这类电路为线性稳压电路。

2. 串联反馈型线性稳压电路

基本调整管电路大大提高了负载电流的调节范围,但输出电压仍然不可调,且输出电压因受 U_{BE} 的影响而稳定性较差。通常在基本调整管电路的基础上引入反馈放大环节,由此而构成的串联反馈型线性稳压电路是常用的稳压电路之一。

1)电路组成

如图 9.2.2 所示的串联型稳压电路的反馈环节,是由运放引入的电压串联负反馈放大电路。稳压管 D_Z 和限流电阻 R 构成基准电压电路,它获得基准电压 U_{REF};由 R_1、R_W 和 R_2 组成采样电路,它将输出电压提取出来获得反馈电压 U_F;运算放大器 A 称为比较放大环节,也称为误差放大器,它将反馈电压和基准电压之差放大后获得控制电压 U_B;调整管 T 实现对输出电压的调节。调整管、基准电压电路、采样电路和比较放大环节是串联反馈型稳压电路的基本组成部分。

2)稳压原理

在如图 9.2.2 所示的电路中,电压串联负反馈电路具有输出电阻小、输出电压稳定

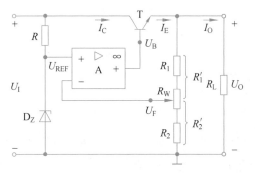

图 9.2.2　串联反馈型稳压电路

等特点,当电网电压或负载电阻发生变化使输出电压发生变化时,负反馈作用将使输出电压维持稳定,其过程可描述为:如果输出电压 U_O 发生了波动,将通过采样电阻反馈到比较放大环节的输入端,反馈电压 U_F 与基准电压 U_{REF} 比较后,产生差值电压,经过放大后,使输出电压 U_O 向相反的方向调整,并最终保持输出电压 U_O 稳定不变。

上述过程是一个闭环调节的过程,整个电路是一个满足深度负反馈条件的电压串联负反馈电路,因此能够大大改善输出波形质量,使输出电压稳定。

3) 输出电压及其可调范围

从图 9.2.2 可以看到,改变 R_W 滑动端的位置,也就是改变了 R_1'、R_2' 的大小。由深度负反馈电路的计算方法可得

$$U_{REF} = U_F = \frac{R_2'}{R_1 + R_W + R_2} U_O \tag{9.2.5}$$

故输出电压为

$$U_O = \frac{R_1 + R_W + R_2}{R_2'} U_{REF} \tag{9.2.6}$$

当 R_W 滑动到最上端位置时,可得输出电压最小值为

$$U_{Omin} = \frac{R_1 + R_W + R_2}{R_2 + R_W} U_{REF} \tag{9.2.7}$$

当 R_W 滑动到最下端位置时,可得输出电压最大值为

$$U_{Omax} = \frac{R_1 + R_W + R_2}{R_2} U_{REF} \tag{9.2.8}$$

4) 调整管的选择

在串联型稳压电路中,调整管是核心器件,一般为大功率管,它的安全工作是稳压电路正常工作的保证。调整管的选取原则主要考虑大功率管的三个极限参数 I_{CM}、$U_{(BR)CEO}$ 和 P_{CM}。调整管极限参数的确定必须考虑到电网电压波动以及输出电压的调节和负载电流的变化所产生的影响。由如图 9.2.2 所示的电路可知,如果忽略 R_1、R_W 与 R_2 所构成支路的电流,即 $I_C \approx I_E \approx I_O$,则调整管的极限参数必须满足

$$I_{CM} > I_{Omax} \tag{9.2.9}$$

$$U_{(BR)CEO} > U_{Imax} - U_{Omin} \tag{9.2.10}$$

$$P_{CM} > (U_{Imax} - U_{Omin})I_{Omax} \tag{9.2.11}$$

在以上三式中，I_{Omax} 是输出电流最大值，U_{Imax} 是输入电压最大值。

在串联型稳压电路中，流过调整管的电流基本等于输出的负载电流，当负载电流较大时，要求调整管有足够大的集电极电流，这时可以采用复合管代替单个三极管作为调整管。

5）保护电路

当负载电流过大或负载短路时，调整管会被烧坏，因此在稳压电路中通常加有自动保护电路。保护电路主要有过流保护、调整管安全工作区保护、过热保护等。这里只介绍一种常见的限流型过流保护电路。

如图 9.2.3(a)所示，电阻 R 和三极管 T_2 组成过流保护电路，在稳压电路正常工作时，输出电流不大，流过电阻 R 的电流在额定范围内，R 两端的电压小于 T_2 发射结的导通压降 U_{BE2}，T_2 截止，保护电路不影响稳压电路的正常工作。当稳压电路出现过载或短路时，I_O 增大，导致 R 两端电压增大而足以使 T_2 导通，此时比较放大环节的输出电流 I 不变，流过 T_2 管的电流 I_{C2} 使调整管基极电流 I_{B1} 减小，从而限制了输出电流 I_O 的增大。I_O 越大，T_2 管的导通程度越大，对调整管基极电流的分流作用越强，从而起到保护作用。稳压电路加入限流保护电路后的外特性如图 9.2.3(b)所示。可以看到，当限流保护电路工作后，流过调整管的电流近似等于最大电流 I_{Omax}，输出电压为 0 时，调整管集电极和发射极之间承受的电压最大，近似等于 U_I。R 的取值不同，调整管发射极的限定电流 I_{E1max} 将不同，I_{Omax} 也将不同，其表达式为

$$I_{Omax} \approx I_{E1max} \approx \frac{U_{BE2}}{R} \tag{9.2.12}$$

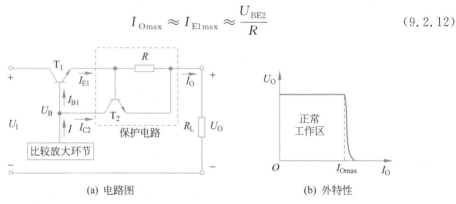

(a) 电路图　　　　　　　　　　(b) 外特性

图 9.2.3　限流型过流保护电路

9.2.3　高精度基准电压源

在整个串联型稳压电路中，基准电压起着相当重要的作用。基准电压是输出电压的基准。输出电压如果发生波动，那么电路的负反馈闭环要依靠基准电压进行调节，才能保持不变。因此，基准电压本身一定是一个稳定程度高的直流电压源。它的性能好坏直接决定了稳压电路的性能。稳压管稳压电路作为基准源使用，存在基准电压较高、噪声较大、温度特性不够好等缺点。图 9.2.4 所示的带隙基准电压源是各方面特性均较好的

一种高精度集成电压源,目前已经得到广泛应用。

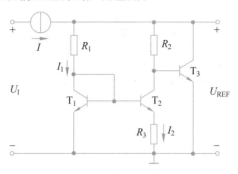

图 9.2.4 带隙基准电压源

从图 9.2.4 中可以看出,T_1 和 T_2 管组成了微电流源,两个管子发射结压降之差为

$$\Delta U_{BE} = I_2 R_3 = U_{BE1} - U_{BE2}$$

$$= U_T \ln \frac{I_1}{I_{ES1}} - U_T \ln \frac{I_2}{I_{ES2}} = U_T \ln \frac{I_1}{I_2}$$

式中,两管的 $I_{ES1} = I_{ES2}$,则电阻 R_2 上的压降为

$$U_2 = I_2 R_2 = \frac{\Delta U_{BE}}{R_3} R_2 = U_T \frac{R_2}{R_3} \ln \frac{I_1}{I_2}$$

因此,输出的基准电压为

$$U_{REF} = U_{BE3} + U_2 = U_{BE3} + U_T \frac{R_2}{R_3} \ln \frac{I_1}{I_2} \qquad (9.2.13)$$

式中,等式右边第一项 U_{BE3} 的温度系数是负的,第二项中的 U_T 是温度电压当量,其大小与温度成正比。因此,适当选择 R_2/R_3 和 I_1/I_2 的大小,就可以使基准电压 U_{REF} 的温度系数为零。经分析研究可知,当 $U_{REF} = 1.205\text{V} + 3U_T$ 时,可以达到上述要求。这里,1.205V 是在温度 $T = 0\text{K}$ 时,硅材料禁带宽度所对应的带隙电压,所以这个电路称为带隙基准电压源。$3U_T$ 很小,不到 80mV,通常可以忽略不计。

这个电路输出电压稳定、温度特性好,可以很方便地转换成 1.2~10V 等多种稳定性极高的基准电压源,既可以使用在集成电路之中,也可以作为单独的集成基准电压源使用。常见的集成基准电压源有 MC1403、AD580、AD581、AD584、AD680 等。

9.3 集成三端稳压器

将前面讨论的串联反馈型线性稳压电路、高精度基准电压源、保护电路等做成集成芯片,即可构成集成三端稳压器。这些集成三端稳压器可分为输出电压值固定和可调两种类型,即固定式集成三端稳压器和可调式集成三端稳压器。

9.3.1 固定式集成三端稳压器

固定式集成三端稳压器有一个输入端、一个输出端和一个公共端,因而被称为三端稳压器。它的输出电压是固定的,有输出正电压的 78xx 系列和输出负电压的 79xx 系列,xx 代表输出电压的值,输出的正电压有 5V、6V、9V、10V、12V、15V、18V 和 24V 等多挡电压值,输出的负电压也有相应的值。按照输出电流来分,有四挡产品。78xx 系列为 1.5A;型号中间加 K,如 78Kxx,输出电流为 1A;型号中间加 M,如 78Mxx,输出电流为 500mA;型号中间加 L,如 78Lxx,则其输出电流为 100mA。国产集成三端稳压器用前缀符号 W 或 CW 表示(W 表示集成稳压器,C 表示符合国家标准),国外三端稳压器有 AN、LM、MC 等不同公司产品。关于集成三端稳压器的内部电路工作原理,读者可通过扫描二维码进行自行分析,在此不再赘述。

1. 基本使用方法

三端稳压器的基本使用方法如图 9.3.1 所示。该电路选用了输出电压为 15V 的三端稳压器 W7815。输入电压 U_1 一般应比输出电压 U_O 高 2~3V。接入电容 C_1 和 C_2 的作用是防止自激振荡,减小高频噪声和改善负载的瞬态响应。

2. 输出正负电压

当需要同时输出正负两组电压时,可以选用一片 78xx 系列的器件和一片 79xx 系列的器件,组合在一起使用。如图 9.3.2 所示,电路选用了一片 7812 和一片 7912,两个三端稳压器的公共端接在一起,此时电路的输出电压 $U_{O1}=+12V$,$U_{O2}=-12V$。

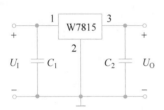

图 9.3.1 三端稳压器的基本使用方法

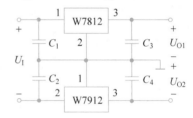

图 9.3.2 输出正负电压的接法

3. 输出电压可调

如果需要输出电压在一定范围内调整,可以使用如图 9.3.3 所示的电路,该电路采用了负反馈调节的方法。R_1 和 R_2 是输出端的采样电阻,运放接成跟随器作比较放大环节,运放的输出端接 W78xx 的公共端。根据电路可以写出

$$U_O - U_O \frac{R_2}{R_1 + R_2} = U_{XX}$$

式中,U_{XX} 是三端稳压器的固定输出电压,因此可求得输出电压为

$$U_O = U_{XX} \frac{R_1 + R_2}{R_1} \tag{9.3.1}$$

由式(9.3.1)可知,改变 R_1 和 R_2 的大小,可以调节输出电压。

4. 扩大输出电流

三端稳压器本身的输出电流是有限的,如果需要进一步增大输出电流,可以外接大功率 BJT,如图 9.3.4 所示。

在图 9.3.4 中,PNP 型三极管 T_1 是扩大输出电流的大功率 BJT,T_2 管是其保护管。

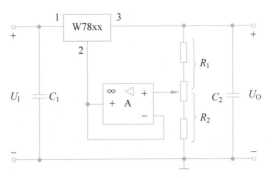

图 9.3.3 输出电压可调的接法

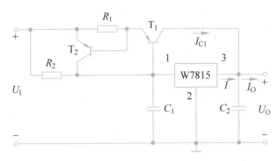

图 9.3.4 扩大输出电流的接法

当输出电流较小,不超过三端稳压器本身的输出电流时,流过电阻 R_2 的电流较小,电阻 R_2 上的压降也较小,T_1、T_2 管都不导通。输出电流 I_O 仅由三端稳压器提供。

当输出电流大于三端稳压器的输出电流时,流过电阻 R_2 的电流变大,电阻 R_2 上的压降也变大,T_1 管导通。输出电流 I_O 由三端稳压器的输出电流 I 和 T_1 管的集电极电流 I_{C1} 共同提供。电路的输出电压由三端稳压器的输出电压决定。这时,由于电流 I_{C1} 不超过额定值,电阻 R_1 上的压降不大,所以 T_2 管不导通。当输出电流 I_O 过大,电流 I_{C1} 超过了额定值时,电阻 R_1 上的压降足够大,所以 T_2 管导通,使 T_1 管的电流不再增大,起到限流保护作用。

9.3.2 可调式集成三端稳压器

固定式集成三端稳压器的输出电压是固定不变的,在许多场合使用不便。这时可以选用可调式集成三端稳压器。图 9.3.5 所示为可调式集成三端稳压器 W117 的内部结构框图。

W117 由内部基准电压源、比较放大器、调整管及保护电路等部分组成。外部有三个端子:一个是输入端(3 脚)、一个是输出端(2 脚),还有一个是内部基准电压源的调整端 ADJ(1 脚)。器件本身没有公共端。基准电压 U_{REF} 约为 1.2V。器件外接电阻 R_1 和 R_2 后,调整

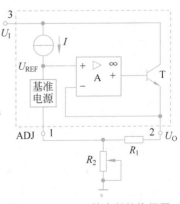

图 9.3.5 W117 的内部结构框图

端的电流很小,可忽略,则有

$$U_\mathrm{O} - U_\mathrm{O}\frac{R_2}{R_1+R_2} = U_\mathrm{REF}$$

故输出电压为

$$U_\mathrm{O} = U_\mathrm{REF}\frac{R_1+R_2}{R_1} \tag{9.3.2}$$

由式(9.3.2)可以看出,适当调整电阻 R_2 的大小,可以得到大小不同的输出电压。

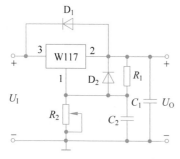

图 9.3.6　W117 的基本应用

图 9.3.6 所示为 W117 的基本应用电路。一般情况下,电路的输出端不加电容可以正常工作。在某些情况下,电路有可能产生自激振荡。为了防止这种情况出现,应当在输出端对地接一个电容 C_1。接上 C_1 后,如果输入端短路,电容 C_1 上存储的电荷将会产生很大的电流,反向流入稳压器而使之损坏,因此,必须接入二极管 D_1 进行保护。电容 C_2 的作用是减小电阻 R_2 上的电压波动。但在输入端短路时,电容 C_2 上存储的电荷也会产生很大的电流,反向流入稳压器而使之损坏,故必须接入二极管 D_2 进行保护。

对于串联型线性稳压器,为了保证调整管工作在线性放大状态,使输出有足够大的稳定范围,必须使调整管集电极和发射极之间有较大的压降。为此,稳压器输入电压和输出电压之差 ΔU 一般要大于 3V。这就使得串联型稳压电源自身功耗较大,转换效率较低,一般为 35%~50%。为了改进这一缺点,进一步研究出了低压差(Low Drop Out)线性稳压器。例如,低压差集成稳压器 LT1083、LT1084、LT1085,额定电流分别是 7.5A、5A、3A,在输出为额定电流时的压差均为 1.3V,效率一般都为 60%~70%。这类稳压器的自身功耗很低,因而转换效率可以大大提高,另外,还具有非常小的自有噪声和较高的电源纹波抑制率,其使用方法与前述的串联型集成三端稳压器相似,读者可自行选用。

9.4　开关型稳压电路

串联型线性稳压电源的输出效率低,而且输出电压总是小于输入电压,两者极性也只能是相同的。开关型稳压电源中的调整管工作在开关状态(饱和或截止),由于调整管饱和时管压降很小,截止时电流趋于零,两种状态下的管耗均很小,故输出效率可提高至 80%~90%,甚至可达 90% 以上。输出电压既可以低于输入电压,也可以高于输入电压,两者也可以极性相反。如果需要,还能设计成无电源变压器的开关电源。由于这些突出优点,开关型稳压电源的应用日趋广泛,在计算机、医学仪器、自动控制系统、通信和航天等设备中均有应用。

开关型稳压电源的种类繁多,结构既有简单的也有复杂的。按调整管与负载的连接方式可分为串联型和并联型,按开关信号产生的方式可分为自激式和它激式,按控制方式可分为脉冲宽度调制型(PWM)、脉冲频率调制型(PFM)和混合调制型,按输入和输出电压的大小可分为升压式、降压式和输出极性反转式等。

9.4.1 串联开关型稳压电路的工作原理

开关稳压电源的工作原理和控制方式比串联型稳压电源复杂得多,其基本原理是使调整管工作在开关状态,通过脉冲调制来控制调整管的开关时间,以达到控制输出电压大小的目的。

1. 串联开关型稳压电路的基本原理

图 9.4.1(a)是使用最普遍的串联开关型稳压电源的基本原理电路。电路由调整管(开关管)T、储能电感 L、滤波电容 C、续流二极管 D 和开关管的脉宽调制控制环节(未画出)组成。稳压电路的输入电压 U_I 为整流滤波电路的输出电压,稳压电路输出直流电压 U_O。由于开关管与负载是串联的,所以称为串联开关型稳压电路。

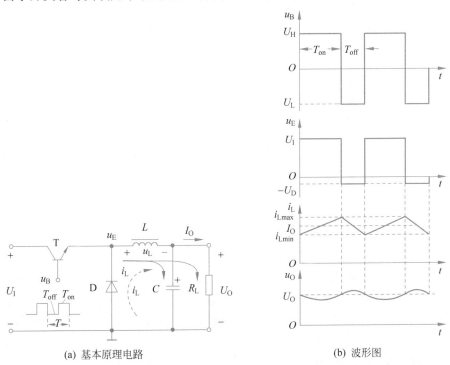

(a) 基本原理电路 (b) 波形图

图 9.4.1 串联开关型稳压电路的基本原理

在图 9.4.1(a)中,u_B 为矩形波脉冲信号,控制开关管的工作状态,其周期 T 保持不变,而脉冲宽度 T_{on} 是受调制作用而变化的。当 u_B 为高电平(T_{on} 期间),开关管 T 饱和导通,二极管 D 因承受反向电压而截止,输入电压在电感 L 中产生电流 i_L,如图 9.4.1(a)中实线所示,其大小随时间线性增大;电感 L 存储能量,感应电动势的方向是左正右负,电容 C 充电;发射极电位 $u_E = U_I - U_{CES} \approx U_I$。

当 u_B 为低电平(T_{off} 期间),开关管 T 截止,此时虽然发射极电流为零,但是 L 释放能量,其感应电动势的方向是左负右正,使 D 导通,电流 i_L 的方向如图 9.4.1(a)中虚线所示,与此同时,C 放电,负载电流方向不变,若二极管的导通压降为 U_D,则 $u_E = -U_D \approx 0$。由于 T 截止时,二极管 D 导通,电感 L 和负载 R_L 通过 D 构成回路,保证了负载电流的连续,所以 D 称为续流二极管。

在 T_{on} 期间,L 两端的电压为 $u_L \approx U_I - U_O$,故 L 中的电流 i_L 为

$$i_L = \int \frac{u_L}{L} dt = \int \frac{U_I - U_O}{L} dt = \frac{U_I - U_O}{L} t + I_{Lmin} \tag{9.4.1}$$

可见,电流 i_L 这期间按线性规律从最小值 I_{Lmin} 上升到最大值 I_{Lmax}。同理可知,在 T_{off} 期间,L 两端的电压为 $u_L \approx -U_O$,故 L 中的电流 i_L 按线性规律从最大值 I_{Lmax} 下降到最小值 I_{Lmin},其下降斜率为 $\frac{-U_O}{L}$。电流 i_L 等于流过负载的输出电流和滤波电容充放电流之和,由于电容不能通过直流电流,其电流平均值为零,因此,L 的电流平均值 I_L 等于输出直流电流 I_O。

根据以上分析,可以画出各点的波形如图 9.4.1(b)所示。若忽略 L 的直流压降,则输出电压 U_O 的平均值即为开关管发射极电压 u_E 的平均值。由图 9.4.1(b)中波形可求得

$$U_O = \frac{1}{T} \int_0^T u_E dt = \frac{1}{T} \int_0^{T_{on}} (U_I - U_{CES}) dt + \frac{1}{T} \int_{T_{on}}^{T_{off}} (-U_D) dt$$

$$= \frac{T_{on}}{T} (U_I - U_{CES}) + \frac{T_{off}}{T} (-U_D)$$

式中,BJT 的饱和压降 U_{CES} 和二极管的导通压降 U_D 都很小,可以忽略不计,故可得

$$U_O \approx \frac{T_{on}}{T} U_I = qU_I \tag{9.4.2}$$

在式(9.4.2)中,q 为占空比,$q = \frac{T_{on}}{T} \times 100\%$。可以看出,改变 q 的大小即可改变 U_O 的值。

需要指出的是,选择电感 L 时,其数值不能太小。若 L 太小,在 T_{on} 期间储能不足,那么在 T_{off} 期间能量已放尽,将导致输出电压为零,这是绝对不允许的。同时,电容 C 应尽可能大,以使电压的交流分量比较小。可以看出,L 和 C 的值越大,输出电压的波形就越平滑。

2. 串联开关型稳压电路

图 9.4.2 是实际的串联开关型稳压电路原理框图。当电路稳定工作时,输出电压 U_O、反馈电压 U_F 和基准电压 U_{REF} 均是稳定不变的直流电压。误差放大器 A_1 将 U_F 和 U_{REF} 的差值进行放大,得到误差信号 u_A。u_T 是三角波发生器的输出信号,是一个频率固定的三角波。u_A 与 u_T 经电压比较器 A_2 进行比较后,产生频率固定,高低电平交替变化的脉冲信号 u_B。

当输出电压 U_O 发生波动时,稳压电路要自动进行闭环调整,使输出电压保持稳定。如果输出电压降低,那么反馈电压 U_F 也会降低。由于基准电压 U_{REF} 不变,所以误差电压 u_A 增大。因此,三角波与其进行比较时,电压比较器 A_2 的输出信号 u_B 的占空比增

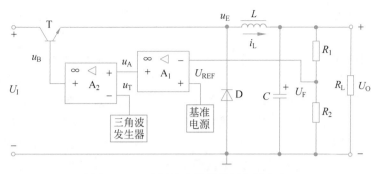

图 9.4.2　实际的串联开关型稳压电路

大。这样就会使输出电压也增大，从而保持了输出电压稳定不变。如果输出电压升高，则会向相反的方向调整，仍然可以保持输出电压稳定不变。

由于占空比 q 是一个小于 1 的数，因此，串联开关型稳压电路的输出电压低于输入电压，这种电路又称为降压式开关电源，也叫正激式变换器或 Buck 变换器。

9.4.2　并联开关型稳压电路的工作原理

图 9.4.3(a)所示是并联开关型稳压电源的基本原理电路。可以看到，与串联开关型稳压电路相比较，电感 L、开关 K 以及二极管 D 的位置全都改变了。由于开关管与负载是并联的，所以称为并联开关型稳压电路。

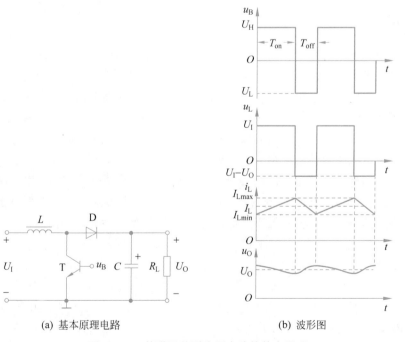

(a) 基本原理电路　　　　(b) 波形图

图 9.4.3　并联开关型稳压电路的基本原理

当 u_B 为高电平时，开关管 T 饱和导通，输入电压 U_I 通过 T 加到电感 L 两端，流过电感 L 的电流近似为线性增长的锯齿波电流，电感 L 储存能量。电感 L 两端的电压极性是左正右负,二极管 D 反向截止,电容 C 通过负载电阻 R_L 放电,输出电压为电容两端的电压 U_O。

当 u_B 为低电平时,开关管 T 截止,电感 L 两端的感应电动势极性反转为左负右正,与 U_1 同方向。当输入电压 U_1 加上电感电压大于输出电压 U_O 时,二极管 D 正向导通,向负载电阻 R_L 和电容 C 供电,存储在电感 L 中的能量通过二极管 D 释放给电容 C 和负载电阻 R_L;当输入电压 U_1 加上电感电压小于或等于输出电压 U_O 时,二极管 D 截止,输出电压 U_O 有下降趋势,电容 C 通过负载电阻 R_L 放电,使输出电压基本保持不变。在开关管 T 截止期间,流过电感 L 的电流近似为线性下降的锯齿波电流,电感 L 释放能量。

与串联开关型稳压电路的计算方法相似,可以求得输出电压为

$$U_O = \frac{U_1}{1-q} \tag{9.4.3}$$

这里,q 为占空比,小于 1,所以电路的输出电压大于输入电压,同时可以看出,q 越大,U_O 越大。这主要是由于开关管 T 在截止期间,U_1 加上电感电压通过 D 向 R_L 和 C 供电,因而能够得到较高的输出电压。因此,这种电路又被称为升压式开关电源,也叫反激式变换器或 Boost 变换器。

根据以上分析,可以画出各点的波形图如图 9.4.3(b)所示。分析波形可知,只有选择电感 L 足够大时才能升压,并且只有电容 C 足够大时输出电压的脉动才可能足够小。

9.4.3 集成开关电源

开关型稳压电源具有效率高、体积小、重量轻等优点,但也有不足之处,主要表现在:输出纹波大;调整管不断在导通与截止之间转换,它产生的交流电压和电流通过电路中的其他元器件产生尖峰干扰和谐振干扰;电路比较复杂且成本高。近年来,已陆续生产出开关电源专用的集成控制器及单片集成开关稳压电源,这对提高电源性能、降低成本以及方便维护等方面都产生了明显效果。

集成开关电源主要沿着两个方向发展。

第一个方向是对开关电源的核心单元控制电路进行集成化,推出了大量性能优异的集成脉宽调制控制器(PWM 控制器)。开关电源的构成主要由功率开关器件加上 PWM 控制器实现。这些 PWM 控制器不但可以用在开关电源电路中,在各种大功率的电力电子电路中也发挥了巨大作用。例如,电压型 PWM 控制器 TL494、SG3524、SG3525A、LM2575、LM3524A、UCX823、UCX840 等,电流型 PWM 控制器 UCX846、UCX847、UCCX806、UCCX808 等。有关内容可以参阅相关资料。

第二个方向是对中小功率开关电源实现集成化。将功率开关器件和脉宽调制控制器等全部集成在一起,构成单片集成开关电源。这种单片集成开关电源具有高集成度、高性价比,外围电路简单,无需工频变压器等优点,已成为开发中小功率开关电源、精密开关电源、特种开关电源等优先选择的集成电路。例如,美国 Power Integration(PI)公司开发的单片集成开关电源 TOPSwitch 芯片,单个芯片上集成了高压功率管 MOSFET、PWM

控制器、高频振荡器、启动偏置电路、基准电压电路、误差放大器及保护电路等,适合 10～250W 反激开关电源应用场合,在计算机、打印机、显示器和家电设备中应用较多。同时,PI 公司针对其产品开发了交互式快速设计软件 PI-Expert,能够快速设计出基于 TOPSwitch 芯片的可行方案,具有简单易用、可优化设计的特点。

另外,随着廉价、高性能微处理器(MCU)及数字信号处理器(DSP)的出现,使用数字芯片控制开关电源中开关频率的技术应用得到迅速发展。相对于模拟控制系统而言,数字控制芯片在实现 PWM 控制的同时能够完成显示、交互及通信功能,且具有开发周期短、电路灵活多样、抗干扰能力强等优点,逐步得到了广泛应用,成为现代电源技术发展的一个重要方向。

小结

(1) 直流稳压电源是一个典型的电子系统,主要由变压器、整流电路、滤波电路和稳压电路四部分组成。利用二极管的单向导电性可以构成整流电路,将交流电变为脉动的直流电,最常用的整流电路是单相桥式整流电路。在整流电路的输出端接上滤波电路,可以大大减小输出电压中的脉动成分。滤波电路有电容滤波和电感滤波两大类,使用较多的是电容滤波电路。

(2) 最常用的稳压电路是串联型稳压电路。串联型稳压电路是一种带有负反馈的闭环调节系统,由调整管、基准电路、采样电路、比较放大环节组成。它的调整管工作在线性放大状态,通过控制调整管的压降来调整输出电压的大小。串联型稳压电路早已实现了集成化,固定式(W78xx 和 W79xx 系列)和可调式(W117 系列)集成三端稳压器已经广泛应用。

(3) 开关型稳压电源是一种转换效率高的稳压电路,其调整管工作在开关状态,通过控制调整管导通和截止的占空比来稳定输出电压。开关型稳压电源有多种组成形式,许多已经实现了集成化或单片化。

习题

9.1 在如题图 9.1 所示的单相桥式整流电路中,若二极管 D_1 开路或短路,则输出电压 U_O 有何变化? 若二极管 $D_1 \sim D_4$ 中有一个二极管的正、负极接反了,将产生什么后果?

9.2 在如题图 9.1 所示的电路中,如果 $U_2 = 20V$,实验发现以下现象,试说明产生原因。

(1) 用直流电压表测得 $U_I = 18V$。

(2) 用直流电压表测得 $U_I = 9V$。

(3) 用直流电压表测得 $U_I = 28V$。

9.3 串联式稳压电路如题图 9.3 所示,稳压管的稳定电压 $U_Z = 5.3V$,电阻 $R_1 = R_2 = 200\Omega$,三极管的 $U_{BE} = 0.7V$。

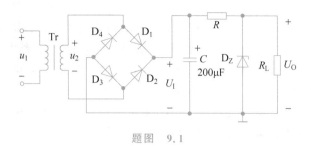

题图 9.1

(1) 说明电路的如下四个部分分别由哪些元器件构成：①调整管；②基准电压电路；③采样电路；④比较放大环节。

(2) 当 R_W 的滑动端在最下端时 $U_O=15V$，求 R_W 的值。

(3) 当 R_W 的滑动端移至最上端时，试计算 U_O 的值。

(4) 若要求调整管压降 U_{CE1} 不小于 4V，则变压器副边电压 U_2（有效值）至少应选多大？设滤波电容 C 足够大。

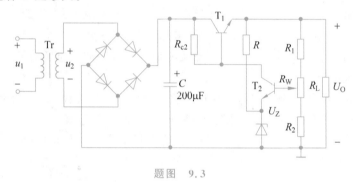

题图 9.3

9.4 稳压电路如题图 9.4 所示。已知变压器副边电压的有效值 $U_2=20V$，稳压管 D_Z 的稳压值 $U_Z=6V$，三极管的 $U_{BE}=0.7V$，$R_1=R_2=R_W=300\Omega$，电位器 R_W 在中间位置。

(1) 计算 A、B、C、D、E 点的电位和 U_{CE1} 的值。

(2) 计算输出电压 U_O 的调节范围。

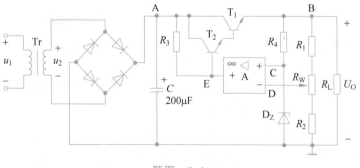

题图 9.4

9.5 稳压电路如题图 9.5 所示。

(1) 找出图中的错误，使之正常工作。

（2）说明图中三极管 T_2、电阻 R_5 的作用及工作原理。

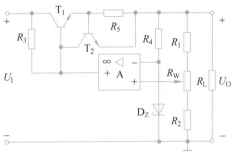

题图 9.5

9.6 题图 9.6 所示是由集成三端稳压器构成的稳压电源，已知 W7805 的输出电压为 5V，$I_W = 9\text{mA}$，电路的输入电压 $U_I = 16\text{V}$，试求电路的输出电压 U_O。

9.7 由集成三端稳压器构成的稳压电源如题图 9.7 所示，已知 W7805 的输出电压为 5V，$I_W = 8\text{mA}$，三极管的 $\beta = 50$，$U_{BE} = 0.7\text{V}$，电路的输入电压 $U_I = 16\text{V}$，试求电路的输出电压 U_O。

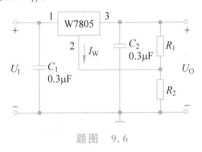

题图 9.6

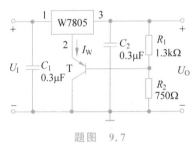

题图 9.7

9.8 由集成三端稳压器和运算放大器构成的恒流源电路如题图 9.8 所示，设 A 为理想运放，集成三端稳压器 W78xx 的 3、2 端间电压用 U_{REF} 表示，试写出输出电压 U_O 和输出电流 I_L 的表达式。

9.9 由集成三端稳压器和运算放大器构成的输出电压可调的稳压电路如题图 9.9 所示，试写出输出电压调节范围的表达式。

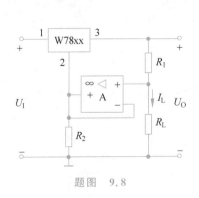

题图 9.8

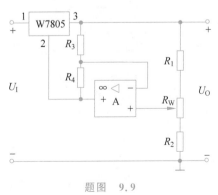

题图 9.9

9.10 题图 9.10 所示是集成三端稳压器的两种应用电路,试说明工作原理。

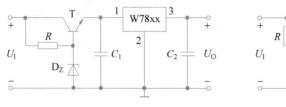

题图 9.10

参 考 文 献

[1]　王济浩.模拟电子技术基础[M].北京:清华大学出版社,2008.

[2]　赵进全,杨拴科.模拟电子技术基础[M].3版.北京:高等教育出版社,2019.

[3]　童诗白,华成英.模拟电子技术基础[M].5版.北京:高等教育出版社,2015.

[4]　封维忠.模拟电子技术基础[M].南京:东南大学出版社,2015.

[5]　王成华,王友仁,胡志忠,等.现代电子技术基础(模拟部分)[M].2版.北京:北京航空航天大学出版社,2015.

[6]　王卫东,李旭琼,孙堂友,等.模拟电子技术基础 [M].4版.北京:电子工业出版社,2021.

[7]　Boylestad R L,Nashelsky L.模拟电子技术基础(英文版)[M].2版.李立华,改编.北京:电子工业出版社,2016.

[8]　李承,徐安静.模拟电子技术基础[M].2版.北京:清华大学出版社,2020.

[9]　江晓安,付少锋.模拟电子技术基础[M].4版.西安:西安电子科技大学出版社,2016.

[10]　Neamen D A.电子电路分析与设计半导体器件及其基本应用[M].4版.任艳频,赵晓燕,张东辉,译.北京:清华大学出版社,2020.

[11]　杨凌.模拟电子线路[M].2版.北京:清华大学出版社,2019.

[12]　刘树林,商世广,柴常春,等.半导体器件物理[M].2版.北京:电子工业出版社,2015.

[13]　高宁.电子技术基础学习指导与习题解答[M].北京:清华大学出版社,2008.

[14]　王守华,陈伟.模拟电子技术学习指导与习题解答[M].西安:西安电子科技大学出版社,2014.

[15]　李月乔.模拟电子技术基础习题解析[M].北京:中国电力出版社,2017.